北部湾广西近岸海洋地质环境综合研究

夏　真　林进清　郑志昌　梁　开　等著

海洋出版社

2019 年·北京

图书在版编目（CIP）数据

北部湾广西近岸海洋地质环境综合研究/夏真等著. —北京：海洋出版社，2018. 12

ISBN 978-7-5210-0215-7

Ⅰ. ①北⋯ Ⅱ. ①夏⋯ Ⅲ. ①北部湾-近海-海洋地质学-环境海洋学-研究-广西 Ⅳ. ①P736. 527

中国版本图书馆 CIP 数据核字（2018）第 231127 号

责任编辑：白　燕
责任印制：赵麟苏

海洋出版社　出版发行

http://www.oceanpress.com.cn

北京市海淀区大慧寺路 8 号　邮编：100081

北京文昌阁彩色印刷有限责任公司印刷　新华书店北京发行所经销

2019 年 3 月第 1 版　2019 年 3 月第 1 次印刷

开本：889mm×1194mm　1/16　印张：19.5

字数：537 千字　定价：170.00 元

发行部：62132549　邮购部：68038093　总编室：62114335

海洋版图书印、装错误可随时退换

《北部湾广西近岸海洋地质环境综合研究》
编写人员名单

夏　真	林进清	郑志昌	梁　开	石要红
马胜中	张顺枝	甘华阳	陈太浩	潘　毅
曾宁烽	黄向青	刘　鑫	霍振海	莫　建
路剑飞	张　亮	刘文涛	崔振昂	刘雄峭
闫章存	杨江平	何海军	时　翠	薛　峭

前 言

北部湾广西沿海城市是我国 5 个少数民族自治区中唯一的沿海开放城市，是我国仅有的两片兼具沿海沿边条件的区域之一，具有良好的区位优势和资源开发潜力；是资源密集型的大西南地区最便捷的出海通道和对外开放的窗口；是连接华南、西南经济区的结合部和接受珠江三角洲、港澳台地区经济辐射的重要腹地；是承担我国沿海进出口运输任务的区域性集散中心；是我国改革开放的重点地区；是亚太经济圈的投资热点和新的经济增长点；是我国与东南亚地区、亚太地区发展经济合作的重要基地，具有十分重要的战略地位。

随着西部大开发战略的逐步实施，沿海地区开发活动日渐加深，人为地质作用逐步加强，地质环境问题越来越复杂，发展带给环境的压力越来越大，表现为向海排污、填海造地、围海养殖、红树林损毁等，海平面上升以及台风暴潮等自然灾害频繁，造成沿海地区经济损失较大，海堤、港口、码头、堆场及仓储等遭受破坏。北部湾（广西）经济区以超常速度发展，沿海地区大规模的港口、核电站、石化、钢铁、造纸、煤电等大项目建设及生产，加大了污染的可能性，水动力特征和生态系统影响较大，大大增加了环境保护压力。

因此，北部湾广西近岸海洋地质环境的调查研究工作正当其时。通过海岸带的综合地质调查，可以了解地质资源分布特征，评估海陆交互作用及人类活动的影响，评价沿海开发活动的适宜性及其对环境影响的综合效应，避免因盲目和无序的开发建设活动造成巨大资源浪费和环境破坏，有利于加强海洋开发管理和环境保护，提高沿海功能规划和海域管理水平。另外，研究成果有利于对比开发前后的环境变化，评价环境影响因子，研究环境发展趋势，为制定环境保护策略服务，并可为其他沿海地区的发展规划提供范例。

近年来，中国地质调查局广州海洋地质调查局在广东大亚湾、大鹏湾、珠江口等沿海地区开展了多个近岸海洋地质环境综合调查项目，加大了地质工作与社会经济可持续发展的协调力度，成果得到了多方面的应用，为沿海地区海域综合管理和环境治理提供了地学依据和合理建议，取得了良好的社会效益。鉴于北部湾经济圈社会发展的需要，广州海洋地质调查局开展了 1∶100 000 "北部湾广西近岸海洋地质环境与地质灾害调查" 项目，旨在为北部湾广西沿海地区的功能区划、工程建设、环境保护及减灾防灾等提供基础地质资料和科学依据。

项目分 5 个年度完成。自 2006 年开始，前 4 个年度属于中国地质调查局的计划项目 "我国重点海岸带滨海环境地质调查与评价" 之地质调查工作项目，2012 年度则归属于国家专项 "海洋地质保障工程（729 工程）" 之国家海洋地质专项项目，工作项目编码均为 1212010611403。项目负责人为夏真教授级高工，技术负责人为林进清高工。由于参加本项工作的人员较多，各年度人员有所变动，表 1 中列出了参加野外调查、实验分析、数据处理、制图及统稿等工作人员（不包括项目管理等方面），并对参加野外调查的主要负责人及报告编写人员进行了年度分工说明。

表1　5个年度调查工作组织分工一览表

工作项目	参加人员				
	职责	2006年	2007年	2008年	2009年	2012年
野外调查	作业队长	张顺枝	夏真	张顺枝	张顺枝	曾宁烽
	技术负责	潘毅	潘毅	潘毅	张顺枝	张亮
	参加人员	夏真、张顺枝、潘毅、杨世学、杨灿宁、王运强、顾昶、陈太浩、温明明、赵广俊、林贵柱、刘雄、霍振海、莫建、蒋青吉、肖波、雷涛、柯大锁、廖开训、彭朝旭、李金茂、牟泽霖、凌波、周马平、何乃海、甘华阳、崔振昂、闫章存、许南录、庞旭东、曾宁烽、张亮、翁启录、姜军、龙仲兴、冯强强、何水源、何乃海、张伟				
实验分析	黄雪华、蒋慧英、陈超云、陈炽新、陈芳、陆红锋、廖志良、陈明、王汝英、何树平、刘仕清、雷知生、王金莲、张欣、王彦美、程思海、庄畅、荆夏、商和辉、农云军					
数据处理	马胜中、陈太浩、林进清、夏真、梁开、黄向青、张顺枝、霍振海、刘雄、石要红、曾宁烽、潘毅、莫建、闫章存、时翠、刘文涛、刘穗兰、薛峭、何健、路剑飞、张亮、刘鑫、何海军、杨江平					
报告编写	章节	2006年	2007年	2008年	2009年	2012年
	前言	夏真	石要红、夏真	夏真	夏真	梁开、夏真
	第1章	林进清、夏真	林进清	林进清	林进清	梁开、林进清
	第2章	黄向青、潘毅、夏真	潘毅、张顺枝	潘毅、黄向青	潘毅、黄向青	潘毅
	第3章	陈太浩、夏真	陈太浩、夏真	陈太浩、夏真	陈太浩、刘鑫	陈太浩、刘鑫
	第4章	黄向青、霍振海、张顺枝、刘雄、夏真	张顺枝、霍振海、刘雄、黄向青、夏真	张顺枝、刘雄、霍振海、夏真	张顺枝、刘雄、霍振海、刘鑫	张顺枝、黄向青、张亮、路剑飞、刘鑫
	第5章	梁开	梁开	梁开	梁开	梁开
	第6章	马胜中	马胜中	马胜中	马胜中、闫章存	马胜中
	第7章	石要红、曾宁烽、莫建	石要红、曾宁烽	石要红、曾宁烽	石要红、曾宁烽	曾宁烽、石要红、刘文涛
	第8章	夏真	夏真	梁开、刘雄、陈太浩、夏真、霍振海	梁开、刘雄、陈太浩、霍振海、崔振昂	梁开、路剑飞、陈太浩、刘鑫
	第9章	—	—	夏真	梁开、刘鑫、夏真、甘华阳	刘鑫、梁开
	结论与建议	夏真	石要红、夏真	夏真	梁开、夏真、林进清	梁开、夏真
制图	陈太浩、马胜中、张顺枝、梁开、曾宁烽、高佩兰、薛峭、刘鑫、时翠					
统稿	夏真、郑志昌、石要红、林进清、梁开					

另外，参加本项工作的人员还包括如下协作单位：遥感图像分析由中国科学院遥感应用研究所完成；海水取样和样品测试、温盐深测量由广西红树林研究中心完成；地质取样、钻探、土工现场试验和样品测试由广西北海水文工程矿产地质勘察研究院完成；国土资源部广州海洋资源监测中心、中国广州分析测试中心、中科院南京地理与湖泊研究所湖泊沉积与环境开放实验室、广州地球化学研究所、北京大学加速器质谱实验室、海洋地质实验检测中心（青岛）等单位也参加了样品测

试分析工作。

在完成5个区域调查研究成果报告的基础上，进行了归纳总结，完成了本专著的编写。

参加编写与制图人员包括：前言由夏真、林进清编写；第1章由夏真、林进清编写；第2章由潘毅、夏真、刘文涛、时翠、黄向青编写；第3章由张顺枝、路剑飞、刘鑫、黄向青编写；第4章由梁开、陈太浩、刘鑫、时翠、刘文涛、刘雄、黄向青编写；第5章由马胜中、石要红、曾宁烽、莫建、刘文涛、闫章存编写，第6章由夏真、甘华阳、刘文涛、时翠、黄向青编写；参加图件编辑的人员主要为陈太浩、张顺枝、薛峭、刘鑫、梁开、马胜中、石要红、甘华阳、曾宁烽、刘文涛、时翠、闫章存、高佩兰等；夏真、黄向青进行编稿校对，由夏真、林进清统阅定稿。

本项工作得到中国地质调查局基础调查部海洋处的大力支持和指导，并得到广州海洋地质调查局相关部门和专家的帮助及指导；广西壮族自治区地质矿产勘查开发局及其下属的广西北海水文工程矿产地质勘察研究院，以及广西红树林研究中心，不仅参与了项目工作，而且提供了较大帮助；中国科学院国家天文台朱博勤研究员为项目多次出谋划策，指导完成了地质环境遥感解译工作。在此一并表示衷心的感谢！

由于作者水平有限，本书难免存在不足，恳请读者批评指正！

作 者

2018年6月于广州

目　录

第1章　绪　论

1.1　研究背景

　　广西区位优势明显，战略地位突出，地处华南经济圈、西南经济圈与东盟经济圈的接合部，是我国唯一与东盟国家既有陆地接壤又有海上通道的省区，也是西南乃至西北地区最便捷的出海口和连接粤港澳与西部地区的重要通道。广西在国际国内区域和泛珠三角经济圈合作中具有不可替代的战略地位和作用。随着西部大开发战略的逐步实施，沿海地区经济活动日渐加深，人为地质作用逐步加强，地质环境问题越来越多样复杂，资源—环境—人口的矛盾越来越突出。

　　广西海陆结合部属我国东南沉陷地震带，沿海地区频繁受到自然灾害影响，地震活动与震断裂分布密切相关，明显具有条带状或丛状分布特征，沿海断陷盆地之间明显的断块相对运动和差异性升降，多次的构造运动使其地震活动较强，该处成为孕震构造带。广西沿海地区及其邻区的地震主要分布于灵山—防城和合浦—北流断裂带中，500 多年来，在灵山—防城断裂带中的钦州—防城段，发生地震 3~3.75 级 7 次，4~4.75 级 6 次；而在合浦—北流大断裂带中的合浦北海、涠洲海区附近，发生地震 3~3.75 级 29 次，在灵山—东兴断裂带上的灵山县平山圩，虽然历史上从未有大于 4 级的地震记载，但在 1936 年 4 月发生了 6.75 级重大破坏性地震，时隔 22 年又发生了 5.7 级地震。新构造运动引起的地震与 NE 向和 NW 向的断裂具有密切联系。自 1970 年以来，北海市及近邻，北部湾一带发生地震近 200 余次，震级一般在 1~2 级之间，震中在北海市东南方向或西南方向 10~30 km 的海域中；1994 年 12 月 31 日—1995 年 3 月 23 日近 3 个月在北部湾同一海域发生了 6.1 级、6.2 级和 5.2 级 3 次地震，广西沿海有较强震感（韦友道，1999）；2006 年 9 月 17 日，北部湾海区发生 4.2 级地震，震中距北海市沙田海岸线最近距离 10 km，其后在原地再次发生 1.6 级余震；2011 年 11 月 27 日，北部湾发生 3.5 级地震，震源深度 10 km。

　　广西沿海地形较为复杂，崎岖不平，以山地和平原为主。由于地处东亚低纬度季风区，受季风气候影响雨量充沛，年均降水量约 1500 mm，但时空分布极其不均，旱、涝交替，强度变化较大（李艳兰，何如，覃卫坚，2010）。自 20 世纪 80 年代旱灾频数明显增多，冬春连旱、夏秋连旱，造成海滩干化，水位降低，咸潮入侵，制约了工农业生产和社会发展。成壤母岩多为花岗岩、石灰岩等，土壤土质疏松、保水性差，汛期容易形成泥石流等灾害，导致水土流失严重，中度-强烈流失程度占 44%（姜维，杨丽梅，2012）。水土流失问题不仅损害了土地资源，又是诱发多种地质灾害的因素，造成河道淤塞、入海泥沙增加、向海淤积加快。

　　北部湾为半封闭海湾，呈倒"U"形自南向北深入陆地，水深向海岸逐渐变浅，地形约束效应明显。北部广西水域海平面总体呈上升趋势，2001—2010 年平均海面比 1991—2000 年高出 22 mm，比 1981—1990 年高出 48 mm，未来 30 年和 50 年将持续上升，上升速率高于全国平均水平（刘宪云等，2013）。海平面上升造成洼地淹没、岸线蚀退、土地减少等灾害和影响。广西海岸受侵蚀岸段约占 13.50%，基岩海岸、砂质海岸、风化壳海岸等易遭受侵蚀。防城港区域的岸段侵蚀最多，钦州、北海岸段侵蚀比例虽然不高，但强度较大（刘宪云等，2013），北海沿岸的古冲积平原、古沙堤、古沙堤—潟湖海岸均受到严重侵蚀。气候变化包括海平面上升是海岸受侵蚀的因素之一，但人为开发、围垦活动等也加大了侵蚀程度。

在西太平洋和南海生成的台风，常通过海南岛或者雷州半岛进入北部湾北部，影响广西沿海的热带气旋每年平均超过 4 个，集中在 6—9 月。据统计，1986—2010 年间，广西沿海因台风暴潮造成农业生产及海水养殖业损失较大，海堤、港口、码头、堆场及仓储等遭受严重破坏，经济损失近 96 亿元，受灾人数逾千万。台风前进方向气流受到十万大山等山脉阻挡导致风力加强，风灾频率超过 50%，东兴至雷州半岛水域是风灾高发地带（周惠文等，2007）。"6508" 号台风造成广西合浦县许多海堤被冲垮，淹没农田约 2 000 hm²；"8217" 号台风使广西沿海增水超过 1 m，冲垮海堤 85 处，沿海大部分农作物受淹，房屋倒塌，造成的直接经济损失达数千万元；"8609" 号热带气旋登陆北海，沿海超过 1 000 km 的海堤 80% 被高潮巨浪冲垮，受淹农田近 110 000 hm²，毁坏渔船 68 艘，沿海水产养殖全部损失，村庄、学校、工厂被暴潮冲击，倒塌房屋 55 593 间，受灾人数 202.7 万人，沿海损失约 3.9 亿元（李树华等，2001）；2011 年的 "1117" 号强台风 "纳沙" 造成广西水产养殖损失 4 435 hm²（2.568 万 t），堤防损坏 157 处 22.75 km，堤防决口 65 处 1.13 km，护岸损坏 49 处，水闸损坏 91 处，冲毁塘坝 34 座，损坏灌溉设施 319 处，水利直接经济损失 1.151 亿元。

广西沿海赤潮的影响范围相对其他沿海省份并不大，但海水赤潮生物属种丰富，且近年来有频次加密的趋向，多发生在人口密集的岸段。据有关统计资料，广西沿海地区每年排放入海的废水总量超过亿吨。1993 年，仅北海市废水排放总量就超过 4 900 万 t。2011 年广西海洋环境质量公报显示，2011 年经由南流江、大风江、钦江、茅岭江、防城江 5 条主要河流入海污染物总量为 363 706 t。其中，化学需氧量（COD$_{Cr}$）为 355 384 t，约占总量的 97.7%，营养盐（氨氮、总磷）6 767 t，石油类 1 000 t，重金属（铜、铅、锌、镉、汞）545 t，砷 10 t。排污对海域环境影响严重，并制约了生产发展。1992 年，广西沿海一带文蛤养殖死亡率为 60% 以上，累计经济损失近亿元。1993 年起，广西沿海连续三年暴发虾病，累计超过 5 000 hm² 对虾养殖受到突发性海水传染病菌影响（陈波，1998）。

由于沿海地区经济快速发展，围垦造地及养殖排污日趋严重，近 50 年来广西土地资源海岸滩涂经历了缩减—增加—再次缩减的过程，对航道、岸滩、滩涂、红树林生态环境造成了严重影响。砂砾质滩涂破坏最甚，其次是红树林损毁严重，而利用价值不大的珊瑚碎屑滩涂、岩滩等基本不变或者变化不大（黄鹄等，2007）。人类活动打破了岸线平衡，自然曲率趋缓，自我屏障作用和调节功能降低，增加了波浪冲蚀风险。广西滩涂面积 1955—1998 年共减少了 11 788 hm²，沿海红树林面积从 1955 年的 9 351 hm² 减少至 1988 年的 4 671 hm²（黄鹄等，2005）。1988 年以来，经人工造林，红树林面积有所增加，但在防城港、钦州港和南流江口西岸因港口建设和围垦养殖红树林仍遭到较大的破坏；截至 2011 年底，仅钦州湾已填海约 20 km²。2011 年，山口红树林区发生小斑螟虫害，危害面积约 120 hm²，危害面积与程度均远超 2010 年；山口红树林保护区内互花米草不断地侵占宜林滩涂，面积约为 481.5 hm²，对红树林生态系统造成了较大威胁。

鉴于自然作用和人类活动对广西海岸带造成较大影响，以及北部湾经济圈社会发展和工程建设的需要，中国地质调查局广州海洋地质调查局在北部湾广西海岸带开展了综合地质环境调查研究（图 1-1），利用遥感解译、综合地球物理勘探、地质取样及钻探、海流观测和海水取样等综合调查技术，获取了丰富资料，查明广西海岸带的海底地形地貌、沉积物类型、海砂资源分布、浅地层结构与各土层的物理力学性质、环境地质问题及潜在地质灾害分布特征，分析海水化学环境及污染状况，探讨重点区段海水动力条件及动力沉积作用，研究环境演变与人类活动的关系，预测未来地质环境变化趋势，提出减灾防灾建议，为广西沿海经济带经济发展规划、环境保护以及减灾防灾提供系统的基础地质资料和科学依据。

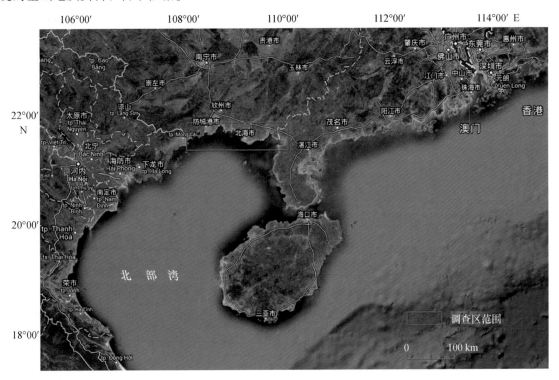

图 1-1　研究工作范围

野外调查工作根据广西海岸带的特点及经济发展需求，分为5个区域，自2006年始，每年完成一个区域（图1-2）。同时，在钦州湾口设立了调查监测基线，每年1~2次采集相关数据分析对比；期间，建立了海滩监测剖面，分析海岸侵淤变化。通过综合分析，对广西海岸带的地质环境有了进一步的认识，进而完成本项研究工作。

1.2　研究方法

通过现场踏勘，调研了广西沿海经济建设对地质工作的需求，梳理了相关的环境地质问题，以可能达到的技术装备条件为基础，"有所为、有所不为"，实施广西海岸带地质调查研究（图1-3）。其总体思路为：以海水及海底沉积物为主体，以大气及人为活动等外部作用为条件，以地球表层动力作用为系统，内外因结合，海陆结合，表象与本质结合，现今与古环境结合，实际调查与资料收集结合，进行广空间、多角度、深层次，从空中到海面、从沿海陆地到海域、从海水到海底基岩面的立体观测与研究。

项目采用了以下技术方法开展广西近岸海洋地质环境调查研究。包括：卫星遥感技术、差分

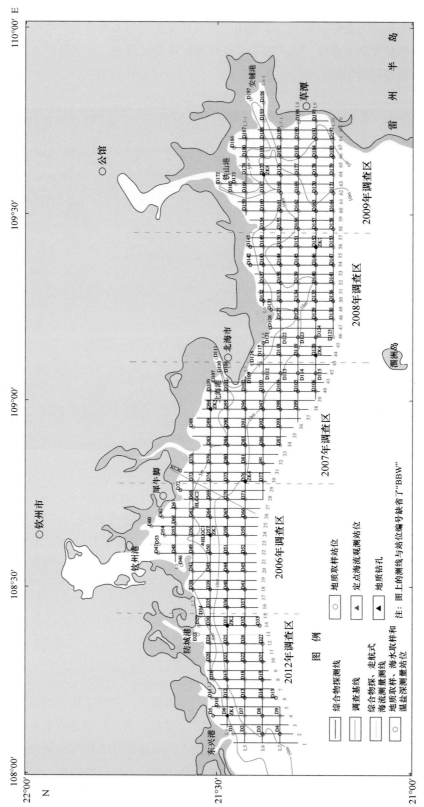

图1-2 资料采集工作年度分区

GPS导航定位技术、综合地球物理调查技术、海水温盐深测量及取样技术、海流观测技术、海底地质取样及钻探技术、调查基线技术、实验分析技术、数据库与计算机技术，对广西海岸带进行了6个方面的调查研究，包括：近岸海洋地质环境与海岸保护、海洋水化学环境特征与水质评价、海洋水动力特征及动力沉积作用、区域全新世以来的地质环境演变、新构造运动与地质灾害分布特征、海底工程地质评价。在此基础上，综合海洋环境质量、地质灾害和海底工程地质条件等方面，对研究区地质环境进行综合评价。

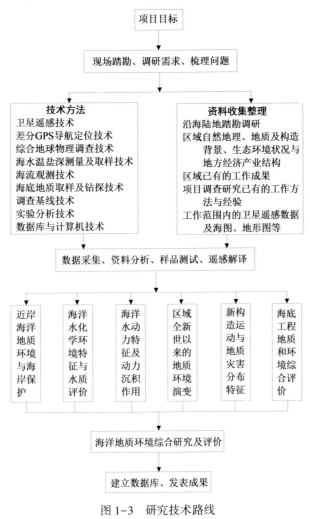

图1-3　研究技术路线

1.3　野外资料采集工作

野外资料采集工作是研究工作的基础，调查工作按1∶100 000比例尺在0~15 m水深范围的海区部署测线和测站（图1-4、图1-5和图1-6）。调查船租用了"腾龙三号"运输船（物探及取样，作业船速5~6 kn）和"桂钦14881"渔船（定点海流观测的看护船）。

野外资料采集严格执行相关技术要求、行业标准规范，以及广州海洋地质调查局质量管理体系的有关控制程序。

野外资料采集工作的设备及方法主要如下。

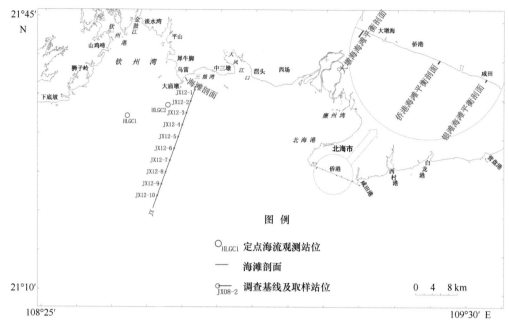

图 1-4 调查基线、定点海流观测站位及海滩剖面位置

1.3.1 导航定位

仪器设备：野外资料采集使用了导航定位系统 HYPACK、Haida 等，导航定位系统由导航定位软件、接收机、接收天线、计算机和打印机组成。作业过程中的定位误差最大为 4.77 m，定位精度满足技术要求。

1.3.2 综合地球物理勘查

综合地球物理勘查包括单波束水深测量、旁侧声呐测量、浅层剖面测量和单道地震测量，野外资料采集均采用同步作业的方法进行。

（1）单波束水深测量：采用美国生产的 Navisound 210 型双频数字测深仪。

（2）旁侧声呐测量：采用美国 Klein 公司生产的 Klein 2000 旁侧声呐系统。

（3）浅层剖面测量：设备为德国 Innomar 公司生产的 SES-96 型浅层剖面系统。

（4）单道地震测量：使用美国 Triton Elics 公司 Delph Seismic 单道地震数据采集系统。

调查工作布设的主测线为南北向，测线间距 2.5 km；联络测线为东西向，间距 5 km。

1.3.3 水文观测

（1）海水取样：设备为国产 QCC10-2A 型球阀式采水器。

（2）海流测量：设备采纳美国 SONTEK 公司生产的 ADP 高分辨率海流剖面仪。

海水取样站位总体上按 10 km×10 km 网格布设，近岸区域局部加密。温盐深测量站位与海水取样站位相同。

海流观测包括走航测量和定点观测：在重点区域布设 3 条走航剖面，每年测 4 次（大、小潮期和涨、落潮期各 1 次）；在钦州湾口外布置 2 个定点海流站位进行 25 h 连续同步观测，每年大潮期和小潮期各 1 次。

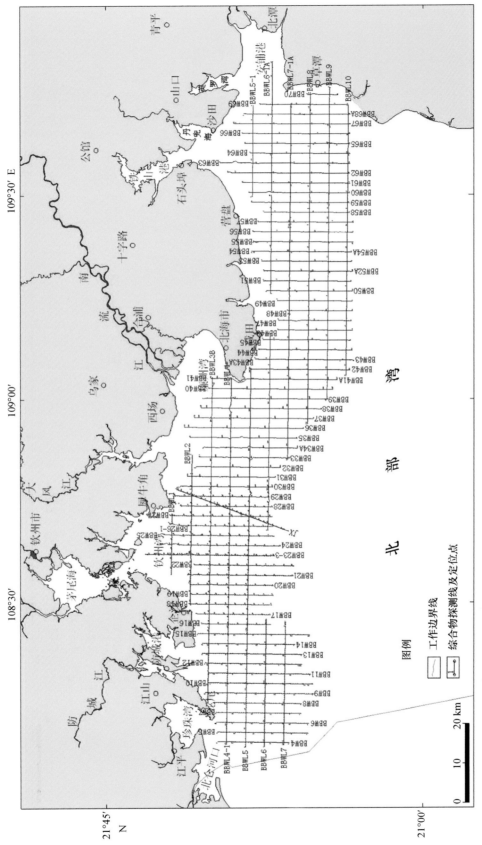

图 1-5 物探测线实际航迹

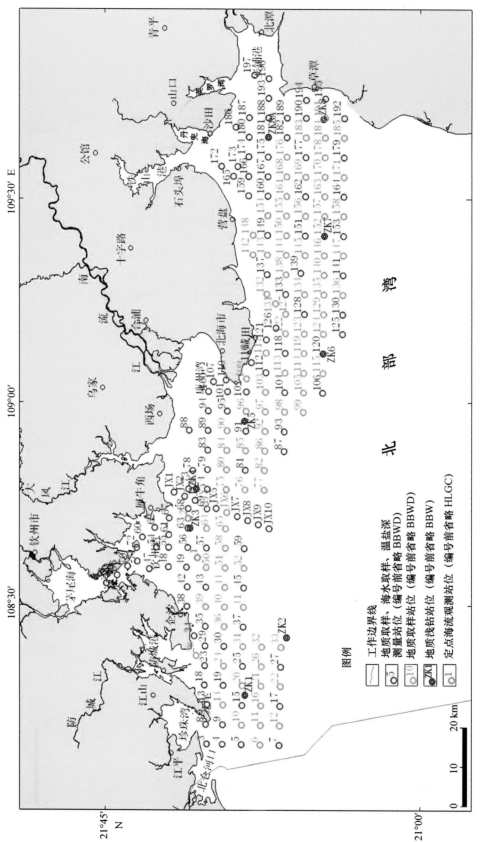

图 1-6 地质、海水取样和温盐深测量实际站位

1.3.4 地质取样和地质钻探

柱状地质取样采用自制 HGY-1 型重力柱状采样器，表层地质取样采用箱式采样器，地质钻探设备为国产 GY-100 型钻机。地质钻孔依据物探资料的初步解释布设。

地质取样站位按 5 km×5 km 网格布设。钻探位置根据区域地质特征及工程需要，共部署钻孔 8 口。

1.3.5 海滩剖面观测

（1）海滩剖面：布设在三娘湾西部潮间带，共埋设了 10 根桩柱，进行桩位高程测量及表层沉积物取样分析。

（2）海滩平衡剖面：在北海市大墩海、侨港和银滩公园各布设 1 条，每年对潮滩面进行地形测量，并取表层样分析；同时，收集风、浪、流资料，对北海近岸的泥沙运移及海岸变迁进行研究。

（3）调查基线：在钦州湾口布设 1 条基线，长 30 km，每年 1 次综合地球物理勘查，以及地质取样和海水取样分析，大、小潮期各 1 次走航海流测量。

研究区的野外资料采集主要工作量见表 1-1。

表 1-1 野外资料采集的主要工作量

调查项目		2006 年	2007 年	2008 年	2009 年	2012 年	总工作量
综合物探测线（km）	测深	558	551.8	605.2	575.1	472.2	2 762.3
	旁侧声呐	558	551.8	605.2	575.1	472.2	2 762.3
	浅层剖面	558	551.8	605.2	575.1	472.2	2 762.3
	单道地震	558	551.8	605.2	575.1	472.2	2 762.3
地质取样站位（个）		48	45	54	54	42	243
海水取样站位（个）		35	27	27	37	27	153
温盐深测站（个）		33	27	27	37	27	151
钻探 [口/进尺（m）]		1/35.6	2/67.9	3/155.1	1/36.6	2/41	9/336.2
海流定点（个/站次）		2/4	2/4	2/4	2/4	2/4	42 297.00
海流走航观测（km）		536.6	332.1	432	301.2	449.5	2 051.4
海滩剖面观测（条/取样数）		1/10	1/10	1/10	1/10	1/10	5/50
海滩平衡剖面观测（条/取样数）				3/22	3/22	3/18	9/62

1.4 室内测试和解译工作

1.4.1 实验测试及工作量

室内实验测试分析包括：海底土的物理力学性质测试、海底沉积物样品分析、海水样品分析 3 部分，各分析内容及样品量见表 1-2 至表 1-4。

表1-2 海底沉积物样品分析项目一览表

分析项目	样品数量（个）	样品类型			分析单位
		表层样	柱状样	钻孔	
碎屑矿物	710	270	48	392	国土资源部 广州海洋资源监测中心
粒度	891	350	145	396	
有孔虫	644	136	48	460	
硅藻	642	136	48	458	
孢粉	508		48	460	
微量元素	762	219	113	430	
有机质	762	219	113	430	
Hg、Cd、As	282	217	65		中国广州分析测试中心
^{210}Pb、^{137}Cs 测年	65		65		中科院地理与湖泊研究所 湖泊沉积与环境重点实验室
^{14}C 测年	27		6	21	广州地球化学研究所、 北京大学加速器质谱实验室
热释光测年	18		3	15	海洋地质实验检测中心（青岛）

表1-3 海底土的物理力学性质测试项目一览表

	测试项目	测试方法	样品数量（个）	测定和计算参数	测试单位
物理性质	天然含水量	烘干法	330	水/土的重量比	广西北海市工程地质勘察院
	比重	比重瓶法	345	土粒相对水的比率	
	密度	环刀法	325	天然密度、干密度	
	颗粒分析	综合法	367	砂、砾和<200$^{\#}$颗粒组分	
	液、塑限	联合测定法	300	液塑限、液塑性指数	
力学性质	固结试验	常规固结法	299	孔隙比—压力曲线	
	直接剪切试验	快剪试验法	299	应力—应变曲线 抗剪强度—压力曲线	
	摩擦角	堆积法	97	水上、水下坡角	

表1-4 海水样品实验分析一览表

分析项目	样品数量（个）	方法	仪器	分析单位
悬浮物	181	重量法	电子分析天秤	广西红树林研究中心
溶解氧（DO）	181	碘量法	滴定管	
化学需氧量（COD）	181	碱性高锰酸钾法	滴定管	
生物需氧量（BOD_5）	181	5日培养法		
硫化物	181	亚甲基蓝分光光度法		
总汞（Hg）	302	原子荧光法	原子荧光光谱仪	
六价铬（Cr^{6+}）	302	无火焰原子吸收	原子吸收分析仪	
铜（Cu）	302	火焰原子吸收	原子吸收分析仪	

续表

分析项目	样品数量（个）	方法	仪器	分析单位
砷（As）	302	原子荧光法	原子荧光分析仪	
锌（Zn）	302	火焰原子吸收	原子吸收分析仪	
铅（Pb）	302	无火焰原子吸收	原子吸收分析仪	
镉（Cd）	302	无火焰原子吸收	原子吸收分析仪	
亚硝酸盐（NO_2-N）	302	萘乙二胺分光光度法		广州海洋地质调查局实验测试所
氨氮（NH_3-N）	302	次溴酸盐氧化分光光度法	分光光度计	
硝酸盐（NO_3-N）	302	镉柱还原分光光度法		
活性磷酸盐（PO_4-P）	302	磷钼蓝分光光度法		
BOD_5	302	5 日培养法（碘量法）	滴定管	
油类	302	紫外分光光度法	紫外光栅分光计	
挥发性酚	302	4-氨基安替比分光光度法	分光光度计	

1.4.2　遥感数据处理解译方法与工作量

遥感分析研究主要由中国科学院遥感应用研究所完成，采用的主要遥感数据为 1987 年 10 月 26 日 10：38 过境的 Landsat-5 TM、1991 年 9 月 19 日 10：34 过境的 Landsat-5 TM、2000 年 11 月 6 日 11：01 过境的 Landsat-7 ETM、2006 年 12 月 17 日 11：05 过境的 Landsat-5 TM 共 4 景数据。另外，东兴港图幅临时增加了一景 2013 年 7 月 13 日过境的 Landsat-OLI 数据。

数据处理采用了地理信息系统（GIS）——Arc/Info 软件、遥感处理分析软件 PCI、ERDAS 和 ENVI 系统。利用计算机进行无纸单时相解译，多时相叠加，完成了海岸线变迁的研究；通过收集 4 个时相的 Landsat TM／ETM+数据有关波段，分析了研究区多时相海面温度及海水叶绿素分布特征、悬浮物分布特征和海面水流特征；结合实地踏勘和其他资料，分析了研究区沿岸的红树林分布、海岸类型和土地利用动态变化。遥感解译面积共计约 11 000 km^2。经遥感解译分析，编制了北部湾广西近岸水域海洋环境遥感系列图。

第2章 区域自然环境

广西区位优势明显，战略地位突出，地处华南经济圈、西南经济圈与东盟经济圈的接合部，与东部、中部和西部3大地区相连，是我国唯一与东盟国家既有陆地接壤又有海上通道的省区，也是西南乃至西北地区最便捷的出海通道和连接粤港澳与西部地区的重要通道。广西在国际、国内区域和泛珠三角经济圈合作中具有不可替代的战略地位和作用。

广西壮族自治区（简称广西）地处祖国南疆，位于 $104°26'—112°04'E$，$20°54'—26°24'N$ 之间。南临北部湾，与海南省隔海相望；东连广东，东北接湖南，界线长约 931 km；西北靠贵州，省界长约 1 177 km；西邻云南，省界长约 632 km；西南与越南毗邻，国境线跨8个县（市），国界线长约 637 km。广西沿海大陆海岸线长约 1 595 km。全区土地总面积 23.67 万 km²，占全国总面积的 2.47%。东西最大跨距 771 km，南北最大跨距（南至斜阳岛）634 km。

广西属华南西部沿海地区，地理位置优越，位于中国南部沿海地区和大西南地区的交汇地带，集沿海、沿边、沿江优势于一体，水陆交通便利。沿海地区包括北海、钦州、防城港3个地级市，面积为 20 361 km²，是广西总面积的 8.6%。3市港口有万吨级以上泊位 20 个，年吞吐能力 1 994 万 t；内河港口年吞吐能力 3 052 万 t，广西已成为大西南最便捷的出海通道。

广西沿海岛屿有 697 个，总面积约 84 km²，岛屿岸线长约 600 km。广西海岸曲折，海岸类型较为复杂：南流江口及钦江口为河口三角洲海岸地貌类型，洲岛密布，并有水下沙洲发育；铁山港、大风江口、茅岭江口及防城河口为典型的溺谷海岸，海水可深入离海滨数十千米的谷地；钦州和防城两市沿海主要为侵蚀性山地型海岸，山地直临海岸，岸线特别曲折。沿岸低丘有的没入海中形成暗礁，有的露出水面成为岛屿，岬角与港湾交替出现；北海市与合浦县营盘一带的海岸属台地型海岸，台地逼近海岸，海岸线较平直，因台地受海水侵蚀成为海崖，崖前有沙堤和海滩。广西以南的北部湾湾内海底平坦，由东北向西南逐渐倾斜，倾斜度不到 2°，水深一般 20~50 m，最深不超过 90 m。

北部湾（广西）经济区拥有防城港、钦州港、北海港3大沿海港口，港口群建设是振兴北部湾（广西）经济区的重中之重。这些港口岸线漫长，有多处大型深水不冻港湾，距中国香港约 500 km，距越南海防、胡志明市分别约为 150 km、800 km，海湾地质环境和区位条件良好。

"十一五"至"十二五"时期是广西经济发展最快的时期。地区生产总值由 2007 年的 5 823.41 亿元增加到 2012 年的 1.3 万亿元，年均增长 13%；人均地区生产总值由 1 615 美元增加到 4 427 美元，翻了 1.45 倍；社会消费品零售总额由 1 932.7 亿元增加到 4 474.6 亿元，年均增长 18.3%；全社会固定资产投资由 2 970 亿元增加到 1.26 万亿元，年均增长 33.6%；工业总产值由 6 103 亿元增加到 1.8 万亿元，年均增长 24.1%；外贸进出口总额由 92.8 亿美元增加到 294.7 亿美元，年均增长 26%。千亿元产业、千亿元园区、千亿元企业从无到有，形成食品、汽车、冶金、石化、机械、建材、电力、有色金属、建筑、旅游 10 个千亿元产业，建成投产中石油钦州 1 000 万 t 炼油工程、中石化北海炼油异地改造工程，西部地区第一座核电站防城港红沙核电站开工建设，第一条天然气长输管道国家西气东输二线广西段建成通气。

广西沿岸地区建设了一批重大基础设施和产业项目，以东盟为重点的沿海、沿边、内陆全方位开放合作格局初步形成。防城港金川铜镍冶炼、防城港钢铁基地建成；北海港铁山港区1~4号、钦州港3~8号、防城港18~22号等沿海万吨级以上深水泊位51个，钦州港30万吨级、防城港20万吨级以上深水航道6条，沿海三港（广西北部湾港）实际吞吐能力由6 853万t提高到2亿t，增幅位居全国前列。广西积极开展与泛珠三角、长三角、西南地区和港澳台地区合作，引进世界500强企业45家、中国500强企业50家、中央企业48家，国内500强民营企业48家。招商引资到位资金由2007年的1 032亿元增加到2012年的5 660亿元，增长4.5倍。

2.1 海洋气象水文

2.1.1 气象

2.1.1.1 研究区气候要素的分布和变化

研究区及其北部沿岸地区地处北回归线以南，属东亚低纬度海洋性季风性气候，光热充足，降水集中，干湿明显，气温适宜。

1）气压

气压呈现季节变化，特征表现为冬高夏低，年平均气压为1 009.0~1 010 hPa。由于地处云贵高原东南，冷空气常以西路从高原侵入，南面又受到热带海洋性气团影响，研究区气压总体呈现西高东低、北高南低的态势。研究区在冬季1月的平均气压分别为1 017.0~1 017.8 hPa，7月和8月盛夏季节，气压达到全年的最低值，平均略高于1 000 hPa。年内逐月平均气压分布呈现两头高、中间低的单谷型。

2）气温与辐射

研究区气温总体分布呈现南高北低、东高西低的格局。年平均气温22.1~23.0℃。3—4月春、夏转换季节冬季风影响逐步减退，夏季风开始建立，气温升温较快，迅速回升至20℃上，最热月为7—8月，10—11月冬季风开始建立，气温下降到20℃以下。逐月平均气温变化呈现单峰形，与气压变化曲线相反。研究区的年平均气温自西向东有所增加，珍珠港为22.5℃，防城港为21.6℃，钦州湾为22.0℃，廉州湾为22.6℃，铁山港为22.9℃。铁山港沿岸的石头埠，其极端高温为38.2℃，极端低温为-1.5℃，而位于研究区中部水域的涠洲岛，极端高温为35.4℃，极端低温为2.4℃，温度极差没有北部沿岸大，海洋性气候表现得更为明显。

海域太阳年总辐射量达90~128 k·cal/（cm^2·a），日均气温≥10℃的积温高达8 000℃，持续日数为240~360 d，热资源分布总体上是由北向南增多。夏季日照时数最长，冬季最短，年平均总日照时数以研究区南部海区最多，涠洲岛为2 253 h，单日平均时数为6.2 h（陈则实等，2007）。

据资料统计，近45年来广西沿海地区年平均气温受气候变化影响显著，有明显的增温趋势，自1986年以来进入偏暖期，尤其是钦州以及以西地带（黄嘉宏等，2006）。变暖主要发生在夏、秋两季，春季有趋冷趋势，但总体上的趋暖仍然明显。

3）降水和相对湿度

研究区具有雨热同季的特点。沿岸由于丘陵平原相间，地势不一，导致降雨量分布不均，各岸段差异较大，呈西高东低的分布态势。珍珠港年降雨量为 2 220 mm，钦州为 2 103 mm，北海合浦为 1 660 mm，铁山港为 1 574 mm。西部沿岸的东兴、防城港由于位于十万大山暖湿气流迎风山脉，气流抬升影响使得降雨频繁，年均降雨量高达 2 500 mm 以上，为全国的暴雨中心之一。降水集中在夏季 6—8 月，主要由锋面低槽、切变线、热带气旋以及强对流性天气系统造成，占全年降雨量的 50%～60%。研究区年平均相对湿度在 80%～85% 之间，受海面蒸发影响，湿度自北向南增大。湿度随季节而异，春、夏为高湿期，秋、冬为低湿期。

4）风

受季风系统影响，研究区风向变化显著。每年冬季（11 月至翌年 2 月），欧亚大陆受蒙古冷高压控制，冬季风盛行，北方不断有冷空气南下影响本区，由于水域开阔，海面摩擦力小，南下冷空气到海面风速骤然加大，沿岸平均风速为 2.6～3.8 m/s，沿岸地区年平均大风日数为 2～10 d；涠洲岛由于水域开阔，是广西大风日数最多的地方，年平均高达 31 d（陈则实等，2007）。夏季大风日数最多，达到 42%，春季次之，冬季最少。春季、秋季虽属转换季节，但仍然多吹 N 向风，平均风速 3.4 m/s；夏季的 5—8 月受热带或副热带天气系统影响，常处于副热带高压脊南部，年平均风速大于沿海陆地区域，但风力较冬季小，风向多为 E—SE 向；冬季风风向稳定，盛行风向为 N 向，风力较强且较为稳定，偏北风季节略长于偏南风季节。

5）雾与能见度

研究区海域由于暖湿气流活跃，水汽输送量大，进入陆地受温度相对较低的下垫面影响，或者与南下弱冷空气交汇，年内常有雾出现，年平均雾日 13～24 d 不等，但主要出现在冬、春两季 1—4 月，尤其是 3 月。钦州湾雾日为 6～30 d，北海市年最多雾日为 33 d，最少仅 4 d，雾日数年变率很大。从日变化来看，出现最频繁时间段为 08：00～09：00，相应的气象要素有风力小、气温适宜、湿度大的特征，类型以平流雾最多（黄滢等，2012）。

2.1.1.2　气象灾害

研究区及沿岸地区地处海陆交界面，下垫面性质完全不同，成为大气能量剧变的过渡带，海洋暖湿气团与陆地冷性气团多在此交汇，受两者进退和变化影响，该区天气多变，气象灾害影响频繁。冬季，常有北方冷空气在高空气流引导下分股南下；夏季，位于暖性东亚大型低压槽东南部，副热带高压脊线在 30°N 附近，西脊端在 105°～110°E 之间摆动，随副热带高压加强和北进，赤道附近热带辐合带随之向北移动，广西沿海受其影响，偏南季风逐渐占优势，形成夏季风场。在热带辐合带的引导下，东风波、低槽、切变线、热带低压过境，造成大风和雷雨天气。春、秋季节为转换季节，常出现低温阴雨天气和寒露风天气。

1）低温阴雨

冬季，大陆冷高压较稳定，弱冷空气源源不断南下，与洋面上输入的暖湿气流在高空交汇，春季是冬季环流形势向夏季转换时期，北方南下冷空气与南方暖湿气流相遇对峙，形成静止锋，均会造成低温连阴雨天气，常出现在 1—3 月，其特点是持续时间较长，过程平均持续 8～9 d，具有温度低、日照少、雨量相对较少但范围广的特点，对沿岸农业造成灾害。春季以低温型阴雨发生的频率最高，前暖后冷型以及冷暖交替型次之。

2）热带气旋

西太平洋和北部湾以南的南海是著名的热带气旋生成区。由于其地理特征，广西沿海受热带气旋影响的频率要低于广东和福建，但一旦受到热带气旋侵袭或影响，其受灾程度也相当严重。影响广西沿岸的热带气旋路径主要有 3 类：一是穿过海南岛东北部，越过北部湾海面，在广西至越南北部沿海一带登陆；二是台风斜穿海南岛和雷州半岛，进入北部湾，在越南中部沿海登陆；三是台风横穿或绕过海南岛南部，在北部湾湾口的越南沿岸登陆。

西太平洋热带气旋和南海热带气旋的对广西影响的比例分别占 70% 和 30%（陈润珍，2005），每年 5—11 月为热带气旋影响季节，集中在 7—9 月，其影响次数占全年的 73%。据近 50 年来的资料统计，影响广西沿海的热带气旋平均每年有 5 个，最多的年份达 9 个，最少的年份为 0 个；涠洲岛每年有 4~5 次受热带气旋影响，严重影响平均 3 年 1 次；钦州湾 8 月占全年热带气旋影响总次数的 26.3%，年平均影响次数为 1.2 次，最大风力超过 8 级者占 36.8%，海面瞬间风力可达到 12 级，造成风灾和洪涝灾害。

3）大风和强风天气

受大气环流季节性调整的影响，每年夏末秋初的 9 月前后，副热带高压明显减弱南撤。与此同时，高空西风带环流逐步南移，北方冷空气在西风槽的导引下不断南下，一般在 9 月下旬开始出现偏北大风或强风，到翌年 4 月为止的长达 8 个月时间里，常有偏北大风或强风出现。特别是受十万大山阻挡影响较小的中部、东部沿海山地丘陵地区，受北下气流下坡加速和狭管效应，大风也多有出现。如钦州湾白龙尾，年平均风力 5.3 m/s，明显高于西部。

夏季在台风影响下，涠洲岛常出现 12 级或以上大风，持续数小时，尤其是以一类路径进入北部湾海面的强热带气旋，引致沿海灾害性大风天气，影响程度视台风路径和中心风力，影响时段集中在每年的 7—8 月。台风大风天气频数从海面向陆地递减，如涠洲岛为 3.0 次/年，钦州则为 1.25 次/年（周惠文等，2007）。

4）暴雨和洪涝

由于雨量丰沛，加之十万大山山脉和丘陵地形影响，沿岸暴雨洪涝灾害多发，这也是广西沿海地区首要的灾害。以 5—9 月最多，约占全年的 90%，其中 6—8 月占全年的 70%。除了热带气旋造成暴雨外，还有西南暖湿气流和弱冷空气影响交汇形成静止锋，高空槽、低涡、切变线以及北部湾低压、西南季风云团等热带天气系统，特别是在其共同影响下，会出现大范围持续性暴雨天气。日雨量超过 150 mm 的特大暴雨年平均 0.5~1.0 d，北海最多有 4 d，合浦最多有 2 d。钦州年平均日雨量≥50 mm 的暴雨日数为 9.7 d，日雨量≥100 mm 的暴雨日数为 2.5；北海最多为 14 d，最少为 3 d；合浦最多为 11 d，最少为 3 d。

5. 强对流天气

在特定的天气形势下，沿岸山区丘陵地带常出现冰雹，集中在 2—4 月。海湾和湾外海面多次出现过龙卷风，虽然持续时间短，影响范围小，但影响强度极大。雷暴日数有明显的地域性分布特征，主要特征是南部多，北部少，4—9 月为雷暴活动频繁时期。

6）干旱

受冬、夏季风进退异常影响，研究区以及沿海地区雨水季节分配不均，过于集中，变率较大，干湿季分明，沿岸四季均有旱情，其中以春旱和秋旱影响最大。据资料统计，沿岸 29% 的年份出现严重春旱，14% 的年份出现严重秋旱；近 50 年的资料统计表明，广西干旱指数、干旱受灾面积均呈上升趋势，特别是秋旱突出；20 世纪 80 年代末期以来严重干旱灾害的频率增多，包括广西沿海地区的桂东南干旱指数上升最为明显，尤其是冬、春两季，为 0.4 ~ 1.8 次/10 年（李艳兰等，2010）。

2.1.2 水文

2.1.2.1 潮汐性质与类型

研究区的潮汐为传入北部湾的南海潮波系统所控制。北部沿岸自西向东以北海为界，潮汐类型比值由 5.09 下降到 3.29，由规则全日潮变为不规则全日潮。在铁山港，一年之中有 1/3 的时间为两高两低半日潮，为月球运动和海岸地形影响所致，一年之中，一个太阴日一次高潮和一次低潮的天数约占 2/3。分析显示，水域日分潮占主导地位，全日分潮（K_1、O_1、Q_1）振幅之和为主要半日潮（M_2、S_2、N_2）振幅之和的 3 倍或者以上，潮不等现象明显，高潮和低潮不等，其差值为 0.5 ~ 1.0 m。平均涨潮历时长于平均落潮历时，沿岸海湾涨潮历时 10 h 左右，落潮历时与其相差 1.5 ~ 2.5 h，差值自北向南随着水域的开阔而缩小。

1）潮位和潮差

广西沿岸地区为北部湾潮差最大之处，自西向东而增大，最大潮差均超过 5.00 m。西部最大潮差 5.05 m，北海港为 5.36 m，石头埠实测最大潮差 6.25 m。平均潮差自海向岸、自西向东有所增加（张桂宏，2009），年平均潮差为 2.10 ~ 2.46 m。西岸的防城港为 2.25 m，东岸的铁山港为 2.53 m。研究区西部沿岸最高高潮位 3.17 m，最低低潮位 -2.03 m，中部的钦州湾依次是 3.33 m、-2.39 m，东部的石头埠依次是 3.68 m、-2.78 m。潮差存在季节变化，冬、夏季平均潮差略小于春、秋季，潮差逐月变化在 0.5 m 左右，特高潮位出现在台风暴潮影响时段。

钦州湾相对黄海基面的多年平均海平面为 0.4 m，铁山港石头埠为 0.34 m，一般是上半年低，下半年高，年较差约 0.20 m。

2）潮流

潮流性质为不正规全日潮。在南流江出海口，受径流影响，部分出现正规日潮流，涨潮方向为 NE—SW 或 NW—SE，在海湾受到岸线和水道的约束。总体来说，研究区潮流较强，最大超过 100 cm/s，落潮流速一般大于涨潮流速。西部平均涨潮流速为 23.3 cm/s，平均落潮流速为 39.8 cm/s；钦州湾平均涨潮流速为 38.6 ~ 53.7 cm/s，平均落潮流速为 54.8 ~ 77.2 cm/s。表层最大落潮流速为 82 cm/s，底层为 71 cm/s；北海港依次为 60 cm/s、75 cm/s。在湾内水道或者峡口流速一般较大，至湾外开阔海域流速趋缓，表层流速一般大于底层，落急时的流速比涨急时的流速略大。浅水分潮流成分显著，海湾内 K_1、M_2 分潮流椭圆长轴呈现 N—S 向，湾外呈 SW—NE 向。潮流在海湾或水道内呈往复流，在南部开阔水域则呈顺时针旋转流，不同深度的旋转方向并不相同。

2.1.2.2 余流

研究区余流变化具有显著的季节特征，与季风风向的变化有对应关系，流速一般较低。自西向东在不到 20 cm/s 范围内。海湾里的余流受到径流和地形走向的影响，夏季，钦州湾内表、底层余流方向为 WSW 和 SW 向，流速 18~22 cm/s，而湾外表底层余流流速为 5~10 cm/s，方向为 SE—NE 向；冬季，余流流向与夏季大体一致，湾内流速为 20 cm/s 左右，而湾外流速为 10 ~12 cm/s。受夏季径流动力加强影响，在廉州湾及湾外开阔水域形成一个半封闭的顺时针环流系统，余流以南流江口一带的流速最大，浅滩附近的流速最小；冬季枯水季节，南流江口一带的余流流速变弱，流速 ≤7 cm/s，海湾湾口处的流速增强，为 10 cm/s。水域余流场分布在夏季受径流的影响较大。冬季，表、底层余流大多呈偏西向，平均值低于夏季，北海近岸余流为 8 cm/s，在东部铁山港夏季，表、底层余流大多呈偏东向，最大余流分别为 34 cm/s、17 cm/s，最小余流分别为 2 cm/s、3 cm/s，廉州湾外余流为 12 cm/s（赵俊生等，2002）。在铁山港湾外存在一对方向相反的余环流，其形成是潮流与地形相互作用的结果，但持续时间并不长久。南部开阔海域的余流则反映了北部湾北部沿岸流的运动趋势，冬季为偏西向，夏季为偏东向。

2.1.2.3 波浪

研究区海面波浪主要是由海面风产生的风浪和外海传递来的涌浪组合而成，海浪的形成、发展与盛行，主要取决于季风风场的变化，风浪中各波向频率的季节变化除与风向季节变化密切相关外，还受海岸走向和海底地形等因素的影响。研究区风浪占总数的 90%，该海域北部以 NNE—NE 向出现频率最高，出现在冬季，其次是 WSW 向，出现在夏季，南部以 SSW 出现频率最高，NE 向次之，春、秋季为波向转换季节，强波主要由台风引致。常年波高多为 0.2~0.6 m，月平均最大波高介于 1.0~5.0 m 之间，视水域开阔情况和岸线走向（表2-1）。风浪的平均波周期均偏短，大致为 2.0~4.6 s。

表2-1　广西沿岸各月最大波高　　　　　　　　　　　　　　单位：m

岛名	月份												全年
	1	2	3	4	5	6	7	8	9	10	11	12	
涠洲	2.3	2.2	1.9	2.2	5.0	3.9	4.2	4.0	4.6	4.6	1.8	1.8	5.0
北海港	1.3	1.2	1.3	1.1	1.2	1.3	1.0	1.5	1.6	1.6	2.0	2.0	2.0
白龙尾	2.0	1.5	1.7	1.9	2.8	3.6	4.1	3.7	3.5	3.6	2.0	2.2	3.6

2.1.2.4 水温和盐度

1）水温

研究区海水的温、盐分布受到天气、地形、近岸流系以及径流的影响。研究区年平均水温较接近，在 23.50~24.00℃ 之间，底层水温往往低于表层，最高水温出现在 7—8 月，最低在 1—2 月，分别为 39.3℃ 与 6.5℃。夏季由于日照时数多，陆地吸收了大量太阳辐射，水温分布为近岸高、离岸低；冬季则是自北向南逐步升高。表层水温的年变化取决于海域热量收支，与海面气温的年变化有对应关系，逐月变化曲线为单峰型，底层水温变化较为复杂，15 m 以深最高水温的出现时间要比表层推迟 1 个月左右。由于太阳辐射的日变化，水温也随之变化。日最高水温多在 13~17 时，最低水温出现在 3~4 时。由于夏季岸边水温高于外海水温，因此涨潮时水温下降，落潮则上升，冬季与此相反。受海陆共同影响，近岸水温的日较差较大，夏季年平均日较差为 1.3℃，冬季为 1.0℃。

2）盐度

盐度自北向南递增，北部靠近海岸，变化要大一些，在河流出海口和河流三角洲水域盐度要低，南部海域盐度最高。逐月平均盐度在24.00~33.00之间，年较差为最高可达5.30，往南年较差缩小，涠洲岛为1.67（陈则实等，2007）。盐度逐月变化曲线形态与水温相反，为单谷型。冬季由于降水减少，周边河口的径流减弱，海面蒸发加大，故盐度上升。夏季因降水影响，盐度总体低于冬季。由于径流量较小，大部分水域受海水控制，各季海水垂直分层不甚明显，冬季由于对流混合强烈，垂直变化最为缓慢。盐度也具有明显的日变化，本海域表层盐度日较差为2.50，底层为1.00（中国海岸带水文，1996）。

2.1.2.5 径流和悬沙含量

研究区北部沿岸主要入海河流有北仑河、防城河、钦江、茅岭江、大风江以及南流江，也是广西最主要的6条入海河流，除防城河流域面积接近100 km²外，其余均超过100 km²，占沿海河流流域面积近80%；年径流量为182亿m³，以南流江最大，北仑河次之，防城河由于河床地势平缓，入海口流域面积宽广，流速缓慢，多年平均流量为58.7 m³/s，年径流量最低。各入海河流夏季径流量占全年的44.43%~58.78%，达到最高，冬季达到最低，不到10%（莫景强，1993）。

向钦州湾输入泥沙的主要河流为茅岭江、钦江，两者多年平均悬沙量为101.8万t，前者占54.3%，后者占45.7%，夏季输沙量最大，冬季则大幅减少。入海泥沙向海扩散，使河口三角洲不断向海淤进，对海湾及邻近海域环境等有重要影响。大风江和南流江是常年性流入廉州湾的河流，大风江流程较短，年平均径流量为18.3亿m³，而南流江是广西最大的入海河流，起源于广西玉林市，全长约290 km，流域面积近8 700 km²，向南注入廉州湾至南流江河口湾，年径流量在17亿~80亿m³之间，平均径流量为56亿m³，年均输沙量为117万t。可见，相对华南其他地区如珠江口，广西入海年径流总体较低。南流江水沙季节变化明显，洪季4—9月流量在166.9~237.0 m³/s之间，最高达全年平均值的2.35倍，输沙率为38.7~98.2 kg/s，为全年平均值的1.10~2.76倍。

研究区海相来沙微弱，主要是河流输入和海岸松散性北海组/湛江组岩层波浪侵蚀，浅滩和泥滩在水动力作用下的二次悬浮也有贡献。悬沙含量总体不算高。含沙量一般是涨潮低于落潮，夏季高于冬季。入海河流的河口段和口外滨段泥沙较为集中，加上絮凝作用使得含沙量较高，在南流江口为0.3~0.4 kg/m³。向海方向经过不断扩散，到达开阔水域几乎低了一个量级，为0.02~0.06 kg/m³。周日之内的悬沙变化与流速及其变幅有关，从长期来看，悬沙主要受到余流和沿岸流的共同输运。

2.1.2.6 台风暴潮灾害

广西岸段在强热带气旋和台风侵袭期间内，多伴随暴潮和暴雨的发生，在湾内河口段，还会加上汛期洪水叠高的影响。增水幅度一般为沿岸高，离岸低，湾内高，湾外小。河流三角洲和河流入海口由于地势低洼，往往遭受到严重的台风暴潮灾害。台风暴潮一般始于每年的5月，止于11月，以7—9月达到最高，7月的出现频率超过50%。大于30 cm的出现频率以8月最高，占25%，其次为9月，占24%。在强台风影响下，防城港、铁山港历史上最大增水超过200 cm，造成严重损失（陈则实等，2007）。该岸段以第一类路径，即前述穿过海南岛东北部，越过北部湾海面，在广西至越南北部沿海一带登陆的热带气旋引致的增水效应最为显著，第三类路径，即台风横穿或绕过海南岛南部，在北部湾湾口的越南沿岸登陆的热带气旋引致的增水不甚明显。

2.1.3 主要河口湾的气象水文

2.1.3.1 大风江口

研究区北部与大风江、南流江出海口毗邻，受到其入海泥沙、径流量、物质含量的影响。大风江口位于广西海岸中部和研究区北部，地处钦州湾和廉州湾之间，是一个溺谷海湾，深入陆地20多千米，有主流那彭江等。该溺谷型河口湾面积较小，口门宽约5 km，全湾岸线长约110 km。

1）气温和降水

大风江口沿岸常年平均气温为23.1℃。最冷月为1月，平均气温14.2℃，最热月为7月，平均气温29.4℃，历年极端最低气温为-0.8℃，出现时间为1975年12月29日，历年极端最高气温为37.4℃，出现时间为1968年7月28日。大风江口常年降雨量为1 700~2 100 mm，每年1—8月雨量逐月增加，其中8月是高峰月，月雨量犀牛脚站为472.7 mm；9—12月雨量逐月递减，其中12月份为最少月份，雨量不到31 mm，12月前后多出现干旱。

2）潮汐和潮流

大风江出海河流段的潮汐性质判别数为4.43，属于正规全日潮，平均潮差为2.95 m，最大潮差为4.98 m。潮流较强。平均涨潮流速为28.4 cm/s，平均落潮流速为42.3 cm/s，流向与水道走向一致；口门潮流性质判别数为3.02，属不规则日潮流，转流时间出现在高潮或低潮附近，具有往复流性质，流速的垂向分布为表层大，底层稍小，差值不超过10 cm/s。

3）波浪

口门外最大波高达5.0 m以上，平均波高0.3 m，平均周期约2 s，最大周期5 s。常浪向为东北偏北，强浪向为北向。

4）入海泥沙

大风江是北部湾广西沿岸6条主要河流（南流江、钦江、茅岭江、防城江、北仑河、大风江）中较小的河流，多年平均径流量为5.9×10^8 m^3，多年平均输沙量为11.77×10^4 t，约为广西沿岸最大入海河流南流江的10%。常水期的潮流界可深入河口湾内20 km。

2.1.3.2 南流江口

南流江三角洲位于广西海岸的中部、北海市的北部地区，是广西最大的入海河流，在北海市合浦县党江镇附近分叉，以数个分流河道（主要是南干江、南西江、南东江）向南注入廉州湾—南流江河口湾。其携带泥沙入海形成的河口三角洲也是广西沿岸最大的河口三角洲，总面积450 km^2。南流江三角洲从西北面的大风江口东岸大木城起顺岸的西面为大风江口、南面为北海半岛。

1）降水

南流江三角洲冬、夏季风显著，降雨集中而导致干、湿分季明显。南流江三角洲区域年均气温在22℃与23℃之间，雨季长，雨量充沛，多年平均降雨量在1 580~1 700 mm之间，其中夏季降雨量约占全年降雨量的60%。据北海市1953—2009年的气象资料显示，夏季降雨量高且变化量较大，容易造成洪涝和干旱灾害。本地风况也主要受季风控制，每年9月到翌年3月，盛行风向以偏北风为主，4—8月则以偏南风为主。夏季大风通常发生在热带气旋影响本区期间，冬季大风则由北方冷空气南下导致。

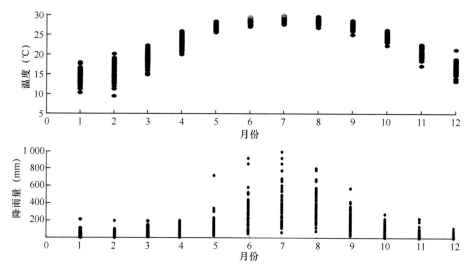

图2-1　北海市近60年各月气温及降雨特征（1953—2009年）

2）热带气旋灾害

南流江三角洲地区经常受到台风影响，据史料记载，自公元983年至1930年间，本区出现过30多次台风造成的灾害，如1636年"六月六日，飓风大作，民屋城楼崩毁严重，树木拔折，大雨如注"。1906年"八月初三日，大飓，风起时猛雨闪电，继而倒屋拔树……暴潮随风而于傍晚突然来到，濒海居民及从事浅海捕捞者被溺逾千……"。据1949年以后资料显示，影响南流江三角洲的台风平均每年有2~3次，重灾一般3年一遇，无台风一般10年一遇。影响本区的台风有西太平洋热带气旋、南海热带气旋以及北部湾热带气旋3种，其中以西太平洋热带气旋最强且频率最高（年均1.9次）。近20多年来，南流江三角洲地区受到严重袭击的主要台风风暴潮有：1986年7月21—22日影响的8609号"莎拉"台风，1996年9月9日影响的9615号"莎莉"台风，2001年7月2日影响的0103号"榴莲"台风，2003年7月19日影响的0307号"伊布都"台风，2003年7月19日影响的0312号"科罗旺"台风，2003年8月24日影响的0312号"科罗旺"台风，2006年8月3日影响的0606号"派比安"台风，2008年9月23—25日影响的0814号"黑格比"台风等，引起广西沿海的增水均在100 cm以上，造成直接经济损失7.037亿~25.55亿元。其中，1996年9月9日，广西沿海地区受到9615号"莎莉"台风风暴潮袭击造成的危害最大，最大增水200 cm，造成直接经济损失25.55亿元。尤其是北海市受到9615号台风风暴潮灾害最为严重，沿岸海堤被3~5 m的海浪冲垮毁坏，潮水涌入，据统计，北海市1县3区26个乡镇全部受灾。

3）潮波和潮流

东南方向传来的潮波受到北海半岛阻挡绕射而成，在廉州湾内沿等深线逐渐偏转向东北向。廉州湾潮汐属于正规全日潮性质，据潮汐资料统计，全日潮占主导地位，一年中一天一次高潮和一次低潮的天数约占66%，其余则主要为半日潮，即一天两次高潮和两次低潮。在半日潮期间，相邻两高潮和两低潮的高潮一般不等，差值为0.5~1.0 m，同时，其涨潮历时及落潮历时也不相等，差值为 1~2 h，个别的达 3 h 以上。无论是在全日潮期间还是半日潮期间，南流江河口湾（廉州湾）潮汐日不等现象都是十分显著的。

湾内潮流具有往复流的特性。初涨时水流自东南向西北，绕冠头岭岬角首先进入深槽，此时深槽上段主要是上一潮次时未及排出的水体，受涨潮流顶托和挤压，在地角镇西南向局部区域发生顺时针旋转。而进入深槽下段和西北向浅滩的涨潮水，方向逐渐向北偏转，在涨急时水流往东北，向深槽上段集中进入廉州湾。涨憩后 1~2 h，水流即迅速向西南方向退去，形成了由北向南的流势。

实测平均流速一般在 20~50 cm/s 之间，落潮流速大于涨潮流速，其差值在 10 cm/s 以上。落潮流速超过 100 cm/s（位于廉州湾南部潮流深槽处达 104 cm/s），涨潮流速不到 90 cm/s。南流江河区浅滩一带流速较小，最大落潮流速为 65 cm/s，最大涨潮流速仅 44 cm/s。

4）盐度

南流江流域干湿季降雨量分布十分不均，导致南流江径流量季节差异很大，河口水体的盐度及其空间分布特征也呈现明显的季节性变化。在春季（3—5 月），南流江口门附近水体的盐度值低于15，在远离河口方向上逐渐增加，在北海半岛西北侧岸外深水槽内达到 30。在夏季，南流江径流量大增，在口门处盐度值一般低于 5，冲淡水使得廉州湾北半部水体的盐度值低于 15，且在廉州湾中部形成盐度峰，盐度值在锋内迅速由 20 增加至 30。秋季时径流量剧减，南流江口门处盐度值又增加至 22 左右，而冬季时随着南流江径流量降至最低，口门处盐度值可达到 29~30，北海半岛西北侧岸外水体的盐度值可超过 31（图 2-2）。

5）泥沙

根据南流江合浦常乐水文站多年资料统计，年均输沙量为 117 万 t。洪水季节（6—8 月）径流量占全年的 50%，输沙量占全年的 60%；枯水季节径流量仅占全年的 7%，输沙量不到全年的 1%（表 2-2）。

表 2-2 南流江多年月平均流量与输沙率

项目	月份											
	1 月	2 月	3 月	4 月	5 月	6 月	7 月	8 月	9 月	10 月	11 月	12 月
流量（m³/s）	51.6	55.8	68.6	166.9	200.9	302.1	293.6	394.1	237.0	115.7	77.4	50.4
输沙率（kg/s）	3.81	4.67	5.99	57.8	52.8	78.5	72.3	98.2	38.7	10.5	2.77	0.817

2.2 区域地质构造背景

2.2.1 地层

广西沿海发育早古生界至第四纪地层，以广泛分布于桂中、桂西的古生代及早三叠世海相沉积的碳酸盐岩为主，其次是各地质时期的海、陆相砂岩、泥岩为主的碎屑岩，数量少，分布零散。地层按大地构造属性和沉积特征可分 3 个发展阶段：①前泥盆纪为地槽型沉积；②泥盆纪—中三叠世为准地台型沉积；③晚三叠世—第四纪为陆缘活动带盆地型沉积。

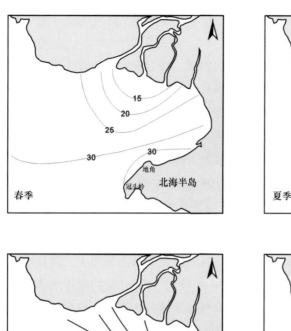

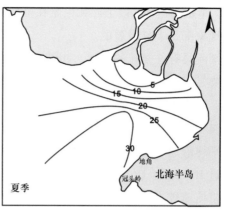

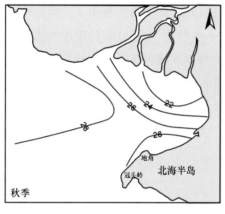

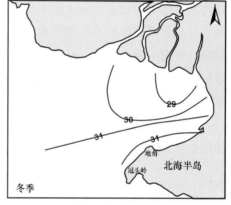

图 2-2　廉州湾内水体各季节盐度变化特征（韦蔓新，2006）

2.2.1.1　前泥盆系

前泥盆系主要分布于桂东南、桂北、桂东地区，在桂中和桂西仅有零星出露。寒武系自东向西由槽盆相过渡为台地相，奥陶系分布于大瑶山南北两侧和东大明山西侧，志留系仅见于小董—容县一线之东南。沿海地区前泥盆系出露于钦州和防城地区一带，其地层时代为主要为志留纪。底部为一套沙砾岩与下伏兰瓮组呈平行不整合接触，往上为砂页岩互层或互为夹层，下部产底栖生物，中上部产笔石。按岩性组合、古生物特征自下而上可分为大岗顶组、连滩组、合浦组、防城组，各组地层之间呈整合接触关系。

1）大岗顶组

分布于东兴、钦州、玉林、岑溪等地，为一套灰绿色厚层块状砾岩、沙砾岩、含砾砂岩夹砂岩、页岩，砾石成分主要为粉砂岩、泥质砂岩、硅质岩等，杂乱分布，产 Orthissp. 等腕足类化石。局部见滑塌构造、叠瓦状构造。

2）连滩组

分布于东兴、防城、钦州、合浦、玉林、容县、岑溪等地，岩性为细砂岩、岩屑砂岩、粉砂岩与页岩互层，顶部夹泥灰岩。富含笔石。

3）合浦组

分布于防城、钦州、合浦、岑溪等地。底部以石英砂岩为标志与下伏连滩组页岩夹泥灰岩分界，往上为泥质粉砂岩、粉砂质泥岩与页岩互层，夹石英砂岩、炭质页岩，合浦—防城一带夹菱铁矿层。含笔石及少量腕足类、三叶虫等化石，时代为中志留世。

4）防城组

小面积分布于防城、钦州、合浦、玉林、岑溪等地，岩性为灰黑色，风化后为浅紫红、灰白色页岩、粉砂质页岩与中薄层细砂岩互层，底部以一层中层状细砂岩与下伏合浦组整合接触，顶以灰绿色页岩与上覆钦州组细砂岩为过渡关系（岑溪为平行不整合）。产笔石及腕足类、三叶虫等，时代属晚志留世。

2.2.1.2 泥盆系—中三叠统

泥盆系—中三叠统以浅海台地相碳酸盐岩为主，兼有盆地硅质岩及陆相碎屑岩等。泥盆世沉积多由深海—半深海相地层组成，以碳酸盐岩为主，也发育有砂岩、硅质岩、泥岩等，产丰富的笔石、竹节石、三叶虫、腕足类、双壳类、放射虫等化石。石炭纪基本继承志留纪的沉积环境，受制于海侵—海退旋回，呈现反复叠覆的陆缘碎屑岩—碳酸盐岩—薄层碳酸盐岩与硅质岩互层—硅、泥质岩的组合序列。早二叠世与下覆地层呈不整合接触，岩层在空间上依次出现陆缘碎屑岩（含煤）、碳酸盐岩、薄层碳酸盐岩夹硅质岩；晚二叠世的东吴运动造成与早二叠世地层不整合，依次出现海陆交互相碎屑岩（含煤）、滨海相碎屑岩（含煤）、硅质岩、碳酸盐岩、薄层灰岩夹硅质岩和深水盆地的硅泥质岩。下、中三叠统岩性复杂，沉积相类型多样，并有中基性、中酸性火山活动。下三叠统以盆地相沉积的泥岩夹灰岩为主；中三叠统基本上为具复理石特征的槽盆相陆缘碎屑浊积岩，底部夹中酸性火山碎屑岩或夹泥砾岩；早、中三叠世沉积继承晚二叠世以来的格局，依次出现碎屑岩（浅水沉积）、泥质灰岩、碎屑岩（深水沉积）以及碳酸盐岩。

2.2.1.3 上三叠统—第四系

晚三叠世—第四纪地层主要分布于凭祥—平南—梧州等一线之东南地区，以十万大山盆地、社步盆地为最大，博白—容县盆地次之，其余多为区域性断裂控制的断陷盆地。晚三叠世中期十万大山盆地为海陆交互相或淡化海相沉积，此后全为陆相沉积。中三叠世末的印支运动使晚三叠世地层转为海陆交互相或陆相沉积的灰绿—灰黑色碎屑岩，底部常常出露花岗碎屑岩。侏罗纪地层主要分布于桂南、桂东南及桂东地区。桂南十万大山盆地分布面积最大，南翼与下伏扶隆坳组为连续沉积，北翼角度不整合于前侏罗纪之上，早期以泥质岩或砂岩为主，局部形成含煤建造。晚白垩世早期多为沉积较厚的粗碎屑岩和火山岩流、火山碎屑岩；晚期主要为陆缘碎屑砂、泥岩。古近系主要为一套边缘相砂、粉砂岩，砂质砾岩等，其底部与下伏地层为角度不整合关系接触。新近系仅分布于北海市铁山港区（南康镇）—山口镇一带，称南康组，岩性为灰绿、灰白色黏土岩、砂岩、粉砂岩、砂砾岩夹数层褐煤及油页岩，与下伏泥盆系、石炭系，白垩系角度不整合。沿海近岸地区第四系广泛分布，但很零星，以河流冲积、溶余堆积、残积、残坡积、坡积、洪积、洪冲积等沉积物为主，部分地区出现海积沉积，地层为砂砾层、砂质黏土层、泥炭土层、砂质淤泥层、基性火山岩（玄武岩）。

研究区沿岸周围出露的第四纪地层主要包括下更新统湛江组含砾粉细砂、砂质泥、砂质黏土层，灰色、灰白、土黄、棕红色等粉砂质黏土、黏土质砂、杂色花斑状黏土；中更新统北海组亚砂土、砂泥层，砖红色、棕红色砂质黏土；全新世含砂砾层、砂质泥层、泥质砂层、粗中砂、中细砂、粉砂质黏土和淤泥。海底现代沉积物以粉砂质黏土和黏土质粉砂为主，全新统沉积厚度在 1～23 m 之间。

海岸由于长期受到潮流、波浪的侵蚀夷平作用，上述地层经冲刷堆积成为近岸海域沉积物的主要来源。沉积物类型主要为中细砂或细—中砂、中粗砂，含贝壳碎片及完整贝壳，局部夹有砂质黏土团块。同时，局部区域有粗砂和沙砾沉积物，以及粉砂质黏土沉积分布。铁山港及东兴港研究区内没有较大河流入海，仅有一条小型的那郊河注入。港湾周围出露地层在湾顶滨岸地带主要为泥盆系紫红色砂砾岩，粉砂质页岩及下石碳系灰岩或白云岩；港湾东西两侧滨岸地带出露的地层主要为下更新统湛江组的灰色、灰白、土黄、棕红色等粉砂质黏土、黏土质砂、杂色花斑状黏土；中更新统北海组的砖红色、棕红色砂质黏土，砂砾岩等。

淤泥沉积主要在港湾附近（铁山港及东兴港等），含植物碎屑和贝壳，沉积物具生物扰动构造，局部含少量砾石。研究区海域西部沿岸潮间浅滩至 5 m 水深以内地区以及湾口处的潮流沙脊群均为较纯净的中细砂或细—中砂分布地带。

2.2.2 构造运动

广西北部湾地区地处华南亚板块的南端，在大地构造位置上处于华南活动带，主要经历了加里东、华力西、印支、燕山及喜马拉雅等多期构造运动，地质构造演化比较复杂，地质环境相对脆弱，存在多种影响地质环境的因素。

晚古生代以来，地壳处于相对稳定发展时期，但由于基底固结程度比较低，仍具有相当的活动性。以伸展沉降为特征，为浅海相沉积盖层，早泥盆世晚期，地幔上隆，陆壳拉张，发生海底微型扩张，逐步形成一系列沉积盆地，显示出"台、沟"分割的构造格局。桂西地壳活动加剧，重新沦为海槽。中三叠世末的印支运动，再一次显示出其重要性：形成盖层褶皱，奠定了广西境内构造格局；地壳全面上升，结束了陆内海相沉积，华南大陆形成，并成为欧亚大陆板块的组成部分。

中、新生代，本区受太平洋板块及印度板块的联合作用，形成北东向和北西向的构造—岩浆岩带，陆内断陷盆地发育，块断隆升剧烈，板内挤压破碎和地壳深部重熔强烈，桂东南尤甚，形成醒目的北东向构造—岩浆岩带，成为滨太平洋大陆边缘活动带的组成部分。

胡琳莹（2011）通过对已有资料重新分析认为，北部湾区域活动断裂构造以 NE 向为主，NW 向次之，极少 NEE 向。区域性深大断裂以 NEE 向的防城—灵山断裂为主，在第四纪以来仍发生继承性活动。广西构造运动频繁，共计 21 次，其中四堡、广西、东吴及燕山运动最为强烈，具有造山运动性质，显示出具有多旋回的构造运动特征，据此可将广西划分为四堡、扬子—加里东、华力西、印支、燕山和喜马拉雅 6 个构造旋回。区内岩浆活动频繁，构造活动以断裂为主。

沿海地区地处中国东南部大陆边缘活动带的西南端，位于欧亚板块、太平洋板块和印度洋板块交汇处。由于经历了多次构造运动，且每次构造运动相应形成了一系列深度、规模和性质都有差异的断裂带，同时断裂带之间互相切割和控制，造成断裂构造的复杂性。沿海断裂有 NE 向、NW 向、近 EW 向和 SN 向四组，主要有：NE 向的钦防—灵山断裂带（F2）、合浦—博白断裂带（F3）；NW 向的钦州湾断裂（F4）、百色—铁山港断裂带（F5）、犀牛脚—北海断裂带（F16）、靖西—崇左断裂带（F17）；近EW向的断裂有那丁断裂（F10）；SN向断裂一般为小断裂。其中，NE向断裂带规模和范围最大，多被NW向断裂切割并错动，表明NW向断裂生成较晚（图2-3）。

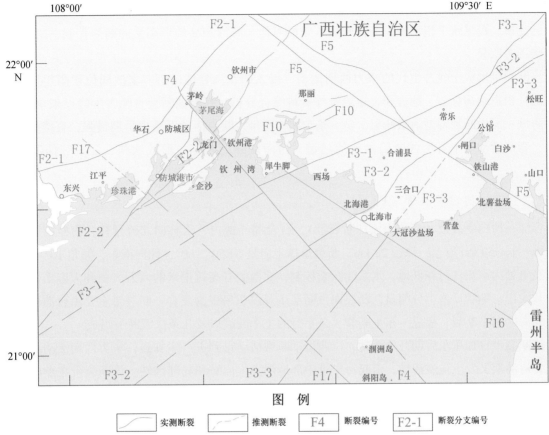

图 例

□ 实测断裂   ┄ 推测断裂   [F4] 断裂编号   [F2-1] 断裂分支编号

F2：钦防—灵山断裂带；F3：合浦—博白断裂（南流江断裂带）；F4：钦州湾断裂带；F5：百色—铁山港断裂带（属百色—合浦断裂带或称右江断裂带南支）；F10：那西断裂带；F16：犀牛脚—北海断裂带；F17：靖西—崇左断裂带

图 2-3 广西沿海地区区域断裂分布

注：资料来源于1995年中国地质科学院562大队报告《广西沿海重要城市、港口区域地壳稳定性调查与评价》，1999年广西壮族自治区地质矿产勘查开发局编制的《1∶500 000数字地质图说明书》，以及历年来广州海洋地质调查局实测资料

2.2.2.1 NE向断裂带

NE向断裂带为华夏构造体系，其特征为压扭性构造形迹，断裂规模较大，动力变质作用明显，以中生代活动最为强烈，组成了地堑式断裂。

1）钦防—灵山断裂带（F2）

钦防—灵山断裂带规模较大，影响范围广，北与博白—梧州断裂汇合，沿十万大山和六万大山北侧延伸，经灵山、钦州、防城至东兴，进入北部湾。断裂宽达30 km，长700 km以上，深度25 km左右，断裂延伸至沿海地区的宽度为5~25 km。基本走向为NE40°~50°，倾向SE，倾角70°~80°。

该断裂带由两条相互平行的主干断裂：马路—平吉断裂（F2-1）及防城—久隆断裂（F2-2），以及其余大致平行展布的次级断裂组成，被一系列北西向张剪性断裂错断。沿断裂带出露的地层有志留系、泥盆系、上三叠统等海相复理石建造，侵入岩有华力西至燕山期的花岗岩、花岗斑岩、岩株、岩脉、晚第三纪出现中—酸性火山碎屑岩、凝灰岩。断裂带早期整体呈压扭性，其两侧破碎带、透镜体及糜棱岩化、片理化带极为发育；晚期正断与逆断活动交替出现，出现的张性裂隙被硅质岩脉充填、可见水平扭动擦痕。钦州湾一带的海岸、海湾和岛屿形态受此断裂控制，NE 向线性和带状形迹明显。

该断裂带形成于晚古生代的华力西期运动，侵入的花岗岩体的钾—氩法同位素测年显示其为 257 Ma。根据地质标志、地震和大地测量等资料综合分析，判断该断裂自晚古生代以来均有活动，说明防城—灵山断裂带是活跃断裂，是一条孕震构造带。断裂活动以燕山早期最强，直接控制着沉积相、岩浆活动与中新生代断陷盆地的建造，西南端强烈断陷，形成钦州、江平等侏罗纪构造盆地。

2）合浦—博白断裂带（F3）

合浦—博白断裂带（或称南流江断裂带），自合浦经博白、玉林向北流延伸，南西端进入北部湾海域，长 350 km 以上，深约 22 km。断裂总体走向呈 NE50°~60°，倾向南东，倾角 10°~80°。断裂所经之处为南流江河谷低地，水系受断裂控制，北西侧有高达千米的六万大山和大容山，南东侧有云开大山，地貌反差十分明显，断层面、断层崖及洪积扇极为发育。断裂带主要由合浦—博白断裂、北海—东平断裂、福成—东平断裂 3 条平行的主干断裂以及几条次级断裂组成。

该断裂带自加里东后期开始活动，广西运动断裂活动得到进一步加强，华力西期活动减弱，但至东吴运动期又发生强烈活动，引起海岸带中部地层发生褶皱和局部倒转。该断裂带在燕山早期为压性断裂，沿断裂活动发生强烈坳陷，形成许多长条状断陷盆地，两侧岩石受挤压发生强烈破碎，角砾岩、透镜体、糜棱岩化带及片理化带发育；之后呈正、逆断交替活动，岩层的揉皱、破碎、硅化及张性脉体较发育，出现那车垌岩体侵入，该岩体的年龄（钾—氩法同位素测定）为 90 Ma；燕山运动晚期以来，该断裂带一直在强弱不等地持续活动，直接控制着合浦盆地的形成和发展。自燕山晚期至喜马拉雅期，由合浦断裂坳陷而形成的合浦盆地，沉积物厚达 4 000 m 以上，并有中酸性岩浆喷发。资料显示，该断裂带迄今仍未平静，近期仍有小震记录。

2.2.2.2 NW 向断裂带

NW 向断裂带为张扭性断裂，规模较 NE 向小。受两者影响，其他小构造也比较发育。NW 向断裂带主要包括：钦州湾断裂带（F4）、百色—铁山港断裂带（F5）、犀牛脚—北海断裂带（F16）、靖西—崇左断裂带（F17）等。

1）钦州湾断裂带（F4）

该断裂沿钦州湾以 320°走向分布，在钦州港附近可见压性陡立地层。据地球物理探测资料显示，断裂向 SW 延伸至涠洲岛、斜阳岛。涠洲岛第四纪火山活动发育于该断裂带上，同时在该断裂带与 NE 向断裂带交汇处发生过多次地震活动，但震级较小，能量较弱。

2）百色—铁山港断裂带（F5）

百色—铁山港断裂带（F5）属百色—合浦断裂（又叫右江断裂带）南支的一段。断裂总体走向在 310°~320°之间，倾向 SW，倾角 60°~70°，断裂带多由角砾岩、糜棱岩、硅化岩及断层泥胶结的碎屑物质组成。断裂具正、逆断层性质，也有左行扭动特征。该断裂带在第四纪还有较强的活动，如新圩、烟墩等处的第四纪火山口且其沉积物就在断裂带上。

3）靖西—崇左断裂带（F17）

靖西—崇左断裂带西北起自云南富宁，经广西的靖西、大新、过崇左后撒开，由钦州、防城一带进入北部湾。新生代以来该断裂带活动明显，是北部湾新生代盆地的东北边界和次级盆地的控制断裂，垂直差异运动显著。测年资料表明，断裂在距今25万年前有过明显活动。断裂左旋断错一系列山脊和第四系台地，是一条同时具走滑和垂直差异运动的活动断裂带。在断裂带的西段曾发生过5.5级和5.7级地震，沿断裂带附近2~4.5级地震时有发生。

根据资料，犀牛脚—北海断裂带（F16）仅为推测断裂带，没有沿NW方向追踪到陆地（莫永杰，1996）。此次海上调查发现了其海底踪迹，证实了该断裂带的存在。

2.2.2.3 近 EW 向断裂带

近EW向断裂规模较小，主要分布在沿海地区中部的那丁一带。

那丁断裂（F10-1）沿近EW走向分布，倾向N或NNE，倾角较陡，为35°~80°，断层延伸长度35 km左右，宽几十至几百米，断裂带岩石较为破碎，部分岩石硅化现象严重，断层面可见擦痕，断裂具有压扭性质。

2.2.2.4 遥感影像解译的线性构造

遥感图像是地表地物、地形、土壤等要素的综合反映，对地层、地质构造也有一定程度的反映。经对广西沿岸的遥感地质信息提取及地质内容解译，结合1∶250 000地质图上的地质构造，可推测出沿岸的线性形迹（图2-4）。图中绿色线条是1∶250 000地质图上的断层，且在遥感影像上有明显的线性构造反映，而橘黄色线条是根据遥感影像特征和彩色数字地形模型推测的线性形迹。遥感解译成果反映了线性形迹的地质意义，线性较好的海岸常常是由相应的线性形迹所控制。

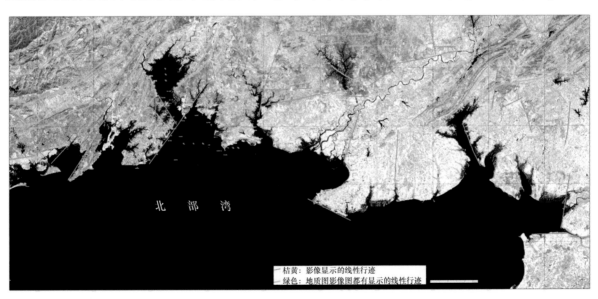

图 2-4　广西沿海线性形迹遥感解译

2.2.3　地震活动及其时空分布

2.2.3.1　地震活动

研究区地震活动与新构造运动特征密切相关。北部湾坳陷为新构造期以来的整体坳陷区，但也表现出一定的断块差异活动。晚新生代以来，北部湾海域主要以坳陷活动为主，差异运动并不显著，主要表现为内部继承性的差异隆起和凹陷，中强地震主要发生杂差异性相对明显的部位（如沉降幅度较大的凹陷边缘），其中 1995 年北部湾 6.1 级地震就发生在乌石凹陷边界 NEE 向断裂与 NW 向断裂的交汇部位。因此，控制坳陷发育的断裂，往往具有重要的发震构造背景。李金臣等（2009）从构造背景、断裂构造、地球物理场、地震活动性和震源机制等方面分析了北部湾双震的发震构造条件，认为 NEE 向的乌石凹陷边界断裂为主要发震构造，而 NW 向断裂仅起到应力集中和调节作用，北部湾盆地内的地震活动主要与晚新生代沉降中心相关，且次级凹陷 NE—NEE 向边界断裂是重要的发震构造，而较大弧度的转折部位或与 NW 向断裂交汇的部位是重要的发震部位。

侯建军等（1987）通过讨论广西海岸带的新构造活动特征与地震的关系，认为新生代以来，北西向和北东向断裂所围限的断块间的差异活动，控制着区内的地质和地貌的发育，与 NE 向断裂相比较，NW 向断裂具有较新，活动性较强的特点；地震主要分布在地貌反差较大的盆地边缘和两组断裂的交汇部位。全新世以来，断块之间在垂向上表现为整体抬升，水平方向上的活动性减弱。

广西沿海地区属我国东南沉陷地震带。地震活动的空间分布、强度、频度与发震断裂的展布和活动幅度密切相关，钦州地震构造主要受 NE、NW 向断裂分布的影响，明显具有条带状或丛状分布特征，尤以 NE 向大断裂带为主。自后汉以来，钦防—灵山断裂带附近发生有感地震超过 60 次，最大震级为 6.75 级（1936 年 4 月 1 日），1958 年 9 月 25 日又在灵山的石塘乡发生 5.75 级地震；近期仪器记录到灵山和钦州附近的弱震有 50 多次，1981 年 6 月 23 日在构造带西南端的白龙尾附近海上发生 4.2 级地震，1983 年 6 月 24 日在越南的奠边府发生 7 级地震，1936 年地震主震等烈度线长轴方向为北东向，与断裂带平行。合浦—博白断裂带也是地震多发地带，据史料记载，合浦、北流、陆川等地历史上发生过 58 次地震，其中最大震级为 5 级，近期也有小震记录。

北海地区位于东南沿海地震带西段，地处合浦—博白（或称南流江）区域性断裂带与钦州湾活动断裂带的交汇处，断裂构造以 NE 向为主，其次是 NW 向和 EW 向，因而地震构造主要受 NE、NW 向分布的断裂影响，具有明显的条带状或丛状分布特征，尤以 NE 向大断裂带的影响为主。自 1078 年有地震记载以来至 1969 年，共记述了 3 级（含 3 级）以上地震 200 余次。自 1507 年有破坏性地震记载以来至 1969 年，共记述了 4 级（含 4 级）以上的地震 30 余次，最大震级 6.8 级，表明该区历史地震活动较强，历史上和现代曾发生过 40 余次中强地震，其地震影响烈度高达 Ⅴ 度，近年来更是小震不断（史水平等，2007）。

小董—石康断裂带是主要的 NW 向地震带之一。历史上曾发生 4 级以上地震 8 次，该断裂与 NE 向断裂带的交汇处小于 4 级的微震不计其数。钦州湾—涠洲岛地震带、合浦—百色地震带和横县—博白地震带等也多发生强烈地震，如钦州湾—涠洲岛地震带和横县—博白地震带分别记录过大于 5 级地震 3 次和 5 次。

在构造上，广西海岸带位于华南褶皱带的西端，区内主要发育有 NW 向和 NE 向两组断裂。这两组断裂相互交错，把广西海岸带分割成许多断块。新生代以来，断裂活动强烈，两者所围限的断块差异性活动控制着区内地质和地貌的发育。第四纪以来，整个海岸带以差异性上升为主，地震活动性较弱。

2.2.3.2 地震活动的时空分布

1）时间序列

广西沿海地区在16世纪以前地震记载较少，主要地震记载在16世纪以后。广西海岸带自1485年以来，3级以上的有震感的地震发生过30多次。自1970年以来由仪器记录到的3级以下地震有50多次，这种弱震在北部湾地区近10年内发生了40多次，另外，1605年7月13日琼山7.5级地震和1936年4月1日灵山6.75级地震曾造成了岸区的Ⅶ度烈度区。自16世纪以来，随时间推移，地震频度和强度表现出平静和活跃交替的现象（郭培兰，2005）。自1450年以来经历了两个地震活跃期：

1450—1700年为第一活跃期：其中1450—1530年为相对活跃期，1530—1650年为相对平静期，1650—1700年为相对活跃期；

1700—1850年为平静期；

1850年至今为第二活跃期。

目前本区地震活动依然处于第二活跃期的高潮期，并将持续一段时间。

2）空间分布

构造地震是岩石圈快速破裂的一种表现形式。研究表明区内地震多数发生在特殊的构造部位：①断裂强烈活动的地段，即地貌反差较大的盆地边缘；②北西向和北东向的钦防—灵山、巴马—博白、百色—合浦和靖西—崇左等活动断裂的交汇区。在近东西向区域主应力的作用下，两组断裂交汇区易于应力积累，也因此是本区地震比较活跃的地区。从地震分布来看，本区地震构造主要受北东向的合浦—北流断裂带和防城—灵山断裂的控制，但与北东向断裂相比，北西向断裂较新，活动性较强，因此，地震的发生可能主要与北西向断裂有关。

广西沿海地区的地震活动具有较高的重复性，即地震在同一构造部位或在原地（两次地震极震区相连）重复发生的现象，它们可以在同一活动期里重复，也可以在不同的活动期里重复。同时地震活动也具有明显的迁移性，也就是随时间推移，地震活动集中在桂西和桂东南地区，并在它们之间往返迁移。

区内地震均属浅源地震，震源深度多数在20 km以内。根据《中国地震烈度区划图》（1990）和《广西地震烈度区划图》（1992），广西沿海地区的地震基本烈度为Ⅵ度。

第3章 海洋水文与海洋化学

3.1 海洋水文特征

3.1.1 海流

3.1.1.1 海流调查概况

海流调查包括走航式海流测量（总长度为 1 889.36 km，有效剖面总数为 47 173 条）、基线海流测量（总长度为 162.03 km，有效剖面总数为 4 759 条）和定点式海流测量（2 站位共 18 次连续 25 h 观测）3 个部分（表 3-1~表 3-3）。

表 3-1　走航式海流调查概况

年份	起始日期	结束日期	水深（m）	测线总数（条）	有效剖面总数（条）	剖面间隔（s）	测线总长度（km）
2006	5 月 3 日	5 月 23 日	4.40~22.00	17	2 541	60	505.6
2007	4 月 21 日	5 月 2 日	1.09~17.76	14	10 302	10	300.05
2008	5 月 2 日	5 月 15 日	3.89~21.15	14	11 748	10	400.82
2009	4 月 27 日	5 月 17 日	3.26~24.21	12	7 579	10	271.1
2012	5 月 8 日	5 月 21 日	3.36~25.44	16	15 003	10	411.79

表 3-2　基线海流调查概况

年份	起始日期	测线名	方向（°）	水深（m）	测线长度（km）	有效剖面（条）	剖面间隔（s）
2006	5 月 20 日	JX06	20	4.60~19.10	31.00	184	60
2007	4 月 27 日	JX07	20	2.08~17.13	32.05	1 068	10
2008	5 月 7 日	JX08	20	5.16~20.31	31.18	1 155	10
2009	5 月 13 日	JX09	20	4.55~21.54	30.10	901	10
2012	5 月 28 日	JX12	20	4.37~20.10	37.70	1 451	10

表 3-3 定点式海流调查概况

年份	起始日期	站位名	经度 (E)	纬度 (N)	水深 (m)	有效剖面 (条)	剖面间隔 (s)
2006	5月25日	HLGC1	108°36′50″	21°32′16″	8.5	1 531	60
2006	5月25日	HLGC2	108°42′38″	21°33′43″	9.0	1 561	60
2007	4月11—16日	HLGC1	108°36′51″	21°32′16″	10.0	9 018/8 995	10
2007	4月11—16日	HLGC2	108°42′38″	21°33′43″	7.0	7 469/7 469	10
2008	4月5—12日	HLGC1	108°36′52″	21°32′16″	10.0	8 467/9 002	10
2008	4月5—12日	HLGC2	108°42′38″	21°33′43″	7.0	1 722/1 613	60
2009	5月4—12日	HLGC1	108°36′50″	21°33′43″	10.0	7 875/9 012	10
2009	5月4—12日	HLGC2	108°42′38″	21°33′43″	7.0	1 595/1 558	60
2012	6月6—17日	HLGC1	108°36′50″	21°32′16″	8.26	3 635/3 740	30
2012	6月6—17日	HLGC2	108°42′38″	21°33′43″	8.81	3 009/3 003	30

3.1.1.2 走航海流特征分析

研究区潮流潮型系数范围在 2.3~3.6 之间，为不规则全日潮流。即半个月内大约有 10 d 以上时间每天只出现一次涨、落潮流，只有小潮期才出现半日潮特征，一天出现两次涨潮流和两次落潮流（陈波，1987）。受地形影响显著，海流运动以往复流为主，涨潮时主流为 NE 向（或 NNE 向），落潮时主流为 SW 向（或 SSW）。一般情况下，湾口为低潮位时开始涨潮，海水大致由南向北推进，在高潮前 4~5 h，涨潮流速最大（80 cm/s）；高潮后 4~5 h，落潮流速达到最大（130 cm/s）。

测线断面海流以水平运动为主，垂直运动流速较小。通过数据分析，测线走航海流运动特征如下。

（1）测线 BBW22：起止于 2006 年 5 月 3 日 11：31~14：27，测线方向为 180°，剖面数 179 条。海流处于落潮期，水平流速在 50~130 cm/s 之间，平均流速为 110 cm/s，表层流速大于底层；表、底层水平流向以 SW 向频率最高，垂向流速非常小。

（2）测线 BBW33：起止于 2007 年 5 月 1 日 11：56~14：07，测线方向为 0°，剖面数 789 条。海流处于涨潮期，水平流速在 10.3~129.7 cm/s 之间，平均流速为 26.9 cm/s，表层流速小于底层；表、底层水平流向以 NE 向频率最高，EW 向流速较小而 NS 向流速较大。

（3）测线 BBW42：起止于 2008 年 5 月 2 日 09：36~12：27，测线方向为 180°。海流处于落潮期，水平流速在 0.2~67.6 cm/s 之间，平均流速为 18.2 cm/s，表层流速略大于底层。表、底层水平流向以 SW 向频率最高。

（4）测线 BBW65：起止于 2009 年 5 月 17 日 14：24~16：53，测线方向为 180°。海流处于涨潮期，水平流速在 1.4~111.3 cm/s 之间，平均流速为 34.8 cm/s，表层流速略小于底层；表、底层水平流向以 NNE 向频率最高。

（5）测线 BBW15：起止于 2012 年 5 月 17 日 08：34~11：25，测线方向为 180°。海流处于落潮期，水平流速在 1~54 cm/s 之间，平均流速为 8.4 cm/s，表层流速略大于底层；表、底层水平流向以 SWW 向频率最高。

以上测线均表现出垂直运动流速非常小的特征。

3.1.1.3 定点海流特征分析

利用两个定点海流站位 HLGC1 站与 HLGC2 站 5 年共 18 站次的 25 h 连续同步海流观测资料，经数据处理及统计分析，两个站位连续 5 年的海流特征值见表 3-4 和表 3-5。可以得出如下结论。

（1）大潮期 HLGC1 站的涨、落潮流变化不大，涨潮流速一般略小于落潮流速，流速随深度增加逐渐变小。5 个年度观测的最大涨潮流速为 115 cm/s，对应的流向为 44°，出现在表层（2012 年大潮观测期间）；最大落潮流速为 127 cm/s，对应的流向为 200°，出现在表层（2006 年大潮观测期间）。

（2）小潮期 HLGC1 站的涨潮流速大于落潮流速，表、中层流速一般相差较小，底层流速小于表、中层。最大涨潮流速为 108 cm/s，对应的流向为 344°，出现在表层（2012 年小潮观测期间）；最大落潮流速为 123 cm/s，对应的流向为 186°，出现在表层（2012 年小潮观测期间）。

（3）大潮期 HLGC2 站涨、落潮流变化不大，涨潮流速略小于落潮流速，流速随深度增加逐渐变小。5 个年度观测的最大涨潮流速为 102 cm/s，对应的流向为 33°，出现在中层，与表层相差极小；最大落潮流速为 116 cm/s，对应的流向为 195°。

（4）小潮期 HLGC2 站的涨潮流速与落潮流速相差微小，涨潮流速大于落潮流速，表、中层流速一般相差微小，底层流速小于表、中层。最大涨潮流速为 101 cm/s，对应的流向为 36°；最大落潮流速为 112 cm/s（中层），对应的流向为 173°。

表 3-4 定点海流测量 HLGC1 站位统计

年份/潮期	观测日期	潮型	表/中/底层平均流速（cm/s）	表/中/底层最小流速（cm/s）	表/中/底层最大流速（cm/s）	表/中/底层最大流向（°）
2006/大潮	5 月 25—26 日	涨潮	47/44/30	28/24/16	94/78/45	41/45/39
		落潮	62/58/42	34/31/15	127/102/63	200/190/206
2007/大潮	4 月 11—12 日	涨潮	35/29/24	13/8.2/1.6	54/48/46	43/35/42
		落潮	34/30/23	0.1/0.1/0.1	63/61/58	192/204/208
2007/小潮	4 月 16—17 日	涨潮	30/31/25	0.3/0.1/0.2	72/70/64	45/38/41
		落潮	19/21/16	0.9/0.1/0.1	59/55/45	187/206/200
2008/小潮	4 月 5—6 日	涨潮	33/18/16	0.7/0.1/0.1	79/69/62	33/46/355
		落潮	23/23/15	0.8/0.1/0.1	72/64/55	198/182/203
2008/大潮期	4 月 12—13 日	涨潮	36/21/17	0.4/0.1/0.1	64/61/54	29/42/37
		落潮	34/25/24	0.1/0.1/0.1	72/69/58	193/178/204
2009/小潮期	5 月 4—5 日	涨潮	37/35/34	1.7/0.9/2.0	68/64/61	43/35/42
		落潮	35/29/24	11/8.5/2.3	54/48/46	192/204/208
2009/大潮	5 月 12—13 日	涨潮	19/20/16	0.9/0.1/0.1	59/55/45	45/38/41
		落潮	30/31/25	0.3/0.1/0.2	72/70/64	187/206/200
2012/小潮	6 月 6—7 日	涨潮	36/28/29	1.4/0.4/0.7	108/104/98	344/45/286
		落潮	49/30/29	1.1/1.2/0.1	123/105/98	186/186/266
2012/大潮	6 月 17—18 日	涨潮	45/26/28	2.3/0.2/0.2	115/92/97	44/282/81
		落潮	42/25/33	0.7/0.9/0.6	112/102/113	134/238/155

对比两个站位的流速及流向，HLGC1 站流速明显小于 HLGC2 站，流向大致相同。涨潮时，流向总体为 NE 向；落潮时，流向为 SSW 向。同一站位的大潮期流速略大于小潮期流速，而对应的流向大致相同。

表 3-5　定点海流测量 HLGC2 站位统计

年份/潮期	日期	潮型	表/中/底层平均流速（cm/s）	表/中/底层最小流速（cm/s）	表/中/底层最大流速（cm/s）	表/中/底层最大流向（°）
2006/大潮	5 月 25—26 日	涨潮	46/44/31	28/26/15	96/75/48	46/40/48
		落潮	59/54/37	32/29/13	116/98/59	195/190/215
2007/大潮	4 月 11—12 日	涨潮	55/45/39	3.9/0.5/1.9	101/102/87	16/33/346
		落潮	48/44/43	1.3/0.7/1.3	104/101/91	193/218/180
2007/小潮	4 月 16—17 日	涨潮	40/43/41	0.5/1.0/0.7	93/91/92	40/44/355
		落潮	43/41/41	2.2/0.8/1.2	88/84/83	176/195/178
2008/小潮	4 月 5—6 日	涨潮	44/47/39	1.9/0.2/1.3	101/95/97	36/19/33
		落潮	46/49/43	0.8/1.1/1.0	100/112/97	168/173/175
2008/大潮	4 月 12—13 日	涨潮	46/49/51	1.5/1.2/2.8	98/100/101	42/38/41
		落潮	48/52/55	0.6/1.2/2.3	89/102/114	200/181/175
2009/小潮	5 月 4—5 日	涨潮	33/18/16	0.7/0.1/0.1	79/69/62	33/46/355
		落潮	23/23/15	0.8/0.1/0.1	72/64/55	198/182/203
2009/大潮期	5 月 12—13 日	涨潮	36/21/17	0.4/0.1/0.1	64/61/54	29/42/37
		落潮	34/25/24	0.1/0.1/0.1	72/69/58	193/178/204
2012/小潮	6 月 6—7 日	涨潮	31/10/5.5	4.8/0.1/0.2	66/33/20	307/309/357
		落潮	37/8/4.5	2.4/0.2/0.1	62/25/21	233/187/226
2012/大潮	6 月 17—18 日	涨潮	13/6.6/6.2	0.4/0.1/0.1	33/19/25	19/337/291
		落潮	19/5.0/9.7	0.2/0.1/0.1	36/20/32	192/251/135

3.1.1.4　基线断面海流特征分析

由于基线测量均是在涨潮期进行的，因此分析结果所反映的是涨潮期基线断面的海流变化特征（表 3-6）。由表可知：不同年份基线断面的水平流速均表现出表层流速最大，而中层和底层的流速较小且较为接近的特征。除 2006 年外，各年份调查时段内均表现出表层和中层的最高频率流向较为接近，而在底层则发生明显的偏移。这种偏移是由风、潮流以及科氏力等多种因素共同作用的结果。总体而言，水平流速随深度的增加呈现出衰减的趋势，但衰减速率随深度的增加而明显减小。

表 3-6　基线海流剖面调查结果统计

年份	表/中/底层最小流速（cm/s）	表/中/底层平均流速（cm/s）	表/中/底层最大流速（cm/s）	表/中/底层盛行流向（°）
2006	6.8/2.2/6.2	21/10/12	34/24/20	28/62/66
2007	2.8/0.4/0.8	24/11/9.7	50/36/29	293/313/63
2008	2.8/1.6/0.3	32/26/24	72/63/72	350/351/9
2009	0.8/1.7/0.6	40/32/30	103/90/93	63/63/45
2012	0.9/0.8/0.5	29/21/18	93/51/51	314/332/297

3.1.1.5 主要河口湾的潮流场特征

南流江出海口以南的廉州湾，其潮流场在高潮或低潮附近开始转流，高或低潮过后 5 h 左右，即在半潮面附近，潮流达到最强。涨急时，整个流场的流向较为稳定，湾中部主要为东北向流，东部沿岸一带为北—西北向流，最大流速达 80 cm/s。落急时，湾中部的流向为西南向流，东部沿岸一带主要为南—东南向流，落急时的流速比涨急时的流速稍大，可超过 100 cm/s。从总的流场分布来看，潮流流速由湾口向湾顶逐渐减弱，至南流江口一带，由于水深变浅，流速一般在 30 cm/s 左右。

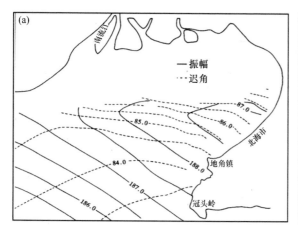
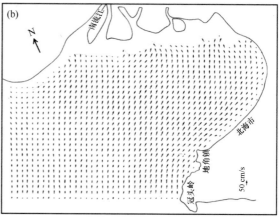
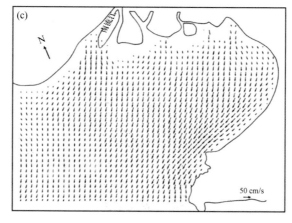

图 3-1 廉州湾潮流场

（a）K1+O1 分潮振幅与迟角；（b）涨急流场；（c）落急流场

3.1.1.6 海面动力遥感解译

海面动力的分析是基于遥感数据对海域水团的空间特征的分析和反演，而水团则是海面黄色物含量、叶绿素含量、温度等信息的综合反映。因而，如果水团运移强烈，则会使水团周围形成明显的交接过渡带。为了更好地提取海面信息，选取入水深度较小，反射水体信息较丰富的 TM 之 B3、B4、B5 三个波段相结合，进行大气校正后，基本消除了大气散射和天空粒子散射量，将此时的辐射值看成完全由海面状况造成，由此得到海面水动力特征图，据此分析不同部位海水的运动方向以及水团或水体间的扰动程度。

5个图幅中，东兴幅、钦州湾幅、北海幅所用的4个时相遥感数据相同，银滩幅数据由两组数据（主要是与铁山港相同的数据）的8个时相拼接而成，铁山港幅为另外4个时相数据。因同一时相数据，遥感反演结果所反映的海面水团运移趋势基本相同，故前3个图幅的反演成果图中取一个图幅即可代表该区域水团特征，后两幅同样可取一个图幅来表现反演成果。

遥感资料分析表明，近岸海面水体退潮的总体特征为：沿岸水团动力特征明显强于外海，沿岸受径流的影响大，水团呈向南运移趋势，动力较强；而外海相对平静（图3-2）。涨潮特征为：沿岸水体运移明显，河口处水体与外海有明显的扰动梯度，后续海域中的水团作用也相对较强（图3-3）。

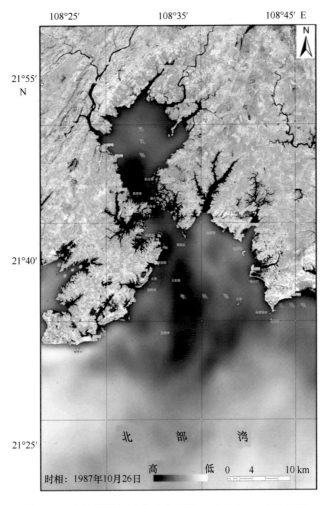

图3-2 钦州湾幅海面水动力反演（1987年10月26日）

前3个图幅的4个时相中，1987年与2006年的影像表现为退潮特征，1991年与2000年的影像表现为涨潮特征。如图3-2所示，在1987年10月26日10：38左右，茅尾海、钦州湾内水动力作用整体大于周边与外海区，强动力水团呈条带状SN向作用于茅尾海与钦州湾之间的潮成水道，特别是张妈墩以北和大红排以南水流作用最强；其次茅尾海岸边由于退潮使得潮位变化以及径流入海的影响，水动力强度也较明显；钦州湾外海相对比较平静，没有明显的活动水团。如图3-3所示，2000年11月6日10：34分左右，北海港近岸水域水团活动作用很强，由大风江、三娘湾以及北海港近岸往南可见明显的水流强度梯度；整个海域内水团呈NE向运移，在河口与岸边水动力最强，

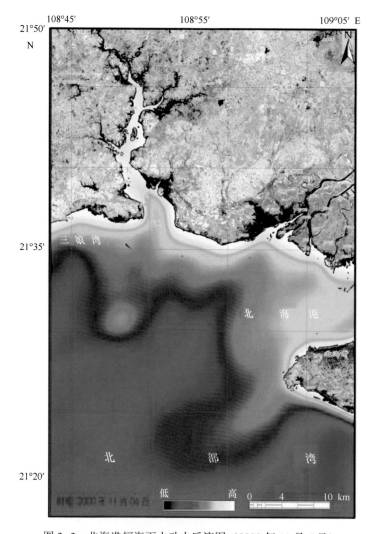

图 3-3　北海港幅海面水动力反演图（2000 年 11 月 6 日）

在三娘湾与北海港中部呈锥状前行，速度较快；在两翼因受到岛屿与北海半岛阻挠，水团呈 SW 向弧形凹进，且弧形中心水流作用远强于外围相对平静的水团。

后两个图幅的 4 个时相中（北海银滩幅除西北小块部分外都是采用与铁山港幅同样的遥感数据），1991 年与 2006 年的影像分别表现为涨潮与退潮特征。图 3-4 由两景拼接而成，潮位为高潮位。海面动力遥感反演图显示，沿岸及港口水动力较强，受外海水体运移的"挤压"，梯度表现平缓，西村港、白龙港附近的水团特征表现为高潮位的特点；北海港港内水团运移极其强烈，在冠头岭西侧由沿岸外泄的流体及港口水团特征同样反映涨潮特点；东南部的水团作用相对较强，应是潮水在较为开阔的海域快速移动的表现。如图 3-5 所示，在 2006 年 12 月 10 日 10：59 分左右，铁山港港内水体作用由强向弱减退，呈 SW 向运移；部分相对平直的岸段水流通畅，呈现强动力特征，部分岛屿附近，水流因受岛屿阻挡呈现较强活动力；外海整体扰动不大，相对平缓，推测此刻是退潮的中低潮位。

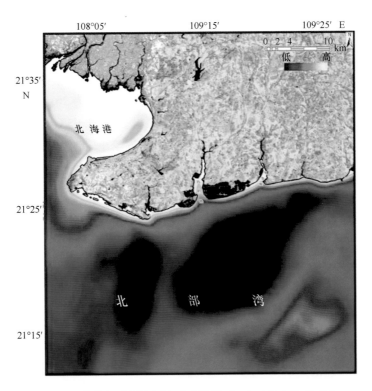

图 3-4　北海银滩幅海面水动力反演（1991 年 11 月 15 日）

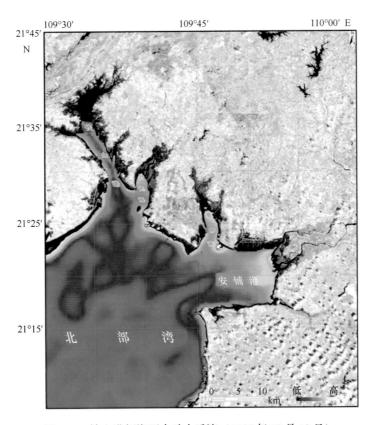

图 3-5　铁山港幅海面水动力反演（2006 年 12 月 10 日）

3.1.2 水温

3.1.2.1 实测海水温度

在调查时段内，表层水温的变化范围为 17.48~30.62℃，均值为 26.21℃，极差为 13.14℃；底层水温的变化范围为 17.99~30.04℃，均值为 26.01℃，极差为 12.05℃。总体来讲，表、底层的温度统计值差别并不大，底层的温度极差较表层略小。图 3-6 给出了调查时段内研究区的表、底层海水温度分布图。由图中可见，不同年份的调查结果表现出明显的区域性，这是由于不同年份的调查时间是略有差异的，2007 年和 2008 年的温度调查时间为 3 月底至 4 月初，而 2006 年和 2009 年的调查时间则为 5 月初至 5 月中旬，2012 年的调查时间则推后至 5 月底至 6 月初。这也表明，研究区海水温度受季节影响显著。

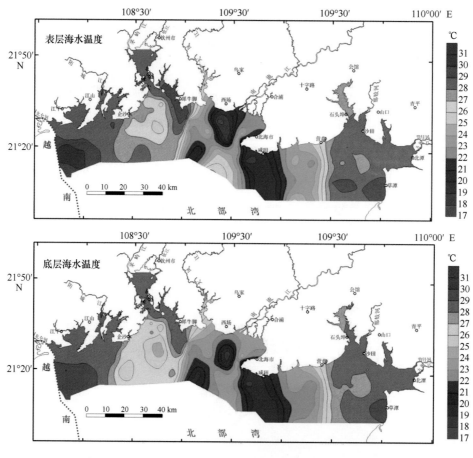

图 3-6 研究区表、底层海水温度分布

表 3-7 给出了各年份研究区域的表、底层海水温度特征值统计。由表中可知，季节性变化对表、底层海水温度的影响主要体现在最小值上，在调查时段内，这种温度差分别可达到 10.65℃ 和 10.31℃。在同年份的调查时段内，表层水温的极差范围为 1.82~9.73℃，而底层水温的极差范围为 1.74~6.65℃。

表 3-7 研究区表、底层海水温度特征值统计

年份	表/底层最小水温（℃）	表/底层平均水温（℃）	表/底层最大水温（℃）	表/底层极差（℃）
2006	25.55/24.33	27.64/26.95	29.20/28.90	3.65/4.57
2007	17.48/17.99	22.92/22.29	27.21/24.64	9.73/6.65
2008	18.75/18.66	21.10/21.08	25.68/23.87	6.93/5.21
2009	27.78/27.45	28.45/28.26	29.60/29.63	1.82/2.18
2012	28.13/28.30	28.97/28.78	30.62/30.04	2.49/1.74
5个年度	17.48/17.99	26.21/26.01	30.62/30.04	13.14/12.05

3.1.2.2 海面水温遥感解译

采用遥感反演方法对多时相 Landsat 卫星影像数据进行反演，得到研究区海面水温遥感反演成果（反演结果叠加在 ETM 全色波段上成图）。用于海面水温遥感反演的分区遥感影像资料获取时间都处于秋季和秋、冬转换季节，该时节陆地散热快，而海水热容量大，散热慢；该季节海面水温分布复杂多变且不稳定、规律性差。遥感资料分析表明，研究区海面水温整体表现为沿岸水温相对较高，南部外海的海面水温比近岸海域要高。海水温度的变化受太阳辐射、天气条件、海流及水团等多种因素影响。

东兴港幅 2000 年 11 月 6 日海面水温度反演图［图 3-7（a）］显示，近岸海面受到太阳辐射，故海面水温整体很高，沿岸出现条带状高温区，整个西部及珍珠港内出现高温度区；而东部海面水温偏低，特别是防城港内水域与西部及外海差异明显，为低温区，推测受 NNE 向涨潮流与湾内偏冷径流注入的影响；2006 年 12 月 17 日海面水温度反演图［图 3-7（b）］表现出典型的冬季分布特征，外海海面水温整体高于港口与湾内，表现出显著的水平温度差异；另外，部分沿岸海面水温相对湾内偏高，是因为该区段海水受到太阳辐射升温快。

北海港幅 1987 年 10 月 26 日海面水温度反演图［图 3-8（a）］显示，海面水温从海岸到外海都很高，岸边比外海略高，西部和南部深水区海面水温度较低，可能与退潮过程有关；1991 年 9 月 19 日海面水温分布显示［图 3-8（b）］，整个海湾一直到外海的海面水温偏低，仅在南部才有所增高；沿岸地带水温较高，大风江口及其上游水温偏高，夏季呈现出陆区水面温度高于海区水面温度的特点。总体来看为涨潮阶段，受海水影响较大。

铁山港幅 1987 年 12 月 6 日海面水温反演图显示［图 3-9（a）］，整个海域近岸海面水温较低，越靠近岸线水温越低，这与近岸水浅，冬季陆地散热快且有河流冷水注入有关。西南部外海高温水团清晰，与近岸水温对比明显，以 SW—NE 向递减梯度显著，这是典型冬季近海海水温度场的特点；铁山港幅 2006 年 12 月 10 日海面水温反演图［图 3-9（b）］显示，外海水面温度整体较低，且相差不大，沿岸及河口一带水温相对较高，与前者形成显著差异，推测此刻为退潮初期。

3.1.3 盐度

调查时期，表层盐度范围为 19.13~33.85，均值 30.87，极差为 14.72；底层盐度范围为 21.77~34.15，均值 31.20，极差为 12.38。总体来讲，表、底层的盐度统计值差别不大，底层盐度略大，表层极差较底层略大（2008 年除外），尤其是 2012 年。图 3-10 给出了调查时段内研究区的表、底层海水盐度分布图。由图中可见，除 2012 年的研究区域表现出盐度值明显降低的现象外，其他区域的盐度值无明显变化，表明盐度与水温相比，受季节变化影响较小。

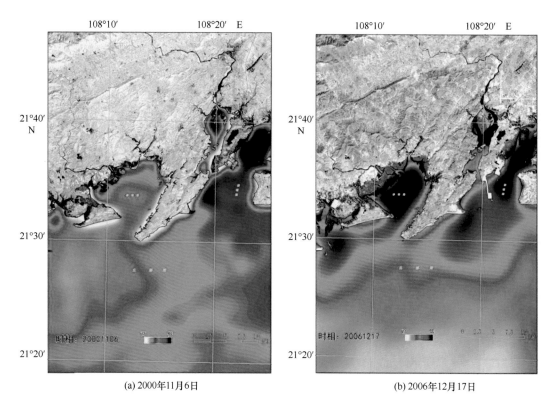

(a) 2000年11月6日 (b) 2006年12月17日

图 3-7 东兴港水域海面水温反演

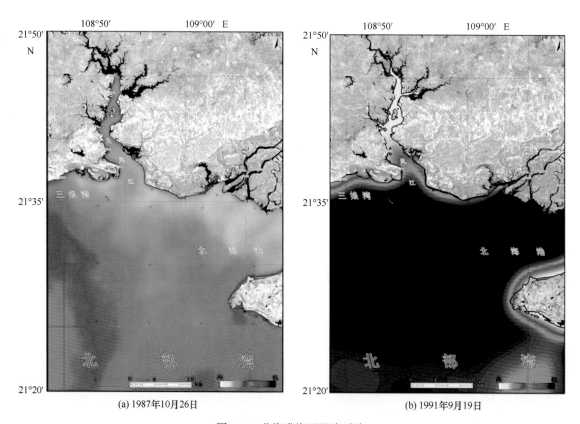

(a) 1987年10月26日 (b) 1991年9月19日

图 3-8 北海港海面温度反演

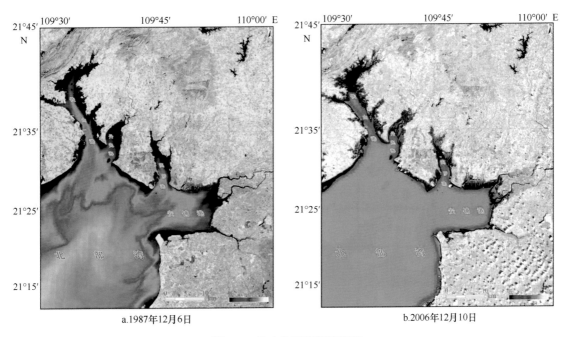

a.1987年12月6日   b.2006年12月10日

图 3-9　铁山港海面温度反演

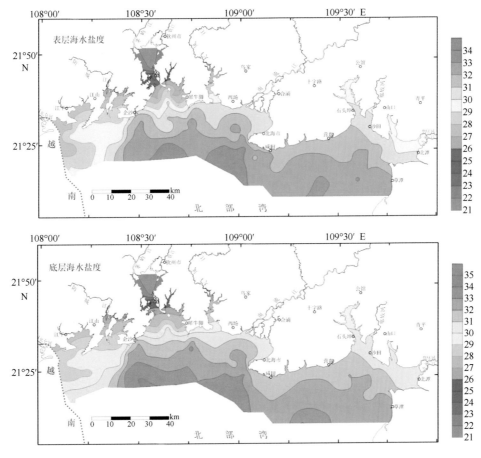

图 3-10　研究区表、底层海水盐度分布

表3-8 给出了各年份研究区域的表、底层海水盐度特征值统计。从表中可以发现，2012年研究区域的盐度偏小值主要出现在表层，由于该研究区域与其他区域相比，有更多的内陆河流入海，淡水的入海通量也明显大于其他分区，因此，表层盐度的降低主要是由于大量淡水的涌入。此外，随着离岸距离的变大，盐度也呈现出明显增大的趋势，表、底层海水盐度的变化趋势基本一致。

表3-8 研究区表、底层海水盐度特征值统计

年份	表/底层海水最小盐度	表/底层海水平均盐度	表/底层海水最大盐度	表/底层海水盐度极差
2006	21.70/21.77	29.40/29.88	33.85/33.84	12.15/12.07
2007	30.88/31.12	32.30/32.60	33.46/33.50	2.58/2.38
2008	29.75/30.12	32.23/32.24	33.10/34.15	3.35/4.03
2009	29.85/30.34	31.86/31.92	33.07/32.86	3.22/2.52
2012	19.13/28.18	28.64/29.58	30.62/31.14	11.49/2.96
5个年度	19.13/21.77	30.87/31.20	33.85/34.15	14.72/12.38

3.1.4 悬浮物分布

3.1.4.1 实测海水悬浮物

调查时期，表层悬浮物含量变化为0.81~34.40 mg/L，均值为7.26 mg/L，极差为33.59 mg/L；底层悬浮物含量变化为1.01~34.20 mg/L，均值为8.03 mg/L，极差为33.19 mg/L。总体上，表、底层的悬浮物含量统计值差别不大，除了2009年有所不同（表3-9）；2012年西部分区的悬浮物含量无论表、底层均明显高于其他分区，而2008年分区的悬浮物含量则明显要低，反映出河流入海通量及河流含沙量的相对大小。

从研究区的表、底层海水悬浮物含量分布图可见（图3-11），2012年分区为悬浮物明显的高值区，且以东部几个主要入海河流口处均存在着相对的高值区，表、底层变化规律类似，表明河流输沙对于近海表、底层悬浮物的贡献显著。表、底层悬浮物含量的相对比例，结合河口输沙的粒径有助于判断当地的水动力情况。

表3-9 研究区表、底层海水悬浮物含量特征值统计

年份	表/底层最小值（mg/L）	表/底层平均值（mg/L）	表/底层最大值（mg/L）	表/底层极差（mg/L）
2006	1.60/1.50	5.91/8.67	21.80/32.10	20.20/30.60
2007	0.81/1.01	4.31/3.77	16.98/13.90	16.17/12.89
2008	1.30/1.60	3.94/3.51	9.00/7.50	7.70/5.90
2009	3.50/1.80	6.83/6.66	14.90/20.40	11.40/18.60
2012	6.40/8.00	16.35/16.78	34.40/34.20	28.00/26.20
5个年度	0.81/1.01	7.26/8.03	34.40/34.20	33.59/33.19

3.1.4.2 海面悬浮物遥感反演

通过多时相遥感数据反演研究区的海面悬浮物，分析表明，由于秋、冬季节海面风浪较大，风

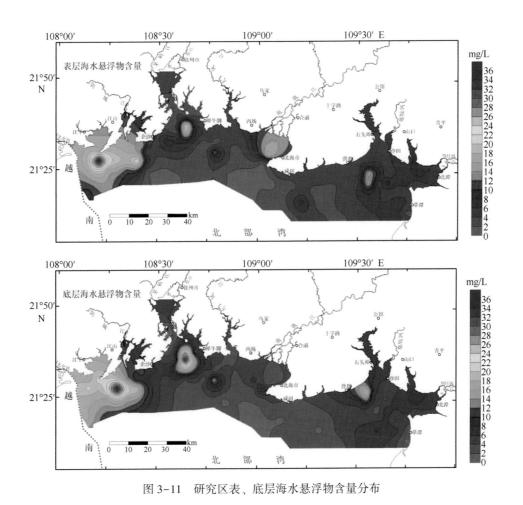

图 3-11 研究区表、底层海水悬浮物含量分布

浪扰动对沿岸水体悬浮物含量有一定影响；悬浮物高值区主要沿岸线呈带状分布，各海湾内悬浮物含量高于湾口，河口高于外海，外海水体悬浮物含量偏低且变化较小。

1）钦州湾和北海港水域

2006年12月17日遥感反演显示（图3-12），钦州湾周围，沿岸出现悬浮物含量的极高值，钦州湾湾口中部地带出现SN向悬浮物高值条带。1987年10月26日遥感反演显示，从大风江河口一直到北海港内，较大范围海域的悬浮物含量都很高（图3-12），且高于一般情况下沿岸线分布的高悬浮物区。其原因可能是由于退潮，河流携带的泥沙物质较多，使河口和港口内海水浑浊度激增。三娘湾内悬浮物含量与大风江口有明显差别，分析是退潮时大风江口水流流速较大，带入大量悬浮物，而SN向的水流受沙角一带陆地阻挠出现一低值区；流入三娘湾的水量相对较少，使三娘湾海域悬浮物含量较小。

2）北海银滩水域和铁山港水域

2006年12月10日遥感反演表明（图3-13），北海银滩海域悬浮物含量都不高，仅在沿岸的大小河口与港湾内出现高值，如西村港附近海域；外海水体悬浮物含量较低，但内部也存在差异。1991年11月15日遥感反演显示（图3-13），铁山港附近高悬浮物含量沿岸线分布而呈带状；外围海域水体浑浊度较均匀，悬浮物含量较低且比较均匀，其分布与海洋动力相关，由于该时刻为高潮位，来源于外海的低悬浮物的海水充满港湾，使得整个港湾悬浮物含量较低。

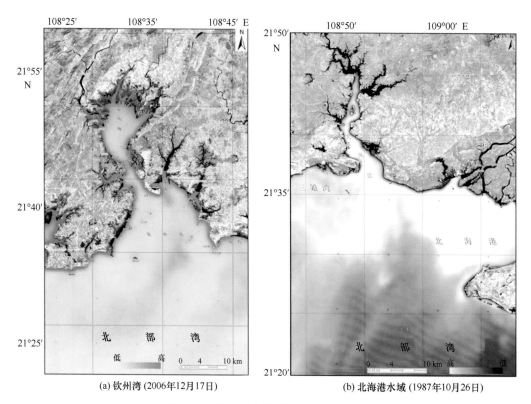

(a) 钦州湾 (2006年12月17日)　　　　　　　(b) 北海港水域 (1987年10月26日)

图 3-12　钦州湾水域等海面悬浮物反演

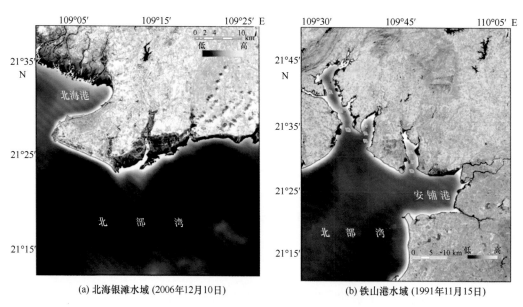

(a) 北海银滩水域 (2006年12月10日)　　　　　　　(b) 铁山港水域 (1991年11月15日)

图 3-13　北海银滩水域等海面悬浮物反演

3.2 海洋化学特征

3.2.1 检出率

研究区水体所含物质或者元素的检出率范围如表 3-10 所示。

表 3-10 研究区水体所含物质或元素的检出率

成分或元素	检出限	检出率（%）	成分或元素	检出限	检出率（%）
悬浮物	1 mg/L	100	氨盐	1 μg/L	99.1
硫化物	0.1 μg/L	75.7	无机磷	0.1 μg/L	76.6
溶解氧（DO）	0.1 mg/L	100	铜（Cu）	0.1 μg/L	99.1
生物需氧量（BOD_5）	0.1 mg/L	100	铅（Pb）	0.01 μg/L	84.6
化学需氧量（COD）	0.1 mg/L	100	锌（Zn）	0.1 μg/L	97.2
石油	2 μg/L	99.1	镉（Cd）	0.01 μg/L	84.6
挥发性酚	0.1 μg/L	72.4	六价铬（Cr^{6+}）	0.2 μg/L	89.3
硝酸盐（NO_3-N）	1 μg/L	80.8	汞（Hg）	0.001 μg/L	72.9
亚硝酸盐（NO_2-N）	0.2 μg/L	95.3	砷（As）	0.05 μg/L	96.3

3.2.2 平面分布

3.2.2.1 理化因子

1）pH 值

海水 pH 值是海水酸碱度的一种标志，与大气中的 CO_2 含量和海水相平衡密切相关，大气中 CO_2 的分压和海水温度、盐度、生化过程都会对其产生影响。

研究区表层海水 pH 值范围为 7.59~8.28，平均值为 8.1，最小值站位为 BBWD46，最大值站位为 BBWD4 和 BBWD9；底层海水 pH 值变化范围为 7.58~8.29，平均值为 8.11，最小值站位为 BBWD53，最大值站位为 BBWD9、BBWD19 和 BBWD30（表 3-11）。平面分布上，表、底层海水 pH 值的变化基本一致，等值线呈现为东、西部高，中部低的分布特征，茅尾海为 pH 值最低区域，这是由于茅岭江淡水由此入海影响所致（图 3-14）。除茅尾海外，其他海域达到一类海水水质标准（pH 值为 7.8~8.5）。

表 3-11 研究区 pH 值特征统计

层位	变化范围	平均值	最小值站位	最大值站位
表层	7.59~8.28	8.10	BBWD46	BBWD4/9
底层	7.58~8.29	8.11	BBWD53	BBWD9/19/30

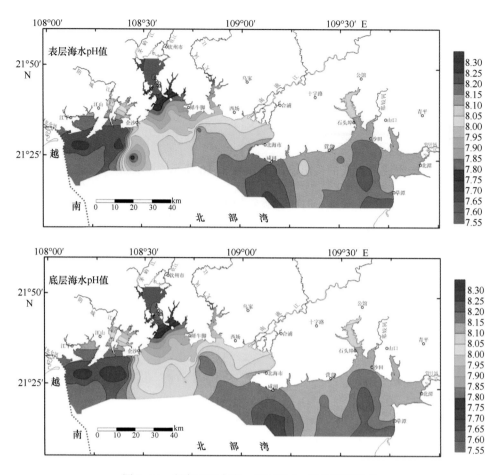

图 3-14　研究区海水表、底层海水 pH 值平面分布

2）非离子氨

根据下列公式（GB 3097—1997）计算得到非离子氨：

$$c(\mathrm{NH_3}) = 14 \times 10^{-2} c(\mathrm{NH_3 - N}) \cdot f$$

$$f = 100/(10^{pK_a^{S-T}-pH} + 1)$$

$$pK_a^{S-T} = 9.245 + 0.002\,949S + 0.032\,4(298 - T)$$

式中：f 为非离子氨的摩尔百分比；$c(\mathrm{NH_3})$ 为现场温度、pH 值、盐度条件下水样中非离子氨浓度（μg/L）；$c(\mathrm{NH_3-N})$ 为实测氨浓度（μmol/L）；T、S 和 pKa 分别为海水绝对温度（K）、盐度和海水氨离子解离平衡常数 K_a^{S-T} 的负对数。

研究区表层海水非离子氨平均含量高于底层（表 3-12）。表层含量在东、西部各有一个范围较小的高值区，其他海区为低值区；底层高值区出现在北海港，其他海域含量较低（图 3-15）。所有站位非离子氨浓度达到一类海水水质标准（非离子氨浓度≤20 μg/L）。

表 3-12　研究区非离子氨含量特征统计　　　　　　　　　　　　　　　　单位：μg/L

层位	变化范围	平均值	最小值站位	最大值站位
表层	0.013~10.22	0.89	BBWD159	BBWD19
底层	0.034~5.51	0.64	BBWD195	BBWD110

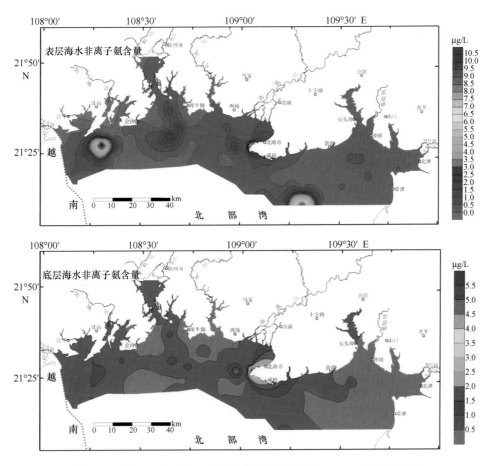

图 3-15　研究区海水表、底层海水非离子氨含量（μg/L）平面分布

3）硫化物

研究区表、底层海水硫化物含量平均为 0.33 μg/L 和 0.44 μg/L（表 3-13）。平面分布上，表层海水硫化物含量有两个高值区，分别位于研究区东、西部；底层海水硫化物含量分布与表层相似（图 3-16）。所有站位硫化物含量达到一类海水水质标准（硫化物含量≤20 μg/L）。

表 3-13　研究区硫化物含量特征统计　　　　　　　　　　单位：μg/L

层位	变化范围	平均值	最小值站位	最大值站位
表层	0.01~1.89	0.33	BBWD141	BBWD4
底层	0.01~2.02	0.34	BBWD112	BBWD167

3.2.2.2　氧平衡因子

1）溶解氧

研究区表层海水溶解氧含量为 6.31~11.78 mg/L，平均值为 7.31 mg/L；底层海水溶解氧含量略低，其值为 6.02~10.4 mg/L，平均值为 7.09 mg/L（表 3-14）。平面分布上，表、底层海水溶解氧变化趋势相似，整体为近岸低、离岸高，在研究区东部均出现一个高值区（图 3-17）。所有站位溶解氧含量达到一类海水水质标准（溶解氧含量≥6 mg/L）。

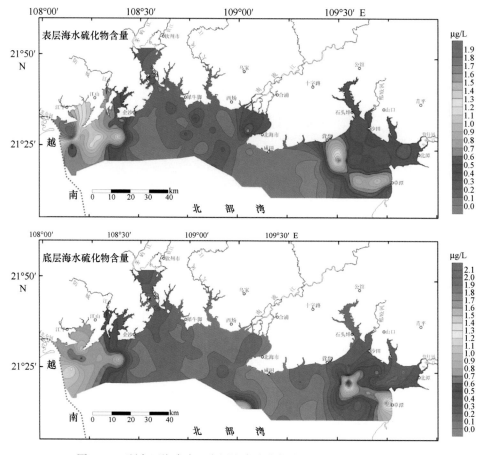

图 3-16 研究区海水表、底层海水硫化物含量（µg/L）平面分布

表 3-14 研究区溶解氧含量特征统计 单位：mg/L

层位	变化范围	平均值	最小值站位	最大值站位
表层	6.31~11.78	7.31	BBWD197	BBWD153
底层	6.02~10.4	7.09	BBWD70/197	BBWD141

2）生物需氧量

生物需氧量（BOD₅）是指在有氧条件下，耗氧微生物氧化分解单位体积水中有机物所消耗的游离氧数量，是评价水体中有机物含量的重要指标。研究区表层海水生物需氧量为 0.02~3.58 mg/L，平均值为 1.17 mg/L，最大值站位为 BBWD38，最小值站位为 BBWD197；底层海水生物需氧量为 0.12~2.87 mg/L，平均值为 1.03 mg/L，最大值站位为 BBWD30，最小值站位为 BBWD110（表 3-15）。所有站位海水样品生物需氧量达到一类、二类和三类海水水质标准的比例分别为 56.5%、42.1%和1.4%（生物需氧量一类、二类、三类海水水质标准分别为：BOD₅≤1 mg/L、BOD₅≤3 mg/L、BOD₅≤4 mg/L）。

平面分布上，表层海水生物需氧量大于底层，表、底层海水生物需氧量分布趋势一致，西部比东部高，高值区位于企沙港外（图 3-18）。说明研究区海水有机物丰富，这是由于企沙渔港水质污染而导致。

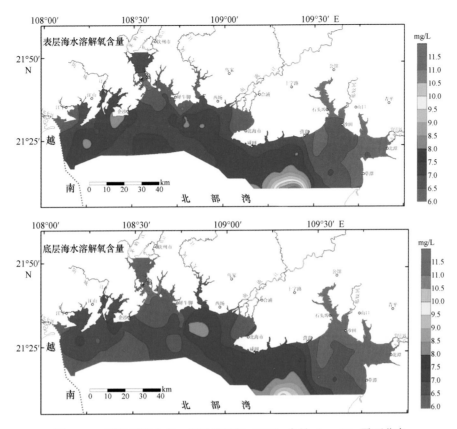

图 3-17　研究区海水表、底层溶解氧（DO）含量（mg/L）平面分布

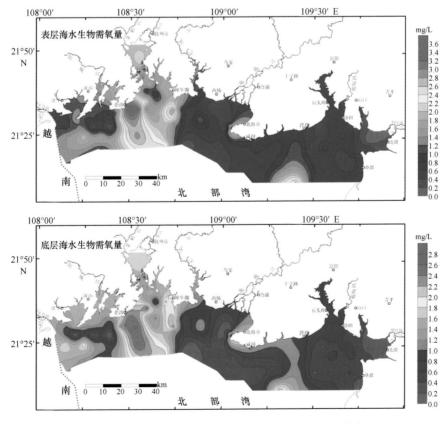

图 3-18　研究区海水表、底层 BOD$_5$（mg/L）平面分布

表 3-15　研究区生物需氧量（BOD₅）含量特征统计　　　　　单位：mg/L

层位	变化范围	平均值	最小值站位	最大值站位
表层	0.02~3.58	1.17	BBWD197	BBWD38
底层	0.12~2.87	1.03	BBWD30	BBWD110

3）化学需氧量

研究区表层海水化学需氧量范围为 0.24~1.63 mg/L，平均值为 0.78 mg/L；表层最高值出现在研究区西部海域。底层海水化学需氧量为 0.24~1.64 mg/L，平均值为 0.71 mg/L（表 3-16）。底层海水化学需氧量高值区出现在钦州湾（图 3-19），所有站位化学需氧量达到一类海水水质标准（化学需氧量≤2 mg/L）。

表 3-16　研究区化学需氧量含量特征统计　　　　　单位：mg/L

层位	变化范围	平均值	最小值站位	最大值站位
表层	0.24~1.63	0.78	BBWD81	BBWD49
底层	0.24~1.64	0.71	BBWD93/101/106	BBWD54

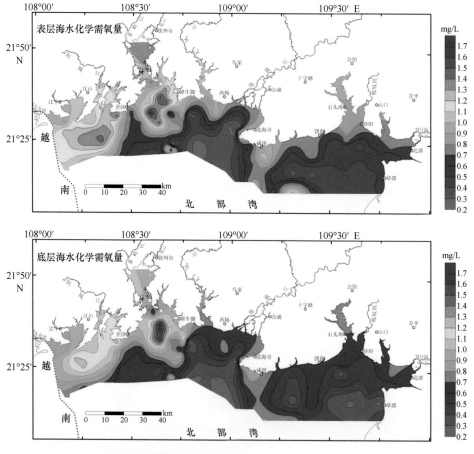

图 3-19　研究区海水表、底层 COD（mg/L）平面分布

3.2.2.3 有机污染物

1）石油类

石油类污染主要来自沿岸排污、船舶油污水、石油溢出和大气沉降等。研究区海水表层石油类含量为 0.002~0.64 mg/L，平均值为 0.048 mg/L；底层石油类含量为 0.002~0.16 mg/L，平均值为 0.029 mg/L（表 3-17）。在平面分布上，表层含量最高值出现钦州湾，范围较小；底层海水石油类含量变化比表层小，高值区出现在研究区东部，高值区范围不大（图 3-20）。所有站位海水样品石油类含量达到一类、二类海水水质标准的比例为 78.5%（一类、二类海水水质标准：石油类含量 ≤ 0.05 mg/L），其余仅达到三类海水水质标准及以下。

表 3-17　研究区石油类含量统计　　　　　　　　　　　　　单位：mg/L

层位	变化范围	平均值	最小值站位	最大值站位
表层	0.002~0.64	0.048	BBWD189	BBWD56
底层	0.002~0.16	0.029	BBWD59	BBWD164

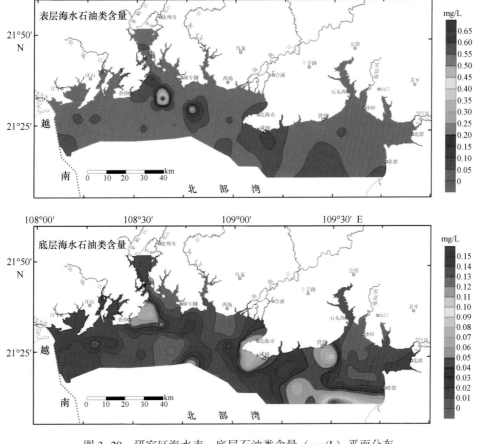

图 3-20　研究区海水表、底层石油类含量（mg/L）平面分布

51

2）挥发性酚

海水表层挥发性酚含量为 0.1~7.8 μg/L，平均值为 0.52 μg/L；底层挥发性酚含量为 0.1~1.6 μg/L，平均 0.37 μg/L（表 3-18）。在平面分布上，表层含量高值区位于犀牛脚附近海域，高值区范围较小；底层含量变化很小，等值线较为稀疏（图 3-24）。仅有一个站位表层海水挥发性酚含量达到二类海水水质标准（挥发性酚含量≤10 μg/L），其余的站位表层达到一类海水水质标准（挥发性酚含量≤5 μg/L）。所有站位底层海水挥发性酚含量达到一类海水水质标准。

表 3-18　研究区挥发性酚含量统计　　　　　　　　　　　　单位：μg/L

层位	变化范围	平均值	最小值站位	最大值站位
表层	0.1~7.8	0.52	BBWD112/121/126	BBWD61
底层	0.1~1.6	0.37	BBWD110/112/139	BBWD66

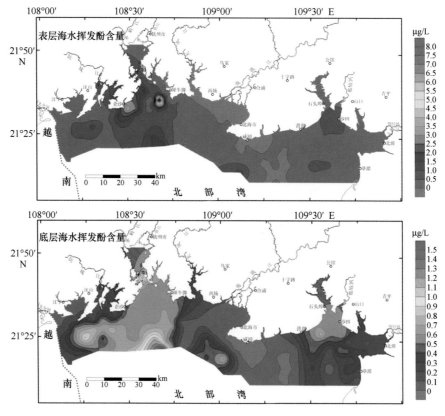

图 3-21　研究区海水表、底层挥发性酚含量（μg/L）平面分布

3.2.2.4　营养盐

营养盐是水体生物活动过程中所必需的盐类，来源于地球生物化学自然过程以及人类活动的排放。

1）无机氮

无机氮指硝酸盐、亚硝酸盐和氨氮，研究区无机氮含量统计见表 3-19。

表 3-19 无机氮含量统计 单位：mg/L

无机氮	层位	变换范围	平均值	最小值站位	最大值站位
硝酸盐	表层	0.001~0.37	0.031	BBWD179/193	BBWD46
	底层	0.001~0.36	0.027	BBWD173	BBWD46
亚硝酸盐	表层	0.000 2~0.024	0.003 5	BBWD93	BBWD174
	底层	0.000 2~0.022	0.003 7	BBWD91	BBWD191
氨氮	表层	0.001 8~0.17	0.016	BBWD159	BBWD141
	底层	0.001 7~0.14	0.012	BBWD193	BBWD110

（1）硝酸盐（NO_3-N）：硝酸盐是海洋浮游生物的主要营养盐之一，是无机氮再生过程 $NO_4 \rightarrow NO_2 \rightarrow NO_3-N$ 的最终产物，是可溶性无机氮的化合物中最稳定、最丰富的形式。海水硝酸盐分解变化主要受生化过程与物理过程制约。研究区硝酸盐含量变化范围较大，表层为 0.001~0.37 mg/L，平均值为 0.031 mg/L；底层含量为 0.001~0.36 mg/L，平均值为 0.027 mg/L（表 3-19）。表、底层海水硝酸盐含量分布规律相似（图 3-22）。

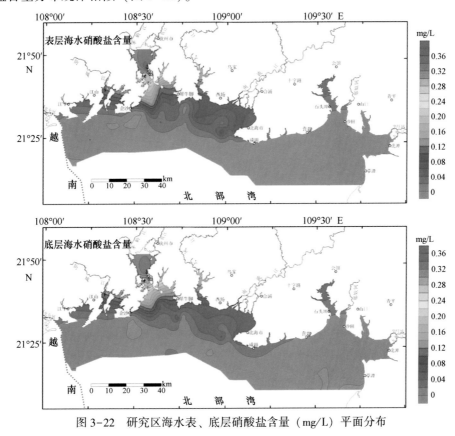

图 3-22 研究区海水表、底层硝酸盐含量（mg/L）平面分布

（2）亚硝酸盐（NO_2-N）：表、底层海水亚硝酸盐含量很低。表层海水亚硝酸盐含量为 0.000 2~0.024 mg/L，平均值为 0.003 5 mg/L；底层含量为 0.000 2~0.022 mg/L，平均值为 0.003 7 mg/L（表 3-19）。平面分布图上，表、底层含量均大致相同，高值区出现在茅尾海和安铺港（图 3-23）。

（3）氨氮（NH_3-N）：研究区海水表、底层亚硝酸盐含量较低。表层海水氨氮含量为 0.001 8~0.17 mg/L，平均值为 0.016 mg/L；底层为 0.001 7~0.14 mg/L，平均值为 0.012 mg/L（表 3-19）。从其平面分布可以看到，表层含量分布呈现为东部比中、西部低，高值区范围小，且零星分布；底层含量变化表现为东、西部较中部小，仅在北海港出现一小区域高值区（图3-24）。

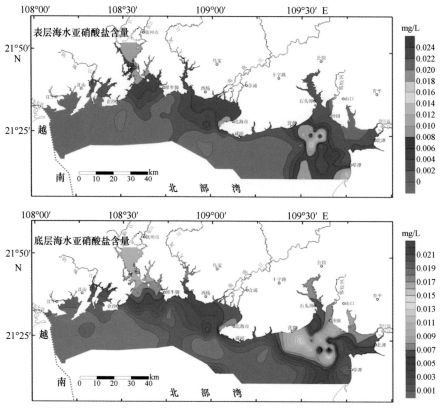

图3-23　研究区海水表、底层亚硝酸盐含量（mg/L）平面分布

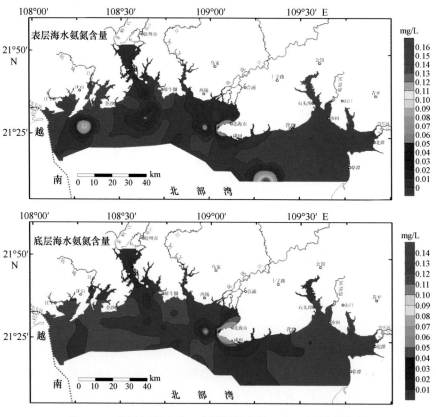

图3-24　研究区海水表、底层氨氮含量（mg/L）平面分布

2）叶绿素

海水叶绿素 a 含量是衡量海洋浮游植物的生物量和富营养化程度的基本指标之一，受水温、营养盐丰富程度、风速、有效光合辐射等因素影响。近岸海域叶绿素 a 含量分布与当时的风速、水体悬浮物、水团运移强度有关，遥感反演可清晰反映当时海水中叶绿素 a 含量的分布情况。

1987 年 10 月 26 日遥感反演表明，受潮汐影响，钦州湾湾口内外有明显的叶绿素含量低值区（图 3-25），推测是由于湾内高含沙水体随退潮大量注入外海所导致；高叶绿素含量区位于湾外东南部与西部，与茅尾海南段口门及钦州湾外口差异明显，其差异也表现了海域水体作用强度的大小。

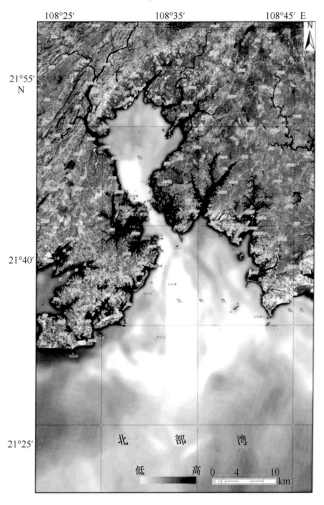

图 3-25　钦州湾叶绿素含量反演（1987 年 10 月 26 日）

2000 年 12 月 10 日遥感反演显示，铁山港外海叶绿素含量低于港口，但又高于铁山港港内（图 3-26），在铁山港和英罗港、安铺港之间形成一个叶绿素高值带，与涨、退潮过程密切相关，叶绿素含量变化反映了退潮时湾内水团的运移和混合。

3）活性磷酸盐（PO₄-P）平面分布

研究区表层海水活性磷酸盐含量为 0.000 3～0.026 mg/L，平均值为 0.002 7 mg/L，最大值站位为 BBWD110；底层海水活性磷酸盐含量为 0.000 3～0.2 mg/L，平均值为 0.004 8 mg/L（表 3-20），最大值站位为 BBWD110。所有站位海水表、底层活性磷酸盐含量达到一类海水水质标准的占

98.5%（PO_4-P 含量≤0.015 mg/L）。表、底层含量平面分布具有相似性（图 3-27），仅在北海港沿岸出现一个高值区，其底层海水活性磷酸盐含量严重超标，海水水质为四类以下，这是北海地角渔港港内水质污染所致。

表 3-20 研究区活性磷酸盐含量统计 单位：mg/L

层位	变化范围	平均值	最小值站位	最大值站位
表层	0.000 3~0.026	0.002 7	BBWD19	BBWD110
底层	0.000 3~0.2	0.004 8	BBWD188	BBWD110

3.2.2.5 有害重金属与砷

研究区海水化学分析共有 214 个海水样品，检测了有害重金属 6 项（汞、镉、铅、铬、铜、锌）及有害元素砷的含量，其海水水质标准见表 3-21。

表 3-21 我国海水水质有害元素含量标准 单位：mg/L

序号	项目	一类	二类	三类	四类
1	汞≤	0.000 05	0.000 2		0.000 5
2	镉≤	0.001	0.005		0.010
3	铅≤	0.001	0.005	0.010	0.050
4	总铬≤	0.05	0.10	0.20	0.50
5	砷≤	0.020	0.030		0.050
6	铜≤	0.005	0.010		0.050
7	锌≤	0.020	0.050	0.10	0.50

1）铜

研究区海水表、底层铜含量都在 5 μg/L 以下（图 3-28），低于一类海水水质标准所规定的 0.005 mg/L（表 3-21），说明研究区内海水中铜含量大体上未超标，一类海水水质达标率为 93%。

2）铅

研究区内 113 个站位 214 个测试样品中，只有 112 个样品表、底层铅含量在 1 μg/L 以下（图 3-29），低于我国一类海水水质标准规定的 0.001 mg/L，说明尚有部分海区铅含量超过一类海水水质标准，主要出现在钦州湾外和北海银滩外海域。铅含量一类海水水质达标率为 52.3%。

3）锌

研究区 113 个站位 214 个样品中 171 个样品表、底层锌含量在 20 μg/L 以下（图 3-30），低于一类水质标准（0.02 mg/L），大部分区域海水中锌含量达到一类海水水质标准，达标率为 79.9%。表层海水锌含量超标区域主要出现在钦州湾外，底层海水锌含量超标区域主要出现在安铺港。

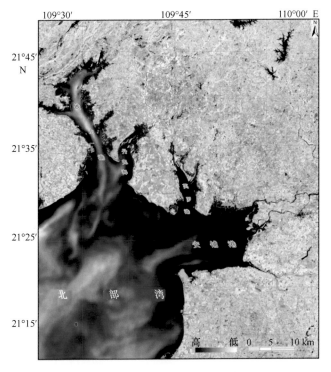

图 3-26　铁山港叶绿素含量反演（2000 年 12 月 10 日）

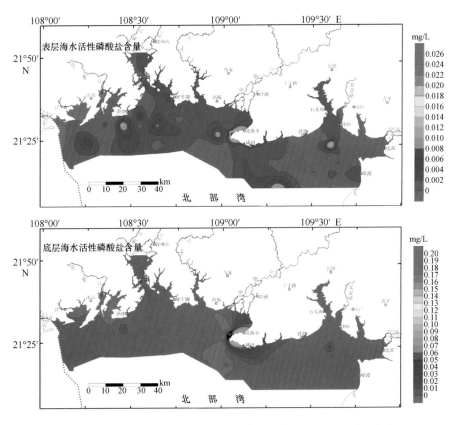

图 3-27　研究区海水表、底层活性磷酸盐含量（mg/L）平面分布

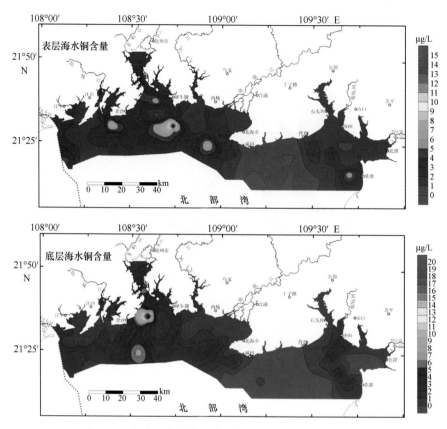

图 3-28　研究区海水表、底层铜含量（μg/L）平面分布

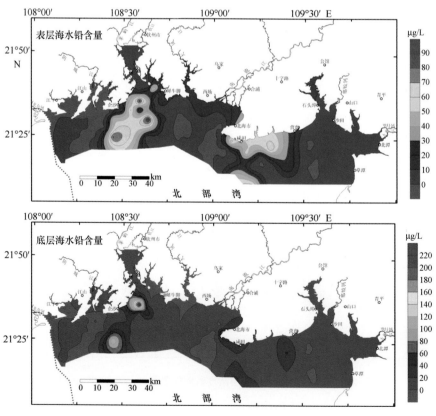

图 3-29　研究区海水表、底层铅含量（μg/L）平面分布

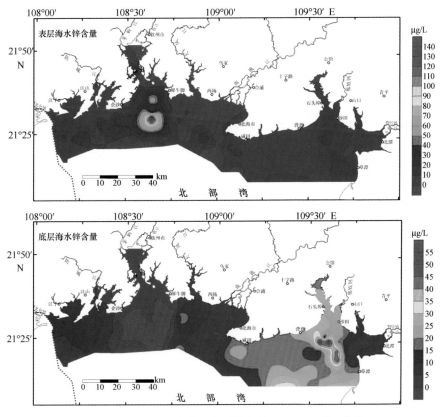

图 3-30　研究区海水表、底层锌含量（μg/L）平面分布

4）镉

研究区内 113 个站位的表、底层镉含量均在 1 μg/L 以下（图 3-31），低于一类海水水质标准的 0.001 mg/L，说明研究区海水中镉含量达到一类海水水质标准。

5）汞

研究区内 113 个站位 214 个测试样品中的 92 个样品表、底层汞含量在 0.05 μg/L 以下（图 3-32），低于一类海水水质标准（0.000 05 mg/L），部分海水汞含量超标，汞含量一类、二~三类、四类海水水质达标率分别为 42.9%、17.3%、35.1%。

6）六价铬

研究区内 113 个站位 214 个测试样品中的 213 个样品表、底层铬含量都在 5 μg/L 以下（图 3-33），低于我国一类海水水质标准所规定的 0.005 mg/L（表 3-21），说明研究区海水铬含量大体上未超标，一类海水水质达标率为 99.5%。

7）砷

研究区内 113 个站位的表、底层砷含量均在 20 μg/L 以下（图 3-34），低于一类海水水质标准（0.020 mg/L），说明研究区海水砷含量达到一类海水水质标准。

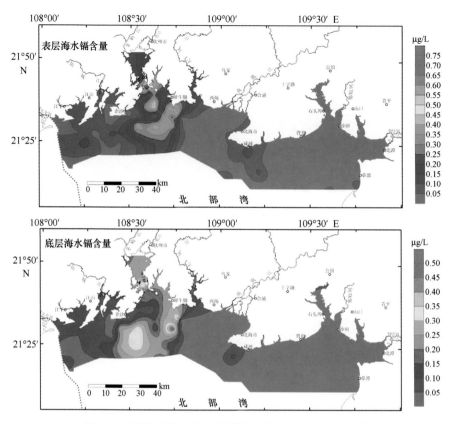

图 3-31 研究区海水表、底层镉含量（μg/L）平面分布

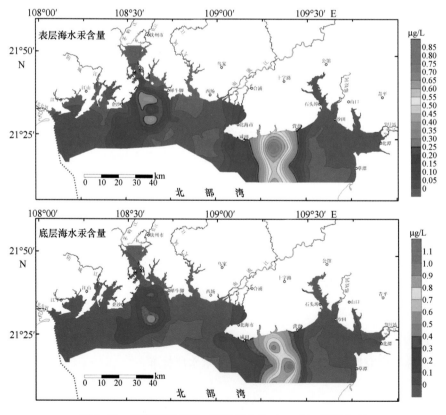

图 3-32 研究区海水表、底层汞含量（μg/L）平面分布

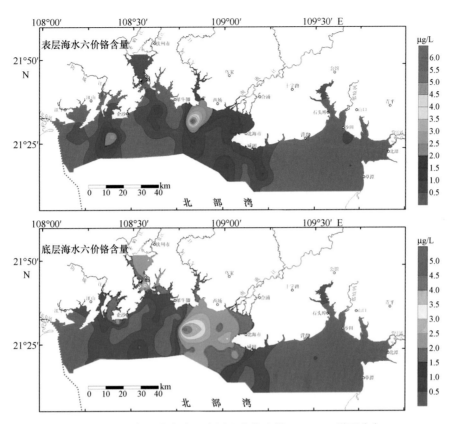

图 3-33　研究区海水表、底层六价铬含量（µg/L）平面分布

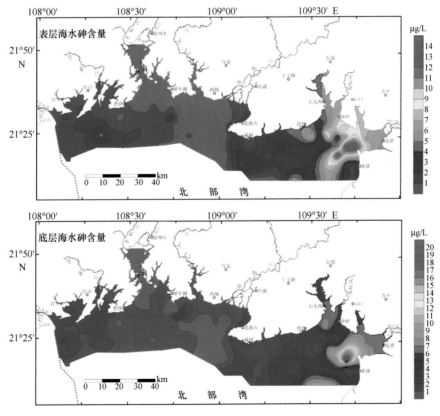

图 3-34　研究区海水表、底层砷含量（µg/L）平面分布

3.2.3 基线海水化学特征分析

对调查基线 10 个站位的表、底层海水进行了海水样品化学分析，依据现行的我国海水环境质量标准 GB 3097—1997《中华人民共和国海水水质标准》，进行单项指标的达标率分类评价。评价参数选择主要根据《海水水质标准》，并结合基线调查实测的海水样品，选取溶解氧、化学需氧量、生物需氧量、硫化物、铜、铅、锌、镉、汞、总铬、砷、挥发性酚、氨氮、油类、活性磷酸盐共 15 项指标作为评价参数。对照不同类别的水质标准值，统计不同年度各指标不同类别水质达标率，进行单项指标达标率评价，确定单项指标的水质类别，得到 2006—2009 年、2012 年基线调查水质评价结果（表 3-22）。

表 3-22　5 个年度基线调查水质评价结果*

评价参数	2006 年	2007 年	2008 年	2009 年	2012 年	5 年综合
溶解氧	I	I	I	I	II	II
化学需氧量	I	I	I	I	I	I
生物需氧量	I	I	I	I	II	II
硫化物	I	I	I	I	I	I
铜	I	I	I	I	II	II
铅	III	II	IV	II	II	IV
锌	I	I	II	II	I	II
镉	I	I	I	I	I	I
汞	IV	IV	IV	I	I	IV
总铬	I	I	I	I	I	I
砷	I	I	I	I	I	I
挥发性酚	I	II	I	I	I	II
氨氮	I	I	I	I	I	I
油类	I	II	I	I	II	II
无机磷	I	I	I	I	II	II

* 表中 I、II、III、IV 分别表示达到一类、二类、三类、四类水质标准。

可见，5 年基线调查水质评价结果相对一致。2006 年度水质调查显示铅含量达到三类海水水质标准，汞含量达到四类海水水质标准，其他各项指标均达到一类海水水质标准。2007 年度比 2006 年度与 2008 年度的水质调查评价结果稍差，铅含量、挥发性酚含量、油类含量达到二类海水水质标准；汞含量达到四类海水水质标准。2008 年度与 2006 年度调查结果相仿，铅含量达到四类海水水质标准；汞含量达到四类海水水质标准；2009 年度的水质调查评价结果最好，基本达到了一类海水水质标准；2012 年度的水质较好，大部分达到了一类海水水质标准，少数达到二类海水水质标准。

比较 5 年的调查基线水质评价结果得出：主要污染物为汞、铅、挥发性酚和油类，特别是汞和铅。因受钦州湾和大风江口来水所携生活及工业污水扩散的影响，致使位于钦州湾和大风江口之间水域的调查基线断面水质受到汞、铅、挥发性酚和油类的污染。

3.3 海水质量综合评价

海水质量综合评价从三方面着手：营养化状态评价、有机物污染状态评价，以及根据国家海水水质标准，将理化项目、营养盐、有害重金属、有机物污染等水质项目纳入评价体系，进行海水水质综合评价。

3.3.1 营养化状态评价

水体营养化状态可分为四类：贫营养、中营养、富营养和超营养化。国际上没有统一的营养化标准，不同国家甚至不同水域有不同的分析判别方法，一般根据理论和实际结合的方法进行分析划分。我国常用富营养化综合指数来确定富营养化阈值：

$$I_e = \frac{COD \times DIN \times DIP}{4\,500} \times 10^6$$

上式中，COD、DIN 和 DIP 分别表示化学需氧量（mg/L）、溶解态无机氮（mg/L）和溶解态无机磷（mg/L）。溶解性无机氮和溶解性无机磷主要分别以三氮和活性磷酸盐形式存在。当 $I_e \geqslant 1$，表示水体富营养化。

表层海水 I_e 的变化范围 0.001~2.005，$I_e \geqslant 1$ 的站位仅有 BBWD110 站，说明研究区绝大部分海区表层海水未达到富营养化程度；底层海水 I_e 变化范围为 0.001~11.904，与表层相同，仅有 BBWD110 站 $I_e \geqslant 1$，说明此站位底层海水达到富营养化程度，其他站位的海水未达到富营养化程度。总体来说，研究区海水营养化程度较低。由于 BBWD110 站离北海地角渔港很近，港内海水富营养化程度严重，长期影响附近海域，此站底层海水营养化综合指数过高就是一个明证（图 3-35）。

3.3.2 有机物污染状态评价

有机物污染状态评价主要使用有机物污染指数 I_o：

$$I_o = \frac{COD}{COD'} + \frac{N}{N'} + \frac{P}{P'} - \frac{O}{O'}$$

式中，分子项和分母项分别为实测值和水质标准（按国家一类海水水质标准），COD 意义同上，N、P、O 分别表示溶解无机氮、活性磷酸盐和溶解氧。评价标准见表 3-23。

表 3-23　有机物污染评价标准

I_o 值	<0	0~1	1~2	2~3	3~4	>4
水质评价	良好	较好	开始受到污染	轻度污染	中度污染	严重污染

表、底层海水 I_o 的变化范围分别为 -1.29~2.51、-1.07~13.9。评价结果见表 3-24。由表可知，有 207 个表、底层海水样 $I_o < 1$，其余 7 个表、底层海水样 $I_o \geqslant 1$，表明研究区绝大部分海域水质良好或较好，所占比例为 96.7%，局部海域水质开始受污染。平面分布与 I_e 分布类似，研究区表、底层海水存在严重有机物污染的唯一站位是 BBWD110 站，同样是因为北海地角渔港水质污染（图 3-36）。

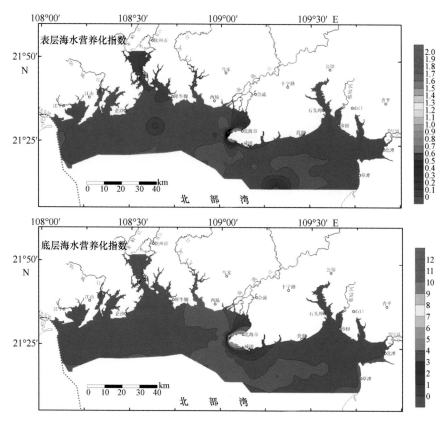

图 3-35　研究区海水表、底层营养化指数（I_e）平面分布

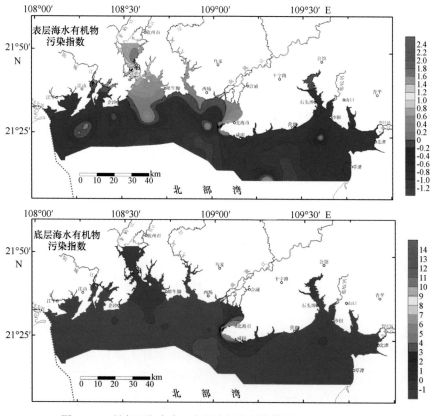

图 3-36　研究区海水表、底层有机物污染指数（I_o）平面分布

表 3-24 研究区有机物污染评价统计

I_o 值	<0	0~1	1~2	2~3	3~4	>4
表层样（个）	88	22	2	1	0	0
底层样（个）	84	13	3	0	0	1
百分比（%）	80.3	16.4	2.3	0.5	0	0.5

3.3.3 综合评价

3.3.3.1 评价标准

评价标准为《中华人民共和国海水水质标准》（GB 3097—1997），有关评价因子及标准见表 3-25。其中：一类海水适用于海洋渔业水域、海上自然保护区和珍稀濒危海洋生物保护区；二类海水适用于水产养殖区、海水浴场、人体直接接触海水的海上运动或娱乐区，以及与人类食用直接有关的工业用水区；三类海水适用于一般工业用水区、滨海风景旅游区；四类海水适用于海洋港口水域、海洋开发作业区。

表 3-25 海水水质标准

因子	一类	二类	三类	四类	因子	一类	二类	三类	四类
pH 值	7.8~8.5		6.8~8.8		铅（μg/L）	1	5	10	50
溶解氧（mg/L）	6	5	4	3	六价铬（μg/L）	5	10	20	50
COD（mg/L）	2	3	4	5	砷（μg/L）	20	30	50	
BOD（mg/L）	1	3	4	5	铜（μg/L）	5	10	50	
无机氮（μg/L）	200	300	400	500	锌（μg/L）	20	50	100	500
非离子氨（μg/L）		20			硫化物（μg/L）	20	50	100	
活性磷酸盐（μg/L）	15	30	45		挥发性酚（mg/L）	0.005	0.010	0.050	
汞（μg/L）	0.05	0.2	0.5		石油类（mg/L）	0.05	0.30	0.50	
镉（μg/L）	1	5	10						

3.3.3.2 评价方法

1) 一般单项指数法和综合指数法

水质综合指数法是对某个站位 i，利用如下公式计算其综合指数：

单站指数：

$$P_i, j = C_i, j / S_i, j$$

综合指数：

$$WQI_i = \frac{1}{m} \sum_{j=1}^{m} P_i, j$$

式中，m 为各站参与评价因子数；C_i, j、S_i, j、P_i, j 为某站位某项评价因子 j（$j \leqslant m$）的实测数据、评价标准和单项指数；WQI_i 为站位 i 的水质综合指数。由于溶解氧和 pH 值较为特殊，根据 pH

值的特点，分别采用下述方法评价计算。

2）特殊水质因子评价方法

（1）DO

根据溶解氧的特点，采用萘墨罗（N. L. Nemerow）的指数公式计算溶解氧污染指数：

$$P_i = \frac{C_{im} - C_i}{C_{im} - C_{io}}$$

式中，P_i 为溶解氧污染指数；C_i 为溶解氧实测值；C_{io} 为溶解氧评价标准；C_{im} 为本次调查中溶解氧的最大值。

（2）pH 值

pH 值评价模式为：$S_{pH} = \dfrac{|2pH - pH_{su} - pH_{sd}|}{pH_{su} - pH_{sd}}$

式中，S_{pH} 为 pH 的污染指数；pH 为本次调查实测值；pH_{su} 为海水 pH 标准的上限值；pH_{sd} 为海水 pH 标准的下限值。

3.3.3.3 水质等级划分

依据 WQI 值并结合研究区实际情况，将海水水质划分为 4 个等级（表 3-26）。

表 3-26 研究区海水水质等级划分

$WQI \leq 0.70$	$0.70 < WQI \leq 0.95$	$0.95 < WQI \leq 1.20$	$WQI > 1.20$
清洁级	轻污染级	中污染级	重污染级

3.3.3.4 评价和分析结果

表层水质综合指数 WQI 为 0.21~1.19，平均值为 0.41；底层水质综合指数为 0.20~1.48，平均值为 0.42。评价结果见表 3-27。由表可知，有 187 个表、底层海水样 $WQI \leq 0.70$，其余 27 个表、底海水样 $WQI > 0.70$ I_o，表明研究区绝大部分海域海水水质为清洁级，占比为 87.4%，局部海域海水水质为轻—中污染级。从平面分布上，与 I_o、I_e 分布类似，研究区海水水质为重污染级的唯一站位是 BBWD110 站，多种化学要素严重超标而致其综合水质为重污染（图 3-37）。

表 3-27 研究区站位海水水质综合指数和达标统计

WQI	$WQI \leq 0.70$	$0.70 < WQI \leq 0.95$	$0.95 < WQI \leq 1.20$	$WQI > 1.20$
表层样（个）	100	10	3	0
底层样（个）	87	10	3	1
百分比（%）	87.4	9.3	2.8	0.5

表 3-28 列出了研究区各项因子一类海水达标率。可见，研究区各项因子一类海水达标率较高，平均达 87.58%。溶解氧、COD、镉、砷、非离子氨、硫化物等因子一类海水达标率均达到 100%；pH、六价铬、活性磷酸盐、无机氮、挥发性酚等因子一类海水达标率达 93% 以上，Hg 和 Pb 一类海水达标率最低，分别为 42.9% 和 52.3%。

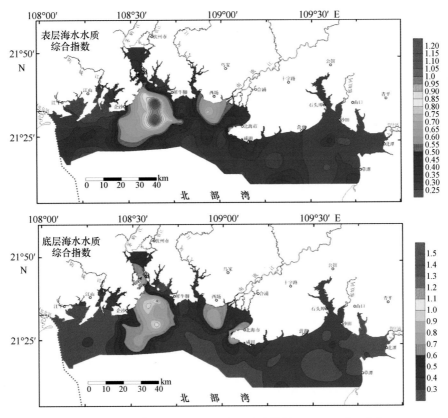

图 3-37　研究区海水表、底层水质综合指数（WQI）平面分布

表 3-28　研究区站位水质单项因子一类海水达标率统计

因　子	达标率（%）	因　子	达标率（%）
pH 值	93.3	铅	52.3
溶解氧	100	六价铬	99.5
COD	100	砷	100
BOD_5	56.5	铜	93
无机氮	94.4	锌	79.9
非离子氨	100	硫化物	100
活性磷酸盐	98.5	挥发性酚	99.5
汞	42.9	石油类	78.5
镉	100	总平均	87.5

3.3.4　调查基线海水质量综合评价

　　调查基线的海水质量主要从营养化指数和有机物污染指数两项指标进行分析，并综合评价。对比 2006—2009 年、2012 年的调查基线海水水质结果（表 3-29），分析其随时间的变化特征。

　　2006—2009 年，2012 年基线调查营养化指数变化范围分别为 0.002～0.025、0.001～0.012、0.005～0.058、0.005～0.01、0.006～0.169，变化范围不大，可见基线海水营养化程度很低，年度变化很小。

有机物污染指数变化范围分别为-0.73～-0.12、-1.15～-0.68、-0.65～-0.35、-0.64～-0.23和-0.42～0.39。由表3-29可见，所有站位有机物污染指数均小于1，且绝大部分站位有机物污染指数小于0，表明基线海水水质良好或较好。2007年基线海水水质在5次调查中为最好。

水质综合指数变化范围分别为0.30～0.44、0.26～0.74、0.29～0.61、0.3～0.73和0.21～0.37，所有站位水质综合指数均小于0.75，表明基线海水水质综合评价为清洁级，水质综合指数年度变化较小。

表3-29　基线海水质量综合评价各指数统计

指数	站位	2006 年	2007 年	2008 年	2009 年	2012 年
营养化指数	JX-1	0.007	0.012	0.058	0.008	0.048
	JX-2	0.005	0.005	0.018	0.005	0.052
	JX-3	0.002	0.008	0.021	0.008	0.059
	JX-4	—	0.004	0.005	0.002	0.169
	JX-5	0.025	0.006	0.023	0.004	0.023
	JX-6	—	0.001	0.012	0.002	0.010
	JX-7	0.009	0.002	0.010	0.002	0.008
	JX-8	0.004	0.001	0.005	0.008	0.006
	JX-9	0.021	0.001	0.007	0.003	0.063
	JX-10	0.009	0.001	0.012	0.010	0.020
	平均	0.010	0.004	0.017	0.005	0.046
有机物污染指数	JX-1	-0.39	-0.68	-0.39	-0.23	0.38
	JX-2	-0.35	-0.85	-0.57	-0.57	0.29
	JX-3	-0.61	-0.75	-0.45	-0.38	0.02
	JX-4	—	-0.85	-0.64	-0.63	0.39
	JX-5	-0.12	-0.93	-0.58	-0.50	-0.18
	JX-6	—	-1.07	-0.60	-0.64	-0.04
	JX-7	-0.48	-0.97	-0.53	-0.59	-0.08
	JX-8	-0.73	-1.15	-0.65	-0.42	-0.42
	JX-9	-0.26	-1.08	-0.51	-0.53	-0.33
	JX-10	-0.65	-0.92	-0.35	-0.35	-0.20
	平均	-0.45	-0.93	-0.53	-0.48	-0.02
水质综合指数	JX-1	0.34	0.26	0.61	0.35	0.31
	JX-2	0.37	0.35	0.46	0.31	0.27
	JX-3	0.36	0.45	0.44	0.37	0.27
	JX-4	—	0.42	0.33	0.30	0.24
	JX-5	0.39	0.48	0.38	0.30	0.21
	JX-6	—	0.35	0.29	0.37	0.28
	JX-7	0.38	0.64	0.33	0.73	0.31
	JX-8	0.33	0.40	0.30	0.61	0.22
	JX-9	0.41	0.43	0.39	0.46	0.37
	JX-10	0.38	0.74	0.41	0.48	0.26
	平均	0.37	0.45	0.39	0.43	0.27

第4章　海底地形地貌及沉积环境

4.1　海底地形地貌

广西海岸迂回曲折，多溺谷和港湾，自东往西，较大港湾有安铺港、铁山港、廉州湾、大风江口、钦州湾、防城港和珍珠港。入海河流均为中小型河流，除南流江等少数河流为常年河流外，其余多为小型间歇性河流。沿海地形大体上以钦州犀牛脚为界，东西两侧具有明显不同特征，表现为西南高，东南低。东部地区主要是第四系湛江组及北海组构成的古洪积—冲积平原地形，地势平坦，向南微有倾斜，平原上有零星剥蚀残丘点缀其间，仅在平原的东北部分布有丘陵和基岩剥蚀面；西部地区则主要为丘陵和多级基岩剥蚀面。

4.1.1　沿岸地貌特征

本次调查遥感解译的海岸线长超过1 600 km。基于沿岸的岩性、地貌、水动力条件、岸线稳定性和人工改造利用等因素，利用遥感图像，结合实地调查，将北部湾广西海岸类型分为5种，即基岩海岸、砂质海岸、泥质海岸、红树林海岸和人工海岸（图4-1）。

4.1.1.1　基岩海岸类型

基岩海岸曲折，山地低丘直接临海，湾汊众多，海中岛屿错落，属典型的山丘溺谷海岸。海岸多受侵蚀，形成海蚀崖、海蚀平台和海蚀洞等海蚀地貌。

基岩海岸在研究区不多，主要分布在钦州湾外湾和内湾之间的狭窄海区，岩石极为破碎；其次在大风江湾内以西、北海港北侧岛礁、西村港西侧、白龙港东侧及冠头角、铁山港湾顶、英罗港湾口西侧等都有基岩海岸，主要由砂页岩构成。

4.1.1.2　砂质海岸类型

砂质海岸岸线相对较平直，沙堤广泛发育，有局部的泥沙迁移，但整体上无大规模的泥沙纵向运动。

砂质海岸在研究区内沿岸分布最少，主要集中在北海市南部，从大墩海向东至营盘陆续分布。尤其是银滩公园，是典型的砂质平原海岸，纯净、洁白，以中砂、细砂为主。其次白龙半岛沿外海一侧，从沙垌经石壁到白龙一带、珍珠港口门西侧及钦州湾口东西两侧也有少量砂质岸段出现，是海平面趋于稳定后经波浪分选沿岸泥沙而形成，相对稳定或微受侵蚀。

4.1.1.3　泥质海岸类型

研究区内泥质海岸较少，以湾内、河口两侧分布为主。泥质海岸集中分布在白龙半岛两侧，大

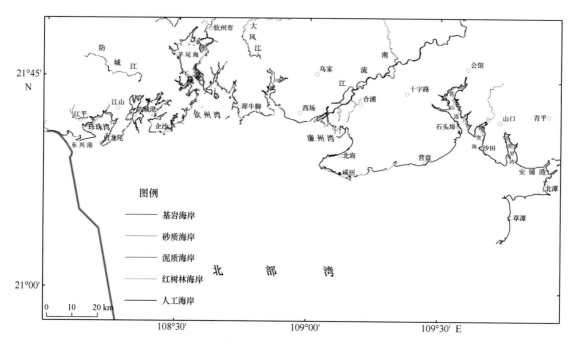

图 4-1　调查区海岸类型分布遥感解译

部分在西侧，即珍珠港内东岸从沙潭到白龙一带；在西湾口门西侧沙坵顶部的湾内也主要是泥质海岸；其他港湾内泥质岸段零星分布，如茅尾海湾顶、南流江西侧、北海港北侧、英罗港湾口西侧、铁山港内两侧等。这些湾内河口一般表现为汊道河床密布，海岸线切割破碎，浅滩潮坪宽阔，岸线向海淤进。泥质海岸主要由河流携带的泥沙组成，组分以高岭石为主，其次为伊利石。

4.1.1.4　红树林海岸类型

红树林海岸是亚热带、热带地区一种特殊的生物海岸类型，主要分布在研究区沿岸大小湾内、河口滩涂上。安铺港东侧、英罗港顶、丹兜海、铁山港湾内、大风江、南流江两侧、珍珠港内湾顶、茅尾海北部、金鼓江沿岸、北海港北侧、西村港、白龙港等广泛分布，部分海湾中部，如龙门群岛等红树林海岸呈间断分布。红树林对海岸有很好的保护作用，减弱波浪冲击，降低潮流冲刷等。

4.1.1.5　人工海岸地貌类型

由于沿海经济快速发展，海岸带开发利用规模迅速增大，人为活动改造海岸成为海岸类型变化最为显著的特点。广西沿岸建设了许多工程设施如港口、码头、公路，不断开发、围垦养殖区和盐田，以及为保护砂、泥质海岸而建的人工砌石海堤等，人工海岸广泛分布，自西向东如珍珠湾西南岸、防城港两岸、龙门港东侧、犀牛脚一带沿岸，大风江东岸、北海港、西村港、营盘港附近，铁山港、英罗港和安铺港等都广泛分布有人工海岸。

4.1.2　海底地形特征

海底地形的调查采用单波束测深仪完成，水深数据处理为实际测量的水深值减去测量时的潮高。潮汐校正主要利用 2006—2009 年和 2012 年每个年度测量期间的预报潮汐表数据进行。

校正后的水深数据以黄海平均海平面为水深基准面。水深数据校正后，利用公式进行均方差计算：

$$\delta = \left\{ \left[(x_1 - y_1)^2 + (x_2 - y_2)^2 + \cdots + (x_n - y_n)^2 \right] / 2n \right\}^{1/2}$$

式中，δ 为均方差；x_n 为交点处联络测线的水深值；y_n 为交点处主测线的水深值。研究区主测线和联络测线共计 336 个交点，其均方差计算结果为 ±0.32 m，表明水深测量误差较小，满足分析要求。据此，利用校正后的水深数据，完成地形图的编制（图 4-2）。

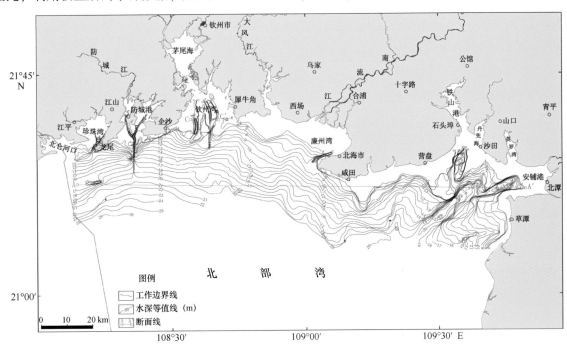

图 4-2　调查区海底地形

本次调查实测的水深范围为 2.6~26.7 m，测量的最大水深 26.7 m 位于研究区西南部，最小水深 2.6 m 位于大风江口附近水域。研究区海底地形受海岸制约明显，等深线顺岸排列，水深总体趋势自北向南逐渐增大。受水道或沙脊影响，海底地形局部变化较大，体现出等深线密集、不规则的特征。

从贯穿研究区的东西向地形断面 AA′ 来看，东部因受水道影响，地形变化较大，水深落差最大可达 12 m；往西部水深逐渐增大，最深可达 21 m，地势平缓（图 4-3）。

4.1.2.1　研究区东部的地形特征

自东至西对研究区的地形特征进行描述。东部除铁山港和安铺港存在切割较深的槽沟外，海底地势比较平缓，地形较为平坦。雷西海岸草覃附近的海域海底平均坡降约为 0.54×10⁻³，等深线顺着岸线的弯曲而弯曲，走向 SN—NE 向。北海半岛以东，咸田至营盘的海域海底平均坡降约为 0.59×10⁻³，等深线走向大致为 NE 向，在咸田港和营盘港一带向海突出延伸，分布不规则。

铁山港湾口附近密集的等深线显示该处为铁山港水道，水道呈汊状分布，NNE 向走向，在湾口淀洲沙的西侧一分为东、西水道向南延伸。整个水道长度超过 30 km，宽为 1.5 km 左右，深度一般为 8~10 m，西水道经疏浚开挖为专用煤港航道后水深有所，局部水深可达 18 m（图 4-4）。

另一安铺港水道位于安铺港湾口附近，水深大于 10 m，宽度 0.5~2 km，长度约 10 km，EW

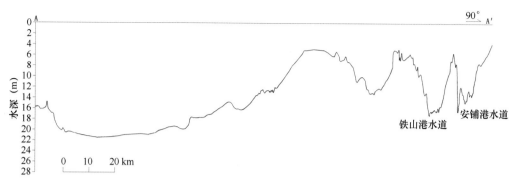

图 4-3　研究区海底地形 AA′断面（测线 BBWL6）

图 4-4　铁山港附近海域海底地形 BB′断面（测线 BBW63）

走向。

调查揭示有 3 个小型凸地：其一位于铁山港口门中间沙的西侧，测线 BBW62 的浅层剖面图也证实其存在（图 4-5），水深 5~8 m，丘状体的坡降近 $1.05×10^{-1}$，范围为 50 m×50 m；其二位于营盘的西南部海域，即测线 BBW52 的南部，水深 9~16 m，丘体的坡降近 $0.9×10^{-1}$，范围为 700 m×1 000 m；其三位于咸田的南部海域，即测线 BBW45 南端，水深 15.3~18 m，坡降接近 $0.2×10^{-1}$，范围为 400 m×600 m。以上为暗礁或不明障碍物。

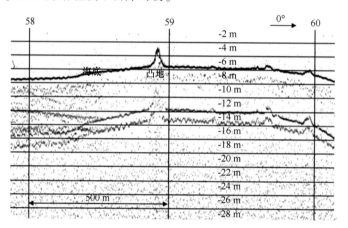

图 4-5　浅地层剖面显示的凸地特征（测线 BBW62）

4.1.2.2　研究区中部的地形特征

因潮流作用强烈，研究区中部的钦州湾和大风江口滩槽分布明显。通过地形图计算，该区域平均坡降约为 $0.63×10^{-3}$，等深线走向大致为 NW 向。

自东向西，廉州湾北海半岛附近密集的等深线显示此处为北海港的主要水道——北海港水道，水道呈弧状分布，NEE 走向，长约 14 km，宽为 100~1 000 m。水道北侧平均坡降约为 $18.7×10^{-3}$，南侧坡降则为 $7.51×10^{-3}~28.5×10^{-3}$。

根据以往研究资料，大风江口湾口水下地形滩槽分异明显，受潮水大量进出作用，沿岸发育海滩，海滩比较宽阔，海底发育潮流深槽和拦门浅滩。该潮流深槽延伸至湾口外，呈 S 状分布，长约 12 km，宽为 500~1 000 m，水深 5~10 m。

钦州湾由内湾茅尾海、湾颈区和外湾（即狭义上的钦州湾）3 部分组成，内湾和外湾之间为较狭窄的潮流深槽所沟通，钦州湾中间狭窄，岛屿众多，两端开阔呈哑铃状，是一个半封闭的天然河口湾。

茅尾海潮间浅滩宽阔，地形自岸向海倾斜，坡降为 $0.5×10^{-3}~1.5×10^{-3}$，滩面槽沟发育，槽高与滩面的高差为 1.5~3 m 不等，向南水深加大，深水区位于茅尾海南部海区，一般水深 4~8 m，最大水深达 13.5 m。在湾颈一带，海底地形起伏不平，中部呈下切的峡谷形态，明礁、暗礁较多，水道狭窄，潮流急，是钦州湾内的深水区，一般水深 5~15 m，最大水深达 21.3 m，两侧为潮流汊道，地形起伏明显，岛屿星罗棋布。在外湾区，海底地形呈现北浅南深，从东至西高低起伏、滩槽相间的态势，等深线走向大致 NW—NE，自东向西又分岔出 3 条深水道，即东水道、中水道和西水道（图 4-6）。东水道水深 7~15 m，在 CC′剖面上水深 11.7 m，两侧坡降 $6.92×10^{-3}~29.1×10^{-3}$；中水道水深 7~10 m，在剖面上水深 10.8 m，两侧坡降约 $25.8×10^{-3}$；西水道水深 7~13 m，最大水深 13 m，西侧坡降较陡，坡降约 $25.8×10^{-3}$，东侧坡降则约为 $7.38×10^{-3}$。外湾的老人沙、中间沙、两口沙及拦门浅滩水深较浅，一般水深 2~4 m，地形微有起伏，坡降 $0.1×10^{-3}~1.5×10^{-3}$。目前，位于北部的主水道已开发为钦州港和龙门港锚地，南部东、西两水道为钦州港进出航道。

图 4-6　钦州湾湾口海底地形 CC′断面（测线 BBWL1）

4.1.2.3　研究区西部地形特征

自企沙往西岸线曲折多变，滩涂宽广，主要的港湾有防城港、珍珠港和东兴港，大于 10 m 的等深线走向基本为近东西向，小于 10 m 的等深线受岸线和水道的影响而走向多变。

防城港东面有企沙半岛，西面有白龙半岛环抱，中部有渔万岛呈 NE 向伸入，把该港湾划分成内湾和外湾。内湾水深较浅，大部分水深小于 5 m，局部水深为 8 m 左右；外湾密集的等深线显示该处为防城港的主要水道——防城港水道，水道呈"Y"字形分布，自湾口外向西北至渔万岛西侧防城港码头和向东北暗埠口江延伸。整个水道长度超过 20 km，宽为 0.5~1.5 km，水深 8~18 m，水道南部经疏浚开挖为三牙航道后水深有所加深，局部水深可达 21 m。湾口外水道两侧地势变得平坦，平均坡降在 $0.59×10^{-3}$。

珍珠港呈漏斗状，东、北部与丘陵相依，西部由沙堤或海堤所围，仅南面湾口与北部湾相通，滩涂面积占港湾面积的一半以上。等深线显示珍珠港南部水域百龙台至蛤墩沿岸有一水道，呈

"Y"字形向港内东北和西北方向延伸，水深为8~13 m，宽度0.1~1.5 km，长度约7 km。

局部密集的等深线揭示了一个小型凸地的存在，该凸地位于龙尾的南部海域，水深10~18 m，丘体的坡降近$0.7×10^{-1}$，范围为350 m×350 m。

研究区沿岸区域分布着大面积的潮间浅滩，范围几十米至几千米不等，较平坦开阔，水深小于3 m，地形向岸逐渐抬高。

4.1.3 海底地貌特征

4.1.3.1 海底地貌划分级别

根据声呐图像解释资料，结合测深、单道地震、浅层剖面资料、表层沉积物样品测试结果并收集资料，综合分析得到海底地貌图（图4-7）。

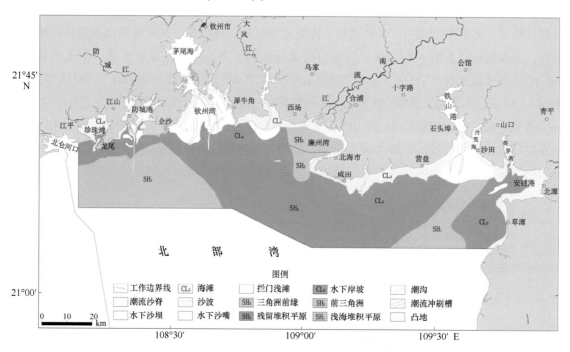

图4-7 调查区海底地貌

地貌形态反映出成因和成因控制形态的内在联系，按"形态与成因相结合"的原则，把地貌单元分为四级：一级地貌为大陆地貌、大陆边缘地貌和大洋地貌；二级地貌是在一级地貌基础上，进一步按形态特征、地质构造和外营力因素划分的大、中型地貌类型；三级地貌在一、二级地貌的基础上，按地貌形态特征分出来的独立小型地貌实体；四级地貌则为再细分出来的地貌形态。根据地貌成因和现代地貌动力过程分为堆积型、侵蚀—堆积型和侵蚀型3种成因类型。根据以上原则，研究区的海底地貌分类如表4-1所示。

本区一级地貌为大陆地貌和大陆边缘地貌，二级地貌为海岸地貌和陆架地貌，三级地貌有堆积型地貌海滩、水下三角洲、水下岸坡和浅海堆积平原，以及侵蚀—堆积型地貌（沙波及潮流沙脊群等）；在三级地貌的基础上，由于动力作用的差异又形成四级地貌，其类型包括海滩和水下浅滩、水下堆积性地貌和冲蚀性地貌、沙波、凸地等（表4-1）。现就三级地貌和四级地貌展开论述。

表 4-1　研究区地貌分类

一级地貌	二级地貌	三级地貌		四级地貌
大陆地貌	海岸地貌	侵蚀—堆积型地貌	海滩 水下岸坡	砾石滩 泥滩 沙滩 泥沙滩 岩滩 红树林滩 水下沙嘴 水下沙坝 潮沟
大陆边缘地貌	陆架地貌	堆积型地貌	水下三角洲 残留堆积平原 浅海堆积平原	沙波 拦门浅滩 潮流冲刷槽 潮流沙脊 凸地
		侵蚀—堆积型地貌	潮流沙脊群	

4.1.3.2　三级地貌特征

1）海滩

研究区海滩广泛发育，沿海岸呈带状分布，一般为 1~2 km，较窄处可达 0.1~0.3 km，较宽处可达 3~5 km。海滩由于受波浪和涨落潮流作用，形成了一定斜度向海缓慢倾斜，坡降为 $0.3×10^{-3}~1.0×10^{-3}$，比较平坦开阔。海滩受入海河流、沿岸流、近海潮流及波浪作用的影响，其沉积物的粒度从低潮滩向高潮滩逐渐变细，泥质含量逐渐增多，分选性差。按沉积物组成成分可分为 6 类，即砾石滩、泥滩、沙滩、泥沙滩、岩滩及红树林滩。

砾石滩分布于廉州湾冠头岭基岩海岸处，滩宽一般为 20 m 左右，砾石粒径变化甚大，磨圆度较高。

泥滩主要分布于防城港外湾暗埠口江东西两侧，金鼓江—犀牛脚和龙门—朱沙港一带的潮间带，以及南流江河口、北海东岸白龙港、西村港等地区，沉积物以黏土为主，砂次之，宽度为 2~4 km，占潮间浅滩的 1/4，泥滩上生长草木、红树植物。

沙滩主要见于防城港湾东南的高岭仔以南和西南岸牛头村—大坪坡一带沿岸、珍珠港西部和北部沿岸滩地、钦州湾外湾西南下底坡一带沿岸潮间带和三娘湾潮间带中、下部及麻兰岛南部沿岸、大风江口—廉州湾及北海市冠头角至营盘港沿岸潮间带。防城港湾沙滩宽度一般为 1~2 km，珍珠港湾为 3.5~6 km，为细砂和细中砂夹少量贝壳和小砾石；钦州湾沙滩由中细砂组成；廉州湾沙滩多发育于沙堤前缘，各处宽度不一，沙滩组成物质为砂，由岸向海逐渐变粗；北海沿岸的沙滩组成物质主要为石英砂，尤以北海银滩（白虎头沙滩）为典型代表。北海银滩东西绵延长约 24 km，海滩上的石英砂洁白均匀，在阳光照射下而泛出银光，故称银滩。

泥沙滩主要分布于防城港内湾的潮间带，宽度一般为 0.5~1 km，最宽为 2 km，组成物质为砂—粉砂—黏土；珍珠港湾的东北部鬼老埠至万松一带和北部江平河河口两侧沿岸滩地，组成物质为青灰色砂质黏土；泥沙滩还见于沙田和北暮以北沿海沙滩，以及安铺港龙头沙至甘来之间的大部分海滩，呈长带状与海岸平行分布，长度可达 70 km 以上，一般宽为 0.8~1 km，最宽达 1.5 km，砂含量 65%左右，黏土含量约 20%。

岩滩主要分布于大风江口两侧，以及珍珠港湾东部白龙半岛沿岸海蚀陡崖之下，所占面积很小。

红树林滩主要见于钦州湾金鼓江、鹿耳环江两侧潮间带中—上部、大风江口潮间带的小范围、铁山港东岸沙田以北至湾顶沿岸。呈片状或者带状沿海岸分布，其生长密度和长势状况在各岸滩具有明显差异，大部分地带生长稀疏，局部海滩生长茂盛，尤其是丹兜海西部沿岸红树林生长特别茂盛，属于山口红树林保护区管辖范围，沉积物与泥沙滩相近。

2）水下岸坡

研究区沿岸水下岸坡宽度不等，范围为 0.6~10 km，西部较窄，东部较宽。水下岸坡的外缘水深 8~15 m，且东部水深大，西部水深小。近岸水下岸坡坡降最陡，一般为 $0.2×10^{-3}~1.0×10^{-3}$，离岸坡降变缓，仅为 $0.1×10^{-3}~1.0×10^{-3}$。水下岸坡表层为砂质沉积物，向海则逐渐变为泥质沉积物。

3）水下三角洲

在廉州湾的南流江口形成有水下三角洲沉积体，位于北海半岛西北侧海域，属南流江三角洲的水下部分。整个三角洲水下部分呈舌状向海突出，中部加深，向两翼变浅，水深 3~10 m，三角洲面积约 280 km^2，已超出廉州湾范围。水下三角洲沉积物主要为淤泥、砂质淤泥、淤泥质砂、细砂、中细砂。根据三角洲地貌的划分原则，南流江水下三角洲还可划分出三角洲前缘和前三角洲。三角洲前缘位于南流江口附近，是一个 10 km（宽）×20 km（长）、由中细砂、淤泥、淤泥质组成的沉积体。前三角洲位于波浪基面以外，东西长约 12 km，南北宽约 10 km，呈舌状向海突出，以泥质沉积为主，前三角洲是河流带来细粒悬浮物质沉积的主要场所。

4）残留堆积平原

残留堆积平原分布于南流江口前三角洲之外侧至营盘滨外海域，可延伸至铁山港滨外海域和钦州湾外海域，水深范围为 8~20 m，中间宽，东西两端变窄。北海市滨外最宽达 30 km，东段消失于铁山港滨外，西部在钦州湾口消失。残留堆积平原非常平坦，坡降不到 $0.1×10^{-3}$。海底表层覆盖泥质粗砂层，局部含砾，夹大量贝壳碎片，贝壳受到较强磨损，微体古生物多为滨海半咸水属种。

5）浅海堆积平原

浅海堆积平原一般分布于 10 m 以深，中部分布于 15 m 以深，坡降 $0.1×10^{-3}~1.0×10^{-3}$，位于防城港和铁山港滨外。自浅海堆积平原东、西两侧，往研究区中部可延伸至钦州湾口外—涠洲岛—铁山港外以南。其表层沉积物为泥质砂或砂质泥，重矿物含量较低，富含贝壳和有孔虫。

6）潮流沙脊群

潮流沙脊群是发育在近岸浅海潮流成因的线状沙体，延伸方向与潮流方向一致，呈平行排列或指状伸展，且常常是脊、槽（沟）相间排列。本区潮流沙脊主要见于钦州湾和铁山港。

钦州湾潮流沙脊发育于钦州湾外湾一带。规模较大的潮流沙脊为老人沙，呈条状分布，长约 7.5 km，宽约 0.7 km，沙体走向为 NNW 向，与相邻的深槽水深相差 7 m 左右；而伞沙规模较小，南北长约 900 m，东西宽仅 500 m。潮流沙脊的沉积物主要为细砂，分选性很好到中等。

铁山港湾潮流沙脊十分发育。内湾由于水域狭窄，潮成沙脊狭长且规模较小；湾口潮成沙脊规模较大，如淀洲沙脊 7 km（长）×4 km（宽）；规模较大的还有东沙、高头沙和更新沙脊等（表 4-2）。表层沉积物由粗中砂、细砂、局部中粗砂等组成，以中砂为主，分选性较好。

表 4-2　铁山港湾潮流沙脊特征

名称	长度 （km）	宽度 （km）	长轴方向 （°）	脊槽高差 （m）	沙脊轴向与潮流 椭圆长轴夹角（°）
淀洲沙脊	7.0	4.0	42	10~18	32
东沙脊	5.5	2.0	39	3~3.8	29
高头沙脊	7.7	1.0	45	10~12	10
中间沙脊	3.2	1.0	75	10~20	50
更新沙脊	4.5	0.7	183	3~3.8	15

4.1.3.3　四级地貌特征

1）水下沙嘴

主要有防城港湾口潮流深槽东侧的四方沙嘴，4 km（长）×（0.5~1）km（宽），走向为 NNE向，自北往南延伸。受到波浪改造，在其南端轻微向西弯曲。沉积物为中细砂和细砂。

2）水下沙坝

主要有三牙石沙坝和西贤沙坝。三牙石沙坝为一拦门沙坝，位于防城港湾口外三牙石附近，脊部水深小于 5 m，以 NW—SE 向伸展，3 km（长）×0.6 km（宽）；沉积物主要由中细砂和细砂组成，分选性好。西贤沙坝位于防城港湾口潮流深槽西侧，4 km（长）×（0.2~1.5）km（宽），低潮出露水面，北坡较陡，其沉积物为中粗砂和中细砂，南坡为细砂。该沙坝呈 E—W 向伸展，东端受退潮流的冲刷折而向南。

3）潮沟

潮沟普遍发育于水下浅滩和伸入内陆的潮流汊道地带。本研究区潮沟见于钦州湾湾口和英罗湾，以及北海市西村港。一般高潮期被淹没，低潮期露出水面，其与浅滩的滩面高差 2~5 m，（50~100）m（宽）×（2~30）km（长）。潮沟的沉积物粗细取决于水动力条件和潮滩的垂向沉积物，通常在流速急处为砂质沉积物，流速缓处为泥质沉积物。

4）沙波

沙波在测深剖面上反射呈锯齿状起伏，海底二次反射波较强；在旁侧声呐图像上则呈一系列较有规则深浅相间的反射（图 4-8）。在研究区发现 4 处海底沙波，其中 2 处位于钦州湾口门，另外 2处位于廉州湾口门。

钦州湾口门的沙波位于三墩岛以西，东水道中部附近海域。一处位于东水道底部，面积约0.37 km²，沙波呈近 NS 走向，波长为 5~6 m；另一处位于东水道边缘，面积 0.25 km² 左右，走向EW，波长 1 m 左右，属小型沙波。

廉州湾口门沙波一处位于研究区中部水域，面积约 1.38 km²，沙波呈近 NEE 走向，波长 0.3~0.8 m；另一处位于廉州湾潮流深槽的西边，面积 0.16 km² 左右，走向 NE，波长 0.5~1 m，均属小

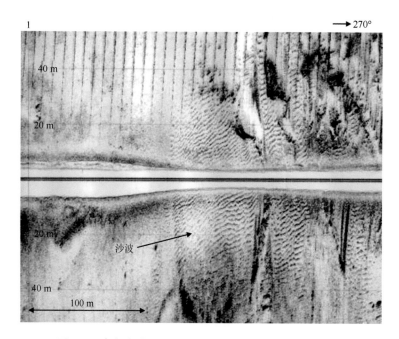

图 4-8　旁侧声呐记录显示的沙波特征（BBWL1-1 测线）

型沙波。

5）拦门浅滩

由于潮流和南向波浪的共同作用，研究区潮流冲刷槽的南端往往发育有水下拦门浅滩，主要有：

铁山港水下拦门浅滩：位于铁山港湾口门一带潮流冲刷槽尾部，28 km（长）×（3～5）km（宽），水深 2～3.5 m。内缘与海滩和潮流沙脊相接，由于潮流冲刷槽拦断而把该浅滩分隔为东西两部分，东部面积较大，约 85 km²，西部面积较小，约 20 km²，滩面较为平坦，微向南倾斜，坡降为 $1×10^{-3}$～$2×10^{-3}$。水下拦门浅滩的沉积物主要为细中砂，与潮流沙脊物质组成相近。

大风江口水下拦门浅滩：发育于大风江口外，即大风江口潮流冲刷槽南部末端以外一带水下浅滩，为封闭式河口拦门浅滩。其缓缓向海倾斜，坡降为 $1×10^{-3}$～$2×10^{-3}$，18 km（长）×（2～5）km（宽）；大潮期的低潮时水深小于 2 m，最高部位水深达 0.9 m。拦门浅滩沉积物以中细砂为主，细砂占 70% 以上，含有少量泥质沉积物。

钦州湾水下拦门浅滩：发育于钦州湾外湾口门潮流冲刷槽的南端，大潮期的低潮时水深为 2～5 m，宽 1.5～4.0 km。拦门浅滩沉积物由细砂组成，地形微有起伏，向南缓缓倾斜，坡降 $0.1×10^{-3}$～$1.5×10^{-3}$。

防城港水下拦门浅滩：见于该港湾口门外三牙石附近，呈 E—W 走向，3 km（长）×（0.3～0.6）km（宽），其表层沉积物为中砂和中细砂。

6）潮流冲刷槽

潮流冲刷槽是潮控海岸的典型地貌类型，是海湾或河口湾与海洋之间由潮流维持的天然通道。研究区由于潮流作用强烈，潮流冲刷槽十分发育，分布于沿岸港湾。潮流冲刷槽在单道地震剖面、浅层剖面、测深剖面及旁扫声呐剖面上均有显示，表现为反射界面突然断开或下陷，两侧对称，与周围地形差异较大（图 4-9）。潮流冲刷槽在声呐图像上则为内部反射杂乱，灰度较淡（图 4-10）。

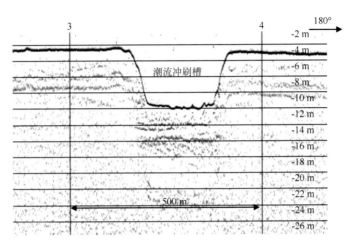

图4-9 浅层剖面记录显示的潮流冲刷槽特征（BBW63测线）

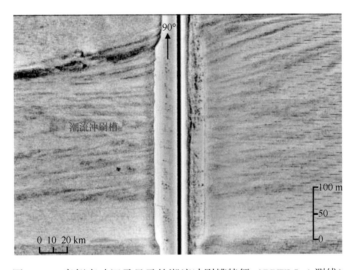

图4-10 旁侧声呐记录显示的潮流冲刷槽特征（BBWL5-1测线）

铁山港潮流冲刷槽：自湾口门向北延伸至老鸦洲岛西侧全长约26 km，宽为0.6~1.5 km，在老鸦洲西侧附近仅0.2~0.3 km，水深一般为6~10 m，最深处位于湾口即中间沙以西冲刷槽处，水深达22.5 m，而冲刷槽尾端水深为4~7 m。除在湾口潮流冲刷槽分叉口有潮流沙脊和东侧几道潮流沙脊外，整个潮流冲刷槽底没有暗礁，槽内泥沙淤积少，潮流冲刷槽较稳定。

安铺港潮流冲刷槽：位于安铺港湾口中部，水深大于10 m，宽度0.5~2 km，长度约10 km，呈EW方向延伸，至东端尖灭。

廉州湾潮流冲刷槽：环绕地角咀至冠头岭呈弧状分布，走向近NEE向，全长14 km左右，宽100~1 000 m，水深9~14 m，在冲刷槽中表层的沉积物主要为细粉砂。

大风江口潮流冲刷槽：位于大风江口中、南部，北起沙环东边湾内，南至拦门浅滩。潮流冲刷槽长约12 km，宽为500~1 000 m，水深5~10 m，呈弯月状延伸。其表层物质组成为粗砂质砾石或砾石质粗砂。

钦州湾潮流冲刷槽：钦州湾潮流冲刷槽相当发育，贯通内外湾的主槽在湾中部外端呈指状分汊成三道，走向NS—NNW。最长为东槽，达27 km，水深一般7~15 m，最短为中槽，长约15 km，水深7~10 m，西槽长约21 km，水深7~12 m。冲刷槽北部即主槽由砂砾组成，东槽由泥质砂和中细砂组成，西槽由粗砂或细中砂组成，中槽由含砾粗砂组成。东槽南端长约5 km，人工开挖迹象明显。

珍珠港潮流冲刷槽：分布于珍珠港南部水域，呈"Y"字形向港内东北和西北方向延伸，长7~9 km，宽0.5~3 km，水深5~10 m，最深达13 m，在港口外海区与航道相通，底质为中粗砂和砾石。

防城港潮流冲刷槽：分布于湾口外三牙石北侧，向北延至防城港码头和东北岸埠口江而形成"Y"字形，长约11 km，宽0.5~1.5 km，水深5~15 m，局部水深达18 m，其沉积物由中砂、中粗砂夹砾石及贝壳碎屑组成。

7）凸地

研究区发现有4处海底凸地：其一位于铁山港口门中间沙的西侧，该凸地呈丘状拱起，高差约3 m，范围为50 m×50 m；其二位于北海市咸田东南部海域，离岸约18 km，高差6~8 m，顶部直径约50 m，范围为700 m×1 000 m；其三位于北海市咸田南部海域，离岸约22 km，最大高差2.7 m，范围为400 m×600 m；其四位于珍珠湾白龙尾南部，离岸约20 km，丘状高差约8 m，范围为350 m×350 m。

4.1.4　主要河口湾的地形地貌特征

大风江三角洲、南流江三角洲是冰后期由径流携带泥沙充填古河谷并在湾口内进积形成的。南流江的陆上三角洲位于合浦断陷盆地之内，向北大致以河流开始分叉的总江口为界，总江口以北则发育冲积平原。陆上三角洲地势自东北向西南倾斜，高程由3 m降至0.5 m，其表层沉积物主要是黏土质砂或砂质黏土。三角洲平原两侧为更新世古洪积—冲积平原，两者之间常以数米高的侵蚀陡坎接触，界线清晰，西北侧陡坎位于西场、大树根、沙岗、白沙江一带，东侧古海蚀崖或陡坎位于望州岭—日头岭—乾江—烟楼一线。

4.1.4.1　大风江口

大风江口地区地貌包括陆上地貌和水下地貌两大部分，其中陆上主要地貌有基岩低丘与残丘、基岩剥蚀台地、冲积—洪积平原、海滨沙堤和海积平原5种类型，主要水下地貌类型有潮间浅滩、潮流冲刷深槽、拦门浅滩、海底平原等5种类型（图4-11）。

1）陆地地貌

（1）基岩低丘与残丘

基岩低丘广泛分布于大风江口地区北部，一般海拔为60~200 m，如生牯岭（62 m）、石人岭（80 m）、英雄岭（111.2 m）、大岭（131.7 m）等。它们主要由下古生界志留系细砂岩、石英砂岩、泥质粉砂岩、页岩构成，局部由下泥盆统石英砂岩、粉砂岩、页岩构成。低丘受到构造的控制，大体呈NE—SW向的岗峦起伏展布。其顶部大部分形成含砾红土风化壳，表面散布有大小不等的基岩碎石块。

基岩残丘仅见于大风江口西侧岭门岭、企山岭等地，由华力西期第二次花岗岩侵入体构成。残丘外形圆浑，风化壳厚度较大，顶部风化层为红色、砖红色，以泥质砂为主，夹有铁质砾石、石英颗粒和基岩碎块。

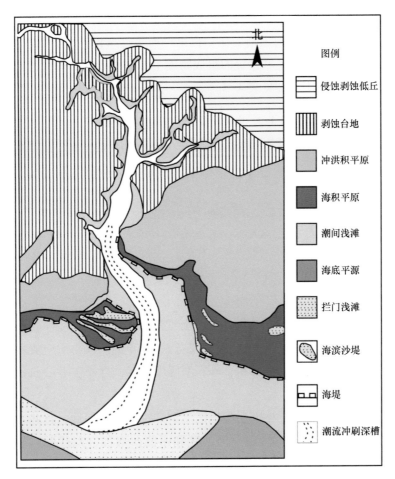

图 4-11 大风江口区域地貌类型

图例

侵蚀剥蚀低丘

剥蚀台地

冲洪积平原

海积平原

潮间浅滩

海底平源

拦门浅滩

海滨沙堤

海堤

潮流冲刷深槽

北

（2）基岩侵蚀剥蚀台地

广泛分布于大风江西岸岭门岭—企山岭以北地区和东岸瓦窑坑—白坭坎—上龙秋井以北地区，一般海拔在 20~60 m 之间。其主要由下古生界志留系下统灵山群第三、第四、第五组细粒岩屑质砂岩、泥质粉砂岩、页岩构成，局部由中统合浦群和上统防城群细砂岩、细粒石英砂岩、泥质粉砂岩、页岩构成。基岩侵蚀剥蚀台地表面往往风化形成含砂砾红土层。

（3）冲积—洪积平原

分布于大风江口东岸官井—老温峒—西场一带广阔地区和西岸西炮台—白路—三娘湾村一带。一般海拔小于 20 m，地形较为平缓，微向海方向倾斜。其出露岩性主要为北海组棕黄或黄褐色亚砂土、棕红色砂层，其次为湛江组灰、灰黄、棕红色、紫红色和黄褐色砾石、砂、黏土质砂和砂质黏土互层，局部为陆丰组灰白、浅黄、黄褐、深灰色含砾粉细砂、砂质泥、含砾砂质黏土及黑色泥炭土。

（4）海滨沙堤

主要分布于大风江口西侧沙角至海尾村沿海一带。沙堤规模较大，成群出现，自北向南排列的主要沙堤有 4 条，沙堤与海积平原相间排列。第一列自西端岭脚经依亚根、珠螺壳、更楼村、后背海至沙角，在后背海至沙角一带，其末端向东南弯转；第二列自西端岭脚经老爷村至车带山，其末端向东北湾转；第三列自西北端大田土匡向东南延伸至中三墩人工堤边缘；第四列自西北端苏屋村向东南延伸至邓屋村。在这四列沙堤中，前两列西端起始于北海组的古海蚀崖，并具连续分布；而后两列呈断续分布。这四列沙堤走向逐渐变化，自第一列呈近 WE 向，至第四列呈 SE 走向。它们在西端具收敛，东端具撒开之势。这些沙堤的组成物质主要为浅黄色、灰白色、灰色石英砂，砂层中富含钛铁矿。各列沙堤的基本特征见表 4-3。

表 4-3　大风江口西岸各列沙堤特征

沙堤名称	依亚根—沙角沙堤	老爷村—车带山沙堤	大田筐—中三墩沙堤	苏屋村—邓屋村沙堤
长（m）	3 500	2 500	2 500	1 500
宽（m）	400	200	100	250
厚（m）	8	4~6	7.4	6.2
物质成分	浅黄色、褐黄色中粗砂，含有少量贝壳碎片和钛铁矿	浅黄色、灰色中细砂，含有少量贝壳碎屑，钛铁矿含量丰富	灰白色、浅黄色中细砂，含较多贝壳碎屑及少量钛铁矿	浅黄色、青灰色中砂，含少量细砾和贝壳碎屑及少量钛铁矿

大风江口东侧海滨沙堤规模较小，数量亦少。主要有上卸江、上刘屋沙堤和虾港道—大木城沙堤，均呈 NW—SE 向展布，沙堤长约 2 km，而宽仅有 80~100 m。其物质组成主要以灰白色、灰黄色中细粒石英砂为主，含少量砾石和钛铁矿，砾石磨圆度较好，直径在 1~2 mm 之间。

（5）海积平原

普遍分布于大风江口东西两侧的南部沿海地区。例如，东侧大漏地、官井、贵初沟、大江、卸江、虾道港、大木城、三根村、下那隆等沿海地区和西侧西炮台、大石头、大田坪、沙角、中三墩、苏屋村等沿海地区均有海积平原分布，且规模较大，一般长 2~4 km，宽 1~2 km，最长达 10 km，最宽达 4 km。这些海积平原主要是由人工堤坝或由人工堤坝和海滨沙堤共同保护下而形成的，人为的影响较为突出。海积平原表层沉积物主要为灰色、青灰色或灰黑色砂质淤泥或淤泥质砂和粉砂质淤泥组成，均已开辟改造成水稻田和海水养殖池塘。

2）水下地貌

（1）潮间浅滩

广泛分布于大风江口两侧高潮线至潮下带 2.5 m 水深的浅水沉积区。由于大风江口形成呈近南—北向狭长河口湾，自北向南逐渐增大，北部沙浪角附近宽约 1.0 km，至南部口门处宽度大于 5 km。整个河口湾水深较浅，水深小于 2.5 m 的潮间浅滩和水下浅滩约占河口湾总面积的 85%，潮间浅滩在北部、中部较窄小，一般宽 300~500 m；南部较宽，一般为 1~3 km，至口门处最宽处达 6 km。潮间浅滩主要为沙滩和淤泥滩，分别占潮间浅滩总面积的 33.4% 和 34.9%，其次为沙泥滩占 26.7%；而岩滩和红树林滩所占面积甚少，分别为 2.2% 和 2.9%。

（2）潮流冲刷深槽

位于大风江口中、南部，北起沙环东边湾内，南至拦门浅滩。潮流冲刷深槽长约 12 km，宽为 0.5~1.0 km，水深 5~10 m，呈弯月形状延伸。其表层物质组成为粗砂质砾石或砾石质粗砂。

（3）拦门浅滩

位于大风江口外，即潮流冲刷深槽南部末端以外一带水下浅滩，为封闭式河口拦门浅滩。其缓缓向海倾斜，坡度为 $1 \times 10^{-3} \sim 2 \times 10^{-3}$，东西长约 18 km，南北宽 2~5 km，大潮低潮时在 2 m 水深以内，最高部位（大砂波地形）仅有 0.3 m。拦门浅滩沉积物以中细砂为主，细砂占 70% 以上，含有少量泥质。

（4）海底平原

主要分布于大风江口拦门浅滩以外海域，即水深 2.5 m 以深的浅海区。海底平原沉积物为灰色、表灰色粉砂质黏土，含贝壳碎屑和少量中细砂。

4.1.4.2 南流江口

南流江三角洲发育于合浦断陷盆地，主要受到合浦—北流北东向深大断裂带的控制。第四纪以来，合浦隐伏大断层持续活动，造成断陷盆地，并且海面时升时降，使第四纪沉积层复杂。冰后期，海平面迅速上升，距今 7 000~8 000 年，海平面上升，北部湾海水侵入南流江古河谷。由于大风江口至高德一带为第四系湛江组、北海组地层、岩层松散，易于侵蚀，海岸后退快速；冠头岭周围侵蚀剥蚀台地为志留系灵山群的变质岩，岩石坚硬，海岸侵蚀后退缓慢。这一差异在河流和海洋共同作用下，8 000 年来南流江带来泥沙与海水侵蚀海岸及海区来沙混合堆积前展，形成现今南流江三角洲平原及其周边地貌格局（图 4-12）。

南流江三角洲是冰后期由南流江径流携带泥沙充填古河谷并在廉州湾内进积形成的，其陆上三角洲位于合浦断陷盆地之内，向北大致以河流开始分叉的总江口为界，总江口以北则发育冲积平原。陆上三角洲地势自东北向西南倾斜，高程由 3 m 降至 0.5 m，其表层沉积物主要是黏土质砂或砂质黏土。三角洲平原两侧为更新世古洪积—冲积平原，两者之间常以数米高的侵蚀陡坎接触，界线十分清晰，西北侧陡坎位于西场、大树根、沙岗、白沙江一带，东侧古海蚀崖或陡坎位于望州岭—日头岭—乾江—烟楼一线。从图 4-12 可以清楚看出南流江三角洲及其周边区域的主要地貌类型为侵蚀剥蚀台地、古洪积—冲积平原、河流冲积平原、三角洲平原、水下三角洲 5 大类型，它们空间分布格局及其特征简述如下。

1）侵蚀剥蚀台地

侵蚀剥蚀台地主要分布于古洪积—冲积平原的北缘乌家镇—石湾镇—常乐镇一带，在北海半岛地角—冠头岭、牛尾岭—亚计岭以及合浦闸口镇—十字乡一带呈东北—西南向、块状分布于古洪积—冲积平原上。侵蚀剥蚀台地海拔高度一般为 30~80 m，最高为冠头岭，达 120 m。其岩性主要由志留系灵山群轻度变质的砂岩、粉砂岩、页岩组成，通常被流水切割成圆形或椭圆形小山丘。

2）古洪积—冲积平原

广泛分布于三角洲平原、河流冲积平原的周边地区，海拔高度 10~25 m，地势平缓、开阔、呈大规模成片展布，自北微向南倾斜伸展，位于近岸沿海一带的古洪积—冲积平原，由于受冰后期海侵的影响，平原边缘受海水的侵蚀成为陡崖。部分岸段的陡崖因海岸淤积或河海混合堆积前展形成海积平原或三角洲平原、或沙坝—潟湖的围封下，已变成古海蚀崖或陡坎。古洪积—冲积平原主要由上部砖红色、棕红色、棕黄色、棕褐色黏土质砂、砂砾层，下部湛江组的灰白、灰黄、棕红色的砾石、砂、黏土质砂、砂质黏土、花斑状黏土组成。

3）河流冲积平原

南流江河流冲积平原分布于南流江三角洲平原东北面，以白沙江—呆亚桥—望州岭为界，此界之西南为三角洲平原，东北为冲积平原。南流江河流自东北常乐附近地区开始冲刷切割了北海组、湛江组构成的古洪积—冲积平原，并在期间摆荡、沉积，形成了南流江河流冲积平原。平原与北海

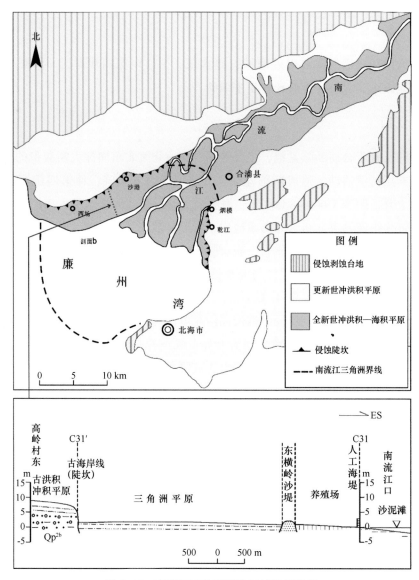

图4-12 南流江三角洲周边区域地貌类型

组、湛江组地层以陡坎相连接。河床宽度100~1 000 m不等，河床两侧常发育狭窄的堆积阶地及河漫滩，河床内先入往往存在顺流展布的心滩。冲积平原沉积层的上部由土黄、浅黄色块状、致密状黏土层和含砾石黏土构成。无层理构造、在沉积层中含有黄褐、浅黄色，不规则状细小铁质结核。下部由褐黄、浅黄色砂砾层组成，具层理构造，板状、槽状和楔状交错层理等。

4）三角洲平原

三角洲平原发育于南流江下流，形成了宽阔的河海混合堆积地貌——南流江三角洲平原。该三角洲平原的范围大体在白沙江—下洋—呆亚桥—望州岭一线，为三角洲平原与河流冲积平原分界，在河口区的高潮线则为三角洲平原与水下三角洲分界。三角洲平原面积150 km²，地势自东北向西南逐渐降低，高程由3 m降至0.5 m。三角洲平原表层沉积物由砂质黏土、黏土质砂、黏土构成。在三角洲平原西部分布有3列小型沙堤：一列位于沙岗镇大山至东山头；一列在沙岗镇东横岭至西横岭；另一列在西场镇沙环头至西后村一带。该3列沙堤直接覆盖在北海组、湛江组地层之上，沙体内发育冲洗交错层理，沉积物为灰白、灰黄、浅黄色粗中砂，碎屑重矿物含量达3.87%。从图

4-12中可以看出南流江陆上三角洲平原的地貌分布基本特征，自陆向河口区展布为古洪积—冲积平原—三角洲平原—沙堤—人工地貌（养殖场—人工海堤）—河口区沙泥滩等地貌类型。

在三角洲平原上，由于河床坡降低，泥沙不断淤积，加上自然水流和人类活动的共同作用，沟渠纵横，网状河道发育，河床宽数十米到千余米。并且河道迂回曲折，汊道较多，边滩、心滩发育。其中最大的河流汊道为南干江，其次为南西江，再者为南东江和南周江。这4条汊道河流两岸均经过人工改造作用，裁弯取直，并修筑有防海潮和洪水的堤围，在堤围内的三角洲平原均已开垦为农田。历史上南流江古河道曾经多次迁移，据有关历史资料的记载，南流江主河道在河口三角洲平原东部廉州—乾江一带淤积废弃后，向西迁移至总江—党江一带，形成南西江和南东江注入廉州湾。由于河流携带泥沙，使河床不断淤积抬升，主河道废弃继续向西迁移，导致现今主河道迁至上洋江—西江一带而形成现代南流江主流南干江河道，经七星岛入海，从而形成现代南流江河道流势。南流江河口外则多育河口沙坝，河口两侧则发育宽广的潮坪，潮坪宽度可达数千米。

5）水下三角洲

自全新世海侵影响到南流江古河谷以来，南流江携带泥沙入海，充填廉州湾，向湾口外淤积扩展，形成向海呈舌状突出的水下三角洲，超出河口湾（廉州湾）范围，面积约 300 km^2。整个水下三角洲，除北海半岛冠头岭至地角岸外的深槽之外，廉州湾海底有2/3的面积已经被充填为潮坪，并在低潮期间出露。一般认为南流江水下三角洲的范围可延伸至廉州湾口门外10 m等深线处，水深超过10 m等深线以外的海底则为古滨海平原。按三角洲划分原则，南流江水下三角洲可划分为三角洲前缘和前三角洲。

4.1.5 地貌成因探讨以及地貌演变模式

4.1.5.1 控制地貌的背景因素

广西沿海发育钦防—灵山、合浦—博白NE向压扭性断裂带及其伴生次一级NW向张扭性断裂构造。广西海岸的防城港、珍珠港、钦州湾、北海港、铁山港就是在这两组构造线的控制下发育起来的。山势以NE—SW走向最明显，常与海岸斜交或平行，河流沿构造线发育，海湾伸入内陆，有的大湾套小湾，小湾还发育出次一级形似鹿角状的"鹿角湾"，其走向与NE和NW向构造线一致。总之，从本区地貌形态、山势走向、河网系统、岛屿与港湾排列等综合分析，构造奠定了海岸的基本轮廓（莫永杰，1988）。冰期低海面时期，除中心海盆外，北部湾大部分地区为陆地，处于风化剥蚀环境之中，北海组、湛江组岩层受南康河、白沙河等河流的不断切割风化而形成小型古河谷，直到冰后期，海面迅速上升，海水从北部湾进入古河谷，逐渐形成了港湾的目前形势，海岸发生冲淤变化，泥沙经运移分配而形成当今地貌类型。

1）海滩

在河口湾形成后，由于港湾的周围为大面积的侵蚀剥蚀丘陵，在注入河流及片流的切割作用下，大量的泥沙输入港湾，使港湾不断地受到充填淤浅，同时在盛行的南风引起的向岸浪分选堆积到沿岸，形成了宽阔的海滩。

2）潮流槽脊

潮流冲刷槽与潮流沙脊作为一种独特的侵蚀—堆积地貌体系，只出现在河口、海湾和海峡口门等水深小于 35 m 的浅海近岸地区（夏东兴，1984）。潮流冲刷槽的形成与沙脊的发育主要与港湾的水动力和物质条件有关。如前所述，研究区以南至西南向浪为主，由于南海潮波和北部湾反射潮波在湾口门轴线辐聚，形成港湾沿岸高潮位、大潮差、强潮流，伴随着海湾的形成，强潮流在古三角洲或古海滩的槽沟或低洼地进出冲刷而形成潮流冲刷槽。后来由于人类的需要，在原有的自然槽沟上，进行了航道开挖疏浚，人为作用改变了海底地形地貌。

定向运动的往复潮流也是塑造潮流沙脊的主要营造力，一般认为潮流流速在 0.5~2.5 m/s 最有利于潮流沙脊的发育。这是因为流速太小，不能移动沙粒，流速太大将发生强烈冲刷，也不利于沙粒的堆积（汤毓祥，1993）。海流调查显示，该湾口的涨潮流速为 0.70 m/s，落潮流速为 0.93 m/s，可见铁山港湾口的潮流流速利于潮流沙脊的发育，从而形成现今的槽、脊相间排列的地貌特征。

3）水下拦门浅滩

研究区水下拦门浅滩与潮流冲刷槽和潮流沙脊成垂直关系，而与偏南向波浪成平行关系，其形成原因是落潮流和南向波浪共同作用的结果。水下拦门浅滩主要是风浪对湾口 0~3 m 水深浅滩区逐步塑造而成，走向与潮流沙脊垂直，呈东西走向。水下拦门沙和潮流沙脊形成通常与水流外泄的扩散形式密切相关（田向平，1990），当落潮流冲刷、携带泥沙向湾口沿途搬运时，到达湾口一带横断面积扩大，水流发生横向扩散，与此同时，湾口盛行南向波浪，在落潮喷射水流和南向波浪的共同作用下，泥沙发生沉积，形成宽阔的水下拦门浅滩。

4）水下沙波等

本区水动力作用较强，经波浪、潮流的反复冲刷，使近岸海底遭受侵蚀，形成水下岸坡。沙波则主要是水动力或波浪对砂质沉积物作用的结果。而凸地为残留地貌，并经历了水动力的冲刷作用。

沙坝和沙嘴主要由砂组成，它的形成与底流的搬运和沉积作用有关，目前的三牙石水下沙坝、西贤水下沙坝和四方沙嘴都是被淹没的古防城河河口砂质堆积体，经过后期水动力的改造，使堆积物质沿岸排列，逐渐形成现在的状态。

一般来说，在十几米水深的海区波流作用较小，水动力条件较弱，沉积环境稳定，而在残留堆积平原出现的粗碎屑沉积、残破贝壳、半咸水古生物与现代水动力条件不相符，因此，残留堆积平原是由于在海面上升时，海水淹没滨海沉积物所致（刘敬合等，1992）。

4.1.5.2 主要河口湾的地貌演变

1）大风江口

大风江口大约距今 8 000 年的大西洋期开始接受海侵，海水入灌大风江狭窄的古河谷使之成为溺谷海湾。根据水动力因素、海水进出、冲淤形态、河谷性质等可把该溺谷型河口湾分为三段：一为河流段，范围从平旦渡至石窑渡，该段受海水影响小，河床沉积物粗，分选差，边滩不发育，少量泥滩和红树林滩；二为河海过渡段，范围为石窑渡至槟榔墩，特点是受到潮水作用，发育有边滩和心滩，淤泥滩及红树林滩发育；三为河口湾口门段，该段潮水大量进出，沿岸发育宽阔的潮间浅滩，潮下带发育潮流深槽和栏门浅滩等。

大风江口属于溺谷型河口湾，深入陆地 20 多千米，内有约 12 km 长的稳定潮流深槽，大潮低潮水深 5~10 m，深槽宽 0.5~1.0 km。河口湾两侧沿岸为平原台地丘陵环抱，湾内边滩发育，生长良好的红树林；湾口为潮间浅滩和拦门浅滩，同时东、西两侧沿岸海积平原、海滨沙堤十分发育，特别是西侧构成沙堤群。然而，大风江两侧的沙堤和海积平原的形成和发育，使这里的岸线显著地向海淤涨，其原因主要是海岸的北海组、湛江组地层遭受冰后期海平面上升的海浪侵蚀、冲洗堆积在滨海地区及大风江输沙的双重因素作用下形成滨海沙体的。大风江口两侧沙体组合的差异反映东西两侧海浪大小，侵蚀强度，物质数量不同。西侧是在较强的南和西南风作用下形成较强的向岸流和沿岸流，侵蚀剧烈，沙源多，从而形成的沙堤规模较大。然而，在大风江口以东，因受北海半岛的遮掩及南流江口扩散物质的影响，侵蚀较弱，形成一系列北海组侵蚀残体。湾口区处于雷琼—北部湾凹陷的西北缘，大面积分布志留系砂页岩地层，其次是中生代花岗岩体在大风江口西南部沿断裂侵入，形成了侵蚀剥蚀丘陵和残丘及侵蚀剥蚀阶地。喜马拉雅山运动后，随着北部湾凹陷发展，更新世时期，河口区沉积了湛江组和北海组新的松散堆积地层，形成了冲积—洪积平原。全新世早期即冰期后发生大规模海侵，海水上溯大风江古河谷，造成溺谷海岸轮廓，到全新世中后期海水间歇进退，形成了 3~5 m 高的海积阶地，河口两岸发育了海滨沙堤和海积平原，河口区潮间带则发育宽阔的潮间浅滩、潮下带发育潮流深槽和拦门浅滩。

  2）南流江口

南流江河流及其河流冲积平原与河口三角洲都是在合浦断陷盆地中发育起来的。其形成规模和延伸方向均明显受到构造的控制，呈东北—西南向展布，形成河流冲积平原和河口三角洲。对于河口三角洲成因类型在各个地区不同，国内外大多数学者认为，三角洲形成的主要控制因素是气候、河口水文、波浪、潮汐及构造等。根据水流、波浪、潮汐 3 个水动力条件对三角洲形成所起的作用的相对大小可划分为以河流作用为主、河流和波浪相互作用、以波浪作用为主、河流—波浪—潮汐相互作用、以潮汐作用为主 5 种河口三角洲成因类型。南流江河口三角洲河流输沙量相对较少，波浪作用微弱，潮汐作用较强，潮差较大，平均潮差为 2.54 m，最大潮差为 5.87 m，属于强潮型河口，为典型的潮控三角洲。

4.2 海底表层沉积物特征

4.2.1 表层沉积物类型与分布特征

沉积物岩性依据粒度分析和涂片鉴定结果确定，其分类命名原则为：粒级标准采用尤登—温德华氏等比制 φ 值粒级标准；粒度分析采用沉析法，粒级间隔为 1φ；沉积粒级分类与命名采用谢帕德三角图分类法；粒度参数计算采用福克和沃德公式计算。

4.2.1.1 沉积物类型及分布

表层沉积物采用海底表层 0~20 cm 的样品进行粒度分析。结果表明，研究区表层沉积物类型有：砾砂、砂、粉砂质砂、黏土质砂、砂质黏土、砂—粉砂—黏土、粉砂质黏土共 7 种（图 4-13），其分布特征如下。

（1）砾砂（GS）：零星分布在廉州湾西南、北海市南部、防城港及东兴港南部等水域，出现频率不足 5%。沉积物大多呈黄色或褐色、红褐色，砾砂颗粒呈次圆状或次棱角状，松散，通常含大量贝壳碎片，少数可见黄色黏粒，为水下古滨海平原残留下来的物质。

（2）砂（S）：研究区分布最广泛的一种沉积物，出现频率高达45%。在珍珠湾和防城港湾口、廉州湾的西部和西南部、北海市—铁山港—安铺港—草潭近岸的广阔水域大面积分布。为海平面上升时海水侵蚀沿岸（北海组和湛江组砂质地层）而残留下来的物质，大多呈浅黄、灰黄色或黄褐色，局部区域（水深15~20 m）受现代水动力条件影响，混合沉积了一些泥质物质，使得沉积物颜色呈青灰色或深灰色。在钦州湾内，沙体呈长条形沿潮流展布，是典型的潮流砂脊。

（3）粉砂质砂（TS）：出现频率仅3%。条带状分布在钦州湾的湾口外的航道内和冠头岭西侧的外滨海。另一处出现在白龙半岛东岸附近的BBWD13站位。沉积物呈灰色，含少量贝壳碎屑。

（4）黏土质砂（YS）：研究区第二大类沉积物，出现频率24%。主要分布在钦州湾大部、研究区南部外海区域。沉积物大多呈青灰色，一般出现在15 m以深海域。在大风江口外端，沙体形成河口拦门浅滩。

（5）砂质黏土（SY）：出现频率仅2.4%。呈零星状分布在研究区的南部约20 m以深海域，沉积物呈灰色、青灰色。

（6）砂—粉砂—黏土（STY）：出现频率仅5.3%。主要分布在钦州湾东侧至西场沿岸大致6 m等深线内，其余几处则呈零星小面积分布。沉积物一般呈灰色。

（7）粉砂质黏土（TY）：出现频率15.4%。最大一片由钦州湾口外向西南延伸至防城港外海，另外在安铺港湾内也有小片分布。沉积物呈灰色、深灰色，是本区域最细的一种沉积物。

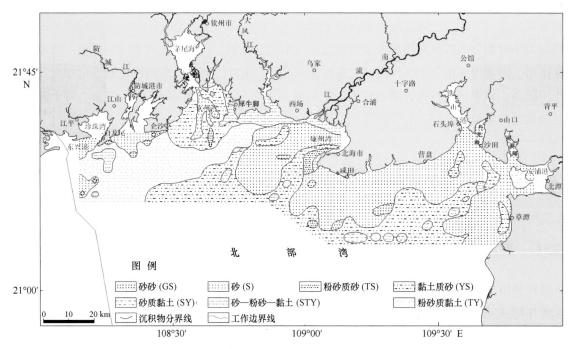

图4-13 调查区海底表层沉积物类型分布

4.2.1.2 沉积物的粒度参数分布特征

中值粒径、标准偏差、偏度、峰态等粒度参数反映了沉积物颗粒特征和环境水动力特征。

（1）中值粒径（D50）：沉积物粒度累积含量50%时的粒径，反映沉积物粗、细组分分布的总趋势，也可反映搬运介质的平均动能。研究区表层沉积物中值粒径在−1.02φ~9.08 φ之间（图4-14），平均值为 3.18 φ。在珍珠湾和防城湾湾口、廉州湾、北海市至营盘、铁山港至草潭的广阔水域，中值粒径小于 4 φ，主要分布沉积类型为含砾砂、砂和黏土质砂。在近岸浅水波浪破碎高能带，同时受涨落潮冲刷影响，平均动能最大，水动力最强；需要指出的是，在离岸较远的古滨海平原残留区，中值粒径与现在的水动力条件并不符合，不能反映搬运介质的平均动能。

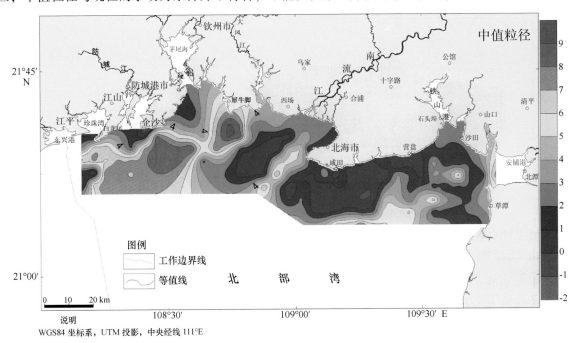

图 4-14　表层沉积物中值粒径（D50）分布

在钦州湾湾口两侧即犀牛脚和企沙南部海域，形成两个极细物质汇集区，中值粒径大于 6 φ，沉积类型主要为粉砂质黏土，这可能是受防城江、茅岭江和大风江的径流影响所致，即这几条河流入海扩散后与北部湾潮流和浅海近岸流相互顶托，形成低能环境。

（2）标准偏差（σ）：又称分选系数，反映沉积物组成的分散和集中状态，与沉积环境的水动力条件关系密切。研究区表层沉积物标准偏差在 0.24φ~6.05φ 之间（图 4-15），变化范围很大，平均值为 2.71φ，表明其分选性普遍为差。分选较好的主要有两大块：一块位于廉州湾西南海域，属水下古滨海平原残留沙体；另一块位于北海银滩近岸，受风浪、流以及涨落潮的长期反复冲刷，导致分选性很好。

（3）偏态（S_{Ki}）：用以度量样品频率曲线的不对称程度，反映沉积过程中的能量变异。频率曲线如为正偏，则此沉积物的粒度分布为粗偏，即主要粒度集中在粗粒部分；负偏则相反，沉积物的主要粒度集中在细粒部分。研究区表层沉积物 SKi 值在 -0.49~0.88 之间（图 4-16），平均值为 0.23，负偏、近对称、正偏和极正偏站位分别占总数的 12.4%、34.3%、24.9% 和 28.4%。珍珠湾湾口、廉州湾西南、北海咸田以及草潭西北海域沉积物频率曲线偏态值小于 -0.1，为负偏；防城港南部、廉州湾西南残留沙体沉积区外沿以及北海银滩南部等海域偏态值在 -0.1~0.1 之间，为近对称；其余水域沉积物频率曲线偏态值大于 0.1，为正偏或极正偏。

（4）峰态（K_g）：又称众数或尖度，一般是用频率曲线尾部展开度与中部展开度之比来表示，用以说明与正态频率曲线相比曲线的尖锐或钝圆程度，它是相对于正态分布而言的。K_g 值的大小与物源和沉积环境都有关系，指示沉积物来源及环境对沉积物的改造程度。若 K_g 值很低，说明沉

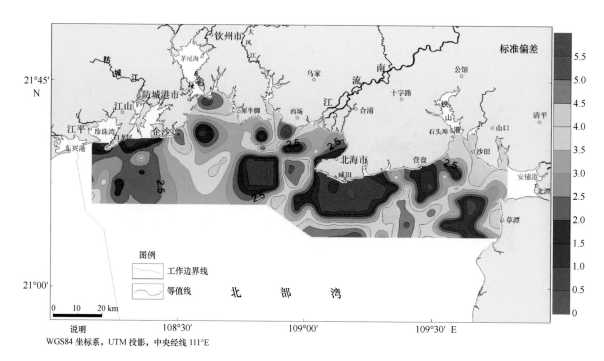

图 4-15 表层沉积物标准偏差（σ）分布

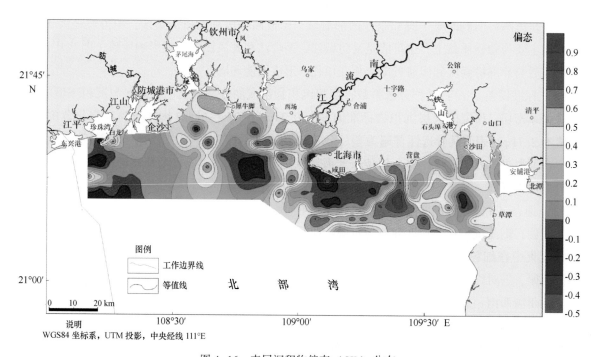

图 4-16 表层沉积物偏态（SK_1）分布

物未经过改造就进入新环境，而新环境对它们的改造又不明显，反之亦然。研究区表层沉积物峰态值在 0.63 ~ 6.93 之间（图 4-17），频率曲线从扁平到极尖锐变化，平均值为 1.32。

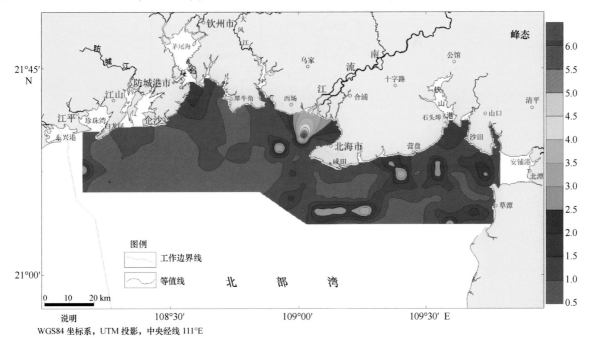

图 4-17　表层沉积物峰态（K_g）分布

防城港南部、犀牛脚南部、北海咸田南部以及营盘南部等海域，K_g 值在 0.5 ~ 1.0 之间，反映这些海域水动力改造作用较弱。在钦州湾、铁山港、安铺港西部等海域，K_g 值大于 2.0，尤其是位于廉州湾的南流江水下三角洲区域，K_g 值高达 3.0 以上，反映这些海域沉积物受到的改造程度很大。

4.2.2　主要河口湾的现代沉积环境与沉积物运移

4.2.2.1　沉积物类型

1）大风江口

大风江口沉积物类型根据沉积物粒度分析资料，统计结果表明主要底质类型有：砂质砾石、粗砂、中细砂—细中砂，砂—粉砂—黏土、粉砂质黏土 5 种类型（图 4-18）。

（1）砂质砾石

主要分布于该河口湾口门附近的潮流深槽内，在北部槟榔墩南侧附近浅滩亦有零星的小面积分布。沉积物呈灰褐、棕黄、浅黄色，中值粒径一般为 -0.5φ ~ 1.0φ，四分位离差为 0.7φ ~ 1.2φ，四分位偏态多接近于零的负偏态。

（2）粗砂

主要分布于该河口湾南部沙角附近以南潮流深槽内，形似"汤匙"状，呈东北—西南走向展布，在北部螺壳以北河床中及中部大墩西侧潮流冲刷槽内亦有零星分布。沉积物为灰黄色、棕黄色，以粗砂为主，含少量砾石和中砂及生物贝壳碎片，磨圆度次圆至次棱角状，中值粒径为 0 ~ 1.10φ，分选性很好，四分位离差为 0.48φ~0.50φ，四分位偏态接近于零的正偏态。

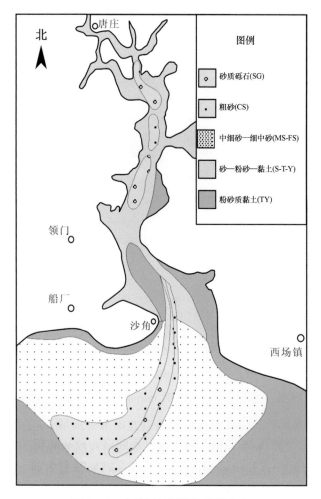

图 4-18　大风江口沉积物类型分布

（3）中细砂—细中砂

主要分布于该河口湾沙角以南潮流深槽两侧的潮间浅滩及拦门浅滩，呈片状分布特征，在中部和北部亦有零星分布。沉积物为浅棕黄色、灰黄色，中细砂以细砂为主，细砂占 70% 以上，中值粒径为 2.37φ~2.6φ，分选好，四分位离差为 0.22φ~0.8φ；细中砂以中砂为主，占 50% 以上，中值粒径为 0.85φ~1.8φ，分选很好，四分位离差为 0.39φ~0.42φ。

（4）砂—粉砂—黏土

主要分布于该河口湾内的潮间浅滩，呈带状平行海岸连续分布特征。沉积物为灰黄色、灰色、灰绿色，中值粒径为 4.85φ~7.8φ，分选很差，四分位离差大于 2.8φ 以上。

（5）粉砂质黏土

主要分布于该河口湾南部东侧东炮台至沙尾底、下那隆、西侧西炮台至后背海、中三墩等地沿岸潮间浅滩中、上部以及口门外拦门浅滩南侧边缘以外海底平原海域。沉积物呈灰黄、灰色、青灰色含贝壳碎屑，黏土含量大于 50% 以上。中值粒径为 8.5φ~9.5φ，分选性差，四分位离差为 2.15φ~3.2φ。

2）南流江三角洲

有三角洲前缘和前三角洲。南流江三角洲前缘的范围介于平均高潮线与 5 m 等深线之间，它可进一步划分为河口沙坝、潮间浅滩和三角洲前缘斜坡。

（1）河口沙坝

在南流江下游入海的南干江、南西江、南中江、南东江、周江等岔道河口区均发育有河口沙坝，数量较多，使岔道水流呈网状分支入海（图4-19）。

图4-19 卫星遥感图像所反映的南流江河口地貌特征（廉州湾北部出露的大片潮间带）

河口沙坝形成规模不大，最大者长达 2 km，宽数百米，小的长数百米，宽十至数百米，沙坝顺水流方向排列，有的在水下，仅大潮低潮时出露地面，有的大部分时间出露，高潮时淹没。沉积物类型以浅黄色的中细砂为主（图4-20），分选性较好。在各汊道河床及河流入海的口门段，沉积物主要为砾石—中砂—粗砂，各粒级中砾石含量占 31%，砂的总含量 69%，其中粗砂占 41%，中砂占 24%，细砂较少，仅为 4%。平均粒径 0.1φ，分选性差（图4-20）。

（2）潮间浅滩

南流江河口发育的潮间浅滩（又称潮间带）在各岸段宽窄不一，在东、中部央段海域较宽，达 2~5 km，西部较窄，仅 300 m 左右。潮间带根据其沉积物类型可清楚地划分为 3 个带：上部黏土质粉砂带；中上部中砂—细砂—粉砂带；中下和下部中砂带。

上部黏土质粉砂带。在河口两侧的潮间带上部，沉积物主要是灰黄或灰黑色黏土质粉砂，其中粉砂组分含量 35%~50%，黏土组分含量 24%~33%，此外还含少量的砂质组分。其粒度频率曲线一般呈多峰态（图4-20），平均粒径值 5.4φ~6.8φ，标准偏差为 2.7φ~3.5φ，分选性很差。

中上部中砂—细砂—粉砂带。中上部潮间带沉积物在向海方向上逐渐由黏土质粉砂过渡为中砂—细砂—粉砂，呈浅黄或灰黄色，粒度频率曲线呈多峰态，其特点是粒级混杂，中砂、细砂、粉砂 3 个粒级的均占 20% 以上。平均粒径在 4.3φ~5.1φ 之间，标准偏差为 1.8φ~2.5φ，属分选中等至差。

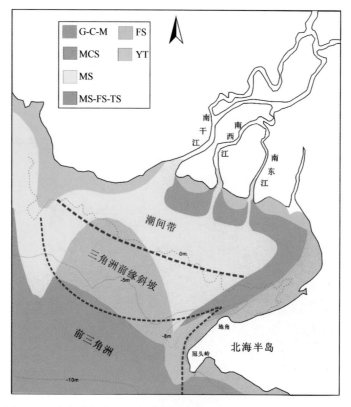

图 4-20　廉州湾各类沉积物分布及南流江水下三角洲沉积单元划分

中下部和下部中砂带。整个潮间带中下部和下部的沉积物主要是中砂，其次为细砂，此类沉积物在廉州湾内分布面积最大，在各粒级中，中砂含量 88% 以上，有时可达 97%，并含少量的粗砂、细砂和粉砂。粒度频率曲线一般呈双峰或多峰态，平均粒径为 2.23φ，标准偏差一般为 0.2φ ~ 0.6φ，属分选性极好。

（3）三角洲前缘斜坡

自低潮线至滨外泥线（水深约 5 m）为三角洲前缘斜坡，沉积物为青灰、黄灰色的细砂，粒度频率曲线为尖锐的单峰态（图 4-21）。中细砂组分含量为 68% ~ 88%。中砂占 12%，粗砂仅占 4%，粉砂为 15%。平均粒径在 3.7φ 左右，标准偏差，属分选性极好。

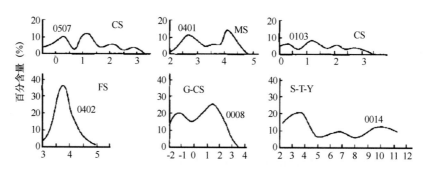

图 4-21　各类沉积物粒度频率曲线

（4）前三角洲

自 5 m 等深线至廉州湾口外水深约 10 m 处为前三角洲，沉积物中泥质组分又开始增加，主要沉积物类型为青灰色的中砂—细砂—粉砂，粒度频率曲线一般呈多峰态，分选很差。值得注意的是，北海半岛西北侧岸外的深水槽，其深度一般为 5~8 m，其海底沉积物是来自南流江的粉砂。因此，也将其归入前三角洲地貌单元之中。前三角洲之外的海底为水下古滨海平原，地势平坦，海底表层沉积物为面土黄或灰黄色泥质中粗砂层，有时还含有砾石，夹大量贝壳碎片，贝壳碎片磨损强烈。

4.2.2.2 泥沙来源和含量变化

1）大风江口

大风江多年平均径流量只有 $5.9×10^8$ m³，多年平均输沙量为 $11.77×10^4$ t，对于河口湾沉积物来源量而言，其径流带来的泥沙数量甚微，与河口湾口门发育大面积的砂质潮间浅滩和拦门浅滩是很不相称的。显然，该河口湾的物质主要来源于冰后期海水侵蚀湛江组、北海组地层组成的冲积—洪积平原后退的产物。根据大风江口沉积物的碎屑重矿物分析结果，显示其矿物组合类型为钛铁矿—电气石—锆石组合，其中重矿物以钛铁矿为主，含量大于 40%。同样，在湛江组、北海组地层沉积物的碎屑重矿物以钛铁矿为主，其次电气石、褐铁矿、白钛矿、锆石等，同时湛江组、北海组地主要由沙砾、粗砂、细中砂、泥质砂、黏土质砂层组成，这与在大风江河口湾口门一带海域形成规模较大的潮间浅滩和拦门沙体，其物质成分与湛江组、北海组地层基本一致，可以认为是原地遭受海浪侵蚀、反复冲洗、堆积、改造后所形成的。

2）南流江口

对遥感卫星图像以及现场水文泥沙观测数据分析显示，廉州湾的悬沙浓度的平面分布的一般特点是：悬沙浓度自河口区向西南方向降低。南流江入海汉道口门附近为浓度高值区，尤其是南干江至南西江一带河口区，其表层悬沙浓度在枯季一般超过 10 mg/L，在洪季则一般超过 20 mg/L，而在廉州湾南部水域，表层悬沙浓度在枯季一般低于 5 mg/L，在洪季则一般为 10 mg/L 左右；在潮汐过程之中，河口区高浓度悬沙向外海的扩散方向为西南向，难以进入北海半岛西北侧岸外的深槽，这一特点在卫星图片上显示非常清楚（图 4-22）：深水槽中的海水颜色明显要深于西侧的浅水区，两者之间界线清晰。造成这一现象的原因有两个：一是廉州湾内的潮流主要为往复流，流向主要为NE—SW 向，这就决定了河口区高浓度的泥沙向外海扩散的主要方向为西南向，而不是进入东南侧的深槽；二是由于随着水深剧增，深槽内潮波相位与其北侧的浅水区有所差异（陈波等，1996），深槽开始退潮的时间要早于浅水区，这导致浅水区落潮流速最大时深水槽内流速早已开始降低，然后又首先涨潮，这种流速和流向的差异也在相当程度上阻止了深水槽以北浅水区高浓度悬浮泥沙进入深槽。

南流江各入海口门附近，悬浮泥沙的浓度和净输出量取决于径流和潮流的相对强度，如以 2012 年 8 月 S1 站（位于南干江口门）和 S2 站（位于南西江口门）所取得的现场周日水文泥沙数据为例：在小潮期间，南流江口门附近潮汐为半日潮，潮汐日不等现象显著，由于此时为洪季，径流量较高，河口主要为冲淡水控制（南西江口表层盐度值仅为 1~3，南干江口表层盐度值小于 10），高径流量使得涨潮流被削弱，落潮流得到加强，潮周期内流速值出现三个峰值，其中两个较大峰值出现在落潮时段，只有一个较小的峰值出现在涨潮时段。潮周期内的悬沙浓度有两个峰值，一个出现

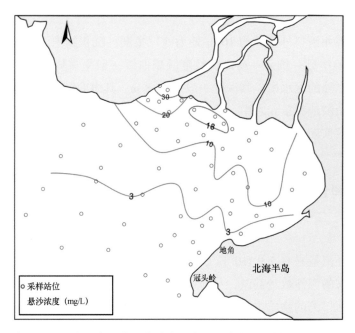

图4-22 南流江河口湾（廉州湾）枯季表层水悬沙浓度（取样时间为1991年11月）

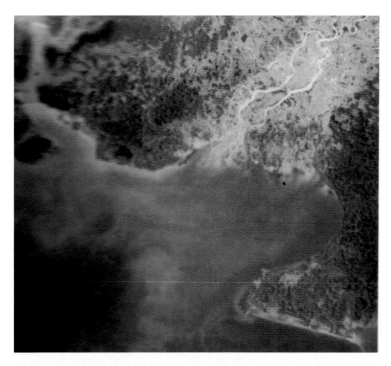

图4-23 遥感卫星影像反映的廉州湾落潮泥沙扩散趋势（摄于1988年11月29日）

在相对大潮的落潮流速峰值时刻之后，最大值则出现在相对大潮的涨潮阶段，相对小潮落潮流速要高于其后的涨潮流速，但却没有出现悬沙浓度峰值，这似乎表明口门水体中泥沙有相当部分不是来自本地海底，而是源自水平扩散作用，河口高浓度浑水团在涨落潮过程中的进退应该是控制口门附近悬沙浓度的主要因素。

在大潮期间（2012年8月26—27日），南流江口门附近潮汐为全日潮，潮周期内海水盐度值变化剧烈，在低水位时接近 0，在高水位时则可超过 25，大潮期间潮流流速高于小潮期间，但是悬沙浓度却明显低于小潮期间（图 4-24～图 4-26），大潮期间大量外海"洁净"水的涌入混合可能是导致悬沙浓度降低的原因之一，而考虑到大潮落潮期间即使河口完全为冲淡水占据，其含沙量也低于小潮相应时段，大潮期间含沙量偏低的更重要的原因应该是由于大潮期间恰逢南流江径流量偏低时段、挟沙能力下降所导致的。由此可见，径流携沙量是南流江口海域悬沙浓度的主要控制因素。

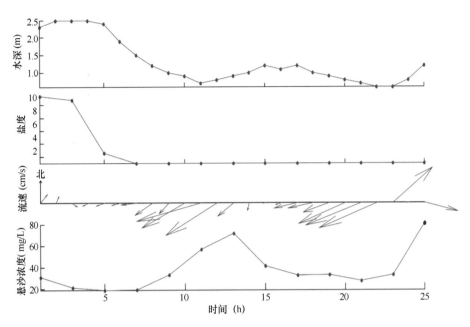

图 4-24　南干江口周日水文泥沙过程（小潮，2012 年 8 月 20—21 日）

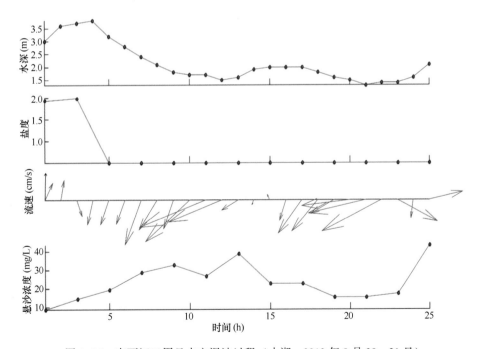

图 4-25　南西江口周日水文泥沙过程（小潮，2012 年 8 月 20—21 日）

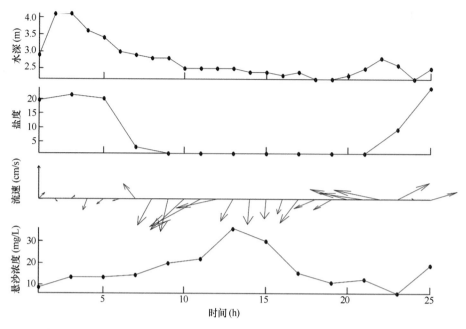

图 4-26　南西江口周日水文泥沙过程（大潮，2012 年 8 月 26—27 日）

4.2.2.3　泥沙运移和输沙量

1）大风江口

大风江口泥沙运移与水动力条件以及河口湾轮廓有密切关系。该河口湾一年中夏半年多吹偏南季风，冬半年则以偏北季风最多，且为主导的常风向和强风向。风向与浪向基本一致，但湾口东和东北皆背靠大陆，作用于湾口的波浪主要为西南向浪，河口湾内涨落潮流与潮流深槽走向基本一致，涨潮流偏北向，落潮流偏西南向，具有明显的往复流性质，越往内湾的复流性质越明显。同时，落潮流速大于涨潮流速，余流方向与落潮流向相同，但在湾口外余流均向西。因此，根据水动力条件以及水下地貌形态的综合分析，河口湾流场内的细颗粒泥沙运动受潮流所控制。泥沙运移趋势，在涨潮期间，悬沙随潮流由东南或西南向北进入湾内；由于该湾的落潮流速大于涨潮流速，在落潮期间，悬沙随潮流由湾内向西南带出并进入浅海区，在浅海区形成粉砂质黏土沉积物组成的海底平原，部分细颗粒物质向西南海域运移，粗颗粒物质则围绕深水槽两侧潮间带以及湾口潮下带浅水区在西南海浪的作用下做横向运动，形成较大规模的砂质潮间浅滩和拦门浅滩。

2）南流江口

在小潮期间（2012 年 8 月 26—27 日），南干江口门表层单宽净输沙量为 14.5 t/d，南西江口门附近为 18.3 t/d，净输沙方向均为指向南偏西方向（表 4-4，图 4-27）；而在大潮期间，由于当时径流携沙量低，大潮期间净输沙量要低于径流量较大的小潮期间。这反映出在（8 月）洪季期间，南流江口门泥沙输出量主要取决于径流携沙量。在廉州湾口门附近（水深 5 m 左右）泥沙净输运通量的历史数据表明：无论是在洪季还是在枯季，潮周期的泥沙净输运通量一般都指向偏北方向，且枯季的泥沙净输运通量有高于洪季的趋势，这可能是因为在枯水季节时河口区水体中悬沙浓度较低，潮周期内潮汐浅水变形效应（涨潮流占优势）造成泥沙向陆输运通量要远高于落潮时向外海扩散的悬沙通量。因此，造成较高的指向涨潮流方向的泥沙净输运通量，而在洪季时，河口区水体中悬沙浓度较高，落潮时向海泥沙输运通量也相应增加，与涨潮期间向陆泥沙输运量相当，这就造成了洪季悬沙净输运通量明显偏低的结果。

表4-4　各站潮周期内净输沙量与方向

站号	日期	季节	潮汐	单宽净输沙量（×10³kg/d）	净输沙方向（°）
9101	1991年5月6日	枯季	中潮	2.3	265
	1991年5月11日	枯季	小潮	0.25	40
	1991年6月15日	洪季	大潮	16.9	20
9102	1991年5月6日	枯季	中潮	9.9	65
	1991年5月11日	枯季	小潮	1.0	45
	1991年6月15日	洪季	大潮	8.1	220
9103	1991年5月6日	枯季	中潮	6.9	65
	1991年5月11日	枯季	小潮	1.4	70
	1991年6月15日	洪季	大潮	2.4	65
S1	2012年8月22日	洪季	小潮	14.5	215
	2012年8月16日	洪季	大潮	2.2	274
S2	2012年8月22日	洪季	小潮	18.3	202
	2012年8月16日	洪季	大潮	9.5	198

4.2.3　表层沉积物碎屑矿物类型与分布特征

对研究区海底表层0~20 cm沉积物进行了碎屑矿物分析，鉴定方法按GB/T 12763.8—2007中的6.4有关规定执行。选择分析鉴定的粒级为0.063~0.125 mm级，分析鉴定后的矿物百分含量为其占该粒级的重量百分数。

4.2.3.1　研究区的碎屑矿物种类

表层沉积物共检出碎屑矿物30种，包括陆源碎屑矿物、海洋自生矿物、内源生物碎屑矿物和火山源物质矿物，现分为重矿物与轻矿物，然后再按硅酸盐类、氧化物类等进行二次分类。

轻矿物主要为石英和长石，其含量在36.3%~99.5%之间，平均含量84.7%；重矿物含量一般不超过5%；海洋自生矿物主要有海绿石和黄铁矿；火山源物质主要为火山玻璃（表4-5）。

表4-5　表层沉积物中碎屑矿物的种类

矿物种类	重矿物			轻矿物
	最常见矿物	常见矿物	不常见矿物	最常见矿物
硅酸盐类	角闪石、锆石、黑云母、白云母	绿泥石、蛋白石	褐帘石、石榴石、电气石、橄榄石、榍石、辉石、绿帘石	长石、海绿石
氧化物类	钛铁矿	锐钛矿、赤铁矿、白钛石	锡石、磁铁矿、金红石、铬铁矿	石英

续表 4-5

矿物种类	重矿物			轻矿物
	最常见矿物	常见矿物	不常见矿物	最常见矿物
氢氧化物类	—	—	褐铁矿	—
硫化物类	—	黄铁矿	—	—
碳酸盐类	—	—	—	—
火山物质	—	—	火山玻璃	—

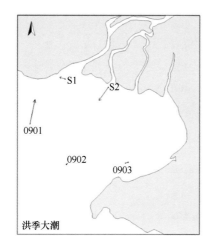
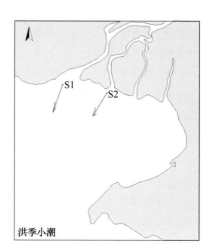

图 4-27　廉州湾内各站潮周期内悬沙净输运方向

　　广西沿海出露的主要岩体为沉积岩，在东兴市至防城港市沿海地区以侏罗系粉砂岩和页岩为主，钦州湾两岸主要以志留系细砂岩、岩屑砂岩、粉砂岩和页岩为主，在涠洲岛以玄武岩为主，局部地区零星发育有花岗岩、石英斑岩及岩脉，其余大部分地区则以北海组和湛江组地层为主。另外，广西入海的几条主要河流的流域主要岩体为碎屑岩和碳酸岩。因此，研究区表层沉积物中重矿物的含量普遍不高，仅在白龙半岛东南部的水下岸坡区存在一富集区。

4.2.3.2　碎屑矿物分布特征

　　研究区表层沉积物中矿物的含量很不均匀，空间变化相当大。以下对几种主要的矿物类型以及具有明显环境意义的矿物进行描述分析。

（1）石英是主要的轻矿物，平均含量高达72.5%，但空间分布差异明显（图4-28）。大风江口向西至企沙海域，出现一低值区，平均含量不足50%。大风江口向东至铁山港海域，平均含量在75%以上。另外，在江山半岛东南海域，石英含量也较高。

（2）锆石属二轴晶矿物，晶体多呈短四方柱状或两端呈锥形的长柱状，横切面为四边形或八边形，多为无色透明，硬度极大。研究区锆石含量在0~0.55%之间（图4-29），大部分海域的锆石含量少于0.05%，高值区位于江山半岛东南海域。

（3）钛铁矿属不透明矿物，晶体呈菱面体或树枝状骸晶，铁黑色，半金属光泽至金属光泽，强电磁性，条痕黑色，硬度中等。研究区钛铁矿含量在0~2.67%之间（图4-30），平均含量约0.2%，高值区出现企沙南部海域以及廉州湾西南的残留砂沉积区。

（4）海绿石多呈灰绿色、褐绿色的球粒状，一般认为它是盐度较高（30~34）、细砂级沉积、水体交换较好的浅海相环境的指示矿物。研究区海绿石含量变化较大，在0~29.6%之间（图4-31），平均含量2.8%。近岸浅水区域，海绿石含量普遍很低，而在远岸深水区域，其含量相对较高。

（5）黄铁矿呈绿黄色、褐黄色，金属光泽，球粒状或鲕状集合体状，或呈微粒充填于有孔虫或介形虫的遗壳中，该矿物多富集于泥质沉积、有机质和铁质丰富且水动力较弱的中—偏碱性沉积环境中。研究区黄铁矿含量在0~1.45%之间（图4-32），其高值区位于防城港南部远海，含量高于0.5%，其余区域含量都很低。黄铁矿含量的高值区刚好位于极细物质沉积区，底质为粉砂质黏土，水动力作用相对较弱，因此有利于黄铁矿在此环境下缓慢结晶形成。

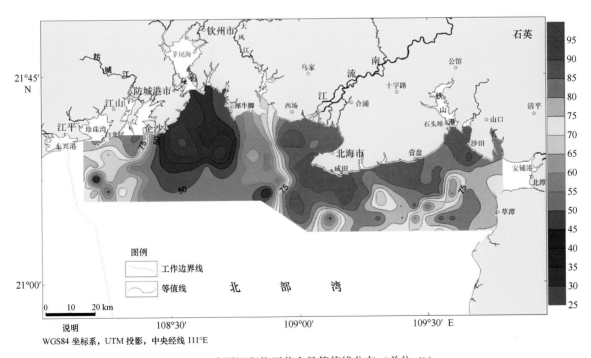

图4-28　表层沉积物石英含量等值线分布（单位:%）

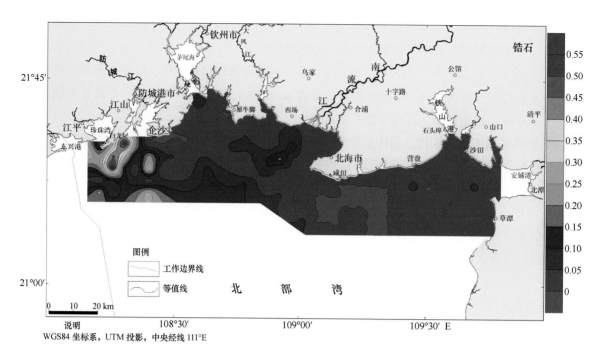

图 4-29　表层沉积物锆石含量等值线分布（单位:%）

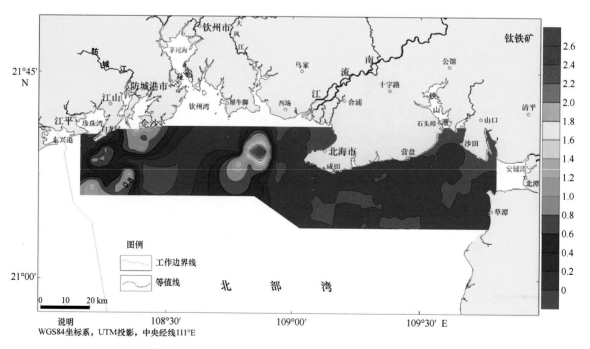

图 4-30　表层沉积物钛铁矿含量等值线分布（单位:%）

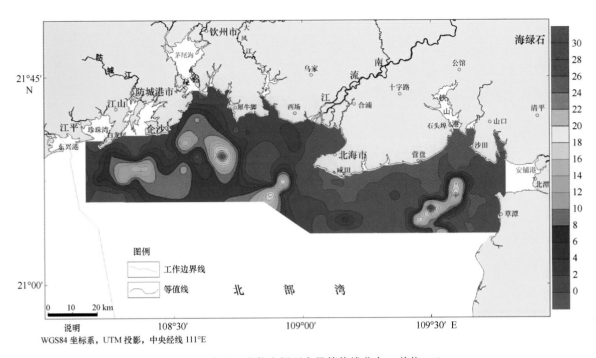

图 4-31 表层沉积物海绿石含量等值线分布（单位:%）

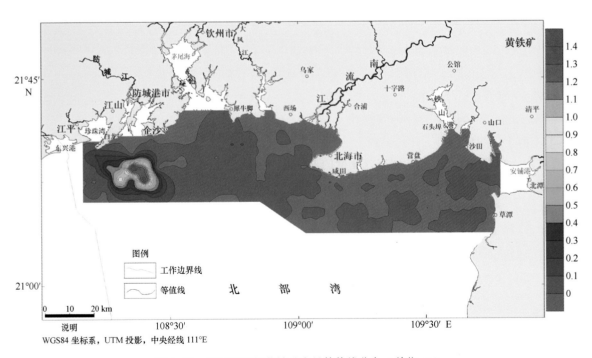

图 4-32 表层沉积物黄铁矿含量等值线分布（单位:%）

4.2.3.3 主要河口海湾表层碎屑矿物组合特征

1）大风江口

在大风江口沉积物中碎屑重矿物含量较丰富，主要分布于潮流深槽及其两侧砂质沉积区。根据碎屑重矿物分析的资料，统计结果表明，大风江口沉积物中碎屑重矿物组合类型仅为钛铁矿—电气石—锆石组合。该组合的碎屑矿物以钛铁矿为主，含量大于40%；其次为电气石，含量大于10%；第三为锆石，含量大于5%；其他白钛矿、褐铁矿、锐钛矿、独居石等重矿物含量较少，一般含量小于5%。经沿岸陆地出露的地层沉积物的碎屑重矿物碎屑重矿物分析，其重矿物组合与之一致，反映大风江口沉积物主要来源于沿岸第四系北海组、湛江组地层的侵蚀物质，部分来自周边志留系、泥盆系以及侵入花岗岩等母岩的侵蚀剥蚀物和风化物。

2）南流江口

（1）南流江口矿物区

根据沉积物中的重矿物组合特征，可以界定出南流江水下三角洲在廉州湾内的范围，自南流江口向南直至前三角洲的大片区域为南流江口矿物区（图4-33），沉积物中的重矿物主要为电气石、钛铁矿、锆石和白钛矿。其中电气石平均含量为23.1%，钛铁矿平均含量为21.3%，锆石平均含量为12.6%，白钛矿平均含量为10.5%、此外还有赤铁矿、红柱石、独居石、锐钛矿等，黑云母、绿帘石、透闪石等不稳定矿物含量很低或缺失（表4-6）。再以南流江口区某种优势矿物的沿程变化，可推测泥沙运动。以钛铁矿为例，其含量自南流江潮间带向潮下带逐渐减少，从潮间带上部36%到潮间带下部减至29%，潮下带减至23%。由上述重矿物组合特征分析，该区域矿物组合与南流江河床沉积物中矿物组合基本一致，反映其物源主要来自南流江无疑。

（2）西部矿物区

在廉州湾西部接近大风江口的区域为西部矿物区（图4-33），钛铁矿平均含量高达63.2%，电气石含量为18.8%，锆石含量为6.0%，其他次要矿物有白钛矿、赤铁矿、红柱石、矽线石等，矿物种类比较简单，且含有标准的变质成因矿物矽线石（表4-6），与南流江口外区域明显不同，其物源应为大风江以西的志留系变质岩。

（3）东部矿物区

廉州湾东岸直至北海半岛西侧岸外深槽的近岸浅水区域为东部矿物区（图4-33），沉积物主要为中粗砂，其重矿物中电气石的平均含量为38.8%，钛铁矿含量为12.0%，黑云母含量为11.3%，锆石和赤铁矿含量均为8%左右，此外还有磁铁矿、褐铁矿、白云母、矽线石、独居石、黄铁矿等。该区域矿物种类较多，反映了其物源的复杂多样，其沉积物应主要来自沿岸更新世北海组、湛江组陆相地层的侵蚀，也含有北海半岛冠头岭一带志留系变质砂岩的侵蚀产物。

表4-6 廉州湾沉积物中的重矿物种类及性质

矿物名称	化学式	比重	硬度	化学稳定性
钛铁矿	$FeTiO_2$	4.4～4.8	5～6	好
电气石	$Na(Mg, Fe, Li, Al)_3Al6$ $[Si_6O_{18}](BO_3)_3(OH)_4$	2.9～3.2	7～8	很好
锆石	$ZrSiO_4$	4.0～4.7	7～8	很好

矿物名称	化学式	比重	硬度	化学稳定性
赤铁矿	$Fe2O_3$	5.0~5.3	5~6	很好
白钛矿	TiO_2	3.5~4.5	5~6	很好
锐钛矿	TiO_2	3.8~3.9	5~6	很好
白云母	$KAl_2[AlSi_3O_{10}](OH)_2$	2.7~3.1	2~3	差
红柱石	$Al_2[SiO_4]O$	3.1~3.2	7	很好
矽线石	$Al[AlSiO_5]$	3.2	7	很好
金红石	TiO_2	4.2~4.9	6	很好
独居石	$(Ce, La)PO_4$	4.8~5.5	5	好
磁铁矿	Fe_3O_4	4.9~5.2	5~6	好
榍石	$CaTiAlO_4$	3.3~3.5	5	好
黄铁矿	FeS_2	4.9~5.2	5	很差
褐铁矿	$FeO_2 \cdot H_2O$	4.0~4.4	4~5	很好
浅绿角闪石	$Ca_2(Mg, Fe)_5[SiO_4O_{11}]_2(OH)_2$	3.0~3.3	5~6	差
透闪石	$Ca_2Mg_5[Si_4O_{11}]_2(OH)_2$	2.9~3.0	5~6	差
绿帘石	$Ca_2(Al, Fe)_3[Si_2O_7][SiO_4]O(OH)$	3.3~3.5	6	差
黑云母	$(Mg, Fe)_3[AlSi_3O_{10}]$	2.8~3.1	2~3	差

图 4-33 廉州湾海底沉积物矿物分区

表4-7 廉州湾湾海海底沉积物矿物组合特征

矿物区	站位	钛铁矿	电气石	锆石	赤铁矿	白钛矿	锐钛矿	褐铁矿	白云母	红柱石	矽线石	金红石	褐铁矿	磁铁矿	榍石	黄铁矿	浅绿角闪石	透闪石	绿帘石	黑云母	钛铁矿/(电气石+锆石)	主要矿物	指示矿物
南流江口矿物区	0284	36.0	15.0	22.0	8.0	11.0	8.0												少	少		钛铁矿 电气石 锆石 白钛矿 赤铁矿 锐钛矿	没有
	0286	29.0	17.0	13.0	1.0	17.0	10.0						1.0	2.0					少		0.97		
	0287	23.0	23.0	18.0		22.0	8.0			1.0	2.0		3.0					2.0			0.81		
	0299	27.0	15.0	25.0	4.0	6.0	4.0			4.0		少	5.0				少				0.68		
	0313	8.0	17.0	3.0	37.0	6.0				2.0							25.0				0.40		
	0315	6.0	8.0	5.0	12.0	4.0	1.0			1.0							63.0				0.46		
	0308	15.2	30.0	2.3		18.7	7.8			0.9			0.6						1.2	0.6	0.47		
	0294	24.1	46.6	7.8		8.2	8.9			1.7									1.7		0.44		
	0293	23.8	36.5	11.0	8.0	1.5	2.3			1.2			1.2						4.9	2.9	0.50		
	平均	21.3	23.1	12.6	8.0	10.5	5.3			1.5											0.60		
西部矿物区	1402	90.0	2.0	1.0	2.0	1.0	少			少	少										30.0	钛铁矿 电气石 锆石 白钛矿	矽线石
	1405	52.0	36.0	少	少	9.0	少				少								少		1.44		
	1601	42.0	14.0	25.0	2.0	6.5	6.5			少	少			3.0				3.0			1.08		
	1602	64.0	20.0	少		5	少			少											3.20		
	1603	68.0	22.0	4.0		1	少							1.0							2.62		
	平均	63.2	18.8	6.0	2.0	4.5															2.55		
东部矿物区	1202	25.0	23.0	30.0	2.0		3.0			少	少			2.0				15.0			0.47	电气石 钛铁矿 锆石 赤铁矿 磁铁矿 黑云母	矽线石
	1203	22.0	37.0	15.0	15.0		2.0			1.0	少			1.0					少	少	0.42		
	0061	5.0	58.0	4.0	9.0			2.0	1.0		3.0				2.0	1.0					0.08		
	0069	6.0	18.0	5.0	8.0			2.0	8.0	1.0					3.0					25.0	0.33		
	0079	8.0	20.0	5.0	12.0			6.0	2.0		2.0		4.0	1.0	22.0		2.0		5.0	3.0	0.32		
	0088	17.0	21.0	8.0	14.0			2.0	7.0		1.0		2.0	2.0	1.0	2.0			2.0	36.0	0.59		
	0091	5.0	68.0	3.0	4.0								2.0		1.0	1.0			2.0	6.0	0.07		
	0094	8.0	65.0	5.0	6.0						2.0				1.0	1.0			3.0	20.0	0.11		
	平均	12.0	38.8	8.8	8.8			1.5	2.3		1.0			0.8	3.8					11.3	0.03		

4.2.4 表层沉积物微量元素和有机质分布特征

对研究区的海底表层 0~20 cm 沉积物进行了微量元素和有机质分析测试。测试的微量元素包括钴（Co）、铜（Cu）、镍（Ni）、锶（Sr）、锌（Zn）、钒（V）、钡（Ba）、（铈 Sc）、镓（Ga）、铅（Pb）、铬（Cr）、锆（Zr）、砷（As）、镉（Cd）和汞（Hg）共 15 种。

4.2.4.1 微量元素含量的统计特征

研究区表层沉积物中 Sr 和 Ba 的含量相对较高，平均值分别为 137.3 μg/g 和 159.1 μg/g；Cd 和 Hg 的含量则相对较低，平均值都在 0.1 μg/g 以下，其中 Hg 最低，为 0.04 μg/g；其他元素含量平均值则在 5.04 μg/g 至 63.37 μg/g 之间。Co、Sr 和 Cd 的波动程度最大，其变异系数均大于 1.0，Pb 的变化程度最小，变异系数为 0.49（表 4-8）。

表 4-8 表层沉积物中微量元素含量的统计特征 单位：μg/g

统计项目	Co	Cu	Ni	Sr	Zn	V	Ba	Sc	Ga	Pb	Cr	Zr	As	Cd	Hg
统计数（个）	169	169	169	169	169	108	169	108	169	169	169	169	169	169	169
最小值	1.37	1.4	1.23	15.2	4.15	3.9	4.81	0.55	0.44	1.93	4.41	6.74	1.41	0.01	0.00
最大值	164	24.1	33.2	1 010	92.0	99.3	447	13.8	31.0	70.8	334	151	34.4	1.01	0.12
平均值	12.3	9.32	13.45	137.3	41.93	39.18	159.1	5.04	10.62	20.6	63.37	50.3	8.89	0.09	0.04
标准差	18.68	5.93	8.3	161	24.36	25.31	115.3	3.53	7.93	10.02	62.11	34.62	5.97	0.14	0.03
变异系数	1.52	0.64	0.62	1.17	0.58	0.65	0.72	0.70	0.75	0.49	0.98	0.69	0.67	1.59	0.86

4.2.4.2 微量元素和有机质的分布特征

研究区表层沉积物中 15 种微量元素和有机质含量特征如下。

Co 的含量在 1.37~164 μg/g 之间，平均含量为 12.3 μg/g。高值区位于北海市银滩近岸。其余大部分区域含量低于 40 μg/g。

Cu 的含量在 1.4~24.1 μg/g 之间（图 4-34），平均含量为 9.32 μg/g，含量的标准差为 5.93 μg/g，变异系数为 0.64。犀牛脚至铁山港一带总体上呈由北向南增加趋势，个别港湾如安铺港、钦州湾含量略高，高值区位于防城港企沙南部海域。总体上来看，Cu 含量与沉积物粗细和黏土含量相关。

Ni 的含量在 1.23~33.2 μg/g 之间，平均含量为 13.45 μg/g，含量的标准差为 8.3 μg/g，变异系数为 0.62。其分布与 Cu 的分布规律极为相似，高值区位于防城港企沙南部海域。

Sr 的含量在 15.2~1 010 μg/g 之间，平均含量为 137.3 μg/g，含量的标准差为 161 μg/g，变异系数为 1.17。大部分海域含量在 50~250 μg/g 之间，东兴港、防城港南部的局部出现异常高值，这可能与沉积物中钙质生物碎屑含量较高有关。

Zn 的含量在 4.15~92.0 μg/g 之间，平均含量为 41.93 μg/g，含量的标准差为 24.36 μg/g，变异系数为 0.58。其分布与 Cu 和 Ni 的分布规律相似，高值区位于钦州湾湾口外沿以及防城港企沙南部海域。另外，北海市西部海域含量也较高。

V 的含量在 3.9~99.3 μg/g 之间，平均含量为 39.18 μg/g，含量的标准差为 25.31 μg/g，变异

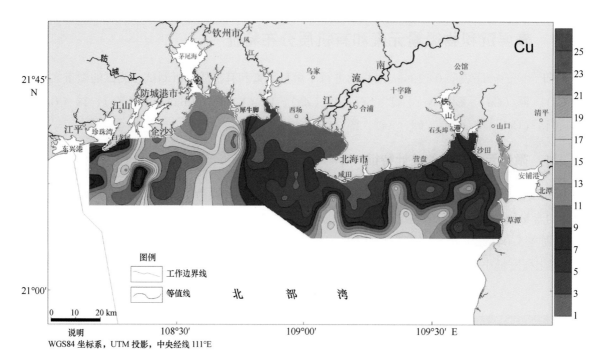

图 4-34 表层沉积物 Cu 含量等值线分布（单位：μg/g）

系数为 0.65。高值区位于钦州湾湾口外沿以及防城港企沙南部海域。

Ba 的含量在 4.81~447 μg/g 之间，平均含量为 159.1 μg/g，含量的标准差为 115.3 μg/g，变异系数为 0.72。高值区出现在钦州湾湾口两侧，低值区位于北海市至铁山港近海一带海域。

Sc 的含量在 0.55~13.8 μg/g 之间，平均含量为 5.04 μg/g，含量的标准差为 3.53 μg/g，变异系数为 0.70。高值区位于防城港企沙南部海域。

Ga 的含量在 0.44~31.0 μg/g 之间，平均含量为 10.62 μg/g，含量的标准差为 3.93 μg/g，变异系数为 0.75。其分布与 Ba 的分布规律相似，高值区出现在钦州湾湾口两侧。

Pb 的含量在 1.93~70.8 μg/g 之间（图 4-35），平均含量为 20.6 μg/g，含量的标准差为 10.02 μg/g，变异系数为 0.49。高值区出现在草潭附近海域。

Cr 的含量在 4.41~334 μg/g 之间（图 4-36），平均含量为 63.37 μg/g，含量的标准差为 62.11 μg/g，变异系数为 0.98。高值区一处位于廉州湾西南海域，另一处位于北海咸田西南海域。

Zr 的含量在 6.74~151 μg/g 之间（图 4-37），平均含量为 50.3 μg/g，含量的标准差为 34.62 μg/g，变异系数为 0.69。高值区出现在钦州湾湾口两侧。

As 的含量在 1.41~34.4 μg/g 之间，平均含量为 8.89 μg/g，含量的标准差为 5.97 μg/g，变异系数为 0.67。总体上企沙至犀牛脚近岸海域含量较高，最大值出现在东兴港东南方离岸较远的海域。

Cd 的含量在 0.01~1.01 μg/g 之间，平均含量为 0.09 μg/g，含量的标准差为 0.14 μg/g，变异系数为 1.59。大部分海域含量在 0.1 μg/g 以内，仅北海银滩南部零星出现相对高值。

Hg 的含量在 0~0.12 μg/g 之间，平均含量为 0.04 μg/g，含量的标准差为 0.03 μg/g，变异系数为 0.86。高值区出现在钦州湾东南海域。

有机质的含量在 0.02%~2.28% 之间，平均含量为 0.64%。高值区位于钦州湾湾口外沿，以及防城港企沙南部海域。另外，珍珠湾湾口有机质的含量也较高。

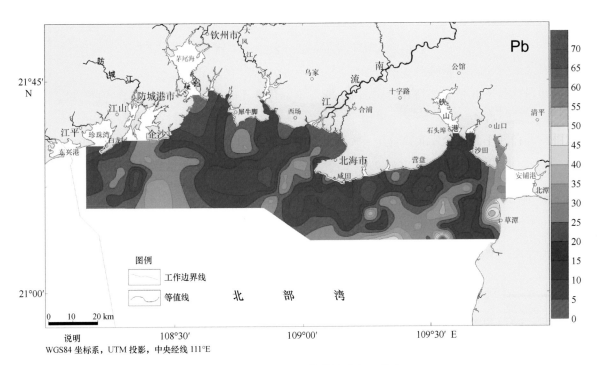

图 4-35　表层沉积物 Pb 含量等值线分布（单位：μg/g）

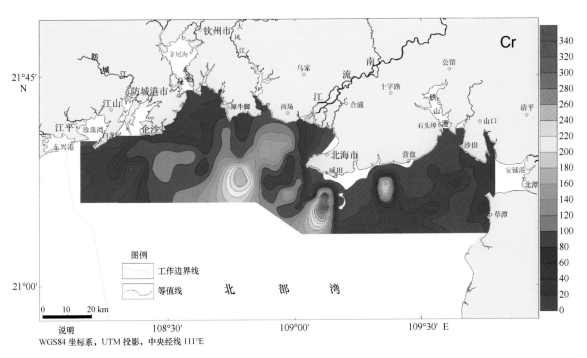

图 4-36　表层沉积物 Cr 含量等值线分布（单位：μg/g）

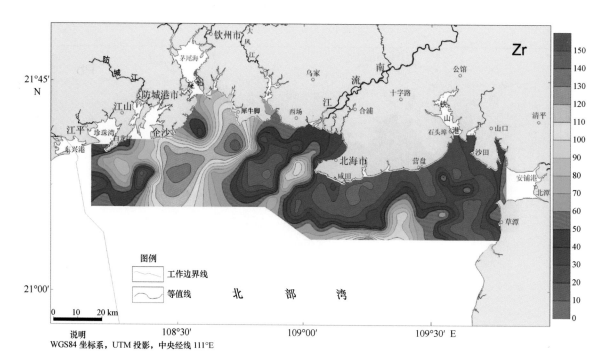

图 4-37 表层沉积物 Zr 含量等值线分布（单位：μg/g）

4.2.5 基线、海滩观测剖面和海滩平衡剖面的变化特征

如前所述，为掌握研究区及周边环境变化特征，在钦州湾海域设立了 1 条调查基线（30 km 长度）；在三娘湾的潮间带上设立了 1 条海滩观测剖面（600 m 长度）；在北海市大墩海、侨港和银滩公园布设 3 条海滩平衡剖面。通过年度对比，综合分析北部湾广西沿海在调查期间的环境变化。

4.2.5.1 调查基线变化特征

1）表层沉积物粒度变化特征

从 5 个年度调查基线表层沉积物的粒度组成及粒度参数的变化（图 4-38 和图 4-39）可以看出：

（1）1 号站位 2006 年与 2007 年的底质类型同为砂—粉砂—黏土，2008 年与 2009 年的底质类型同为粉砂质黏土，2012 年为黏土质粉砂。虽然沉积物类型发生了变化，但沉积物各粒级组分含量变化不大，各种粒度参数也较接近，各年度中值粒径分别为 5.75φ→5.66φ→5.87φ→7.51φ→7.25φ。总的来看，前 3 年变化很小，2009 年和 2012 年沉积物变得更细。

（2）2 号站位变化较小，2006—2009 年各年度的底质类型均为粉砂质黏土，2012 年则为黏土质粉砂。砂含量分别为 10.17%→10.63%→17.54%→18.33%→5.57%，粉砂含量分别为 35.21%→40.79%→23.36%→30.40%→58.71%，黏土含量分别为 54.62%→48.58%→59.1%→51.25%→35.73%，中值粒径为 8.56φ→8.05φ→9.17φ→7.82φ→7.24φ，颗粒呈细→粗→细→粗→粗变化趋势，变化的幅度很小。

（3）3 号站位变化也不大，2006—2009 各年度的底质类型同为粉砂质黏土，2012 年则变为黏

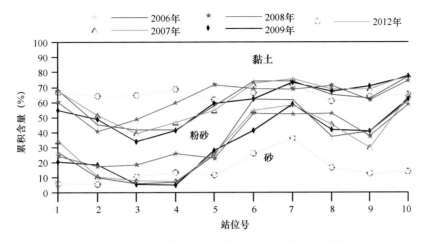

图4-38 调查基线表层沉积物各组分含量变化趋势

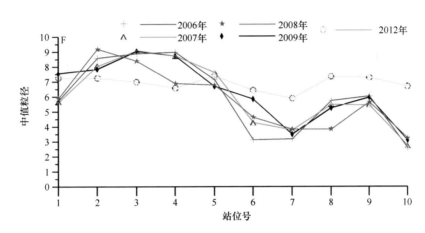

图4-39 调查基线表层沉积物中值粒径（D50）变化趋势

土质粉砂。各组分和粒度参数的变化规律与2号站位恰恰相反：颗粒呈粗→细→粗→细→粗变化趋势，变化的幅度很小。总的来看，2008年和2012年砂与黏土的含量变化相对明显些。

（4）4号站位2006年、2007年与2009年的底质类型同为粉砂质黏土，2008年为砂—粉砂—黏土，2012年则为黏土质粉砂。2006年、2007年与2009年各组分和粒度参数非常稳定，但2008年和2012年发生明显变化。

（5）5号站位2006年、2007年与2009年的底质类型同为砂—粉砂—黏土，2008年和2012年为黏土质粉砂。各组分和粒度参数非常稳定，中值粒径在6.68φ~7.63φ之间。

（6）6号站位2006年、2007年、2008年和2009年底质类型均为黏土质砂，2012年为砂—粉砂—黏土。中值粒径为3.14φ→4.27φ→4.65φ→5.84φ→6.42φ，沉积物呈逐年变细的趋势。

（7）7号站位与6号站位相似，2006年、2007年、2008年和2009年底质类型均为黏土质砂，2012年为砂—粉砂—黏土。前4个年度的中值粒径非常稳定，但2012年明显增大。

（8）8号站位2006年与2009年的底质类型为砂—粉砂—黏土，2007年与2008年的底质类型为黏土质砂，2012年则为黏土质粉砂。中值粒径为5.75φ→5.48φ→3.86φ→5.22φ→7.34φ，沉积物2008年异常粗，而2012年则异常细。

（9）9号站位2006年的底质类型为黏土质砂，2007年为砂—粉砂—黏土，2008年为砂质黏土，

2009年为砂—粉砂—黏土，2012年为黏土质粉砂。除2012年度外，其余年度沉积物各粒级组分含量和各种粒度参数较为稳定。

（10）10号站位2006年到2009年的各组分和粒度参数都非常稳定，底质类型均为黏土质砂。2012年沉积物变细，底质类型为黏土质粉砂。

2）表层沉积物碎屑矿物变化特征

调查基线表层沉积物检出的碎屑矿物有20多种，轻矿物以石英和长石为主，主要种类有赤铁矿、铬铁矿、钛铁矿、黄铁矿、海绿石、辉石、角闪石、锆石、锐钛矿、云母、电气石、金红石以及风化矿物，此外碎屑矿物中还含有较多的钙质生物（有孔虫及钙质骨针），其中普遍出现的有风化矿物、海绿石、云母、锆石，从5个年度的碎屑矿物含量变化趋势（图4-40）可以看出：

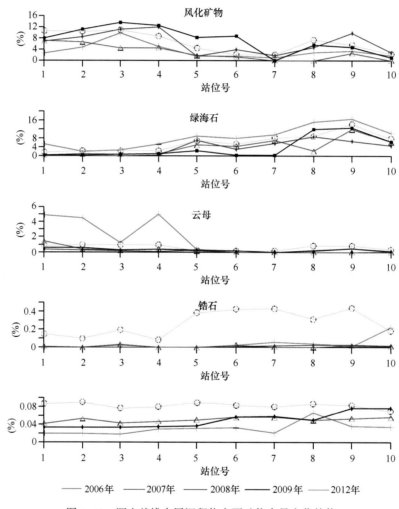

图4-40 调查基线表层沉积物主要矿物含量变化趋势

（1）风化矿物：2008年、2009年和2012年含量总体上比2006年及2007年的含量稍大，从1号到10号站位（由岸及远），风化矿物含量变化趋势为高→低→高。

（2）海绿石：2006年度含量略高，2007年、2008年、2009年和2012年度含量较为接近；由岸及远，海绿石含量大体上逐渐增加。

（3）云母（包括黑云母和白云母）：含量变化较大，特别是2006年含量偏高。

（4）锆石：各年度的含量变化不明显，但 2012 年含量偏高；由岸及远，锆石含量大体上逐渐增加。

（5）长石与石英含量比值：2006—2009 年度比值比较稳定，在 0.030~0.050 之间，2012 年稳定在 0.08 左右。

（6）碎屑矿物组合类型：各年度没有发生变化，均以海绿石—锆石—云母为组合类型。

3）表层沉积物中重金属变化特征

对调查基线表层沉积物进行了铜（Cu）、铅（Pb）、锌（Zn）、铬（Cr）、砷（As）、镉（Cd）和汞（Hg）共 7 项重金属分析，并采用中华人民共和国标准《海洋沉积物质量》（GB 18668—2002）第一类海洋沉积物质量标准进行评价。对比 2006—2012 年 5 次调查结果，调查基线表层沉积物的有害物质含量变化趋势（图 4-41）可以看出：

（1）Cu 含量值均低于评价标准值。各年度 10 个站位的平均值分别为：16.9 μg/g→5.56 μg/g→19.1 μg/g→17.1 μg/g→14.1 μg/g，总的来看，2007 年度的结果偏小。

（2）除了 2008 年度的 4 号站位有异常高值外，Pb 含量值各年度变化趋势较为一致且变化不大，总体上低于评价标准值。各年度平均值分别为：18.1 μg/g→28.2 μg/g→34.4 μg/g→31.6 μg/g→22.6 μg/g。

（3）Zn 含量各年度变化趋势较为一致且稳定，总体上远低于评价标准值。各年度平均值分别为：62.0 μg/g→66.1 μg/g→67.2 μg/g→69.0 μg/g→58.4 μg/g。

（4）除了 1 号和 5 号站位外，Cr 含量值各年度波动变化较大，2006 年与 2007 年度总体上高于评价标准值，2008 年、2009 年和 2012 年度低于评价标准值。各年度平均值分别为：85.9 μg/g→112 μg/g→56.0 μg/g→52.2 μg/g→56.7 μg/g。

（5）大部分站位 As 含量值非常稳定，3 号和 5 号站位各年度波动稍大，部分高于评价标准值，属中等污染。各年度平均值分别为：13.9 μg/g→16.1 μg/g→14.8 μg/g→12.6 μg/g→15.3 μg/g，2007 年 As 含量偏高。

（6）Cd 含量值各年度变化趋势较为一致且变化很小，总体上远低于评价标准值。各年度平均值分别为：0.05 μg/g→0.10 μg/g→0.08 μg/g→0.08 μg/g→0.02 μg/g。

（7）Hg 含量值在 2006—2009 年期间变化趋势较为一致且变化很小，总体上远低于评价标准值，但在 2012 年有明显增大。各年度平均值分别为：0.07 μg/g→0.05 μg/g→0.05 μg/g→0.05 μg/g→0.12 μg/g。

4.2.5.2 海滩观测剖面变化特征

1）地形变化特征

从 5 个年度的地形测量结果（图 4-42 和表 4-9）可以看出：

2006—2009 年，显示海滩剖面有 7 个桩位（桩 1，桩 3，桩 4，桩 6，桩 7，桩 8，桩 9）地形受到侵蚀，高程有所减小，2007 年比 2006 年平均降低约 0.046 m，2008 年比 2007 年平均降低约 0.065 m，总体上 2008 年比 2006 年平均降低了 0.111 m。

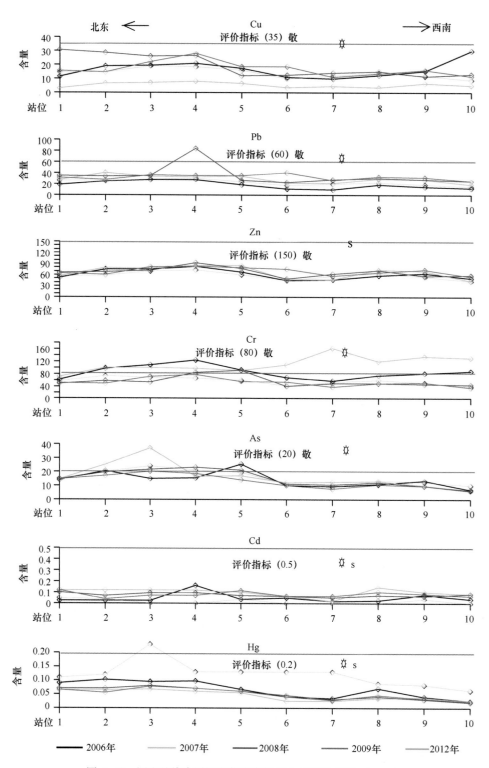

图 4-41　调查基线表层沉积物有害物质含量变化趋势（μg/g）

表 4-9 三娘湾海滩剖面桩位高程观测数据 单位：m

年度	桩1	桩2	桩3	桩4	桩5	桩6	桩7	桩8	桩9	桩10
2006	-2.826	-3.254	-3.464	-3.590	-3.656	-3.785	-3.892	-3.041	-4.200	-4.316
2007	-2.936	-3.224	-3.550	-3.648	-3.721	-3.810	-3.908	-4.076	-4.195	-4.336
2008	-3.006	-3.244	-3.585	-3.698	-3.721	-3.820	-3.928	-4.191	-4.350	-4.326
2009	-3.011	-3.244	-3.435	-3.615	-3.687	-3.784	-3.873	-4.060	-4.178	-4.311
2012	-2.516	-3.154	-3.46	-3.618	-3.571	-3.705	-3.810	-4.022	-4.151	-4.282

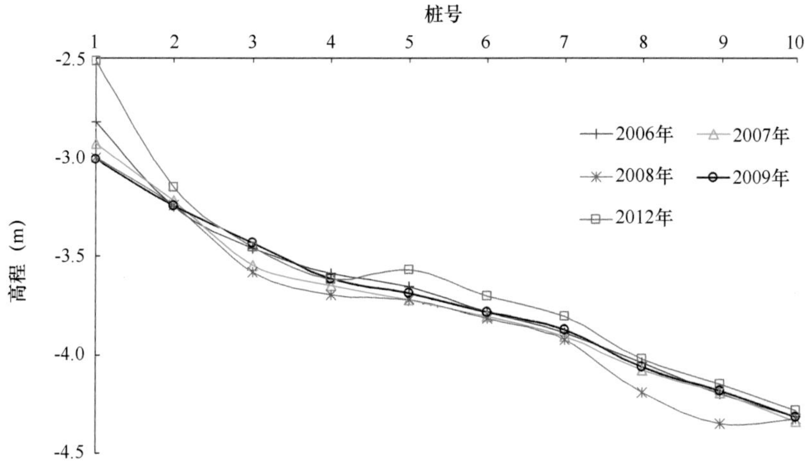

图 4-42 三娘湾海滩剖面高程变化对比

2 号桩 2007 年比 2006 年有少量淤积，高程增加 0.03 m，但 2008 年受侵蚀，高程比 2007 年降低了 0.02 m。5 号桩和 10 号桩在 2007 年时略有侵蚀，2008 年的高程与 2007 年相比几乎不变。

10 个桩位的平均高程 2007 年比 2006 年减少 0.038 m，2008 年比 2007 年减少 0.047 m，说明 2006 年至 2008 年中这 10 个桩位附近的地形主要以侵蚀作用为主。对比 2009 年和 2008 年的测量结果，除 1 号桩高程略有降低，2 号桩高程没有变化之外，其他 8 个桩的高程都有所增加，其中 3 号、8 号和 9 号桩的高程增加值较大，分别为 0.15 m、0.13 m 和 0.17 m，剩余 5 个桩的高程增加值 0.01~0.08 m 不等，平均高程增加了 0.067 m，说明 2008 年至 2009 年中这 10 个桩位附近的地形影响因素相比以前发生了变化，主要以淤积作用为主。

2012 年 10 个桩的高程整体上比 2006 年至 2009 年的高程都高，除了 3 号和 4 号桩有轻微的减少，其他 4 个桩的高程的增加值都较大，增加值最大的 1 号桩高程增加值达 0.495 m，6 个桩高程平均增加 0.125 m，说明 2009 年至 2012 年中这 6 个桩位附近的地形变化主要以淤积作用为主。

2）表层沉积物粒度变化特征

从 5 年度的海滩剖面表层沉积物粒度组成及粒度参数的变化（图 4-43 和图 4-44）可以看出：

（1）1 号桩变化较大，2006 年底质类型是粉砂质砂，2007 年和 2008 年为砂，2009 年为黏土质粉砂，2012 年为砂。从 2006 年到 2012 年，黏土含量为 20%→0%→0%→37%→3%，中值粒径也是 4.52φ→2.89φ→2.53φ→7.19φ→2.51φ，颗粒呈细→粗→粗→细→粗，变化的幅度较大。

（2）2 号桩 2006 年底质类型是粉砂质砂，2007 年、2008 年及 2009 年均为砂，到了 2012 年再次变回粉砂质砂。从 2006 年到 2012 年，黏土含量为 14.68%→10.86%→0%→0%→8.5%，中值粒

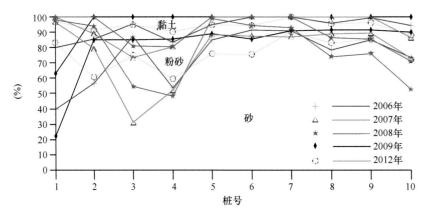

图 4-43　三娘湾海滩剖面表层沉积物各粒级含量变化趋势

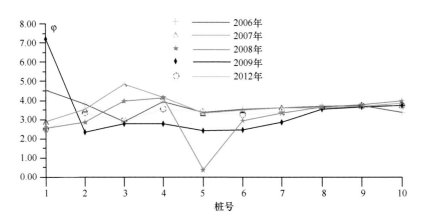

图 4-44　三娘湾海滩剖面表层沉积物中值粒径变化趋势

径是 3.83φ→3.54φ→2.86φ→2.34φ→3.36φ，颗粒呈细→粗→细。

（3）3 号桩 2006 年底质类型是砂，2007 年为砂—粉砂—黏土，2008 年为粉砂质砂，到 2009 年为砂，2012 年为粉砂质砂。从 2006 年到 2012 年，黏土和粉砂的含量变化趋势为少→多→少→多，中值粒径为 2.89φ→4.86φ→3.98φ→2.79φ→2.96φ，颗粒呈粗→细→粗→细。

（4）4 号桩底质类型前 3 年为粉砂质砂，2009 年为砂，而 2012 年变回粉砂质砂。从 2006 年到 2008 年，黏土、粉砂和砂的含量变化很小，2009 年砂含量显著增加而黏土含量锐减，2012 年砂含量又开始减少，各年度的中值粒径从 3.93φ→4.18φ→4.15φ→2.78φ→3.56φ，颗粒呈细→粗→细。

（5）5 号桩 5 个年度的底质类型未发生改变，均为砂，2006 年含约 5% 的黏土，后 3 年几乎不含黏土，2012 年黏土含量回到约 5%。中值粒径为 3.39φ→3.34φ→0.38φ→2.44φ→3.41φ，当中 2008 年度颗粒异常变粗，并含有约 15% 的砾石，可能是样品采集前受到风暴潮影响的缘故。

（6）6 号桩 5 个年度的底质类型未发生改变，均为砂，各年度的黏土、粉砂和砂的含量相对稳定。中值粒径为 3.55φ→3.50φ→2.95φ→2.46φ→3.26φ，2008 年含有约 2% 的砾石。

（7）7 号桩 4 年度底质类型均为砂，各年度的黏土、粉砂和砂的含量非常稳定。中值粒径为 3.61φ→3.64φ→3.36φ→2.87φ，颗粒逐年变粗，但变化幅度非常小。

（8）8 号桩 2006 年和 2007 年底质类型为砂，2008 年为黏土质砂，2009 年为砂。2008 年，黏土的含量明显增多，约 15%，4 年度的中值粒径从 3.69φ→3.64φ→3.66φ→3.56φ，变化甚微。

（9）9 号桩变化规律与 8 号桩相似，中值粒径从 3.76φ→3.72φ→3.77φ→3.66φ。

（10）10 号桩变化较大，2006 年和 2007 年底质类型是粉砂质砂，2008 年为黏土质砂，2009 年为砂。从 2006 年到 2009 年，黏土含量为 5.62%→13.52%→28.95%→几乎不含黏土，中值粒径也为 3.39φ→3.85φ→3.98φ→3.73φ，颗粒粗细变化不大。

通过 2006 年至 2012 年间的对比研究：1~4 号桩的底质类型不稳定，沉积物反复出现粗→细→粗→细旋回变化；5~9 号桩底质类型相对稳定；10 号桩虽然底质类型多次变更，但沉积物颗粒粗细变化不大；海滩泥沙运动的中立线（点）可能出现在 5~9 号桩之间的某一点上，物质在该区间来回运动，因此底质较稳定。

3）表层沉积物碎屑矿物变化特征

从 5 个年度的海滩剖面表层沉积物中主要的碎屑矿物含量变化（图 4-45）可以看出：

（1）赤铁矿：由岸及远，含量大致呈减少的趋势，从 2007 年至 2012 年 10 个桩的平均值为 0.341%→0.117%→0.111%→0.127%。

（2）海绿石：由岸及远，含量大致呈增加的趋势，2007 年 10 个桩的平均值明显高于 2008 年和 2009 年，平均含量达 2.2%，2012 年仅在 5 号和 6 号桩检出。

（3）角闪石：由岸及远，含量大致呈减少的趋势，2007—2012 年各年度平均值 1.76%→0.58%→0.45%→0.29%，总体上逐年减少。

（4）锆石：变化无明显的规律，2012 年出现异常高值，平均含量为 0.36%。

（5）云母：包括黑云母和白云母。由岸及远，含量大致呈低→高→低的变化趋势，2007 年 10 个桩的平均值明显高于 2008 年和 2009 年，平均含量高达 7.12%。

（6）长石与石英比值：2007 年到 2009 年的比值非常稳定，在 0.048~0.050 之间，而 2012 年则稳定在 0.08~0.09 之间。

（7）重矿物组合类型：各年度没有发生变化，均以赤铁矿—角闪石—锆石—云母为组合类型。

4.2.5.3 海滩平衡剖面变化特征

1）大墩海海滩平衡剖面变化特征

2008 年、2009 年和 2012 年对海滩平衡剖面进行了 3 次地形测量，地形变化如图 4-46 所示。

测量的滩面几乎全部位于潮上带，滩面长度 671.9 m，由于 2011 年大墩海剖面起点处约 240 m 海滩被划为填海区，已回填土，因此该海滩剖面长度减少。

填土前，对比 2008 年和 2009 年测量结果，地形最大变化在 16 cm 以内，大部分滩面的高程变化在 ±3 cm~±5 cm 之间。

填土后，对比 2009 年与 2012 年测量结果，在陡坡下即段 A 处发生轻微削侵，地形变化最大值为 28 cm；在滩面最平缓的段 B，普遍出现 6~9 cm 的堆积；在入海段 C 处，相间发生削侵和堆积，变化幅度在 ±15 cm~±25 cm 之间。

总的来看，该剖面坡度平缓，侵蚀和堆积具有季节性波动特征，变化幅度很小，滩面各段带处于近平衡状态。

2）侨港海滩平衡剖面变化特征

该滩面长 219.5 m，与大墩海剖面相比，剖面坡度略陡。

对比 2008 年和 2009 年结果，堆积最大值出现在段 A 的外前缘，为 56 cm；段 B 则发生堆积，

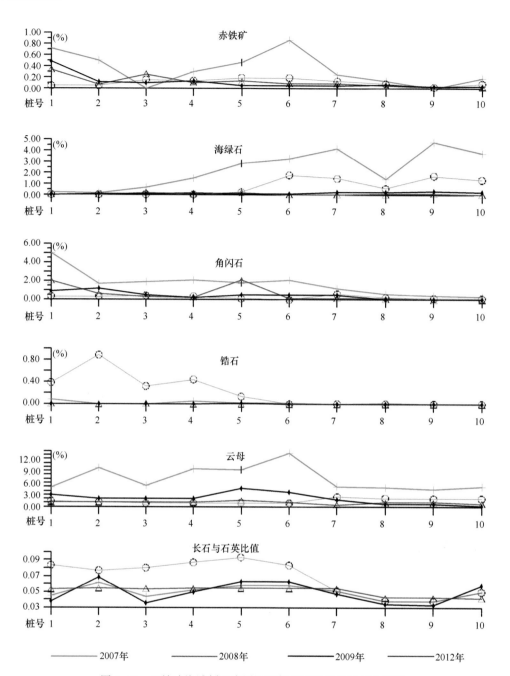

图4-45　三娘湾海滩剖面表层沉积物主要矿物含量变化趋势

厚度为10~30 cm；段C和段D既有削侵又有堆积，变化幅度在±20 cm。

对比2009年和2012年结果，段A和段B既有削侵又有堆积，最大削侵厚度为50 cm；段C和段D皆发生堆积，堆积厚度10~30 cm不等。

总的来看，段A坡度有进一步变陡的趋势，而段B和段C则向更平缓发展，夷平作用明显，段D无明显变化。因此，初步判断该剖面处于非平衡状态，近岸端有削侵作用。

3）银滩公园海滩平衡剖面变化特征

该滩面长210.8 m，该剖面坡度与侨港剖面接近。

对比3年结果，整条滩面削侵和堆积相间出现，最大变化值为41 cm，在近岸陡坎处，一般变

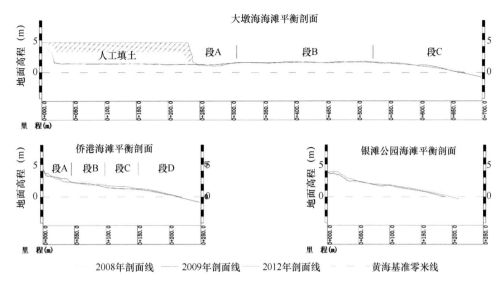

图 4-46　北海市海滩平衡剖面地形变化

化幅度在 ±20 cm 以内。初步判断该剖面处于近平衡状态。

4.2.6　柱状样记录的沉积特征和人类活动历史变化

人类活动对海洋环境的影响，如重金属污染，是海洋环境科学研究的热点之一。对两个来自广西近岸的柱状样 JX05 和 BBWD19 进行了高分辨率测试分析，判别其沉积环境的历史变化。

4.2.6.1　柱状样记录的沉积特征

1）JX05 站位柱状样

该柱状样取自钦州湾湾口，每 2 cm 取一个样，共取 50 个样品（海底至海底以下 100 cm 处）进行 Hg 测试分析。结果如图 4-47 所示。

年代的确定主要参照 JX05 站位附近钻孔 BBWZK4 的 ^{14}C 测年资料。该孔海底以下 6.0~6.2 m 的沉积物年龄为 6 012a±30a。据此计算，该区域的沉积速率约为 0.10 cm/a。

根据 Hg 含量的垂直变化特征，可以分为 4 段：

（1）70 cm 以下段，Hg 含量较低，范围为 22.7~27.3 μg/kg，曲线稳定。

（2）43~70 cm 段，Hg 值范围为 30.8~43.8 μg/g。曲线反映，越向上（距离海底越近），Hg 值越大。

（3）13~43 cm 段显示，Hg 值已增大至 45.8~54.3 μg/g。

（4）13 cm 以上段，Hg 含量增加到 54~59.0 μg/g。

总体趋势反映，Hg 值经历了一个稳定阶段后，逐渐增大，即距离海底越近，Hg 值越高。据此分析，柱状样 JX05 站位 70 cm 以下的 Hg 主要来源于自然环境，人类活动影响甚小；其上 43~70 cm 段，Hg 值增大，显示已开始受人为作用影响，污染逐渐加大；13~43 cm 段，Hg 值更大，说明人类影响已逐渐增加；至 13 cm 以上段（近海底表面），Hg 含量增加到最大，表明近年来受人类活动的影响加剧，污染还在增加。

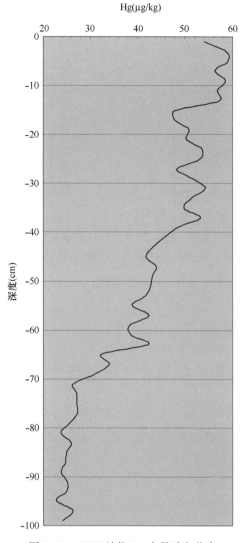

图 4-47　JX05 站位 Hg 含量垂向分布

2）BBWD19 站位柱状样

该柱状样取自防城港外口，取样间隔 2 cm，进行^{210}Pb、^{137}Cs 定年和化学元素（14 项）测试。

图 4-48 显示了 BBWD19 柱状岩心的^{137}Cs 和^{210}Pb$_{ex}$垂向放射性活度曲线。

BBWD19 柱状岩心中，^{137}Cs 垂向放射性活度曲线的几个事件峰值不明显，因而采用拟合结果较为理想的^{210}Pb$_{ex}$垂向放射性活度曲线计算其平均沉积速率（SR），结果为 SR＝0.59 cm/a，底部 68～70 cm 处的年代为 1895 年。

根据各元素含量的变化特征，大致可以分为 4 个时期（图 4-49）：

时期Ⅰ：1895—1935 年，大多数元素为低值区，尤其是 Cu、Pb、V 和 Ga 等元素含量很低，反映这些元素当时的区域背景值水平是很低的。

时期Ⅱ：1935—1960 年，各元素变化各异。Pb、Cr、Zr、Sr 及 Ba 等元素在 1948 年前后出现异常高值。推测该段元素含量变化可能与当时的战争因素有关。

时期Ⅲ：1960—1990 年，各元素呈缓慢累积趋势，多数元素处于次高值区。1970 年前后，Cu、Ni 和 Zr 出现一个高值；1962 年 Cr 有异常高值。据悉，防城港始建于 1968 年，1984 年被列为我国

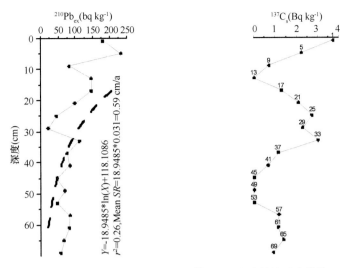

图 4-48　BBWD19 柱状样 ^{137}Cs 和 ^{210}Pb$_{ex}$ 垂向放射性活度曲线

14 个对外开放的沿海城市之一，期间发展了很多冶镍企业，现已成为全国重要的镍制造加工物流基地。

时期 Ⅳ：1990—2012 年，各元素呈快速累积趋势，其中 Cu、Pb、Ni、Zn、Cr 和 V 等上升趋势尤为明显。1990—1995 年间，多数元素含量快速上升，1996 年后小幅回落，2004 年后又出现小幅上升。

4.2.6.2　人类活动影响的历史变化综述

根据柱状样 JX05 的 Hg 含量测试结果，自海底以下 70 cm 开始，人类活动逐渐影响到海湾环境。对比测年资料，推断约 700 年前，广西钦州湾沿海的人类活动增加，对环境影响逐步显现。海底至 13 cm 处的 Hg 含量增加到最大，表明约 130 年前，人类活动影响加剧。

柱状样 BBWD19 的各元素含量垂向变化亦表明：大多数元素如 As、Hg、Cu、Pb、Ni、Zn、Cr 等自 20 世纪 60 年代以来，其含量出现明显抬升趋势。

据史料记载，元初时期，钦州、廉州的沿海港口是降服占城、交趾的基地，频繁的军事活动促进了海上交通发展。1284 年，元朝政府宣布开放北部湾沿海互市，钦州湾地区的对外贸易开始兴盛起来，钦州、廉州一带的陶瓷、珠宝等土特产常见于舶互市中（吴小玲，2002，2003）。

环北部湾沿岸历来是采珠场。宋代以前的采珠方法为浅海滩上捡拾珠蚌、潜水采捞和水面吊篮采捞，对环境的污染较小。明朝是历史上采珠最鼎盛的时期，除传统的采珠方法外，还使用锡制弯管进行水中呼吸采珠和铁拨蚌；弘治十二年（1499 年），仅雷、廉二府就派出小船 200 只，采珠工和船工约 2 000 名，使用了耙网、珠刀、大桶、瓦盆等器具，万历年的采珠活动更为频繁。在距北海市宫盘镇白龙城（珍珠城）5 km 和 1 km 的福成河流域，考古人员分别发现了两座明代嘉靖年间（1522—1566 年）的上窑和下窑遗址，内有瓦盆、拔火罐、瓮、壶等陶瓷器，这些器物造型适合于海上作业的特点（廖国一，2001）。

可见，元朝以来，人类在北部湾沿海的活动频繁，所用工具及器皿对环境影响较大。

钦州湾沿岸地区蕴藏着丰富的矿产资源，这些矿产资源的发现始于 200 年前。150 年前，钦州相邻的浦北县的铅锌矿因为英国人、法国人的掠夺性开采而致荒废。1876 年，中英《烟台条约》

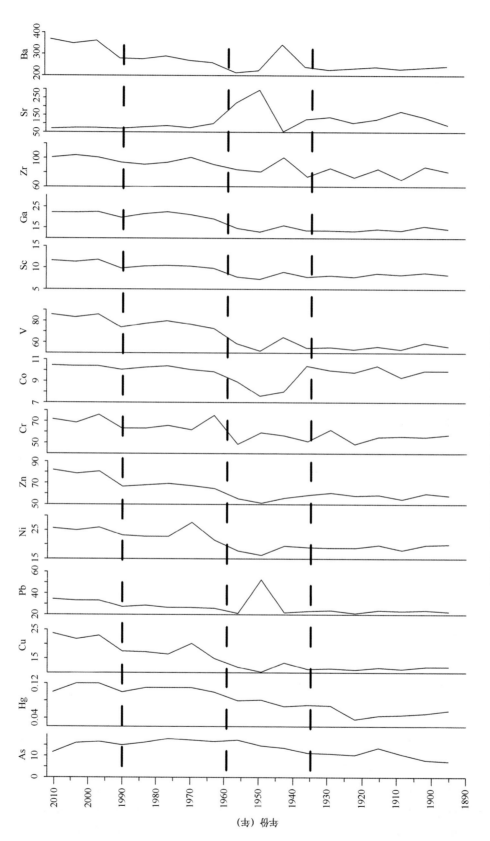

图4-49　BBWD19柱状样元素含量垂向分布（单位：μg/g）

把北海辟为通商口岸，钦州一带的对外贸易激增（吴小玲，2002）。

根据资料（梁维平等，2003），大约150年前以来，大量移民迁居广西沿海，需要大量土地生产粮食，红树林被一小块一小块地围垦成农田，沿海地区的耕作活动大大增加，对环境的影响作用也剧增。

由此看来，约700年前，广西沿海地区居民较少，生活方式较原始，对环境影响较小。其后，影响逐渐增多。约150年前始，大量移民涌入，人类活动能力加强，对环境的影响较大。

4.3 晚更新世以来古环境变化的沉积记录

4.3.1 钻孔岩心沉积物粒度特征

4.3.1.1 ZK1孔

根据粒度参数分布特征（图4-50），ZK1孔从上往下大致可以分为5段。

（1）段Ⅰ：0～5.90 m，沉积物为灰色黏土质粉砂、砂质粉砂和粉砂质砂。不含砾石；砂含量3.57%～74.31%，平均值20.14%；粉砂含量17.7%～68.33%，平均值54.45%；黏土含量7.99%～41.28%，平均值25.41%。中值粒径2.87φ～7.46φ，平均值6.16φ；分选系数为1.9φ～2.96φ，平均值2.33φ。

该段粒度参数中的中值粒径由下而上呈现出明显的递增趋势，海平面不断上升的海进沉积序列特征明显。而分选系数、偏态和峰态值变化幅度较小，反映沉积环境总体较稳定。

（2）段Ⅱ：5.90～6.50 m，砂。砾石开始出现，平均含量0.75%；砂含量75.15%～87.83%，平均值83.74%；粉砂含量11.45%～15.99%，平均值13.38%；大多不含黏土，局部含约6%的黏土。中值粒径1.95φ～2.65φ，平均值2.30φ；分选系数1.52φ～2.27φ，平均值1.74φ。

该段沉积物中的砂含量骤增，且开始出现少量的砾石。与段Ⅰ相比较，分选稍好，粒度参数中的偏态和峰态值变化不大但波动频繁。沉积物颜色呈灰略带黄，与段Ⅰ明显不同，海滩或潮间带沉积物特征明显。

（3）段Ⅲ：6.50～8.70 m，灰略带黄色砂和粉砂质砂。砾石含量0.28%～6.75%，平均值1.56%；砂含量40.82%～80.24%，平均值73.65%；粉砂含量9.99%～39.63%，平均值15.42%；黏土含量5.95%～19.55%，平均值9.52%。中值粒径1.38φ～4.59φ，平均值2.27φ；分选系数为2.28φ～3.12φ，平均值2.64φ。

该段粒度参数中的中值粒径由下而上呈现出明显的递增趋势，沉积物分选性很差，底部出现的砾石磨圆较好，与段Ⅱ相比，粒度参数中的偏态值明显增大，推测其为河床相或河漫滩相沉积。

（4）段Ⅳ：8.70～16.20 m，黄、白和灰白色砾石质砂。砾石含量10.71%～8.75%，平均值20.80%；砂含量62.28%～76.18%，平均值67.19%；粉砂含量5.94%～14.4%，平均值10.51%；绝大多数不含黏土，少数含约6%的黏土。中值粒径0.25φ～1.32φ，平均值0.54φ；分选系数1.76φ～4.41φ，平均值2.54φ。

该段粒度参数值总体较为稳定，反映沉积环境较稳定。沉积物中间断出现稀少的有孔虫，局部

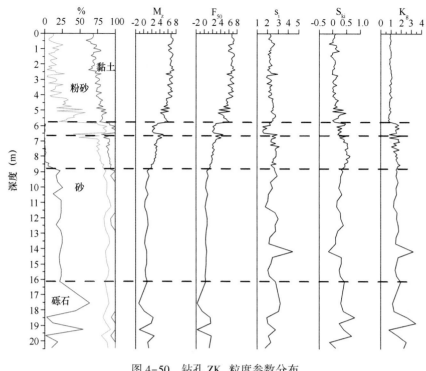

图 4-50　钻孔 ZK₁ 粒度参数分布

含一定数量的 Cyclotella striata、Cyclotella stylorum 和 Melorsia surlata，推测其为受潮汐影响的河床相沉积。

（5）段Ⅴ：16.20~20.50 m，黄、白和灰白色砂质砾石、砾石质砂和砂。砾石含量 1.66%~63.69%，平均值 25.80%；砂含量 27.47%~79.91%，平均值 61.87；粉砂含量 6.1%~13.29%，平均值 10.87%；大多不含黏土，局部含约 6% 的黏土。中值粒径 -1.8φ~1.73φ，平均值 0.43；分选系数 1.80φ~3.25φ，平均值 2.41φ。

该段粒度参数值变化较大，反映沉积环境不稳定。沉积物中未发现海相微体化石，推测其为不受潮汐影响的河床相沉积。

4.3.1.2　ZK3 孔

根据粒度参数分布特征（图 4-51），ZK3 孔从上往下可以分为 9 层。

（1）0~0.90 m，砂—粉砂—黏土和黏土质砂。不含砾石，砂含量 35.61%~58.28%，粉砂含量 16.54%~28.69%，黏土含量 19.16%~35.69%，平均粒径 4.09φ~6.86φ，中值粒径 3.45φ~5.99φ，分选系数 4.11φ~4.42φ。从上往下，沉积物为细→粗。

（2）0.90~5.20 m，砾石质砂。砾石含量 22.33%~30.20%，砂含量 60.02%~66.61%，粉砂含量 5.02%~12.34%，含极少量黏土，平均粒径 -0.07φ~0.73φ，中值粒径 -0.02φ~0.17φ，分选系数 1.99φ~2.39φ。从上往下，沉积物为细→粗。

（3）5.20~6.40 m，砂。砾石含量 0~5.87%，砂含量 82.65%~85.23%，粉砂含量 11.49%~14.78%，不含黏土，平均粒径 1.35φ~2.23φ，中值粒径 1.32φ~1.68φ，分选系数 1.46φ~1.90φ。从上往下，沉积物为粗→细→粗。

（4）6.40~11.40 m，黏土质砂、粉砂质砂和砾石质砂。砾石含量 0.53%~22.32%，砂含量

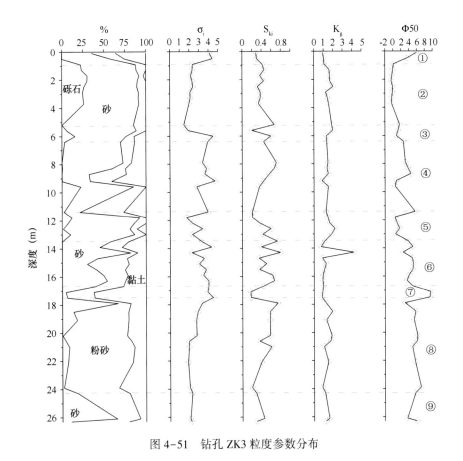

图 4-51　钻孔 ZK3 粒度参数分布

32.19%~72.70%，粉砂含量 10.03%~44.56%，黏土含量 0~24.53%，平均粒径 1.01φ~5.90φ，中值粒径 0.57φ~4.55φ，分选系数 2.78φ~4.69φ。从上往下，沉积物大致为细→粗。

（5）11.40~13.50 m，砂。砾石含量 1.33%~11.53%，砂含量 76.36%~80.81%，粉砂含量 7.66%~14.23%，黏土含量 0~10.78%，平均粒径 0.61φ~2.60φ，中值粒径 0.53φ~1.66φ，分选系数 1.72φ~3.39φ。

（6）13.50~16.70 m，粉砂质砂、黏土质砂和砂—粉砂—黏土。不含砾石，砂含量 29.81%~81.57%，粉砂含量 8.37%~49.89%，黏土含量 10.08%~28.62%，平均粒径 3.24φ~6.07φ，中值粒径 2.51φ~5.13φ，分选系数 2.27φ~4.32φ。

（7）16.70~17.50 m，粉砂质黏土。不含砾石，砂含量 4.21%~6.27%，粉砂含量 32.70%~33.48%，黏土含量 61.02%~62.32%，平均粒径 9.82φ~10.00φ，中值粒径 9.35φ~9.53φ，分选系数 3.91φ~4.49φ。

（8）17.50~24.30 m，黏土质粉砂、砂。不含砾石，砂含量 0.60%~66.52%，粉砂含量 15.29%~78.36%，黏土含量 13.81%~32.28%，平均粒径 4.48φ~7.35φ，中值粒径 3.00φ~7.11φ，分选系数 1.87~3.33。

（9）24.30~26.30 m，粉砂质砂和黏土质粉砂。不含砾石，砂含量 10.70%~65.42%，粉砂含量 27.45%~69.23%，黏土含量 7.13%~20.07%，平均粒径 4.06φ~6.36φ，中值粒径 3.60φ~6.03φ，分选系数 2.09φ~2.30φ。

4.3.1.3 ZK4孔

根据粒度参数分布特征（图4-52），ZK4孔从上往下可以分为8层。

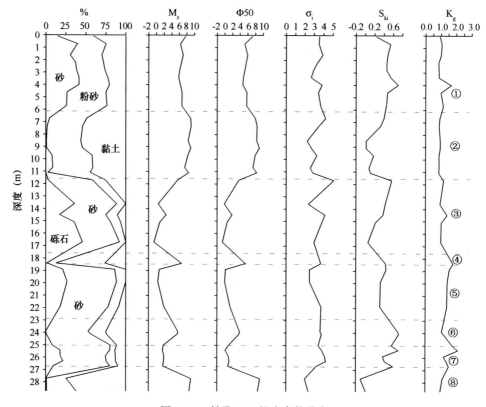

图4-52 钻孔ZK4粒度参数分布

（1）0～6.20 m，粉砂质砂、砂—粉砂—黏土和砂质粉砂。不含砾石，砂含量14.96%～41.55%，粉砂含量34.74%～50.45%，黏土含量20.51%～40.13%，平均粒径5.82φ～7.65φ，中值粒径4.73φ～7.23φ，分选系数为2.68φ～3.90φ。粒度参数值变化不大，反映沉积环境相对稳定。

（2）6.20～11.60 m，粉砂质黏土和黏土质粉砂。不含砾石，砂含量0.81%～8.79%，粉砂含量42.97%～52.72%，黏土含量41.31%～56.22%，平均粒径7.45φ～9.16φ，中值粒径7.39φ～9.04φ，分选系数2.26φ～4.21φ。粒度参数值稳定，反映沉积环境相对稳定。

（3）11.60～17.50 m，砾石质砂和黏土质砂。砾石含量2.81%～45.88%，砂含量46.15%～57.64%，粉砂含量7.97%～14.32%，黏土含量0～25.45%，平均粒径-0.61φ～5.55φ，中值粒径-0.63φ～3.68φ，分选系数2.41φ～5.10φ。从上往下，沉积物大致为细→粗。

（4）17.50～18.50 m，黏土质粉砂。砾石含量1.51%，砂含量11.64%，粉砂含量60.87%，黏土含量25.98%，平均粒径6.63φ，中值粒径5.45φ，分选系数3.73φ。

（5）18.50～22.80 m，砾石质砂。砾石含量18.40%～26.75%，砂含量59.69%～64.71%，粉砂含量11.52%～13.79%，黏土含量0～8.86%，平均粒径0.44φ～2.01φ，中值粒径-0.01φ～1.40φ，分选系数2.53φ～3.76φ。

（6）22.80～25.10 m，黏土质砂。砾石含量0～8.18%，砂含量53.04%～72.47%，粉砂含量8.04%～22.31%，黏土含量11.31%～24.65%，平均粒径1.89φ～5.68φ，中值粒径1.05φ～3.93φ，

分选系数 3.48φ~3.81φ。

（7）25.10~26.80 m，砾石质砂。砾石含量 9.56%~21.68%，砂含量 53.97%~70.58%，粉砂含量 6.42%~12.41%，黏土含量 9.65%~13.44%，平均粒径 1.68φ~2.05φ，中值粒径 0.14φ~1.17φ，分选系数 3.24φ~4.26φ。

（8）26.80~30.30 m，粉砂质黏土。不含砾石，砂含量 0.99%~1.24%，粉砂含量 24.70%~36.75%，黏土含量 62.01%~74.31%，平均粒径 8.66φ~9.09φ，中值粒径 8.66φ~9.20φ，分选系数 2.02φ~2.41φ。

4.3.1.4 ZK5 孔

根据粒度参数分布特征（图 4-53），ZK5 孔从上往下大致分为 2 层。

（1）0~6.50 m，粉砂质砂、砂—粉砂—黏土、黏土质粉砂和粉砂质黏土。砾石含量 0~1.95%，砂含量 2.37%~53.78%，粉砂含量 27.78%~56.36%，黏土含量 18.44%~52.73%，平均粒径 5.30φ~8.34φ，中值粒径 3.93φ~8.09φ，分选系数为 2.47φ~3.86φ。粒度参数值变化不大，反映沉积环境相对稳定。

（2）6.50 m 以下，砾石质砂、砂—粉砂—黏土和粉砂质黏土。砾石含量 0~41.86%，砂含量 18.56%~66.49%，粉砂含量 8.93%~29.74%，黏土含量 0~50.72%，平均粒径 0.29φ~8.12φ，中值粒径 -0.44φ~8.12φ，分选系数 2.42φ~4.96φ。粒度参数值变化较大，表明沉积环境有很大变化。

4.3.1.5 ZK6 孔

根据粒度参数分布特征（图 4-54），ZK6 孔从上往下大致可以分为 4 层。

（1）0~8.00 m，砾石质砂和粉砂质砂。砾石含量 7.41%~27.47%，砂含量 58.31%~67.62%，粉砂含量 6.27%~21.46%，黏土含量 0~12.17%，平均粒径 0.41φ~2.91φ，中值粒径 0.15φ~1.86φ，分选系数为 2.42φ~4.11φ。粒度参数值变化大，反映沉积环境不稳定，从上往下，沉积物大致为细→粗→细→粗→细。

（2）8.00~19.00 m，黏土质粉砂、粉砂质砂、砂、砂—粉砂—黏土、砾石质砂和黏土质砂。砾石含量 0~13.38%，砂含量 1.04%~77.56%，粉砂含量 7.88%~69.24%，黏土含量 9.47%~29.72%，平均粒径 1.34φ~7.55φ，中值粒径 0.46φ~5.93φ，分选系数 3.24φ~4.91φ。粒度参数值不稳定，变化频繁而且波动很大，沉积物类型复杂，反映沉积环境极不稳定。

（3）19.00~23.55 m，砾石质砂。砾石含量约 20%，砂含量约 60%，粉砂和黏土含量约 20%，平均粒径 1.26φ，中值粒径 0.38φ，分选系数 3.21φ。沉积环境较稳定。

（4）23.55~35.64 m，黏土质砂、粉砂质砂和砾石质砂。砾石含量 0~17.54%，砂含量 39.58%~72.96%，粉砂含量 9.84%~37.91%，黏土含量 0~22.51%，平均粒径 1.11φ~6.37φ，中值粒径 0.76φ~4.41φ，分选系数 2.18φ~4.37φ。从上往下，沉积物大致为细→粗→细。

4.3.1.6 ZK7 孔

根据粒度参数分布特征（图 4-55），ZK7 孔从上往下大致分为 5 层。

（1）0~5.90 m，黏土质砂、砂和砂质粉砂。不含砾石，砂含量 34.99%~78.29%，粉砂含量 4.39%~41.21%，黏土含量 17.33%~23.80%，平均粒径 4.51φ~7.74φ，中值粒径 3.14φ~5.41φ，

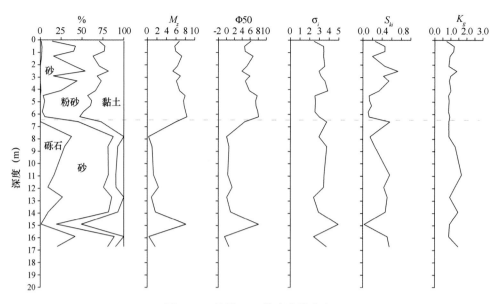

图 4-53 钻孔 ZK5 粒度参数分布

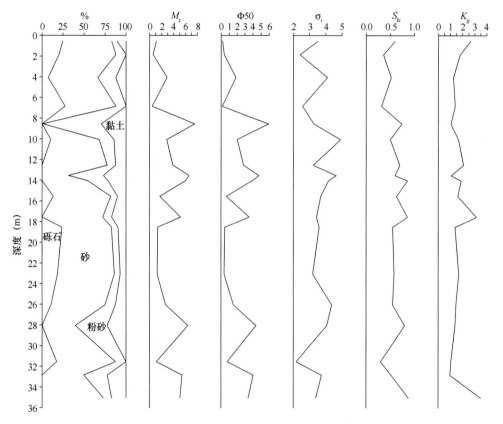

图 4-54 钻孔 ZK6 粒度参数分布

分选系数为 $4.54\varphi \sim 6.58\varphi$。粒度参数值变化大，反映沉积环境极不稳定。从上往下，沉积物大致为细→粗→细。

（2）$5.90 \sim 19.40$ m，黏土质粉砂、粉砂质砂、砾石质砂和砂质粉砂。砾石含量 $0 \sim 16.94\%$，砂含量 $7.25\% \sim 70.45\%$，粉砂含量 $13.75\% \sim 61.19\%$，黏土含量 $4.93\% \sim 31.57\%$，平均粒径 $1.69\varphi \sim$

7.79φ，中值粒径 1.15φ~7.13φ，分选系数 2.03φ~4.55φ。粒度参数值变化较大，表明沉积环境有很大变化。从上往下，沉积物大致为细→粗→细。

（3）19.40~23.00 m，黏土质砂和砂。不含砾石，砂含量 78.32%，粉砂含量 14.35%，黏土含量 7.35%，平均粒径 3.75φ，中值粒径 3.23φ，分选系数 1.96φ。粒度参数值变化不大，表明沉积环境相对稳定。从上往下，沉积物大致为细→粗。

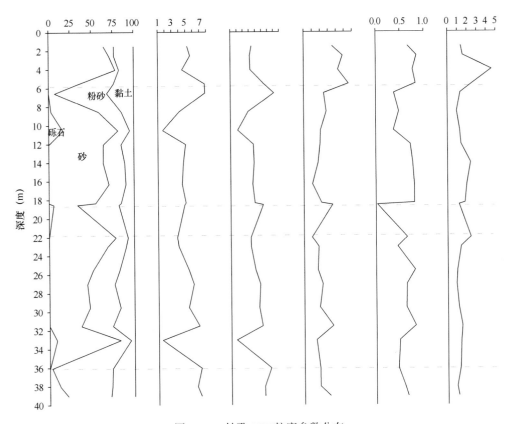

图 4-55　钻孔 ZK7 粒度参数分布

（4）23.00~36.00 m，粉砂质砂和砂—粉砂—黏土。砾石含量 0~8.74%，砂含量 37.48%~74.64%，粉砂含量 12.24%~36.93%，黏土 4.38%~25.59%，平均粒径 1.55φ~6.88φ，中值粒径 0.85φ~5.08φ，分选系数 2.46φ~4.57φ。从上往下，沉积物大致为粗→细→粗→细。

（5）36.00~39.45 m，黏土质粉砂。不含砾石，砂含量 2.86%~21.67%，粉砂含量 50.39%~71.26%，黏土含量 25.85%~27.92%，平均粒径 6.57φ~7.16φ，中值粒径 5.40φ~6.48φ，分选系数 2.91φ~4.17φ。粒度参数值变化不大，表明沉积环境稳定。从上往下，沉积物大致为细→粗。

4.3.1.7　ZK8 孔

根据粒度参数分布特征（图 4-56），ZK8 孔从上往下大致可以分为 6 层。

（1）0~2.40 m，砂。砾石含量 0.72%~5.11%，砂含量 77.41%~87.32%，粉砂含量 9.33%~14.66%，黏土含量 0~6.15%，平均粒径 1.59φ~2.86φ，中值粒径 1.50φ~2.37φ，分选系数 1.55φ~2.48φ。粒度参数值变化小，沉积环境较稳定。

（2）2.40~7.00 m，砂质粉砂、砂和粉砂质砂。无砾石，砂含量 28.93%~97.26%，粉砂含量 2.74%~54.93%，黏土含量 0~16.14%，平均粒径 1.51φ~5.35φ，中值粒径 1.45φ~4.89φ，分选系

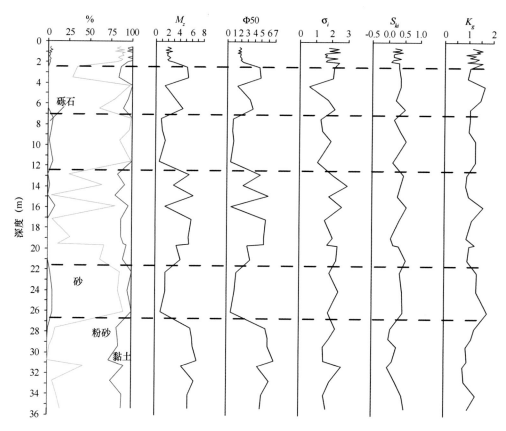

图 4-56　钻孔 ZK8 粒度参数分布

数 0.58φ~2.18φ。粒度参数值不稳定且波动较大，沉积物类型复杂，反映沉积环境极不稳定。从上往下，沉积物大致为细→粗→细。

（3）7.00~12.40 m，砂。砾石含量 1.63%~6.10%，砂含量 83.69%~92.84%，粉砂含量 1.46%~14.68%，不含黏土，平均粒径 0.55φ~1.60φ，中值粒径 0.54φ~0.96φ，分选系数为 1.12φ~1.94φ。粒度参数值变化不大，沉积环境较稳定。

（4）12.40~21.80 m，粉砂质砂、粉砂和砂质粉砂。局部含有砾石，砾石含量 0~8.75%，砂含量 4.55%~71.06%，粉砂含量 15.75%~81.92%，黏土含量 4.44%~19.78%，平均粒径 1.59φ~6.34φ，中值粒径 0.61φ~6.05φ，分选系数 1.57φ~2.94φ。粒度参数值不稳定，变化频繁且波动较大，沉积物类型复杂，反映沉积环境极不稳定。

（5）21.80~26.90 m，砂。砾石含量 2.77%~6.06%，砂含量 77.42%~84.12%，粉砂含量 10.02%~13.88%，黏土含量 0~4.62%，平均粒径 0.89φ~1.73φ，中值粒径 0.57φ~1.36φ，分选系数 1.80φ~2.43φ。粒度参数值变化小，反映沉积环境较稳定。

（6）26.90~35.80 m，黏土质粉砂、粉砂和砂质粉砂。顶部含少量砾石，砾石含量 0~1.02%，砂含量 0.27%~42.12%，粉砂含量 48.65%~81.85%，黏土含量 9.23%~26.99%，平均粒径 4.38φ~7.03φ，中值粒径 4.57φ~6.92φ，分选系数 1.50φ~2.61φ。粒度参数值变化较大，反映沉积环境较不稳定。

4.3.1.8　ZK9 孔

根据粒度参数分布特征（图 4-57），ZK9 孔从上往下大致分为 6 层。

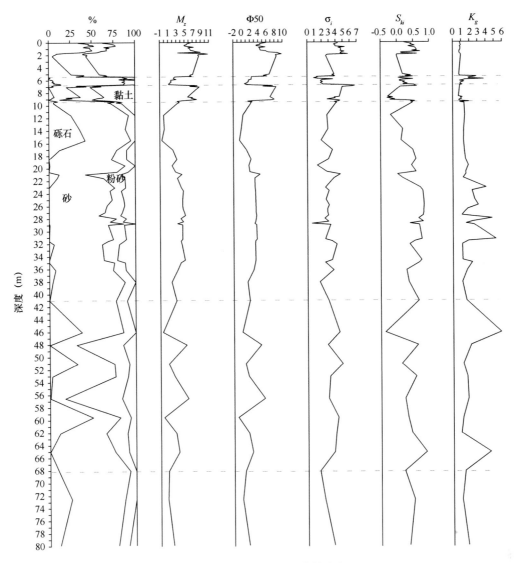

图 4-57 钻孔 ZK9 粒度参数分布

（1）0~5.40 m，砂—粉砂—黏土、粉砂质砂、黏土质砂、砂质黏土和粉砂质黏土。不含砾石，砂含量 4.48%~52.89%，粉砂含量 16.45%~39.79%，黏土含量 22.24%~59.71%，平均粒径 3.46φ~10.74φ，中值粒径 3.62φ~9.79φ，分选系数为 2.64φ~5.77φ。粒度参数值变化频繁，但变化幅度不大，反映沉积环境较为稳定。从上往下，沉积物大致为粗→细→粗。

（2）5.40~6.50 m，砂。不含砾石，砂含量 79.64%~91.18%，粉砂含量 5.22%~14.93%，黏土含量 0~13.09%，平均粒径 1.73φ~3.01φ，中值粒径 1.41φ~2.47φ，分选系数 0.92φ~3.63φ。粒度参数值变化不大，沉积环境相对稳定。从上往下，沉积物大致为细→粗。

（3）6.50~9.70 m，砾石质砂、黏土质砂、砂质黏土、粉砂质黏土、砂—粉砂—黏土、黏土质粉砂和黏土质砂，类型多样。砾石含量 0~14.77%，砂含量 13.00%~70.13%，粉砂含量 7.21%~41.93%，黏土含量 0~51.44%，平均粒径 1.15φ~8.15φ，中值粒径 0.75φ~8.46φ，分选系数 1.87φ~6.78φ。粒度参数值波动较大，表明沉积环境不稳定。从上往下，沉积物大致为细→粗→细→粗。

（4）9.70~41.00 m，砾石质砂、粉砂质砂、砂、砂质粉砂和黏土质砂。砾石含量 0~42.37%，砂含量30.59%~87.25%，粉砂含量5.02%~41.16%，黏土含量0~20.95%，平均粒径-0.53φ~5.03φ，中值粒径-0.53φ~3.65φ，分选系数0.63φ~4.68φ。粒度参数值波动不大，表明沉积环境较稳定。从上往下，沉积物大致为细→粗→细。

（5）41.00~68.40 m，砂、砾石质砂、粉砂质砂、砂质粉砂和砂质砾石。砾石含量0~50.24%，砂含量17.29%~83.04%，粉砂含量6.98%~65.78%，黏土含量0~16.23%，平均粒径-0.2φ~5.69φ，中值粒径-1.02φ~5.44φ，分选系数1.66φ~4.94φ。粒度参数值波动很大，表明沉积环境极不稳定。

（6）68.40~80.05 m，砾石质砂和粉砂质砂。砾石含量11.75%~25.24%，砂含量61.85%~67.76%，粉砂含量12.14%~12.90%，黏土含量0~8.35%，平均粒径0.73φ~2.09φ，中值粒径0.00φ~1.57φ，分选系数2.35φ~3.71φ。粒度参数值变化不大，沉积环境相对稳定。

4.3.2 钻孔岩心沉积物碎屑矿物特征

4.3.2.1 ZK1孔

根据普遍出现的碎屑矿物和特征矿物的含量变化，钻孔ZK1大致可以分为4段（图4-58）。

（1）段Ⅰ：0~2.70 m，自生矿物海绿石和黄铁矿含量很高，硅质和钙质生物碎屑含量也较高，长石与石英含量比值的平均值为0.06。稳定重矿物如钛铁矿、赤铁矿和黑云母的含量普遍不高，反映其当时的沉积环境离岸较远，矿物搬运距离也相对较远，属离岸较远的近岸浅海沉积。

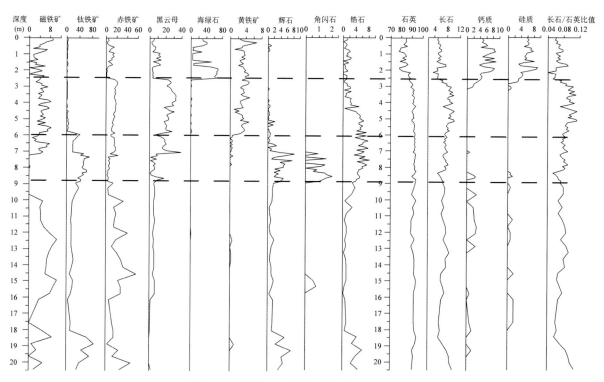

图4-58 钻孔ZK1碎屑矿物含量分布（%）

（2）段Ⅱ：2.70~5.90 m，自生矿物中海绿石含量骤减，黄铁矿含量依然较高，几乎没有硅质和钙质生物碎屑，长石与石英含量比值的平均值为0.09。赤铁矿、黑云母和锆石含量有所增加，属离岸较近的近岸浅海沉积。

（3）段Ⅲ：5.90~8.70 m，该段不含海绿石，黄铁矿含量骤减，偶见硅质和钙质生物碎屑，长石与石英含量比值的平均值为0.08。特征矿物为钛铁矿和锆石，辉石和角闪石普遍出现且含量较高。总体而言，该段为重矿物高值区，属滨海或海滩沉积。另外值得特别一提的是在底部8.4~8.7 m处检出了少量的火山玻璃物质。

（4）段Ⅳ：8.70~20.50 m，该段海绿石仅在约12 m处出现，黄铁矿也仅在12.4~13.7 m和18.8 m处检出，硅质和钙质生物碎屑不间断出现。磁铁矿和赤铁矿的含量相对较高，钛铁矿和锆石含量相对较低但在底部有所增加。

4.3.2.2 ZK3孔

根据碎屑矿物含量变化（图4-59），钻孔ZK3大致可以分为3段层。

（1）0~3.00 m，以海绿石和黄铁矿等自生矿物出现为明显特征，风化矿物含量高且稳定，钛铁矿和锆石含量出现峰值。

（2）3.00~18.00 m，以角闪石和锆石为主要特征矿物，不含海绿石和黄铁矿，石英和长石含量比较稳定。

（3）18.00~26.30 m，以云母为主要特征矿物，风化矿物含量再次出现高值，其他矿物含量无明显变化特征。

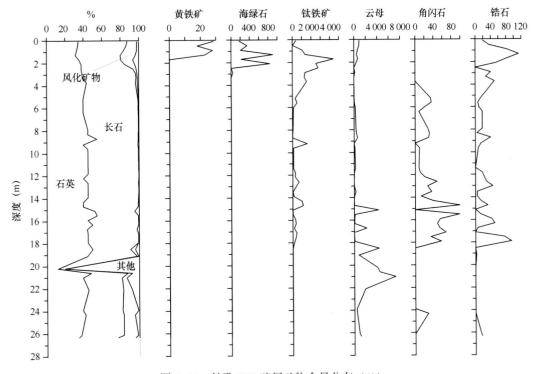

图4-59 钻孔ZK3碎屑矿物含量分布（%）

4.3.2.3 ZK4孔

根据碎屑矿物含量变化（图4-60），钻孔ZK4大致可以分为3段。

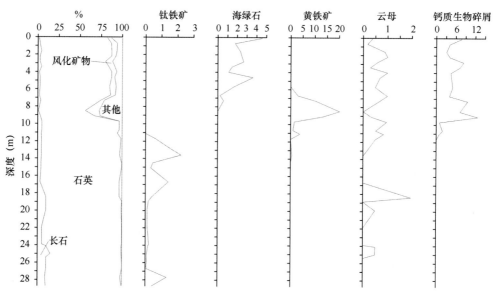

图4-60 钻孔ZK4碎屑矿物含量分布（%）

（1）0～11.60 m，以海绿石和黄铁矿等自生矿物出现为明显特征，富含钙质生物碎屑以及风化矿物，云母含量相对较高而且稳定，不含钛铁矿。反映出比较明显的近岸浅海沉积特征。

（2）11.60～14.60 m，含少量的黄铁矿，不含海绿石、钙质生物碎屑以及风化矿物，云母减少的同时钛铁矿开始出现。反映的沉积环境为河流下游的河床相。

（3）14.60 m以下，以钛铁矿为主要特征矿物，海绿石、黄铁矿、钙质生物碎屑以及风化矿物完全消失。反映的沉积环境为冲积相。

4.3.2.4 ZK5孔

根据碎屑矿物含量变化（图4-61），钻孔ZK5大致可以分为2段。

（1）0～6.50 m，以海绿石和黄铁矿等自生矿物出现为明显特征，富含钙质生物碎屑以及风化矿物，云母含量相对较高而且稳定，不含钛铁矿和辉石。反映出比较明显的近岸浅海沉积特征。

（2）6.50 m以下，以钛铁矿和辉石为主要特征矿物，海绿石、黄铁矿、钙质生物碎屑及风化矿物完全消失，长石和石英含量较稳定。反映的沉积环境为冲积相。

4.3.2.5 ZK6孔

根据碎屑矿物含量变化（图4-62），钻孔ZK6大致可以分为5段。

（1）0～4.00 m，各类矿物含量相对较高，不含云母，长石与石英比值相对较高。其中顶部0～0.70 m以自生矿物海绿石出现为特征，富含钙质生物碎屑，属近岸浅海沉积。

（2）4.00～8.00 m，钛铁矿含量明显增大，不含海绿石、云母和钙质生物碎屑，长石与石英比值相对较低但比值稳定。

（3）8.00～23.55 m，云母和钙质生物碎屑含量明显增大。

（4）23.55～28.00 m，云母和钙质生物碎屑含量明显减少。

（5）28.00 m以下，云母和钙质生物碎屑含量又开始增大。

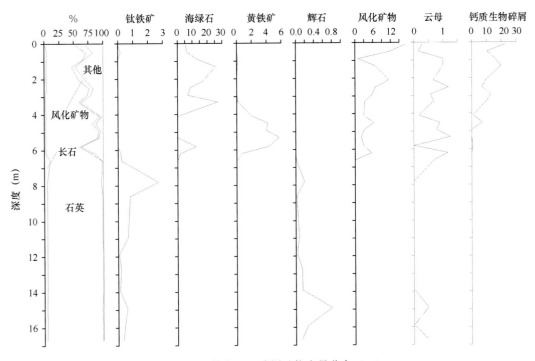

图 4-61　钻孔 ZK5 碎屑矿物含量分布（%）

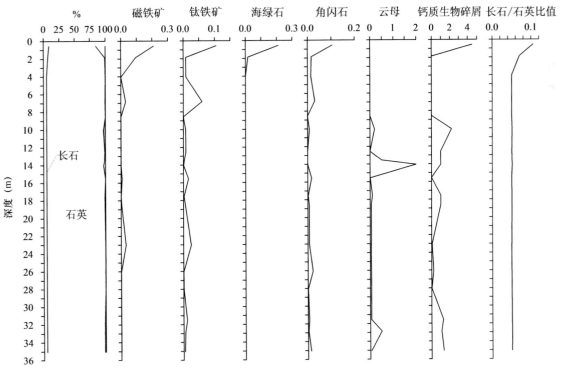

图 4-62　钻孔 ZK6 碎屑矿物含量分布（%）

4.3.2.6　ZK7 孔

根据碎屑矿物含量变化（图 4-63），钻孔 ZK7 大致可分为 4 段。

（1）0~11.50 m，钛铁矿和角闪石含量相对较高。其中顶部 0~1.70 m 以自生矿物海绿石出现为特征，属近岸浅海沉积。

（2）11.50~23.00 m，褐铁矿和鲕绿泥石开始出现且处于高值区段，云母和钙质生物碎屑含量大增，钛铁矿和角闪石急剧减少或完全消失。

（3）23.00~31.00 m，各类矿物含量减少且处于低值区段。

（4）31.00 m 以下，鲕绿泥石开始消失而钛铁矿重新出现，其他矿物含量增大。

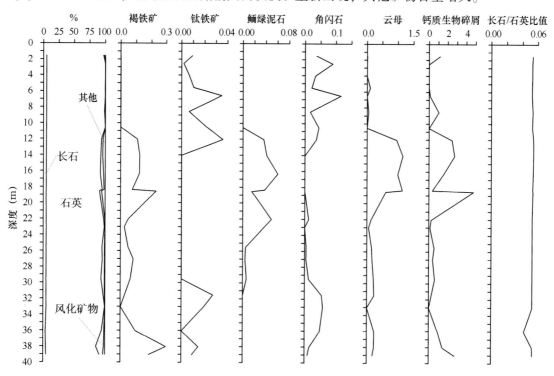

图 4-63　钻孔 ZK7 碎屑矿物含量分布（%）

4.3.2.7　ZK8 孔

根据普遍出现的碎屑矿物含量变化（图 4-64），钻孔 ZK8 大致可以分为 6 段。

（1）0~2.40 m，钛铁矿、锆石和自生矿物海绿石等矿物含量相对较高，云母含量较低，长石与石英含量比值相对较高。其中顶部 0~0.50 m 海绿石含量最高，属正常的近岸浅海沉积。

（2）2.40~12.40 m，除钛铁矿、锆石和云母外其他各类矿物含量相对较低，不含海绿石，长石与石英含量比值相对较低但比值稳定。

（3）12.40~19.70 m，该段锆石含量锐减，特征矿物黄铁矿开始出现但含量较低，长石与石英含量比值相对较高。

（4）19.70~26.90 m，该段锆石和云母含量较高，黄铁矿含量较低。

（5）26.90~31.50 m，该段角闪石和黄铁矿含量为高值区，海绿石又重新出现。底部出现煤炭状黑色腐木层，厚约 0.6 m。

（6）31.50 m 以下，各类矿物含量均低，长石与石英含量比值也很低。

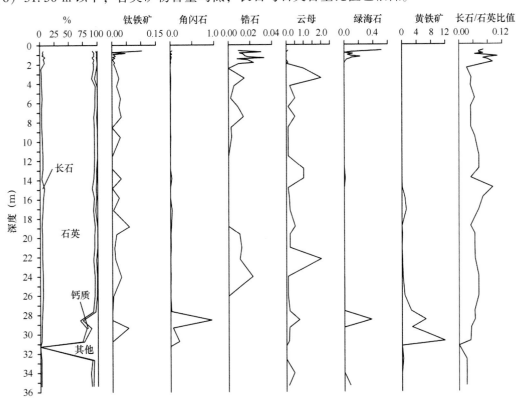

图 4-64　钻孔 ZK8 碎屑矿物含量分布（%）

4.3.2.8　ZK9 孔

根据碎屑矿物含量变化（图 4-65），钻孔 ZK9 大致可以分为 6 段。

（1）0~6.50 m，角闪石和钙质生物碎屑含量相对较高。其中顶部 0~1.60 m 富含海绿石。

（2）6.50~9.70 m，钛铁矿开始出现，锆石含量处于高值区段，角闪石含量急剧减少。

（3）9.70~18.00 m，各类矿物含量减少且处于低值区段，末端开始出现鲕绿泥石。

（4）18.00~41.80 m，鲕绿泥石普遍出现且为较高值区，角闪石和锆石含量也处于较高值区。

（5）41.80~72.00 m，鲕绿泥石含量很高。

（6）72.00~80.05 m，各类矿物含量锐减或消失。

4.3.3　钻孔岩心沉积物化学元素特征

4.3.3.1　ZK1 孔

根据各元素含量的变化特征（图 4-66），ZK1 钻孔从上往下大致可以分为 4 段。

（1）段 I：0~2.70 m，该段除 Cu 和 Ba 外，其余 Co、Ni、Sr、Zn、V、Pb、Sc、Ga、Cr、Zr 以及有机碳均为最高值区，其中 Sr 平均值达 94.6 μg/g，各元素含量变化趋势高度相关。有机碳平均含量 1.03%，Sr/Ba 比值的平均值 0.33，属正常的近岸浅海沉积。

（2）段 II：2.70~5.90 m，该段大多数元素含量处于次高值区，自上而下呈逐减趋势。有机碳

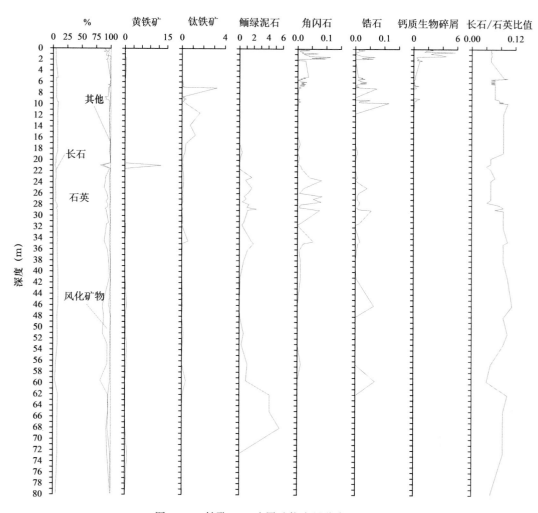

图 4-52 钻孔 ZK9 碎屑矿物含量分布图（%）

平均含量 1.0%，Sr/Ba 比值的平均值降至 0.14，属受陆地影响较大的近岸浅海沉积。

（3）段Ⅲ：5.90~8.70 m，该段大多数元素含量依然延续自上而下逐减趋势，其中 Sr 含量的平均值已降至 14.9×10^{-6}，有机碳平均含量已然大幅度减少至 0.19%。Sr/Ba 比值的平均值仅 0.09，该段属受海洋影响程度微弱或无的陆相沉积。

（4）段Ⅳ：8.70~20.50 m，总体而言，该段各元素含量为低值区，元素含量变化无明显规律，Co、Ni、Zn 和 V 等元素含量在 17.5~18.0 m 层段相对有所变大。该段有机碳含量很低，平均含量仅 0.05%，Sr/Ba 比值的平均值为 0.09，属陆相沉积。

4.3.3.2 ZK3 孔

根据各元素含量的变化特征（图 4-67），从上往下可以分为 9 段。

（1）0~2.10 m，本段 Co、Ni、Pb、Cr、Sr、Zn、Zr、Ba 含量变化趋势一致，由上而下含量减少，Sr/Ba 比值为高值区。

（1）2.10~5.20 m，本段 Co、Cu、Ni、Cr、Sr、Zr、Ga 和 Sr/Ba 比值变化趋势一致，由上而下含量减少。

（3）5.20~6.40 m，本段各元素含量变化出现一次波动，有先增后减的趋势。

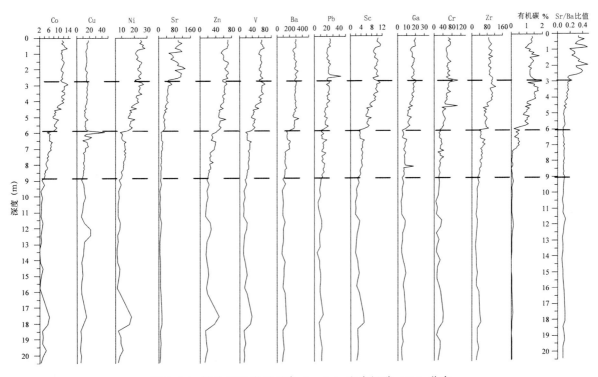

图 4-66　钻孔 ZK1 微量元素（μg/g）和有机碳（%）分布

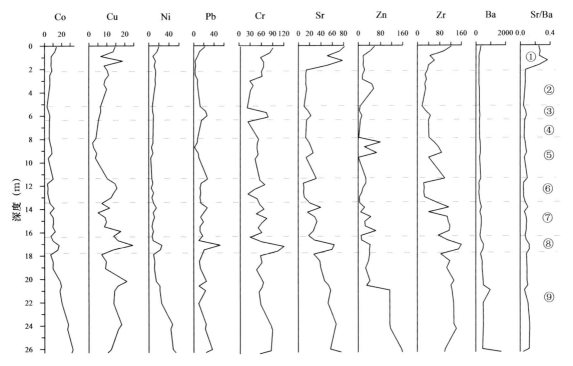

图 4-67　钻孔 ZK3 微量元素（μg/g）分布

（4）6.40~7.90 m，本段 Co、Ni、Cr、Zr、Ba 由上而下含量增加，Cu、Pb、Sr、Zn 含量则减少。

（5）7.90~11.40 m，本段各元素含量变化出现两次波动，除 Ni 和 Zn 外总的变化是由上而下含量增加。

（6）11.40~13.50 m，本段 Co、Pb、Sr、Zr 含量变化趋势一致，由上而下含量先减后增。

（7）13.50~16.30 m，本段各元素含量变化出现 3 次波动。

（8）16.30~17.90 m，本段各元素含量变化趋势一致，由上而下含量先增后减，其中几种元素都出现了最大值。

（9）17.90~26.30 m，本段 Co、Ni、Sr、Zn 含量变化趋势一致，由上而下含量增加，总体上各元素含量处于较高值区。

4.3.3.3　ZK4 孔

根据各元素含量的变化特征（图 4-68），ZK4 钻孔从上往下可以分为 5 段。

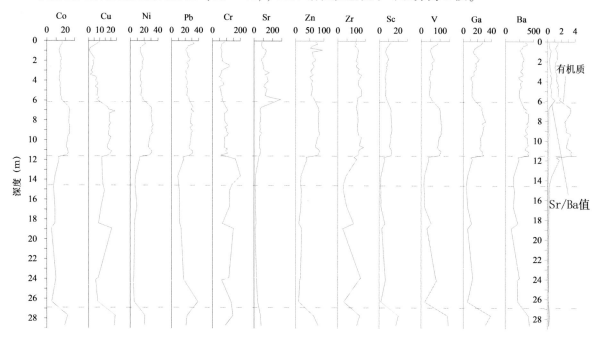

图 4-68　钻孔 ZK4 微量元素（μg/g）和有机质（%）分布

（1）0~6.20 m，本段 Co、Ni、Pb、Zn、V、Ga、Ba 含量变化趋势基本一致，总体上各元素含量处于较高值区且相对稳定，Sr/Ba 比值为最高值区，有机质含量处于较高值区。

（2）6.20~11.60 m，本段 Co、Cu、Ni、Pb、Cr、Zn、Zr、Sc、V、Ga、Ba 含量变化趋势基本一致，除 Cr、Sr 外，其他各元素含量处于高值区，有机质含量处于最高值区。

（3）11.60~14.60 m，本段 Co、Ni、Pb、Sr、Zn、Zr、Sc、V、Ga、Ba 和有机质由上而下含量减少，Cu 由上而下含量增加。

（4）14.60~26.80 m，本段 Co、Ni、Sr、Zn、Sc、V、Ga、Ba、有机质和 Sr/Ba 比值处于较低值区，各元素含量变化出现两次波动。

（5）26.80 m 以下，本段各元素含量处于较高值区，其中 Co、Cu、Zn、Zr、Sc、V、Ga、Ba 元

素都出现了最大值。

4.3.3.4　ZK5孔

根据各元素含量变化特征（图4-69），ZK5钻孔从上往下大致可以分为2段。

（1）0~6.50 m，本段Co、Cu、Ni、Zn、Sc、V、Ga、Ba含量变化趋势基本一致，总体上处于高值区且由上而下含量增加，Sr由上而下含量减少，Sr/Ba比值和有机质含量处于最高值区，其中4.00 m以上Sr/Ba比值相对较高。

（2）6.50 m以下，本段Cu、Pb、Cr含量波动变化较大，其他各元素含量处于低值区且相对稳定，Sr/Ba比值和有机质含量处于最低值区。

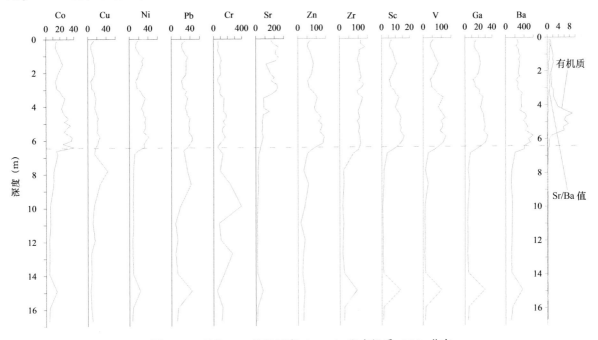

图4-69　钻孔ZK5微量元素（μg/g）和有机质（%）分布

4.3.3.5　ZK6孔

根据各元素含量的变化特征（图4-70），ZK6钻孔从上往下可以分为6段。

（1）0~2.00 m，本段除Cr外，其他元素含量大致处于较高值区。Sr/Ba比值为最高值区，有机质含量处于较高值区。

（2）2.00~8.50 m，本段Co、Ni、Pb、Sr、Zn、Ga、Ba含量处于较低值区，Cu、Cr处于较高值区，各元素含量波动相对较小。

（3）8.50~14.80 m，本段各元素和有机质含量均处于高值区，波动频繁且变化幅度较大，Cu由上而下含量增加。

（4）14.80~19.00 m，本段Cu和Cr在段末端突然增大，其余各元素含量变化不大。

（5）19.00~31.50 m，本段Cu、Cr和Zn处于高值区，由上而下含量减少，其他各元素含量由上而下含量增大。有机质含量处于较高值区。

（6）31.50 m以下，各元素为较高值区，由上而下含量先增后减。有机质含量也在较高值区。

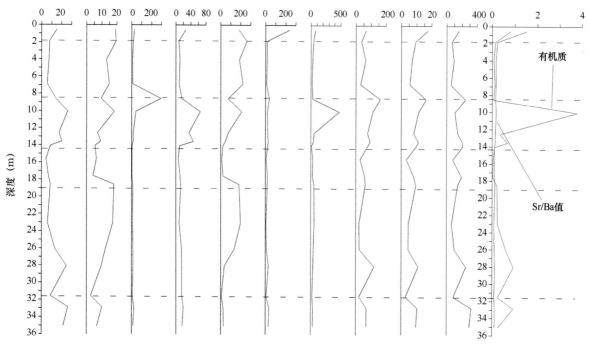

图 4-70 钻孔 ZK6 微量元素 （μg/g） 和有机质 （%） 分布

4.3.3.6 ZK7 孔

根据各元素含量变化特征 （图 4-71），ZK7 钻孔从上往下大致可以分为 6 段。

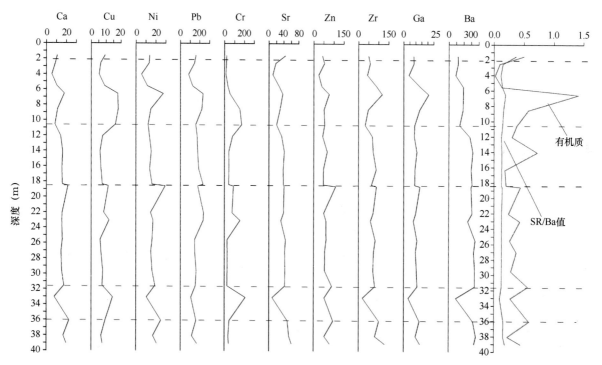

图 4-71 钻孔 ZK7 微量元素 （μg/g） 和有机质 （%） 分布

（1）0～2.00 m，本段 Sr/Ba 比值处于最高值区。

（2）2.00～10.80 m，本段各元素含量波动较大，由上而下大致呈先增后减趋势，有机质含量处于最高值区。

（3）10.80～18.60 m，本段各元素含量较为稳定，变化不大。

（4）18.60～31.60 m，本段各元素含量波动较小，由上而下大致呈先逐渐减少后趋稳定。

（5）31.60～36.00 m，本段 Cu、Cr 含量大增，其他元素含量骤减。

（6）36.00 m 以下，本段各元素含量由上而下大致呈先减后增趋势。

4.3.3.7 ZK8孔

根据各元素含量的变化特征（图4-72），ZK8 钻孔从上往下可以分为7段。

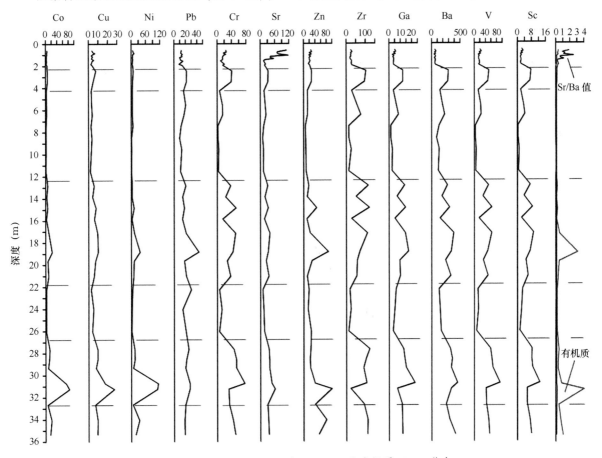

图 4-72 钻孔 ZK8 微量元素（μg/g）和有机质（%）分布

（1）0～2.40 m，该段 Sr 为最高值区，平均值为 54.9 μg/g，Ba 为最低值区，平均值为 62.3 μg/g，其余各元素处于较低值区，有机质平均含量为 0.17%。Sr/Ba 比值的平均值为 0.94，明显高于其余各段。

（2）2.40～4.20 m，该段 Cu、Pb、Cr、Zn、Zr、Ga、Ba、V、Sc 含量明显增加，而 Sr 含量则明显减少，有机质平均含量为 0.11%。

（3）4.20～12.40 m，该段各元素含量减少且大多数元素处于最低值区，变化幅度较小，有机质平均含量为 0.10%。

（4）12.40~21.80 m，该段各元素含量重新增加且大多数元素处于次高值区，波动频繁且变化幅度较大，下部有机质含量有所增加，平均含量为0.61%。

（5）21.80~26.90 m，该段大多数元素含量重回低值区，有机质平均含量为0.17%。

（6）26.90~32.60 m，该段大多数元素处于高值区且出现最高值，其中30.90~31.50 m段为煤炭状黑色腐木层，Co、Cu、Ni、Cr、Zn、Zr、Ga、Ba、V、Sc 含量均出现异常高值，分别为82.8 μg/g、27.2 μg/g、113 μg/g、76.2 μg/g、1050 μg/g、106.7 μg/g、22.7 μg/g、452 μg/g、91.5 μg/g、12.7 μg/g，有机质含量为4.0%。

（7）32.60 m 以下，大多数元素含量有所减少但仍处于次高值区，有机质平均含量为0.69%。

4.3.3.8 ZK9孔

根据各元素含量变化特征（图4-73），ZK9 钻孔从上往下大致可以分为6段。

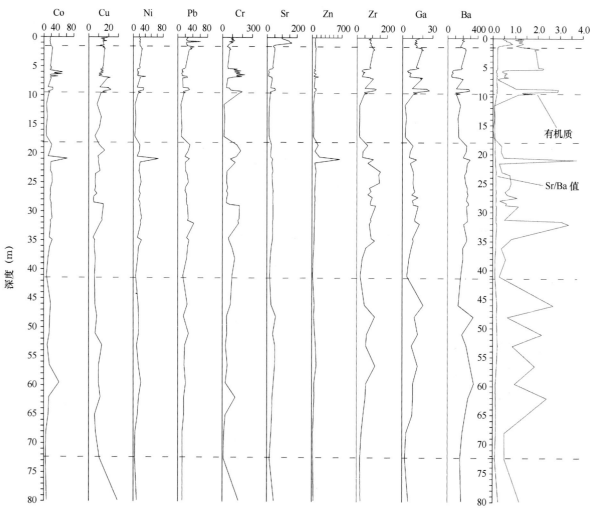

图4-73 钻孔 ZK9 微量元素（μg/g）和有机质（%）分布

（1）0~1.60 m，本段 Pb 和 Sr 有一次较大的波动，Sr/Ba 比值处于最高值区。

（2）1.60~9.70 m，本段各元素含量波动频繁，Sr/Ba 比值处于较高值区。

（3）9.70~18.00 m，本段除 Cu 和 Ba 外，其他元素含量处于较低区，各元素含量较为稳定，变化不大，有机质含量处于最低值区。

（4）18.00~41.80 m，本段各元素含量处于较高区，波动频繁。

（5）41.80~72.00 m，本段各元素含量大致呈先增后减趋势，有机质含量处于较高值区。

（6）72.00 m 以下，本段 Cu 和 Cr 含量骤增，其他元素含量处于较低值区。

4.3.4 钻孔岩心有孔虫分布特征

4.3.4.1 ZK1 孔

根据有孔虫主要属种丰度分布变化（图4-74），自上而下划分为5段。

（1）0~2.70 m，以底栖类广盐性半咸水种 *Ammonia beccarii* vars.（毕克卷轮虫变种）、*Elphidium hispidulum*（粗糙希望虫）、*E. advenum*（异地希望虫）、*Hanzawaia mantaensis*（披肩半泽虫）、*Rotalidium annectens*（连接似轮虫）为优势种，化石丰度平均值达 103 个/g。复合分异度约 1.80，生态环境为一般正常浅海环境。

（2）2.70~6.20 m，有孔虫含量急剧下降，丰度仅为 0~7 个/g。复合分异度在 3.2~3.3 m 处有异常高值 8.04，反映此时可能海平面较高，水深较深。

（3）6.20~10.10 m，未见有孔虫化石。

（4）10.10~15.40 m，有孔虫间断出现，但数量极为稀少，每 20 g 干样中仅发现 1~2 枚且壳体破损严重，有孔虫组合反映以潮上带或潮间带沉积环境为主，波浪或潮汐作用带来异地埋藏分子。

（5）15.4 m 以下，未见有孔虫化石。

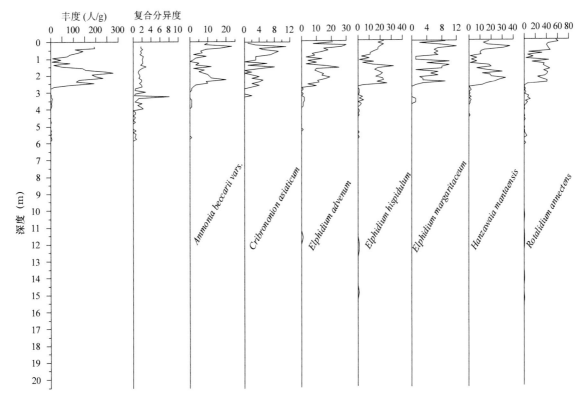

图 4-74　钻孔 ZK1 有孔虫主要属种丰度（个/g）分布

4.3.4.2 ZK3 孔

ZK3 孔有孔虫含量甚少，仅在 1.8 m 以上出现有孔虫，1.8 m 以下则在个别层段见到零星有孔虫破壳（可能属于再沉积壳体）。本孔有孔虫均为底栖类的近岸属种，其中以玻璃质壳 *Cavarotalia annectens*（连接洞穴车轮虫）为主要特征种，其余种的含量很低，平均每 20 g 干样有孔虫含量不超过 5 枚。主要属种有 *Cavarotalia annectens*、*Elphidium advenum*、*Elphidium hispidulum*、*Quinqueloculina lamarckiana*（拉马克五诀虫）和 *Spiroloculina orbis* 等。

4.3.4.3 ZK4 孔

据有孔虫主要属种丰度分布变化（图 4-75），钻孔 ZK4 自上而下划分为 3 段。

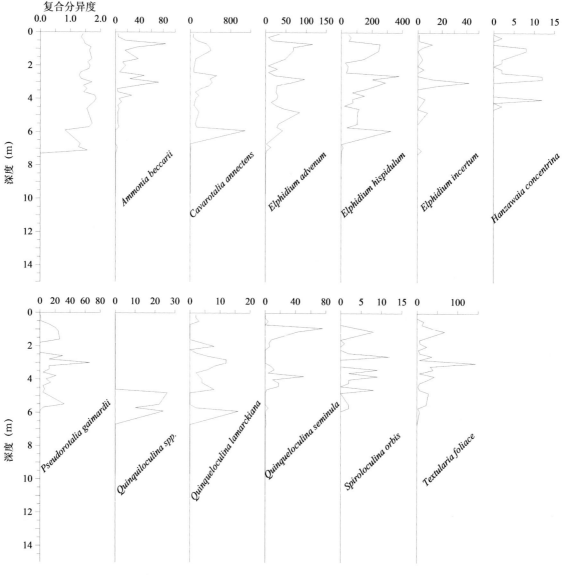

图 4-75　钻孔 ZK4 有孔虫主要属种丰度（个/20g）分布

（1）0~6.0 m，属种数量较多，以底栖类的近岸属种 *Cavarotalia annectens*、*E. hispidulum* 为主，浮游类 *Globigerina ruber*（红拟抱球虫）偶见，平均每 20 g 干样有孔虫含量在 200~1 200 枚之间，复

合分异度在 0.82~1.85 之间。本段有孔虫组合以玻璃质壳类为主（占总数的 80% 以上），反映的生态环境为一般正常浅海环境，结合本钻孔的地理位置，推测其沉积环境为三角洲前缘浅滩及河口湾环境，有孔虫主要属种丰度分布变化发生了 3 次波动，沉积环境也经历了 3 次交替。

（2）6.0~9.6 m，属种数量稀少，以 *Elphidium advenum*、*E. hispidulum*、*E. incertum* 为主，平均每 20 g 含量少于 50 枚，推测其沉积环境为三角洲前缘浅滩。

（3）9.6 m 以下未发现有孔虫。

4.3.4.4 ZK5 孔

据有孔虫主要属种丰度分布变化（图 4-76），钻孔 ZK5 自上而下划分为 3 段。

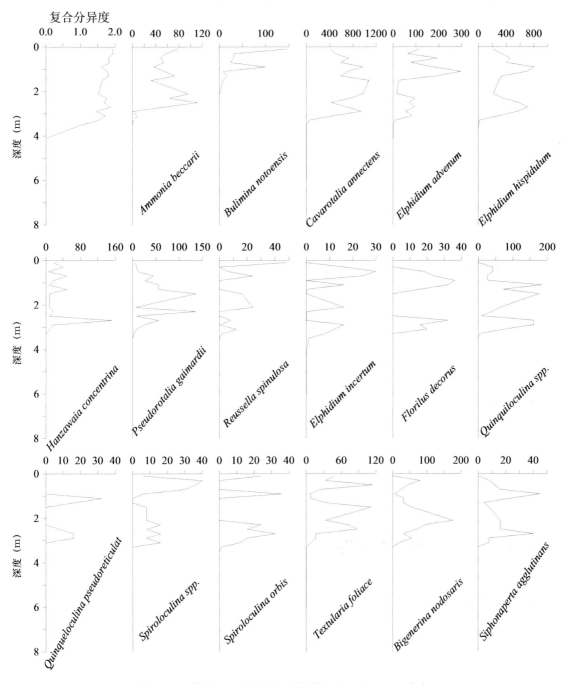

图 4-76 钻孔 ZK5 有孔虫主要属种丰度（个/20 g）分布

（1）0~3.6 m，属种数量较多，底栖类占绝对优势，浮游类偶见，平均每20 g干样有孔虫含量在1 000~2 500枚之间，复合分异度在1.0~1.93之间。本段有孔虫组合以玻璃质壳类为主（占总数的90%以上），反映的生态环境为一般正常浅海环境，结合本钻孔的地理位置，推测其沉积环境为潮流作用较显著的河口湾环境，有孔虫主要属种丰度分布变化发生了3次波动，沉积环境也经历了3次交替。

（2）3.6~6.1 m，属种数量稀少或消失，平均每20 g含量少于2~3枚，属种全部为底栖类 *Elphidium advenum*、*E. hispidulum*、*E. incertum* 等，未出现浮游类。沉积环境属于河口—河床沉积。

（3）6.1 m以下未发现有孔虫。

4.3.4.5 ZK6孔

钻孔ZK6仅在0~0.70 m层段见到有孔虫，属种有：*Cavarotalia annectens*、*Elphidium advenum*、*E. hispidulum*、*Quinqueloculina* spp.（五块虫属未定种）、*Bigenerina nodosaris*（节房双串虫）、*Triloculina trigonula*（三角三块虫）、*Textularia* spp.（串珠虫属未定种）、*Cellanthus craticulata*（格子花室虫）等，平均每20 g干样有孔虫含量为100~200枚。

4.3.4.6 ZK7孔

钻孔ZK6仅在0~1.70 m层段见到有孔虫，以底栖类的近岸属种 *Cavarotalia annectens*、*Bigenerina nodosaris*、*Cellanthus craticulata* 为主，浮游类未见，壳体破碎，表层样品有孔虫丰度为100~150枚，底部丰度不足20枚。

4.3.4.7 ZK8孔

钻孔ZK8仅在0~1.40 m层段见到有孔虫，有孔虫简单分异度极低（4种），以滨岸底栖类有孔虫 *Quinquiloculina* spp.、*Pseudorotalia schroeteriana*（施罗特假轮虫）、*Elphidium hispidulum*、*E. advenum* 为优势种，化石丰度较低，为4~32 个/10 g，化石保存较差，未发现任何浮游有孔虫，指示水深较浅的潮滩相沉积环境。

4.3.4.8 ZK9孔

钻孔ZK9仅在0~1.60 m见到有孔虫，以底栖类的近岸属种 *Cavarotalia annectens*、*Elphidium advenum*、*E. hispidulum*、*Quinqueloculina* spp.、*Q. lamarckina*、*Bigenerina nodosaris*、*Triloculina trigonula*、*Textularia* spp.、*Hanzawaia concentrina*（链状半泽虫）、*Cellanthus craticulata* 为主，浮游类未见，壳体破碎，表层样品有孔虫丰度在500枚左右，底部丰度不足50枚。

4.3.5 钻孔岩心硅藻分布特征

4.3.5.1 ZK1孔

钻孔ZK1共检出硅藻43种，硅藻丰度相差悬殊，在0~14 916个/g之间，优势属种明显，主要有半咸水环境的沿岸种 *Cyclotella striata*（条纹小环藻）、*Cyclotella stylorum*（柱状小环藻）和 *Melosira sulcata*（具槽直链藻），其他属种含量少，见有 *Coscinodiscus nodulifer*（结节圆筛藻）、

Thalassionema nitzschioides（菱形海线藻）、*Navicula lyra*（琴状舟形藻）、*Coscinodiscus oculatus*（小眼圆筛藻）等。根据硅藻主要属种丰度分布变化，自上而下划分为 6 段（图 4-77）。

（1）0~2.70 m，硅藻含量较高，平均丰度约 1 900 个/g，主要属种有 *Cyclotella striata*、*Melorsia sulata* 和 *Cyclotella stylorum* 等半咸水环境的沿岸种，其中 *Cyclotella striata* 占绝对优势地位。复合分异度平均值 0.64，该段主要受海水作用，属正常近岸浅海环境。

（2）2.70~5.90 m，硅藻组合未变，平均丰度下降至约 210 个/g，部分样品无硅藻。复合分异度在 4.3~4.4 m 处有异常高值 1.99，属近岸浅海环境。

（3）5.90~6.80 m，硅藻稀少，大部分丰度不足 10 个/g，底部 6.50~6.80 m 层段硅藻含量增至约 500 个/g。总体上，该段硅藻化石保存较差，残缺破碎，推测其形成于水动力较强的盐度不高的潮间带。

（4）6.80~8.90 m，硅藻间断出现，丰度极低，最大值 42 个/g，平均丰度仅 7 个/g。

（5）8.90~17.60 m，该层段硅藻含量丰富，平均丰度可达 1 280 个/g。主要属种为 *Cyclotella striata*、*Cyclotella stylorum* 和 *Melorsia sulcata*。复合分异度接近 0.9，硅藻组合反映了该段受海水或潮汐影响作用明显。

（6）17.60 m 以下，硅藻稀少且出现不连续，平均丰度不足 20 个/g。

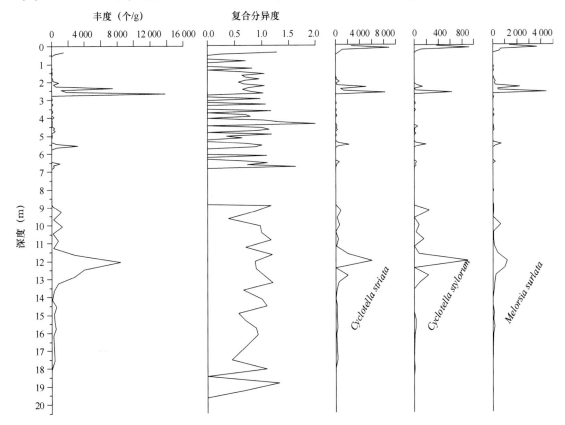

图 4-77 钻孔 ZK1 硅藻主要属种丰度（个/g）分布

4.3.5.2 ZK3 孔

钻孔 ZK3 除上部 0~3.6 m 和 17.04~17.2 m 见有较多硅藻外，其他层段硅藻零星分布，大部分样品未见。

在含硅藻的样品中，硅藻种类少，0~1.0 m 层段和 17.04~17.2 m 层段样品，丰度在 242~2 624个/g 之间，其他层位丰度极低，大部分小于 10 个/g。主要优势属种为半咸水种 *Cyclotella striata*、*Cyclotella stylorum*、*Melosira sulcata*，其他属种含量较少。但在 17.0~17.2 m 层位海水种 *Coscinodiscus nofulifer* 含量较高，半咸水种少量。

4.3.5.3 ZK4 孔

钻孔 ZK4 根据硅藻主要属种丰度分布变化（图 4-78），自上而下划分为 4 段。

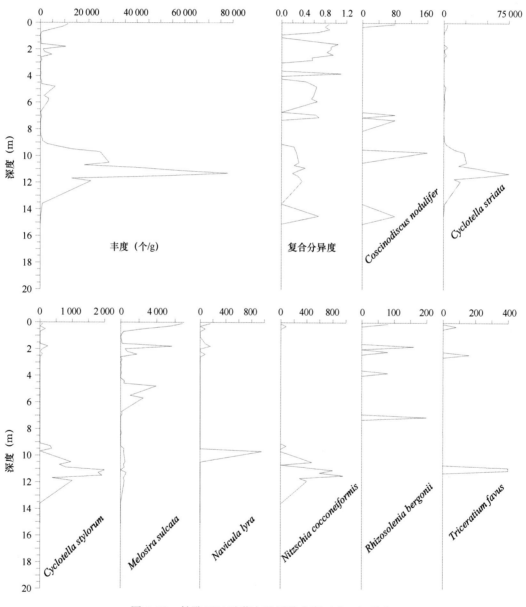

图 4-78 钻孔 ZK4 硅藻主要属种丰度（个/g）分布

（1）0~9.0 m，硅藻复合分异度 0.45~1.0，丰度相差悬殊，在 40~11 360 个/g 之间。*Cyclotella striata*（半咸水种条纹小环藻）和 *Melosira sulcata*（海水种具槽直链藻）占绝对优势，在 0

~0.6 m、1.7~2.5 m、4.7~6.0 m 层位非常富集，几乎不见淡水种，属于河口湾沉积环境。

（2）9.0~12.0 m，硅藻复合分异度 0.2~0.44，丰度相差悬殊，在 2 880~78 000 个/g 之间。半咸水种 *Cyclotella striata* 优势进一步扩大，常见属种有 *Cyclotella stylorum*、*Melosira sulcata* 及 *Nitzschia cocconeiformis*，未见淡水种，属于河口湾沉积环境。

（3）12.0~14.6 m 以下，硅藻丰度急剧减少，在 160~800 个/g 之间，只出现 *Cyclotella striata* 及 *Coscinodiscus nodulifer*，其余属种未见，属于河口沉积环境。

（4）14.6 m 以下未发现硅藻化石。

4.3.5.4 ZK5 孔

钻孔 ZK5 共检出硅藻 13 种，化石保存状态良好，主要属种有 *Cyclotella striata*、*Cyclotella stylorum*、*Melosira sulcata* 及 *Nitzschia cocconeiformis*（卵形菱形藻）。

根据硅藻主要属种丰度分布变化，自上而下划分为 2 段（图 4-79）。

（1）0~5.6 m，硅藻复合分异度 0.45~1.27，丰度在 0~4 160 个/g 之间。*Cyclotella striata* 和 *Melosira sulcata* 为优势属种，在 0~1.2 m、2.0~2.4 m、4.6~5.6 m 层位相对富集，属于河口湾沉积环境。

（2）5.6 m 以下，偶见 *Cyclotella stylorum*、*Melosira sulcataa*，至 6.9 m 完全消失。

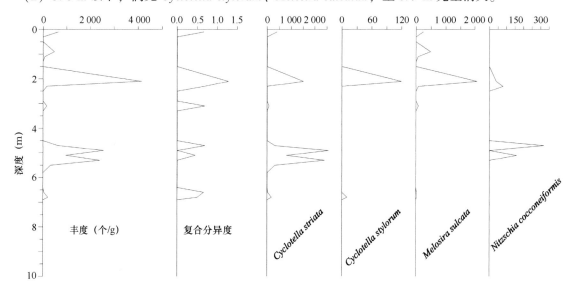

图 4-79 钻孔 ZK5 硅藻主要属种丰度（个/g）分布

4.3.5.5 ZK6 孔

钻孔 ZK6 仅在 0~0.70 m 见到硅藻，硅藻数量稀少，不足 30 个/g，出现的属种有：半咸水种：*Cyclotella striata* 和 *Cyclotella stylorum*；海水种：*Melosira sulcata*。

4.3.5.6 ZK7 孔

钻孔 ZK7 仅在 0~1.70 m 见到硅藻，丰度变化从表层的 16 640 个/g 到底部的 1 320 个/g，*Cyclotella striata* 占绝对优势。出现的属种有：

半咸水种：*Campylodiscus brightwellii*（布氏马鞍藻）、*Coscinodiscus nodulifer*、*Cyclotella striata*、*Cyclotella stylorum*、*Diploneis crabro*（黄蜂双壁藻）；海水种：*Melosira sulcata*、*Rhizosolenia bergonii*（伯戈根管藻）。

4.3.5.7　ZK8 孔

钻孔 ZK8 仅在 0~1.90 m 见到硅藻，以半咸水环境的沿岸种 *Cyclotella striata*（条纹小环藻）、*Melosira sulcata*（具槽直链藻）为优势种，其他属种含量少，仅见有 *Diploneis nitescens*（光亮双壁藻）、爱氏辐环藻（*Actinocyclus ehrenbergi*）、牡蛎双眉藻（*Amphora ostrearia*）等。化石保存中等，丰度很低，为 12~552 个/g，简单分异度在 5~9 之间。

4.3.5.8　ZK9 孔

钻孔 ZK9 仅在 0~9.70 m 见到硅藻，组合中优势属种明显，主要有半咸水环境的沿岸种 *Cyclotella striata*、*Melosira sulcata*。其中 *Cyclotella striata* 占绝对优势地位。其他属种含量少，仅见有 *Actinocyclus ehrenbergi*、小眼圆筛藻（*Coscinodiscus oculatus*）、辐射圆筛藻（*Coscinodiscus radiatus*）、*Rhizosolenia bergonii* 等。根据硅藻主要属种丰度分布变化，自上而下划分为 3 段（图 4-80）。

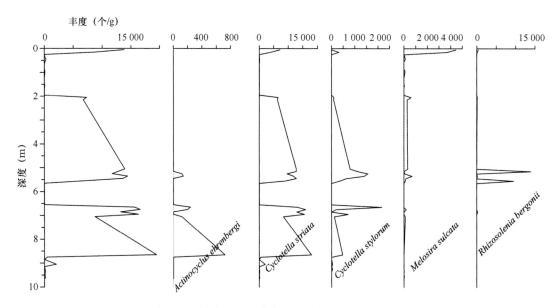

图 4-80　钻孔 ZK9 硅藻主要属种丰度（个/g）分布

（1）0~1.6 m，主要由半咸水环境的沿岸种 *Cyclotella striata*、*Melosira sulcata* 组成，其中 *Cyclotella striata* 占绝对优势地位，硅藻丰度变化从表层的 13 800 个/g 到底部的 100 个/g。

（2）1.6~5.4 m，主要由半咸水环境的沿岸种 *Cyclotella striata*、*Melosira sulcatas* 组成，其中 *Cyclotella striata* 占绝对优势，底部 *Rhizosolenia bergonii* 丰度骤增。

（3）5.4~9.7 m，主要由半咸水环境的沿岸种 *Cyclotella striata*、*Cyclotella stylorum* 组成，其中 *Cyclotella striata* 占绝对优势地位，而 *Melosira sulcata*、*Rhizosolenia bergonii* 丰度骤减。

4.3.6 钻孔岩心孢粉分布特征

4.3.6.1 ZK1 孔

根据孢粉组合面貌、化石丰度、各类植物孢粉含量的变化（图 4-81），钻孔 ZK1 自上而下划分 4 个孢粉带。

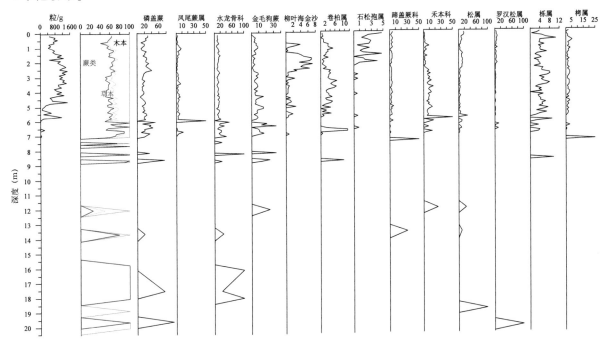

图 4-81 钻孔 ZK1 孢粉（%）图式

（1）带 I：0~2.70 m，孢粉组合为鳞盖蕨（*Microlepia* sp.）—水龙骨科（Polypodiaceae）—松属（*Pinus* sp.）—栎属（*Quercus* sp.）。本带蕨类孢粉含量 41%~71%（平均含量 61.7%），木本植物花粉含量 24%~55%（平均含量 35%），而草本植物花粉仅占约 3%。蕨类孢子以鳞盖蕨（25%）和水龙骨科（11%）为主，凤尾蕨属（*Pteris* sp.）（2.4%）、金毛狗蕨（*Cibotium barometz*）（4%）、蹄盖蕨科（Athyrium sp.）（3.3%）、柳叶海金沙（*Lygodium salicifolium*）（2.6%）、卷柏属（*Selaginella* sp.）（1.9%）以及石松孢属（*Lycopodium* sp.）（1.7%）也有一定含量。木本植物花粉以松属（10.9%）为主，栎属（3.9%）和栲属（*Castanopsis* sp.）（2%）也常见。草本植物花粉以禾本科（Gramineae）（2.3%）为主，零星见有藜科（Chenopodiaceae）、蒿属（*Artemisia* sp.）、菊科（Compositae）、蓼属（*Polygonum* sp.）。

本带孢粉组合特征反映植被以热带、亚热带种属居多，喜热湿的蕨类植物和乔木植物花粉含量较高，而喜凉植物的花粉种类少且含量低，反映植被繁盛，多种高大乔木与林下蕨类植物共生，为典型的南亚热带常绿阔叶林，气候炎热潮湿。

（2）带 II：2.70~5.90 m，孢粉组合为鳞盖蕨—水龙骨科—金毛狗蕨—禾本科—松属—栎属。本带蕨类孢粉依然优势明显，其平均含量（58%）较带 I 略低，草本植物花粉含量增加至约 10%。柳叶海金沙（0.6%）、石松孢属（0.1%）和松属（3%）含量较带 I 明显减少。

本带孢粉组合特征反映植被以热带、亚热带种属居多，喜热湿的蕨类植物含量较高，喜凉草本植物花粉含量相对较高，反映植被繁盛，多种高大乔木与林下蕨类、草本植物共生，以南亚热带山地雨林为主，气候温暖潮湿，较带 I 偏凉。

（3）带 III：5.90～7.00 m，孢粉组合为鳞盖蕨—水龙骨科—金毛狗蕨—凤尾蕨属—禾本科—松属。本带蕨类孢粉含量高达74%，木本植物花粉含量降至15%，草本植物含量11%，与带 II 大致相当。

本带孢粉组合特征反映植被以热带、亚热带种属居多，喜热湿的蕨类植物含量极高，而喜凉木本植物花粉含量相对较低，反映常绿阔叶林下蕨类植被繁盛，气候温暖潮湿。

（4）带 IV：7.00～20.50 m，该段沉积物以砾石质砂为主，不利于孢粉的保存，孢粉数量及种类极少，较难恢复古植被。

4.3.6.2 ZK3孔

根据孢粉化石丰度、各类植物孢粉含量变化，自上而下划分3个化石组合带。

（1）孔深0～2.2 m，该组合除孢粉外，还出现有孔虫内膜。孢粉丰度仅为4～35 粒/g。组分组合中仍以蕨类植物孢子占优势，零星出现热带亚热带植物被子木本植物花粉栲属（*Castanopsis*）、栎属（*Quercus*）（常绿）、裸子植物花粉松属（*Pinus*）和蕨类植物孢子磷盖蕨（*Microlepia*）、水龙骨科（*Polypodaceae*）、金毛狗蕨（*Cibotium barometz*）等。

（2）孔深2.2～20.1 m，该组合以孢粉稀少，未见有孔虫内膜，出现个别藜科（*Chenopodiaceae*）为特征，孢粉丰度为0～14 粒/g。零星见有热带亚热带植物被子木本植物花粉菱属（*Castanopsis*）、栎属（*Quercus*），裸子植物花粉松属（*Pinus*）和蕨类植物孢子磷盖蕨（*Microlepia*）等，该组合藜科（*Chenopodiaceae*）的出现反映海水退出，气候偏凉干。

（3）孔深20.1～26.4 m，孢粉丰度、分异度较以上组合高，以出现较多的热带、亚热带被子木本植物花粉和红树林花粉为特征，并见有栲属（*Castanopsis*）花粉团块和较多的再沉积孢粉。孢粉丰度为0～126 粒/g。热带、亚热带被子木本植物花粉除栲属（*Castanopsis*）、栎属（*Quercus*）外，还见有桐花树属（*Aegiceras* sp.）、漆树科（*Anacardiaceae*）、阿丁枫属（*Altingia* sp.）、枫香属（*Liquidambar* sp.）、连香树秘史（*Cercidiphylluim* sp.）、金缕梅科（*Hamamelidaceae*）、忍冬属（*Lonicera* sp.）、蒲桃属（*Syzygium* sp.）等，零星见有红树林花粉 *Carallia* sp.；裸子植物除 *Pinus* 外，热带山地针叶树陆均松属（*Dacrydium*）零星出现；草本、植物花粉有天南星科（*Araceae*），竹节树属（*Piper* sp.）、三白草属（*Saururus* sp.）、苦苣苔科（*Gesneriaceae*）等；蕨类植物孢子除磷盖蕨（*Microlepia*）、水龙骨科（*Polypodaceae*）外，还出现桫椤属（*Cyathea* sp.）、海金沙属（*Lygodium* sp.）等。

该组合大量热带、亚热带孢粉和热带山地红树林花粉竹节树属（*Carallia* sp.）的出现反映气候偏热。

4.3.6.3 ZK4孔

根据孢粉组合面貌、化石丰度、各类植物孢粉含量的变化（图4-82），钻孔ZK4自上而下划分2个组合。

（1）0～13.7 m，该层段孢粉相对丰富，孢粉丰度为28～332 粒/g，呈下部高—中间低—顶部高的变化趋势。以蕨类植物孢子占优势，常见属种有磷盖蕨（*Microlepia*）、金毛狗蕨（*Cibotium barometz*）、桫椤属（*Cyathea*）、海金沙属（*Lygodium*）、水龙骨科（*Polypodaceae*）等，其中磷盖蕨

（*Microlepia*）为绝对优势种；木本植物花粉次之，以栲属（*Castanopsis*）、栎属（*Quercus*）（常绿，下同）常见，裸子植物除松属（*Pinus*）外，热带山地针叶树陆均松属（*Dacrydium*）零星出现；草本植物花粉稀少，零星出现藜科（Chenopodiaceae）；藻类环纹藻（*Concentricystes*）个别断续出现。根据属种含量变化可划分为2个亚组合：

① 0～6.8 m，以磷盖蕨（*Microlepia*）等蕨类植物为主，植被较单调。

② 6.8～13.7 m，以热带、亚热带木本植物花粉栲属（*Castanopsis*）、栎属（*Quercus*）大量出现为特征，栲属（*Castanopsis*）尤其多，阔叶树小二仙草科（Halorrhagis）、木兰科（Magnolia）等开始出现，木本植物种类增加；蕨类植物中以金毛狗蕨（*Cibotium barometz*）增加，磷盖蕨（*Microlepia*）减少为特征。

总的来说，该孢粉组合面貌反映了热带、亚热带植物下的暖湿气候，其中下部6.8～13.7 m的沉积环境较上部0～6.8 m湿润。

（2）13.7～28.8 m，几乎未见孢粉，仅在15～15.2 m零星见有热带亚热带植物木本植物花粉栲属（*Castanopsis*）、栎属（*Quercus*）和蕨类植物孢子磷盖蕨（*Microlepia*）、金尾狗蕨（*Cibotium barometz*），孢粉丰度为0～6粒/g。

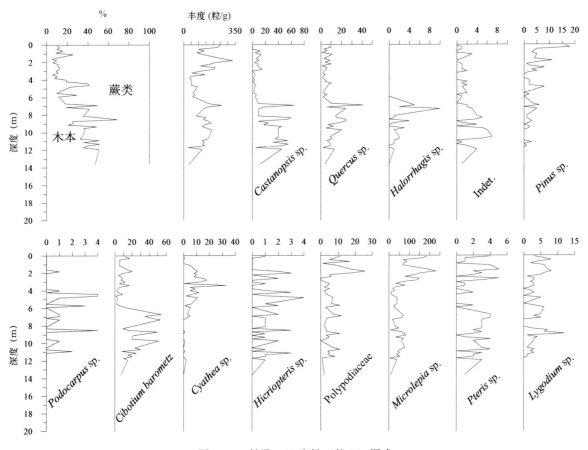

图4-82　钻孔ZK4孢粉（粒/g）图式

4.3.6.4　ZK5孔

根据孢粉组合面貌、化石丰度、各类植物孢粉含量的变化，钻孔ZK5自上而下划分2个组合。

（1）0~5.6 m，该层段孢粉相对丰富，孢粉丰度为12~208 粒/g，呈上低下高的变化趋势。以蕨类植物孢子占优势，常见属种有磷盖蕨（*Microlepia*）、金毛狗蕨（*Cibotium barometz*）、桫椤属（*Cyathea*）、海金沙属（*Lygodium*）、水龙骨科（Polypodaceae）等；木本植物花粉次之，以栲属（*Castanopsis*）、栎属（*Quercus*）（常绿）常见，裸子植物热带—亚热带属松属（*Pinus*）、陆均松属（*Dacrydium*）、罗汉松属（*Podocarpus*）常见；藻类环纹藻（*Concentricystes*）偶尔出现。根据属种含量变化可划分为2个亚组合：

① 0~4.2 m，以磷盖蕨（*Microlepia*）等蕨类植物和热带—亚热带裸子植物常见，但丰度偏低，平均为38 粒/g。植被较单调。

② 4.2~5.6 m，孢粉增加，平均丰度为155 粒/g。以热带、亚热带木本植物花粉栲属（*Castanopsis*）、栎属（*Quercus*）大量出现为特征，蕨类植物中热带种金毛狗蕨（*Cibotium barometz*）明显增加。

总体上，该孢粉组合面貌反映了热带、亚热带植物下的暖湿气候，其中下部4.2~5.6 m的沉积环境较上部0~4.2 m湿润。

（2）5.6 m以下，未见任何孢粉化石。

4.3.6.5　ZK6孔

该孔孢粉贫乏，丰度为2~44 粒/g，种类少。主要属种有磷金蕨属（*Microlepia* sp.）、水龙骨科（Polypodiaceae）、栲属（*Castanopsis* sp.）、栎属（*Quercus* sp.），其中 *Microlepia* sp.、Polypodiaceae 为优势属种。零星分布属种有山核桃属 *Carya* sp.）、冬表属（*Ilex* sp.）、枫香属（*Liquidambar* sp.）、桫椤属（*Cyathea* sp.）、凤尾蕨属（*Pteris* sp.）、金毛狗蕨（*Cibotium barometz*）、海金沙属（*Lygodium* sp.）、椴树属（*Tilia* sp.）。

孢粉属种绝大部分为热带、亚热带环境生长，温带孢粉属种极少量。其中6.5~14.1 m水龙骨科（Polypodiaceae）孢粉数量相对较多，反映了生态环境为湿热的热带、亚热带气候。

4.3.6.6　ZK7孔

该孔共取孢粉样品22个，其中只有10个样品含孢粉化石，但孢粉贫乏，丰度为4~56 粒/g，种类少。

主要属种有磷盖蕨属（*Microlepia* sp.）、水龙骨科（Polypodiaceae）、栲属（*Castanopsis* sp.）、栎属（*Quercus* sp.），其中磷盖蕨属（*Microlepia* sp.）、水龙骨科（Polypodiaceae）为优势属种。零星分布属种有枫香属（*Liquidambar* sp.）、桫椤属（*Cyathea* sp.）、胡桃属（*Juglanus* sp.）、陆均松属（*Dacrydium* sp.）、藜科（Chenopodiaceae）。

孢粉属种绝大部分为热带、亚热带环境生长，温带孢粉属种极少量。其中8.5~12.6 m鳞盖蕨属（*Microlepia* sp.）和水龙骨科（Polypodiaceae）孢粉数量相对较多，反映了生态环境为湿热的热带、亚热带气候。

4.3.6.7　ZK8孔

该孔孢粉贫乏，在1~110 粒/g 之间，种类少。主要属种有栲属（*Castanopsis* sp.）、栎属（*Quercus* sp.）、枫香属（*Liquidambar*）、松属（*Pinus* sp.）、水龙骨科（Polypodiaceae）和磷盖蕨属（*Microlepia* sp.），其中栲属（*Castanopsis* sp.）、栎属（*Quercus* sp.）和水龙骨科（Polypodiaceae）

为优势属种。零星分布的属种有柳属（*Salix* sp.）、禾本科（Graminaceae）、金毛狗蕨（*Cibotium barometz*）、凤尾蕨属（*Pteris* sp.）和海金沙属（*Lygodium* sp.）等。

孢粉属种绝大部分为热带、亚热带环境生长，以热带、亚热带被子木本植物类型为组合特征，缺少草本植物孢粉，仅1个样品中含发现禾本科（Graminaceae），数量也只有1粒。其中17.1~19.7 m和30.9~31.5 m层段水龙骨科（Polypodiaceae）孢粉数量相对较多，反映了生态环境为湿热的热带、亚热带气候。

该钻孔总体上沉积物偏粗，以砂质为主，不利于孢粉的保存，孢粉数量及种类偏少，较难恢复古植被。

4.3.6.8 ZK9孔

该孔孢粉化石较贫乏，丰度为3~177粒/g，种类少，根据孢粉组合面貌、化石丰度、各类植物孢粉含量的变化（图4-83），自上而下划分2个组合。

（1）0~9.7 m，该层段孢粉相对丰富，孢粉丰度平均值为58粒/g，共鉴定孢粉科属18种。总体上，以蕨类植物孢子占优势，常见属种有磷盖蕨（*Microlepia*）、金尾狗蕨（*Cibotium barometz*）、水龙骨科（Polypodaceae）等，其中磷盖蕨（*Microlepia*）为绝对优势种；木本植物花粉次之，以栲属（*Castanopsis*）、栎属（*Quercus* sp.）常见，裸子植物除Pinus外，热带山地针叶树陆均松属（*Dacrydium*）零星出现；草本植物花粉稀少，零星出现藜科（Chenopodiaceae）。

该段孢粉组合面貌反映了孢粉属种的生态环境为湿热的热带、亚热带气候。

（2）9.7~80.05 m，孢粉稀少，仅在24.0~32.0 m、36.0~41.0 m和68.0~80.0 m层段零星见有热带亚热带植物木本植物花粉栲属（*Castanopsis*）、栎属（*Quercus*）和蕨类植物孢子水龙骨科（Polypodaceae），孢粉丰度不足20粒/g。

4.3.7 主要河口湾的有孔虫、硅藻和孢粉分布特征

南流江水下三角洲沉积物中的生物沉积组分主要是贝壳、有孔虫和介形虫。贝壳类生物主要种类有 *Trochidae*（马蹄螺）、*Conus geographus*（芋螺）、*Oxeverrite didyma*（扁玉螺）、*Ara suberenata*（毛蚶）、*Meretrix meretix*（文蛤）、*Ostrea rirularis*（近江牡蛎）等10余种，并含有贝壳碎屑和鱼骨碎片。有孔虫、介形虫含量较为丰富，其种属组合和丰度特征在水下三角洲不同沉积环境中变化明显（表4-10）。尤其是有孔虫，自河口叉道至前三角洲及古滨海平原，在各个不同沉积环境单元中，有孔虫的丰度、属种数量、壳径大小及组合均有很大变化（表4-10）。

4.3.7.1 三角洲前缘有孔虫沉积

在河口叉道的深槽粗粒沉积物种未发现有孔虫和介形虫，仅在河漫滩沉积物种见少量的有孔虫，壳径小且种属单调，主要是 *Ammonia beccarii* vars（毕克卷转虫变种）、*Schackoinella globasa*（球室刺房虫）、*Haplophragmoiches canariensis*（卡纳利拟单栏虫）、*Jadammia* sp.（雅得虫）等。

潮间带沉积物中的有孔虫含量比河床叉道沉积区多，有孔虫种属以 *Ammonia beccarii* vars.（毕克卷转虫变种）、*Schackoinella globasa*（球室刺房虫）、*Brizalinaa abbreviata*（短小判草虫）为优势种，特征种还有 *Reussella pacifica*（太平洋罗斯种）、*Guemlbelitria vivans*（现生金伯尔虫）、*Elphidum advenum*（异地希望虫）、*Textularia*（串珠虫）、*Haplophragmoiches canariensis*（卡纳利拟单栏虫）

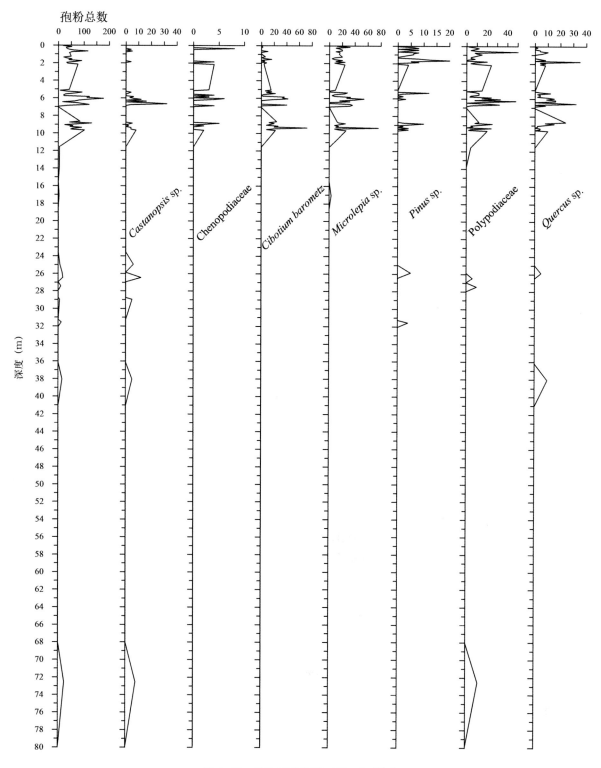

图 4-83　钻孔 ZK9 孢粉 （粒/g） 图式

等。值得注意的是，在潮间带上、中、下部各沉积物中有孔虫数量和种属有所不同，一般在潮间带上部泥质沉积物每 50 g 干样中有孔虫种属超过 10 种，数量 200 枚左右；潮间带中部砂泥质沉积物中有孔虫种属 2~5 种，数量 2~200 枚；潮间带下部砂质沉积物相应数值为种属 2~5 种，数量 2~50 枚。这反映出潮间带水动力作用强弱和沉积粗细变化的结果。

三角洲前缘斜坡沉积物中有孔虫的种属和数量较潮间带有所增加，每 50 g 干样中有孔虫数量数十枚至数百枚不等，种属 13 个。优势种为毕克卷转虫、球室刺房虫和异地希望虫。特征种为 *Florials decorus*（优美花朵虫）、*Elphidium asiaticum*（亚洲希望虫）、*Ammonia compressiuscula*（压扁卷转虫）、*E. simplex*（简单希望虫）、*Brizalinaa bbreviata*（短小判草虫）、*Hanzawania nippinica*（日本半泽虫）、*Guemlbelitria vivans*（现生金伯尔虫）、*Quinqueloculina akneriana rotunda*（阿卡尼五块虫圆形亚种）、*Pararotalia armata*（缘刺纺轮虫）等。介形虫含量较少，主要有 *Sinocgthere recicuriata*（网纹中华介）、*Neomonoceralina crispata*（邹新单角介）等。

4.3.7.2 前三角洲有孔虫沉积

前三角洲沉积物中的有孔虫含量异常丰富，每 50 g 干样中含有孔虫 9 000~20 000 枚，种属超过 30 种，优势种为 *Elphidum advenum*（异地希望虫）、*Cavarottalia annectens*（同现孔轮虫）、*Ammonia beccarii* vars.（毕克卷转虫变种），其余种属有 *Elphidium hispidulum*（茸毛希望虫）、*Elphidium asiaticum*（亚洲希望虫）、*Brizalinaa*（判草虫）、*Fissurina*（缝口虫）、*Lagena*（瓶虫）、*Glandulina*（橡果虫）、*Elphidium makanokawaense*（霜粒希望虫）、*Textularia*（串珠虫）、*Schackoinella globasa*（球室刺房虫）、*Hanzawania nippinica*（日本半泽虫）、*Reussella pacifica*（太平洋罗斯虫）、*Guttulina Pauciloculata*（少室小滴虫）、*Quinqueloculina*（五块虫）等。前三角洲沉积物中介形虫含量也十分丰富，每 50 g 沉积物中通常含有数千至上万枚。常见种有 *Sinocgthere recicuriata*（网纹中华介）、*Neomonoceralina crispata*（邹新单角介）、*Bicornucuythere bisanensis*（美山双角花介）、*Loxoconcha sinensis*（中国弯背介）、*Sinocytherdea lationvata*（中华丽花介）、*Stigmatocythere spinosa*（有刺戳花介）、*Atjehella kingmai*（金氏齐亚介）、*Cornucoquimba gibba*（隆起角科金坡介）、*Wichmannella bradyi*（布氏威契曼介）、*Callistocythere*（花花介）、*Neocytherita faceta*（精美新微花介）等。

前三角洲外的古滨海平原残留沉积中有孔虫和介形虫含量也很丰富，每 50 g 沉积物中含有孔虫 3 000~8 000 枚，优势种为 *Quinqueloculina*（五块虫）、*Ammonia beccarii* vars.（毕克卷转虫变种）和 *Textularia*（串珠虫），其余含量较多的种属还有 *Brizalina stiatuld*（条纹判草虫）、*Spirosugmoilina*（环曲房虫）、*Hanzawania nippinica*（日本半泽虫）、*Elphidum advenum*（异地希望虫）、*Elphidium hispidulum*（茸毛希望虫）、*Cellanthus sp.*（花氏虫未定种）、*Triloculina*（三块虫）、*Bigenerania taiwanensis*（台湾两代虫）、*Cavarotalia annectens*（同现孔轮虫）、*Ammonia compressiuscula*（压扁卷转虫）、*Fissurina*（缝口虫）、*Lagena*（瓶虫）等 20 余种。常见介形虫有 *Neomonoceralina*（新单角介）、*Neocytheronorpha*（新形介）、*Loxoconcha*（弯背介）、*Sinocytherdea lationvata*（中华丽花介）、*Munseyella japonica*（日本穆赛介）、*Wichmannella bradyi*（布氏威契曼介）、*Stigmatocythere*（刺戳花介）、*Aurila cymba*（船状耳形介）、*Bicornucuythere bisanensis*（美山双角花介）、*Xestoleberis variegata*（杂色光面介）、*Neocytheretta*（新微花介）等。此外沉积物中还可见苔藓虫（Crisia）八射珊瑚骨针、海胆刺等海相生物。

表 4-10 南流江水下三角洲各沉积环境中有孔虫组合变化

沉积环境	数量（枚/50g）	种属（种）	最大壳径（mm）	有孔虫组合
河口岔道	1~70	1~6	0.20	*Ammonia beccarii* vars–*Schackoinella globasa*
潮间带	2~200	2~10	0.35	*Ammonia beccarii* vars–*Schackoinella globasa*– *Brizalinaa abbreviata*
前缘斜坡	3~300	3~13	0.45	*Ammonia beccarii* vars–*Schackoinella globasa*–*Elphidum advenum*
前三角洲	9 000~20 000	>30	1.10	*Elphidum advenum*–*Ammonia compressiuscula*–*A. beccarii* vars
古滨海平原	3 000~8 000	>20	1.20	*Quinqueloculina*–*Ammonia beccarii* vars–*Textularia*

4.4 地层划分及晚更新世以来的环境演变

4.4.1 地层时代的确定

地层时代的确定对于掌握广西近岸地区的地层时代问题有着重要意义。在本项目调查中获取的多个地质样品进行了年代测定工作，结果详见表 4-11。

表 4-11 钻孔岩心样品测年结果

钻孔号	取样深度（m）	测年物质	^{14}C 年龄（a B.P.）	光释光年龄（ka B.P.）
ZK1	3.0~3.2	底栖有孔虫	5 700±74	
	4.6~4.8	底栖有孔虫	6 450±80	
	5.8~5.9	底栖有孔虫	6 800±110	
	7.4~7.6	泥	21 346±200	
ZK4	6.0~6.2	碳酸盐	6 012±30	
	10.2~10.4	木炭	7 985±33	
ZK5	1.5~1.7	沉积物	7 950±35	
	5.5~5.7	木炭	9 834±38	
ZK8	0.5~0.7	沉积物	4 700±110	
	1.6~1.8	砂		10.6±1.2
	7.8~8.0	砂		50±6
	12.9~13.1	砂		55±7
	15.1~15.3	砂		59±7
	17.3~17.5	粉砂		74±10
	19.3~19.5	粉砂		127±15
	20.8~21.0	砂		127±19
	35.1~35.3	泥、粉砂		150±24

钻孔号	取样深度 （m）	测年物质	^{14}C 年龄 （a B. P.）	光释光年龄 （ka B. P.）
ZK9	2.2~2.3	沉积物	8 590±220	
	5.2~5.3	沉积物	10 110±210	
	10.1~10.3	沉积物	11 598±510	
	20.1~20.3	砂		62±6
	20.7~20.9	粉砂、砂		66±7
	25.0~25.1	粉砂、砂		103±10
	45.2~45.3	粉砂、砂		120±12
	54.1~54.3	砾砂		150±15
	79.7~79.8	粉砂、砂		171±17

由于在近岸浅海扰动大，获取精确度较高的测年数据实属不易（陈铁梅，1995）。广西近岸海域沉积物年龄测定往往遇到两个难题：一个难题是，浅表层沉积物最理想的测年材料如较完整的贝壳、蚝等极难获得，而底栖有孔虫的含量通常也不高，较难满足其测年所需，即便如此，由于水深较浅，频繁的风暴潮如台风对海底影响很大，沉积物极易被掀起而经历多次再沉积，以致测年结果有时偏老或上下倒置等情况出现；另一个难题是，在相对较深层的沉积物中，大部分以砾石、粗砂为主，极少含生物化石，且钻探取样过程中往往需要灌浆护壁，引起样品污染，加上砂层采芯率低和扰动大等特点，获取的砂土亦不能很好地满足光释光测年的要求。

4.4.2　研究区地层的划分与沉积相分析

地层划分主要根据本章 4.4 节所述钻孔地层的岩性、古生物、古气候以及测年等资料，适当参考地震反射特征，划分方案参考张继淹（1998）的广西第四纪地层划分与对比方案。

4.4.2.1　全新统的划分（Q4）

全新统的底界，采用氧同位素 1/2 期界线，年龄约为 11.6 ka B. P. ，同时它又是气候明显转暖的界线，反映为海区大规模海侵开始的界线。

迄今为止，广西近岸海域的全新世地层还未建立起标准剖面以及进行地层分组。根据调查获取的钻孔所揭示的全新世地层的沉积相序，广西近岸浅海全新统可以划分为 3 层（图 4-84）。

1）浅海相——层 Ⅰ

沉积物颜色为深灰色或青灰色，在局部砂质底区域，其顶部为浅灰黄色。

岩性和层厚因地而异。在防城港南部（ZK1）、大风江口南部（ZK4）和北海市西部（ZK5）为黏土质粉砂、粉砂质砂和砂—粉砂—黏土等相对较细物质，厚度在 4~6 m 之间；在钦州湾湾口（ZK3）以及北海银滩以东（ZK6、ZK7 和 ZK8）为砾砂和砂等较粗物质，厚度不超过 2 m，最薄层仅几十厘米。

沉积物中含贝壳碎屑，相比其他层段，该层有孔虫和硅藻相对丰富，海绿石和黄铁矿等自生矿物含量较高，Sr/Ba 值较高，为典型的近岸浅海相沉积。

底部年代约为 6.5 ka B. P. 。

2）滨海相——层Ⅱ

该层仅在北海市以西海域发育，厚度 2~4 m 不等。

沉积物颜色多为灰色、灰褐色。

岩性为粉砂质砂、砂质粉砂、砾石质砂、黏土质粉砂和粉砂质黏土等。

沉积物中含贝壳碎屑，与层 A 相比，该层有孔虫和硅藻丰度有所减少，海绿石含量减少，Sr/Ba 值下降，为滨海相沉积。在 ZK4 孔的该层中，黄铁矿和有机质含量很高，为较为典型的潮间带相沉积。

底部年代约 8 ka B. P.。

3）陆相——层Ⅲ

广西全新世海侵发生的时间较我国东部其他沿海地区较晚，因此部分地区在其全新统的下部发育有一套全新世陆相层。下面以 ZK4 和 ZK7 为代表予以论述。

ZK4 中，该层厚约 5 m，岩性由底部的浅灰色砾石质砂向上过渡为黏土质砂、黏土质粉砂，未发现有孔虫，但偶见有硅藻 *Cyclotella striata* 及 *Coscinodiscus nodulifer*。矿物中不含海绿石，为充填河床相沉积层。

ZK7 中，该层厚约 4 m，该层岩性为土黄色砂质粉砂、黏土质砂和砂，无硅藻和有孔虫化石，底部为侵蚀面，为冲—洪积沉积。

4.4.2.2 上更新统划分（江平组 Q3j）

上更新统的底界，采用氧同位素 5/6 期之间的分界，年龄约为 128 ka B. P.。

江平组对应于广西陆域的望高组，在防城至东兴一带较为发育，形成海岸沙堤或海积二级阶地，岩性为浅色细砂、粉砂和黏土层，形成时代为 34~46 ka B. P.。该组地层的研究程度很低，其底部最老时代未定，因此在缺少实测年龄数据的条件下，该套地层与下覆的北海组无法划清界限，本次调查仅在钻孔 ZK1 和 ZK8 中将其划分出来。

在 ZK1 中，层 D 大致相当于上更新统江平组地层，由灰略带黄色的砂、粉砂质砂和中粗砂层组成。该层段硅藻 *Cyclotella striata* 和 *Melorsia surlata* 的含量较高，但未见有孔虫，含少量的黄铁矿和有机质，Sr/Ba 值低，稳定重矿物钛铁矿、辉石、角闪石和锆石表现为富集，属潮上带或海滩沉积。另外，在底部检出了少量的火山玻璃物质。

在 ZK8 中，层 D 大致相当于上更新统江平组，层厚约 18 m，岩性复杂，上部为土黄色、灰白色或杂色的粉砂质砂、粗砂层，下部为浅灰色粉砂质砂和粉砂层。无生物化石，Sr/Ba 比值远低于正常浅海环境下的比值，为陆相沉积。

4.4.2.3 中更新统划分（北海组 Q2b）

中更新统底界采用氧同位素 20/21 期之间的分界，年龄约为 730 ka B. P.。

由于中更新统与下更新统在第四纪内对应的地质时代跨度很大，大多数的前人研究将广西近岸和雷琼地区的中—下更新统仅划分出北海组和湛江组，而北海组和湛江组的岩性皆复杂多变，不易区别，同时期不同地区（广西、雷州半岛和海南）的地层都统称为"北海组"和"湛江组"，有关北海组和湛江组的地质时代尤其是形成环境是海相还是陆相的争议很大（薛万俊，1983；李建生，1988；庞衔军，1988）。在无实测年代数据的前提下，北海组和湛江组的界面依据其周边地层推测予以划分（图 4-84）。

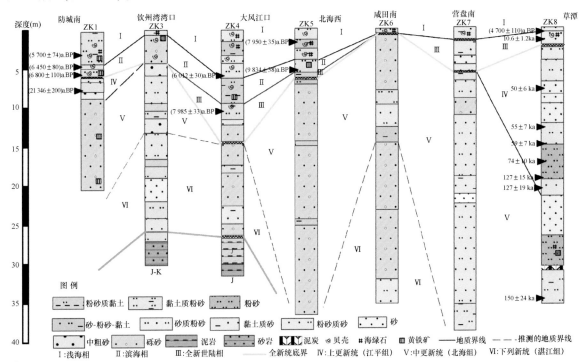

图 4-84　广西近岸海域钻孔综合对比

北海组（层 E）厚度在广西近岸不同地区差异很大，在钦州湾湾口区（ZK9），其厚度可能超过百米，底部约 80 m 处的年龄为（171±17）ka B.P.；在大风江口西南（ZK3、ZK4），其厚度在10 m 以内。综合钻孔的岩性、生物化石、矿物和地球化学等特征，认为广西近岸北海组地层中未见明显的海相层，应为陆相沉积。

在中更新世时期，钦州湾口区河流叠置长期发育（夏真等，2006），使得河床相的北海组异常发育（薛万俊，1983）。在雷州半岛草潭西侧，形成湖沼相沉积，在 31 m 处形成厚约 0.6 m 的煤状泥炭层。

4.4.2.4　下更新统划分（湛江组 Q1z）

下更新统底界即为第四纪底界，海域没有沉积物样品测年数据，根据资料定为 2 500 ka B.P.。根据该层岩性、生物化石、矿物和地球化学等特征判断，湛江组为冲积—洪积相沉积，其下覆基底为白垩—侏罗系泥岩、砂岩。

4.4.3　晚更新世以来的沉积环境演变

广西近岸地区位处北部湾的湾顶，其沉积环境演化与北部湾的演化史密不可分，了解北部湾的过去有助于我们更好地理解本区的沉积环境演变。

4.4.3.1　北部湾沉积环境演变

北部湾和邻区诸如海南岛北部的福山凹陷是在早新生代以来发育的（范宝峰，1990）。同期形成的还有琼东南、珠江口、台西南等多个陆缘盆地。

中新世晚期，南海北部海侵首次由珠江口盆地的西北经雷州半岛的南部到达北部湾，来自珠江流域和红河流域的沉积锥体在北部湾的北部相连在一起。雷州半岛和海南岛北部在中新世时开始隆起，并延续到晚更新世，晚第三纪时海南岛和雷州半岛连在一起，因此暂时隔绝了珠江的沉积物注入北部湾。

苍树溪等研究认为（1992），浮游有孔虫的大量出现证明北部湾在第三纪末期已成为较开放的海湾。随着第四纪的到来，海面下降，新构造运动的影响，北部湾在早更新世、中更新世处于一个封闭式的内陆盆地，海水影响不到该区。从全球性海面变化模式来看，最后间冰期在 80～12 ka B.P. 是海面很高的时期，气候也相当暖和，海水可能会影响北部湾。

5 万年，琼州海峡地堑的形成将雷州半岛和海南岛分开，水流恢复东西向流动（范宝峰，1990）。

约 1.8 万年前，在末次冰期最盛期，海平面位于现今海平面的 100 多米之下，北部湾遭受剥蚀或接受陆相沉积（李凡等，1990；黄玉昆等，1995），琼州海峡也不存在，北部湾与华南陆架相连成为陆地平原。在末次冰期的末期阶段，海平面虽然开始缓慢上升，但这种海陆格局在数千年时间里并没有发生较大的变化（姚衍桃等，2009）。随着末次冰期的结束，海平面开始快速上升，岸线也开始迅速后退，约 11 600 年前海水漫到了北部湾，使北部湾成为一狭长的海湾。

进入全新世后，北部湾已基本成为南海一部分，但雷州半岛和海南岛仍为相连半岛。随着海平面继续快速上升，至 8 500 年前后琼州海峡由西向东完全贯通。

海岸线后退到现今岸线位置的时间大约是 7 500 年前，之后一直到 6 000 年前整个研究区的岸线变化趋势仍以后退为主。

中全新世后，由于海平面变化比较缓慢，海岸线的变迁受地壳垂直运动和沉积作用的影响变得明显。构造抬升区在约 5 500 年前开始转为海退，而局部构造沉降区和构造相对稳定区的海岸线则仍在后退或随海平面的波动变化而波动迁移，但总趋势是以海退占主导作用。因此，大部分海岸带残留着中全新世高海平面的遗迹（赵建新等，2001；余克服等，2002；黄德银等，2005；黎广钊等，1999）。

4.4.3.2 广西近岸地区晚更新世以来的沉积环境演变

根据岩性地层、生物地层、年代地层和地震地层等多方面资料的分析，本区第四纪以来的沉积环境演变过程大致分为以下几个时期。

1）早更新世（73～250 Ma B.P.）

本区为陆地，发育了以浅黄、浅灰色和灰白色砾砂层、砂层、粉砂层和黏土层为特征的湛江组，其岩性复杂多变，以洪积—冲积相沉积为主，沉积物中含少量植物化石和孢粉，未发现有孔虫、硅藻化石。

由于钻探深度所限，该套地层的具体厚度不详。但在钦州湾湾口至大风江口一带，其厚度较薄，大致不超过 15 m，下覆基底为白垩—侏罗系泥岩、砂岩。

2）中更新世（12.8～73 Ma B.P.）

本区为陆地，北海组非常发育，岩性复杂。大部分地区为河流相的灰黄、灰色的黏土质粉砂及灰白、浅灰色的含砾中粗砂层主，在这些地层中没有发现有孔虫、硅藻化石。

在该时期，本区水系发育，河网纵横（见第 3 章），由于地势平坦，河流的下切深度有限，而侧向的摆动易引起河流的改道与截切，形成牛轭湖、沼泽以及废弃河道。

在雷州半岛草潭西侧，就发育有典型的湖泊、沼泽相泥炭层，层厚0.6 m，形成时代为距今13万~15万年。在泥炭层之上为浅灰、青灰色粉砂层，粉砂层中没有发现有孔虫、硅藻化石，Sr/Ba比值亦无明显偏高，但检测出有海绿石和黄铁矿，可能这些矿物形成于第三纪末期，风化再搬运所致，并不能成为确凿的海相指示物。

3）晚更新世时期（1.16~12.8 Ma B.P.）

末次冰期亚间冰期以前，本区为陆地，大部分地区遭受风化，局部发育河流相沉积，沉积物为黄、白和灰白色砂质砾石、砾石质砂和砂，沉积物中未发现海相微体化石。

进入亚间冰期（32~22 ka B.P.），仅在防城港南部（ZK1）一带，沉积物中断断续续出现稀少的有孔虫、硅质和钙质生物碎屑，同时还含有一定数量的咸淡水硅藻 *Cyclotella striata*、*Cyclotella stylorum* 和 *Melorsia surlata*，表明期间可能已经受海水的影响。另外，据华南海岸带（广西东兴地区近岸海域）矿产资源综合调查（甘华阳等，2012），来自于该海域的多个钻孔资料表明，该地区普遍存在两个不同时期的海相地层。因此，亚间冰期较高海平面时期，海水可到达防城、东兴一带，形成海岸沙堤或海积二级阶地（张继淹，1998）。防城港以东地区则仍为陆地。

晚冰期（12~22 ka B.P.），整个北部湾遭受剥蚀或接受陆相沉积。

4）全新世（1.16 Ma B.P. 至今）

全新世早期，即8~11.6 ka B.P. 间，本区仍为陆地，遭受剥蚀或形成河流相、淡水沼泽相沉积。随着海平面继续快速上升，琼州海峡贯通，本区出现河口湾环境，沉积了由滨海过渡相和浅海相组成的海相层序。根据研究结果，8 000年以来当地的海平面波动过程：8~6.5 ka B.P. 海平面迅速上升阶段，由−20 m水深迅速上升至当今海平面位；随后，6~3.5 ka B.P. 继续上升达到比现今海平面高2~5 m；随后开始下降，至2.300 ka B.P. 时期可能下降至略低于现今海平面位置，然后则在轻微波动中升至现今位置。

4.4.4 主要河口湾的沉积环境演变

河口三角洲是在历史时期内海平面升降和气候变化过程中河海相互作用的产物，深入研究三角洲地层的沉积特征和演化历史不但对于三角洲资源开发和利用具有重要意义，而且可以了解三角洲在历史时期以内的形成和发育机制，从而为预测当今人类活动和全球变化下的三角洲演化趋势提供科学基础。正因如此，三角洲沉积地层学一直是海洋地质学家关注的重要领域。研究三角洲地层学主要依据三角洲地区的大量地质钻孔资料和地震浅剖资料，对其加以系统的整理和分析，并结合历史时期内的海平面变化、气候变化和当地的海洋动力过程来阐明三角洲地层形成发育的历史和特点。依据南流江三角洲平原20多个和水下三角洲4个地质钻孔的资料进行分析（图4-85），以求揭示全新世以来南流江三角洲的发育历史和沉积地层特征。

4.4.4.1 陆上三角洲沉积特征

根据前述南流江三角洲平原20多个地质钻孔（图4-85）所揭示的冰后期沉积层分析，结果显示垂向沉积层具有下列特征：冰后期沉积层与三角洲发育有关，冰后期沉积的下伏层为湛江组或北海组陆相层；冰后期沉积层为灰色、黄灰色松散的沙砾、砂泥质沉积物，而下伏北海组或湛江组则为半固结的棕红色或灰白色砂质黏土层，二者界限清楚；冰后期沉积层厚度自古河谷中心向两侧河

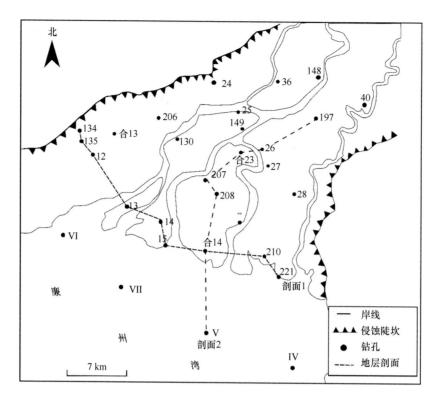

图 4-85　南流江三角洲钻孔分布位置

漫滩及上游自 16 m 逐渐变薄至 5 m（图 4-86）。

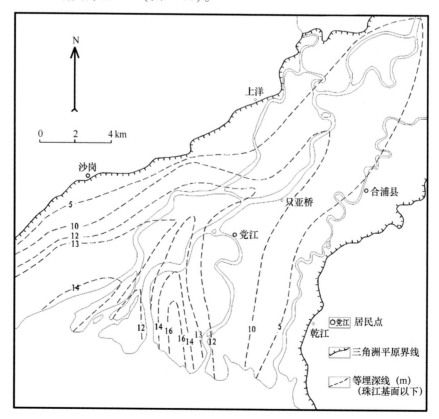

图 4-86　南流江冰后期沉积基底等埋深（据《广西海岸带地貌与第四纪地质报告》改编）

通过对南流江三角洲平原20多个钻孔岩心揭示的岩性、沉积结构、生物化石及沉积相等综合分析，根据记录，冰后期三角洲沉积层大部分地区保持原始三角洲沉积层序，但由于三角洲的前展，河流随之延伸，部分地区的三角洲沉积层序在不同程度上受到冰后期河流水流的冲刷改造，导致陆上三角洲的冰后期沉积层序在空间上有所变化，大致可以分为冰后期原始三角洲沉积层序（即完整的海侵—海退层序）、冰后期部分河流改造型三角洲沉积层序（即部分海退层被河流侵蚀的层序）、冰后期河流强烈改造型三角洲沉积层序（即全部海退层被河流侵蚀的层序）3类（图4-87）。

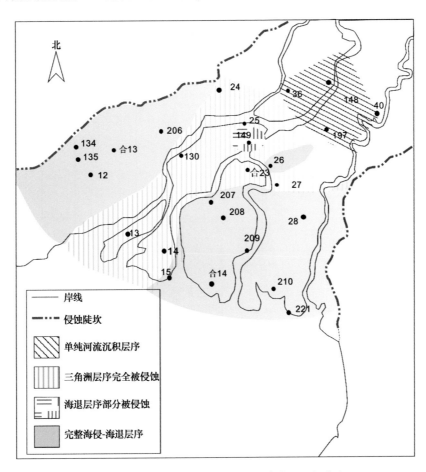

图4-87　南流江陆上三角洲沉积层序类型空间分布

1）冰后期原始三角洲沉积层序

冰后期原始三角洲沉积层序是冰后期南流江三角洲平原沉积层序的第一种类型，以合14孔为代表。该孔位于合浦党江镇大头坪。该孔全新世沉积沉积层总厚度为18 m，根据岩性、沉积结构、生物化石及沉积相演化，该孔揭示的沉积层自下而上（从老到新），分6层（图4-88）。

第6层：岩性为棕红色砂砾石，砾石为圆状，砾径2~5 cm不等。胶结物为黏土、夹半固结状白色砂质黏土薄层，未发现生物化石。根据岩性特征与邻区地层对比，属于早更新世湛江组，反映冲洪积相沉积环境。

第5层：岩性为灰黄、浅黄灰色沙砾，砾石大小多为4~5 cm，呈不规则状，次棱角至次圆状，磨圆度中等，砂和细砾磨圆度较差。沉积物大小悬殊，夹有细砂淤泥。上部含少量滚圆状和书页状铁代皂石，在顶部发现少量有孔虫，如 *Ammonia beccarii* vars（毕克卷转虫变种）、*Crironoinon sub-*

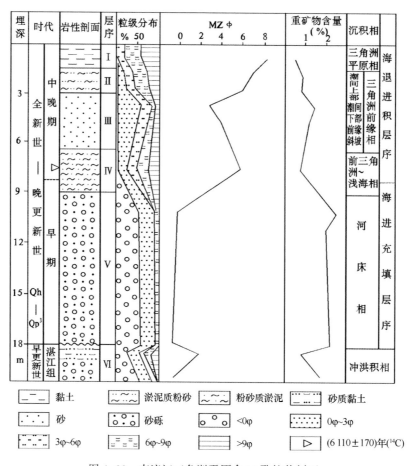

图 4-88　南流江三角洲平原合 14 孔柱状剖面

incerlum（亚易变筛九字虫）等，并见有少量硅藻，如 Diplonlis（双壁藻）、Cycloletta（小环藻）等。反映河流下游河床相沉积，为全新世早期。

第 4 层：岩性为深灰色粉砂质淤泥，含球状黄铁矿及滚圆状、书页状铁代皂石，并含丰富的软体动物贝壳。有孔虫化石有 Ammonia beccarii vars（毕克卷转虫变种）、Elphidium advenum（希望虫）、Crironoinon subincerlum（亚易变筛九字虫）、Quinqueloculina（五块虫）等；介形虫有 Neomonoceratina（新单角介）、Alocopocythere profusa（过渡勾眼介）、清晰始海星介等；底栖贝类化石有 Turrifella ferebra（笋锥螺）、Arcagranosa（泥蚶）等。反映前三角洲—河口湾沉积环境。^{14}C 年龄测定值为距今（6 110±170）aB. P.，属全新世中期。

第 3 层：岩性为灰色砂，以细砂为主，含少量泥质。下部夹黄灰色泥团 3 cm×5 cm，含铁代皂石和褐铁矿化铁代皂石，皂石多呈滚圆状。碎屑重矿物含量 1.38%～2.48%。微体化石有 Ammonia beccarii vars（毕克卷转虫变种）、Diplonlis（双壁藻）、Coscinodiscus（圆筛藻）、Cycloletta（小环藻）、Cymbella（桥穹藻）、Navicula（花舟藻）等。反映近岸带和潮间带下部沉积环境。

第 2 层：岩性为灰色淤泥质粉砂和灰色砂—淤泥—粉砂，含极少粗砂。微体化石有 Triceratium（三角藻）、Diplonlis（双壁藻）、Cymbella（桥穹藻）、Cycloletta（小环藻）、Actinontychus（裯环藻）、Diplonlis ellipsoidalis（椭圆双壁藻）、Nitzschia granosus（颗粒菱形藻）椭圆双壁藻、Coscinodiscus（圆筛藻）等。反映潮间带上部沉积环境。

第 1 层：岩性为黄灰色粉砂质黏土，较致密，含黄褐色氧化铁结核和大量植物根茎。微体化石

有 *Hanzawaia*（半泽虫）、*Triceratium*（三角藻）、*Actinoptychus*（辐裥藻）、*Cyclotella stylorum*（条纹小环藻）、*Coscinodiscus*（圆筛藻）、*Diploneis smithii*（施氏双壁藻）、*Charites*（轮藻）等。反映潮间带上部沼泽沉积环境。

总而言之，合 14 孔地层中的沉积层序具备完整的海侵旋回和海退旋回，海侵旋回由充填河床相、前三角洲相依次叠置而成，海退层序则由三角洲前缘相和三角洲平原相依次叠置而成。该孔中三角洲层序的总厚度为 9 m，前三角洲淤泥的放射性 ^{14}C 年龄测定值为（6 110±170）a B.P.（埋深 7.50~7.60 m 处），由此可算出陆上三角洲平原的平均沉积速率为 1.25 mm/a。

2）冰后期部分改造型三角洲沉积层序

冰后期部分改造型三角洲沉积层序是冰后期南流江三角洲平原沉积层序的第二种类型，以三角洲平原 149 孔为代表（图 4-89）。该孔全新世沉积层序厚约 12 m，也拥有完整的海侵层序，自下而上依次为海进充填河床沉积和前三角洲沉积，海退层序中则缺失三角洲平原沉积相，而是在前三角洲相之上直接叠置河床相沉积，这显然是后期河床摆动切割侵蚀原有三角洲平原相沉积层的结果。

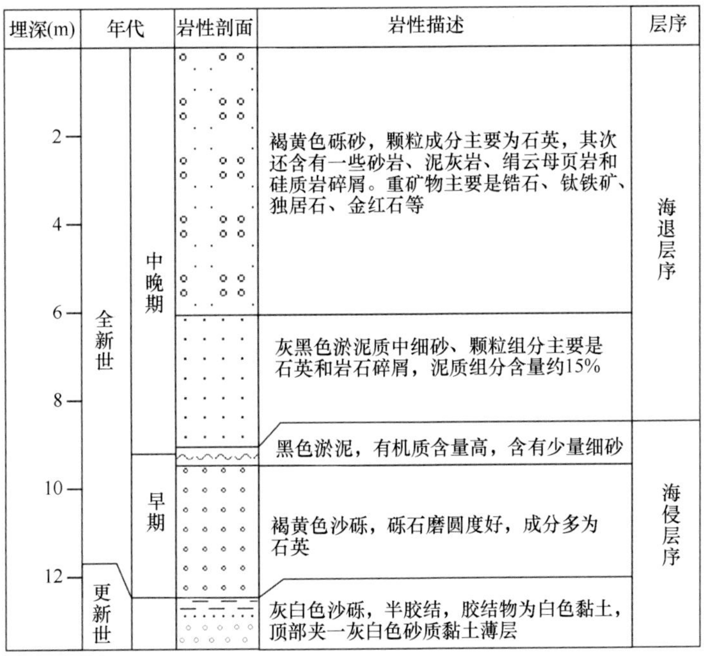

埋深(m)	年代		岩性剖面	岩性描述	层序
2— 4— 6—	全新世	中晚期		褐黄色砾砂，颗粒成分主要为石英，其次还含有一些砂岩、泥灰岩、绢云母页岩和硅质岩碎屑。重矿物主要是锆石、钛铁矿、独居石、金红石等	海退层序
8— 10—		早期		灰黑色淤泥质中细砂，颗粒组分主要是石英和岩石碎屑，泥质组分含量约15%	
				黑色淤泥，有机质含量高，含有少量细砂	海侵层序
12—	更新世			褐黄色沙砾，砾石磨圆度好，成分多为石英	
				灰白色沙砾，半胶结，胶结物为白色黏土，顶部夹一灰白色砂质黏土薄层	

图 4-89 南流江三角洲平原合 149 孔柱状剖面

3）河流强烈改造型三角洲沉积层序

河流强烈改造型三角洲沉积层序是冰后期南流江三角洲平原沉积层序的第三种类型。以三角洲平原 13 孔为代表（图 4-90）。该孔全新世沉积层为下粗上细的正旋回，由上、下二段构成。下部为灰白色沙砾和黄褐色粗砂，沉积物分选及磨圆度较差，呈松散状。上部为灰黑色及黄褐色黏土，含植物碎屑和铁质结核。时代属全新世晚期。这里原生三角洲全新世沉积层序已被改造为河流层序，故称之为强烈改造型。与部分改造型的区别在于，河流切穿整个三角洲层序，前三角洲淤泥层已不存在。

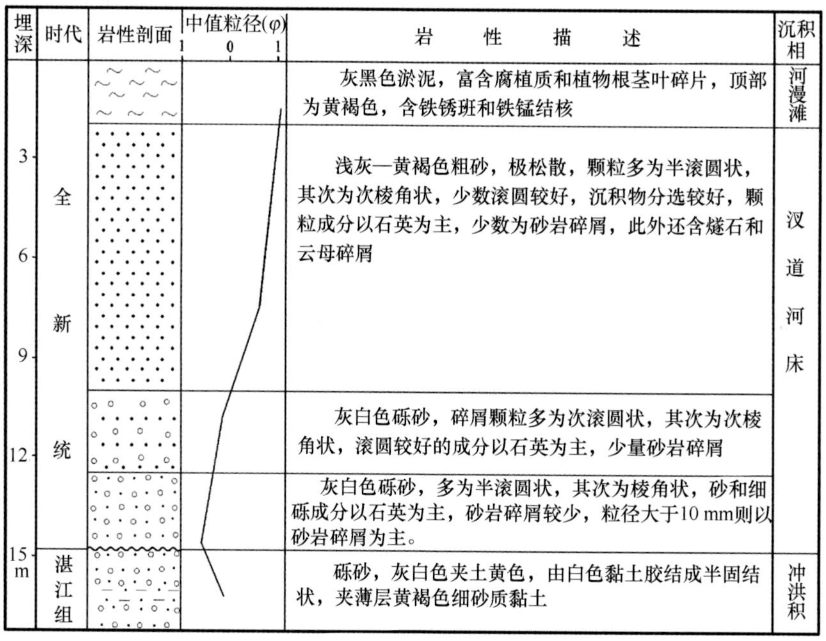

图 4-90　南流江三角洲平原 13 孔柱状剖面

4.4.4.2　水下三角洲沉积特征

1）水下三角洲沉积层序

水下三角洲是形成陆上三角洲平原的基础。南流江水下三角洲，自河口向西南发育延伸至廉州湾口外，其面积为陆上三角洲平原面积的 2 倍，约 300 km²。为了研究水下三角洲的沉积层序、形成和演变，在水下三角洲潮间带下部，自东至西布设了 4 个钻孔。钻孔均穿透了冰后期沉积层，进入湛江组。冰后期沉积层为灰黄色、青灰色疏松的砂泥质，下伏为湛江组或北海组半固结的棕红、灰黄、灰白色沙砾、黏土层，二者接触界线清楚。现以Ⅶ号孔所揭示的垂直沉积层作为代表性论述。该孔全新世沉积沉积层总厚度为 18 m，根据岩性、古生物化石组合、沉积构造和 ^{14}C 测年数据，该孔从下而上（从老到新）划分为 4 层（图 4-91）。

第 4 层：上部岩性为灰黄色粉砂质黏土，以黏土为主，顶部为 20 cm 厚的灰黑色泥炭土，底部主要呈铁红色；粗砂占 60%，黏土占 20%，砾石占 15%，中细砂占 5%。砾石为次圆—次棱角状，半固结状，砾径 2~4 mm。胶结物为黏土。未见海相生物化石，层厚大于 2 m，反映冲洪积相，属早更世湛江组。

第 3 层：岩性为黄色粉砂质粗砂，以粗砂为主，粗砂占 50%~60%，黏土占 10%，细砾 20%，卵石占 10%；卵石为次圆—圆状，颗粒分布不均匀，分选差。底部被铁质染成红色，未发现海相生物化石。层厚 9.5 m。反映河流河床冲积相，属全新世早期。

第 2 层：岩性为青灰色细砂质淤泥，含较多贝壳碎屑和部分完整软体动物化石，如 *Turritella*（棒锥螺）。沉积物颗粒中细砂占 32.6%，粉砂占 28.2%，黏土占 23.9%，中砂占 7.2%，粗砂占 4.9%，砾石占 3.2%。层厚 3.1 m。富含有孔虫化石，如 *Elphidium advenum*（异地希望虫）、*Cararotalia annectens*（同现孔轮虫）、*Eiphidium asiaticum*（亚洲希望虫）、*Ammonia beccarii* vars（毕克卷转虫变种）、*Ammonia compressiuscula*（压扁卷转虫）、*Hanzawaia niponica*（日本半泽虫）、*Reussurina*

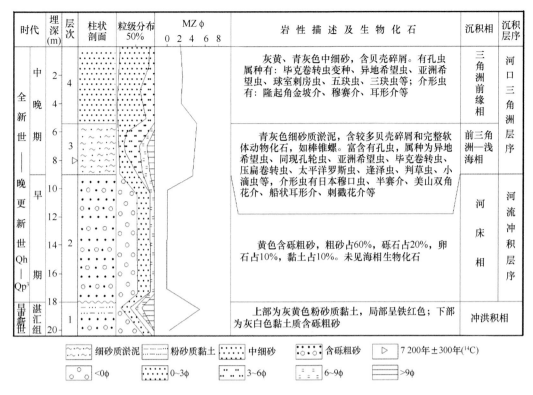

时代			埋深(m)	层次	柱状剖面	粒级分布50%	MZφ 0 2 4 6 8	岩 性 描 述 及 生 物 化 石	沉积相	沉积层序
全新世 Qh — 晚更新世 Qp³	中晚期		2 4	4				灰黄、青灰色中细砂，含贝壳碎屑。有孔虫属种有：毕克卷转虫变种、异地希望虫、亚洲希望虫、球室刺房虫、五玦虫、三玦虫等；介形虫有：隆起角金坡介、穆赛介、耳形介等	三角洲前缘相	河口三角洲层序
	晚期		6 8	3			▷	青灰色细砂质淤泥，含较多贝壳碎屑和完整软体动物化石，如棒锥螺。富含有孔虫，属种为异地希望虫、同现孔轮虫、亚洲希望虫、毕克卷转虫、压扁卷转虫、太平洋罗斯虫、逢泽虫、判草虫、小滴虫等，介形虫有日本穆口虫、半赛介、美山双角花介、船状耳形介、刺戳花介等	前三角洲—浅海相	
	早期		10 12 14 16 18	2				黄色含砾粗砂，粗砂占60%，砾石占20%，卵石占10%，黏土占10%。未见海相生物化石	河床相	河流冲积层序
晚更新世 湛江组			20	1				上部为灰黄色粉砂质黏土，局部呈铁红色；下部为灰白色黏土质含砾粗砂	冲洪积相	

细砂质淤泥　　粉砂质黏土　　中细砂　　含砾粗砂　　▷ 7 200年±300年(¹⁴C)

〇 <0φ　　0~3φ　　3~6φ　　6~9φ　　>9φ

图 4-91　南流江水下三角洲Ⅶ钻孔综合柱状剖面（黎广钊，1994）

pocifica（太平注罗斯虫）、*Fissurina*（缝口虫）、*Triloculina*（三玦虫）、*Brizalina*（判草虫）、*Guttulina*（小滴虫）等。介形虫有 *Munseyella japonica*（日本穆赛介）、*Biclumucythere bisanensis*（美山双角花介）、*Aurula cypma*（船状耳形介）、*Stigmatocythere spinosa*（刺戳花介）等。代表前三角洲—浅海相沉积环境。该层底部砂质淤泥层 7.54~8.54 m 处的¹⁴C 年龄测定值为（7 200±300）a B.P.，属中全新世。

第 1 层：岩性为灰黄、青灰色中细砂，分选好，以细砂为主。颗粒中细砂占 51.4%，中砂占 28.5%，粉砂占 10.6%，粗砂占 7.8%，砾石含量很少，仅占 1.7%。含有生物碎屑，海相微体化石中，有孔虫有 *Ammonia beccarii* vars.（毕克卷转虫变种）、*Elphidium advenum*（异地希望虫）、*Eiphidium asiaticum*（亚洲希望虫）、*Schackoinella gobosa*（球室刺房虫）、*Reussurina pocifica*（太平洋罗斯虫）、*Spiroloculina*（抱环虫）、*Quinqueloculina*（五玦虫）等，介形虫有 *Cornucoquimba gibba*（隆起角金坡介）、*Munseyella japonica*（穆赛介）、*Aurila cymba*（耳形介）等，偶见苔藓虫（*Crisia*）。本层微体化石个数较少，且个体较小，属种单调。反映三角洲前缘潮间带沉积环境。

2）水下三角洲沉积层厚度及沉积速率

从图 4-92 中可以看出，水下三角洲 4 个钻孔所揭示的冰后期沉积层清楚地显示出沉积层的厚度变化为：东部南东江和中部南中江及南西江口外沉积层较厚，为 8.5~11.0 m，西部南干江口外最薄，厚度仅 3.0 m。虽然水下三角洲各个钻孔所揭示的冰后期沉积层厚度差异较大，但其冰后期沉积层序基本相同。这反映出沉积层厚度受到南流江水下三角洲原始地形起伏的控制，呈现自东向西变薄的趋势。

根据水下三角洲 4 个钻孔所揭示的冰后期沉积层埋深的厚度与其所在层位的¹⁴C 测年数据及沉

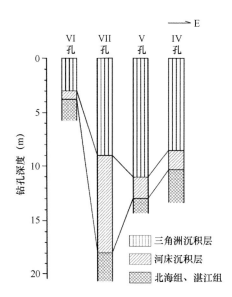

图 4-92 南流江水下三角洲钻孔对比（钻孔位置见图 4-91）

积速率推算结果如表 4-12 所示。由表 4-12 可知，南流江水下三角洲 7 000 年以来沉积速率在 0.48~1.14 mm/a 之间，其中东部区域的沉积速率为 0.48~0.56 mm/a，西部区域的沉积速率为 1.06~1.14 mm/a。这反映现代水下三角洲东部地区沉积速率较慢，西部地区沉积速率较快的特点，同时说明现代南流江主河道南干江是从西部伸展入海的事实。再从南流江水下三角洲近 3 000 年以来沉积速率来看，东部区域（Ⅳ孔）仅为 0.56 mm/a，而西部区域（Ⅵ孔）近 3 000 年以来的沉积速率明显高于东部，可以达到 1.06 mm/a，这同样表明南流江水下三角洲高速沉积区域在全新世晚期有逐步西移的趋势。

表 4-12 南流江水下三角洲钻孔¹⁴C 测年值及沉积速率

孔号	埋深（m）	¹⁴C 测年值（aB.P.）	沉积速率（mm/a）
Ⅳ	1.25~2.0	2 900±90	0.56
Ⅴ	3.0~3.9	7 200±140	0.48
Ⅵ	2.3~3.0	2 500±90	1.06
Ⅶ	7.54~8.54	7 200±300	1.14

4.4.4.3 三角洲形成和演变的历史

综合分析南流江陆上和水下三角洲的地层层序特征，结合地层年代学和当地海平面升降和地貌形态格局等因素，可以将冰后期南流江三角洲的演变归纳为两个阶段（图 4-93）。

1）全新世早期海平面快速上升阶段

全新世早期海平面迅速上升，10 ka B.P. 左右，华南海平面在现今海面以下约 30 m，此时广西沿海涠洲岛以北地区仍处于风化剥蚀环境，但由于海平面上升，河床侵蚀基准面也不断抬升，南流江下游河床开始填充，同时由于气候变暖，降雨量增加导致的径流量大增，南流江主河道开始频繁摆动，导致南流江古盆地更新世基底之上都沉积了一套约 10 m 厚的下粗上细的河床充填沉积层序。大约 8 ka B.P. 之后，海水开始影响当今的廉州湾区域，直至 6 kaB.P. 前后，此阶段海平面上升速

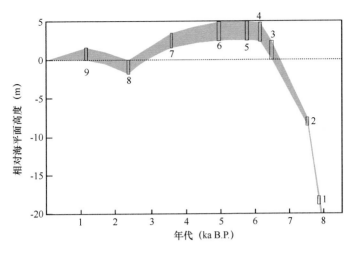

图 4-93 广西沿海中晚全新世海平面波动曲线

度极快（超过 10 mm/a），海平面上升速度远超沉积速率，海水淹没古南流江盆地形成河口湾，南流江输送的大部分沉积物主要充填河床或沉积在古河口湾湾顶，只有细颗粒沉积物输送到古河口湾深水区沉积，在河流充填层序之上又加积了深灰色海相淤泥薄层。

2）全新世中晚期海平面稳定至波动下降阶段

自 6 ka B.P. 以来，海平面基本稳定并开始下降，南流江所携带的泥沙在河口湾内沉积下来，随着南流江的泥沙不断供给，三角洲向前进积，在垂向上依次叠置三角洲前缘相和三角洲平原相，这样，在垂向上全新世沉积层就由下部海进河床充填沙砾层和上部海退进积三角洲层构成，这种包含完整海进和海退旋回的层序是前述的第一种沉积层序类型（以陆上三角洲的合 14 孔为代表）。在三角洲进积前展过程中，汉道河床也随之向外延伸，河流侵蚀改造已形成的三角洲层序，甚至切穿整个三角洲层序，直接将原有的河床充填层改造为单一的下粗上细的河流层序，这是前述的第二种和第三种沉积层序类型。直至如今深入陆地的南流江古河口湾被完全充填，廉州湾中部和北部大片区域变为潮间带，形成宽阔的南流江三角洲前缘浅滩，在廉州湾口西南部形成潮下带前三角洲地貌。

4.4.4.4 三角洲平原沉积层的特点及成因分析

1）三角洲沉积层的特点

根据本章第 1.1、1.2、1.3 节所述分析，南流江三角洲系由南流江在全新世海平面波动过程中充填古河口湾而成，其基本的沉积层序为海进河床充填层序上叠加海退进积三角洲层序。向北越过三角洲北界呆亚桥一带，就转变为单一的下粗上细的河流层序（图 4-94）。在此层序中，下部的海进沙砾层和上部的海退砂层之间为富含海相生物化石的海相泥质沉积层。向上游泥质沉积层逐渐变薄并最终尖灭，致使上、下粗粒层直接叠覆。值得注意的是，在南流江陆上三角洲平原大片区域（约占陆上三角洲平原总面积的 30%）的地层中，原有的海退三角洲进积层序都被部分或全部改造为河流层序，这是南流江三角洲平原地层的一个显著特点。

2）三角洲平原沉积侵蚀与主河道变迁

南流江三角洲平原沉积层形成后，在河床两侧区域受到南流江河流侵蚀改造，部分或全部变成

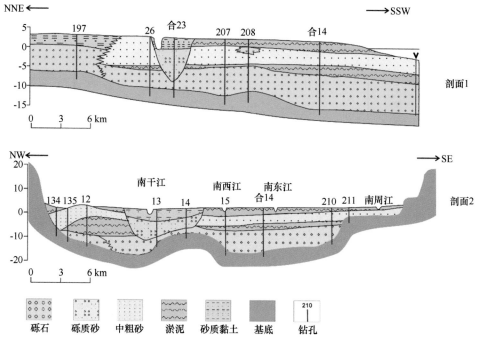

图4-94　南流江陆上三角洲平原地层剖面

河流层序，造成这一现象有如下两个主要原因。

（1）径流流量大，含沙量小

南流江中、上游流域的植被覆盖率很高，水土保持相对较好，这导致南流江水体中含沙量偏低，水流有足够的能量侵蚀河床，兼以当地为亚热带季风性气候，降水多集中于雨季，在气候湿润、降雨量很高的期间，则容易形成洪水侵蚀河床。这种突发性的洪水事件在广西沿海地层中也有所记录，如广西防城湾地层中就发现有洪水事件沉积层，其中埋藏有完整的青蟹化石和树枝、竹片，显然在洪水事件中被径流侵蚀底床产生的异重流快速掩埋的产物。

（2）南流江主流河道的变迁

在南流江三角洲平原地层中，大片区域地层中海退三角洲进积层序被河流层序所改造的另一个原因是南流江入海主河道的频繁迁移。南流江主流河道的迁移可以追溯到新石器时代的晚期。据考证，1975年、1978年在合浦环城乡龙门江、钟屋岭先后出土石锛、石铲、砺石戈等新石器时代的晚期石器，其年代为距今4 ka B. P. 左右。出土石器龙门江和钟屋岭均位于南流江冲积平原的东侧北海组台地，因此可以说明史称"百越"族之一的西瓯瓯越人曾居住在古南流江东岸，从事捕鱼和狩猎活动。同时，合浦县城廉州镇至今仍保存有河流淤积而形成的潟湖（牛轭湖）和河流遗迹。在三角洲平原上乾江南面发现有古河口沙坝遗存，如八字山—马鞍山沙坝。据地方志记载，宋代在廉州镇曾设有沿海巡检司，当时廉州镇为出海的原始港口，河道畅通；这些证据都说明南流江主河道曾由偏东的南周江入海。自明代（约600 a B. P.）开始，南流江主河道逐渐淤塞西迁，南周江就是古南流江主河道淤塞演变而成，现已被改造成为洪水期的分洪河道。

古南流江主河道在河口三角洲平原东部廉州—乾江一带淤积废弃后，向西迁移至总江—党江一带，形成南西江和南东江注入廉州湾。由于河流携带泥沙，使河床不断淤积抬升，主河道废弃继续向西迁移，导致现今主河道迁至上洋江—西江一带而形成现代南流江主流南干江河道，经七星岛入海，从而形成现代南流江河道流势。

控制南流江盆地形成的北流—合浦断裂带一直处于活动之中（钟新基等，1989），且断层东侧相对西侧上升，造成南流江陆上三角洲地面向西倾斜，这种地表高程差异可能也是会促使南流江主河道不断迁移的重要原因之一。

4.4.5 沙坝—潟湖沉积环境演变

4.4.5.1 研究位置

北部湾近岸海岸曲折，波浪作用较强，极有利于沿岸沙堤发育。自晚第四纪以来形成于不同阶段的沙堤与砂质海岸占全区岸线的20%左右。江平地区位于东兴市东南沿岸，背靠低丘陵侵蚀剥蚀台地，西南紧连北仑河口、东接珍珠湾，北有小型河流九曲江、竹排江注入，沙堤和砂质海岸发育，沙堤成群出现，自西向东南形成有白沙仔—榕树头、巫头大型沙堤分布（图4-95）。这些沙堤后缘即向陆侧与潟湖（海积）平原相连，外缘即向海侧则与现代沙滩或防浪海堤相接。江平地区沙体沉积层序以尾沙体研究最详，根据野外调查、剖面观测和钻孔岩心的综合分析，尾沙堤明显地存在新、老两期沙堤。老沙堤形成于8~3 ka B. P. 之间，新沙堤形成2.8~1 ka B. P. 之间。现以沥尾沙堤 CK16 孔和 CK19 孔为代表新、老沙堤沉积层性层序特征分述如下。

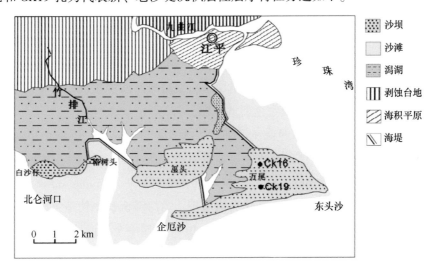

图4-95　北部湾近岸江平地区沙坝—潟湖沉积体系分布特征与钻孔位置

4.4.5.2 沙坝—潟湖沉积层层序特征

老沙坝位于沥尾沙堤北部，其沉积层序以 CK16 孔为代表。该孔钻进深度12.5 m，已钻穿冰后期沉积层，到达低海面时期的基岩侵蚀面，自上而下分为6层（图4-96），各层的沉积特征如下。

第1层：0.0~2.0 m。浅黄色中细砂，含少量粗砂和小砾石。沉积物平均粒径为2.42φ，分选性很好。沉积物中的碎屑重矿物含量在2.9%~4.5%之间，主要矿物为钛铁矿、锆石。本层结构松散，未见微体生物化石，仅含少量植物碎屑，反映滨海沙丘相沉积。

第2层：2.0~6.0 m。浅灰、灰绿色细砂，含少量贝壳碎屑。沉积物平均粒径为2.34φ，分选性很好。碎屑重矿物含量较高，一般在3.19%~6.5%之间，最高可达8.9%，以钛铁矿为主，锆石、电气石次之。沉积物中有孔虫化石壳体受到强烈磨损，该层有孔虫组合为 *Elphidum advenum*（异地

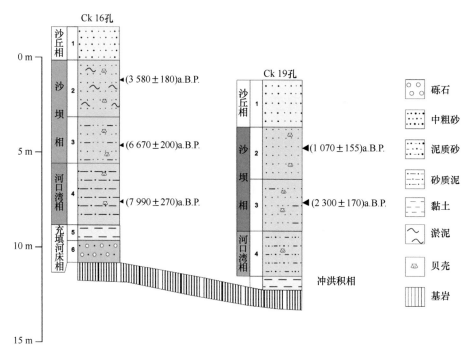

图 4-96　江平沥尾沙堤 CK16、CK19 钻孔沉积层序柱状图

希望虫）—*Ammonia beccarii* vars.（毕克卷转虫变种）—*Brizalinaa abbreviata*（短小判草虫）组合。本层沉积结构层理清楚，具水平层理、楔状交错层理，反映海滩沙坝相沉积环境。埋深 3.0~3.3 m 处¹⁴C 测年为（3 580±180）a B.P.，属中全新世晚期。

第 3 层：6.0~7.5m。灰绿、浅灰色黏土质细砂，含少量贝壳碎屑。沉积物平均粒径为 4.50φ，分选差，标准偏差为 3.26φ。重矿物含量比上层显著减少，为 1.5%~3.8%，主要矿物与上层基本相同。有孔虫组合为 *Ammonia beccarii* vars.（毕克卷转虫变种）—*Elphidum advenum*（异地希望虫）组合。此层的层理构造明显，具斜层理、楔状交错层理，为海滩沉积物构造特征，反映沙堤相沉积环境。埋深 6.5~6.8 m 处¹⁴C 测年为（6 670±200）a B.P.，属中全新世早期。

第 4 层：7.5~10.6 m。灰绿色、青灰色粉砂质黏土，含少量贝壳碎片。沉积物平均粒径为 6.90φ，分选性差。沉积层中碎屑重矿物含量极少，仅为 0.2%~1.0% 之间。沉积构造发育波状层理、透镜状层理、水平层理等。有孔虫含量丰富，每 50 g 干样含孔虫 150 枚左右，有孔虫组合为 *Elphidum advenum*（异地希望虫）—*Ammonia compressiuscula*（压扁卷转虫）—*Schackoinella globasa*（球室刺房虫）组合。介形虫组合为 *Neomonoceratina crispate*（皱新单角介）—*Museyella japonica*（日本穆赛介）—*Aurila cymba*（船状耳形介）组合。本层反映河口海湾沉积环境。埋深 8.2~8.5 m 处¹⁴C测年为（7 990±270）a B.P.，属中全新世早期。

第 5 层：10.6~11.4 m。灰黄、灰白、紫红色等杂色黏土。具黏性、软塑—可塑状，下部含灰黑色条带状腐殖质，最大直径达 1.0 cm，含少量 *Ammonia beccarii* vars.（毕克卷转虫）小个体，代表河口河漫滩沉积环境。

第 6 层：11.4~11.9 m。灰白、灰黄、黄褐、紫红色粗沙砾石层，砾径多为 2~4 mm，最大达 4 cm，次棱角状居多，分选性极差，粒径小于 2 mm 的粒级约占 50%。该层与下伏风化粗砂岩层呈不整合接触，属于河床沉积。

4.4.6 问题与讨论

4.4.6.1 关于广西沿岸地区第四纪植被演替和植被带移动的探讨

国内外大量孢粉研究资料表明，第四纪期间具有明显的植被分带现象，冰川的进退及气候冷暖的变化，都促使植被带的纬向和垂向迁移。在我国北方，第四纪期间植物群显现出南进北退的趋势（王开发等，1990）。而我国南方的热带、亚热带在第四纪期间是否也存在这种现象呢？由于研究资料有限，这里仅对位于南亚热带的韩江三角洲、珠江三角洲和位于热带的雷州半岛、广西沿岸地区的第四纪孢粉所恢复的古植被进行对比和分析。

比较韩江三角洲和珠江三角洲两地的植被演替（表4-13），可以看出：当冰期气候变冷时，北方植被带南移，韩江三角洲和珠江三角洲地区被北亚热带南缘常绿、落叶阔叶混交林或中亚热带北缘常绿阔叶林（当今的长江流域植被）所覆盖，气候比当今低4~6℃。而在间冰期，随着气候转暖，该植被带北退消失，被中亚热带南部常绿阔叶林代替，植被带的南迁北移特征较明显。

雷州半岛、广西沿岸地区位于热带，在第四纪期间虽然受冰期和间冰期气候的影响，但温度波动不太明显，而是反映了较明显的干湿变化（黎广钊等，1996）。因此，植被带演替移动不如珠江三角洲和韩江三角洲地区明显，始终是热带植被类型之间的变化，未见有中亚热带常绿阔叶混交林的入侵。

由于气候带的不同，冰期和间冰期的温度变化幅度是有差别的，在我国呈现由南往北增大的规律（王开发等，1990），即低纬度的热带，其降温或增温的幅度较小，随着纬度的增加，其变化幅度亦增大。雷州半岛和广西近岸地区最盛冰期温度比现在低2℃左右；长江三角洲地区，晚更新世盛冰期年均温度比现在低7~8℃；我国北方的温度变化幅度则更大，盛冰期的气温比现在低10~13℃（王开发等，1982）。

表4-13 南海北部陆缘热带、南亚热带第四纪古植被带对比简表

地质时代	气候期	韩江三角洲[*1]	珠江三角洲[*2]	雷州半岛[*1]	广西沿岸
早更新世				热带半常绿季雨林—稀树草原	热带常绿季雨林
				热带常绿季雨林	
				热带半常绿季雨林—稀树草原	热带稀树草原
				热带常绿季雨林	
中更新世				热带针阔叶混交林—稀树草原	热带常绿季雨林或热带稀树草原
				热带常绿季雨林	
				热带针叶、阔叶混交林—稀树草原	

续表 4-13

地质时代	气候期	韩江三角洲[*1]	珠江三角洲[*2]	雷州半岛[*1]	广西沿岸
晚更新世	早冰期	南亚热带季风常绿阔叶林或北热带常绿季雨林	北亚热带南缘常绿、落叶混交林或中亚热带北缘常绿阔叶林	热带常绿季雨林	热带常绿季雨林
		北亚热带南缘常绿、落叶阔叶混交林或中亚热带北缘常绿阔叶林			
	亚间冰期	中亚热带南部常绿阔叶林	中亚热带南缘常绿阔叶林		
	晚冰期	北亚热带南缘常绿、落叶混交林或中亚热带北缘常绿阔叶林	北亚热带南缘常绿、落叶阔叶混交林或中亚热带北缘常绿阔叶林	热带针叶、阔叶混交林—稀树草原	热带稀树草原
		中亚热带南部常绿阔叶林			
		北亚热带南缘常绿、阔叶林或中亚热带北缘常绿阔叶林			
早全新世	前北方期—北方期	中亚热带南部常绿阔叶林草原	中亚热带南缘常绿阔叶林		
中全新世	大西洋期	北亚热带南缘常绿阔叶混交林或中亚热带北缘常绿阔叶林	北热带半常绿季雨林	热带常绿阔叶林或含针叶树的热带常绿季雨林—热带草原	热带稀树草原或南亚热带常绿阔叶林
	亚北方期	中亚热带南缘常绿阔叶林			
晚全新世	亚大西洋期	南亚热带季风常绿阔叶林—稀树草原	南亚热带常绿针、阔叶混交林		

注：*1—资料来自王开发等（1990）；*2—资料来自夏真等（2012）。

4.4.6.2　研究区全新世以来的气候变化特征

全新世以来的气候变化与人类社会发展密切相关，近年来一直是许多学科研究的热点，也是海洋地质学研究的重点内容之一，作为陆源沉积和海洋自生沉积的巨大储库，海洋沉积物是研究古气候变化的重要材料。沉积物中有孔虫属种组合特征、有孔虫壳体中碳、氧同位素含量特征都可以被用作海水古温度的反演指标。颗石藻（*Emiliania huxleyi*）合成长链烯酮化合物的不饱和指数与表层海水温度有很好的线性相关关系，可以进行较高精度的海水古温度反演。沉积物中保存的植物孢粉来自陆地，其组合特征可以反映沉积时的源区植被属种特征，长期以来一直被用作反演源区古代气候的重要指标。如罗运利等（2005）对南海北部 ODP1144 钻孔的孢粉组合特征进行了研究，探讨了末次冰期以来南海北部的气候和植被变化情况，分辨率可以达到百年尺度。张玉兰等（2011）根据南海低纬地区 SA09-090 孔高分辨率的孢粉记录，从下至上划分了 4 个孢粉组合带，重建了15 ka B. P. 以来的植被和气候变化历史。

1）钻孔位置和全新世沉积物厚度

北海市外沙潟湖位于廉州湾南岸，被一条狭长沙坝（外沙）与外海隔离开来，CK10孔位于潟湖内口门附近（图4-97）。该孔总钻进深度12.5 m，穿透全新世地层进入晚更新世陆相沙砾层。全新世地层总厚度7.5 m，沉积物为粉砂质黏土或细砂质黏土，与下伏更新世沉积界线十分清晰（表4-1）。根据该孔地层的岩性、硅藻组合和有孔虫组合特征，可以判定：全新世以来，该孔首先发育了两个河漫滩相—河口沼泽相沉积旋回，其上又叠置两个河口湾相—封闭潟湖相沉积旋回（表4-14），反映了全新世以来海平面在波动中上升的特点。其沉积环境的水动力强度一直较弱，是陆地孢粉沉积保存的理想地点。

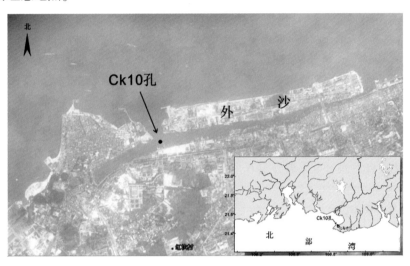

图 4-97　北海外沙潟湖 CK10 孔位置

表 4-14　北海外沙 CK10 孔硅藻、有孔虫组合特征与沉积相

层序	深度（m）	岩性特征	硅藻组合	有孔虫组合	沉积相	¹⁴C 测年（a B.P.）
1	0~1.0	灰色砂质黏土，含有小砾，见少量贝壳碎屑	*Cyclotella stytorum*	*Ammonia beccarii* var. *Miliammina fuasca*	半封闭潟湖相	2 130±120
2	1.0~1.8	蓝灰—灰绿色细砂质黏土，含贝壳碎屑	*Melosira sulata Cyclotella striata Nitzschia cocconeiformis*	*Ammonia beccarii* var. *Elphidium advenum assem*	河口湾相	
3	1.8~2.5	蓝灰、灰绿色粉砂质黏土，含贝壳碎屑	*Cyclotella stytorum Cyclotella striata*	*Ammonia beccarii* var. *Halophragmoides canariensis*	半封闭潟湖相	5 998±114
4	2.5~3.3	蓝灰色粉细砂质黏土，含少量中粗砂，并含贝壳碎屑	*Nitzschia cocconeiformis Cyclotella striata*	*Ammonia beccarii* var. *Elphidium advenum assem Schackoinella globosa*	河口湾相	
5	3.3~4.3	灰绿、蓝灰色细砂质黏土	*Athnanthes crenulata Cymbella affinis Cyclotella striata*	*Ammonia beccarii* var. *Jadarmmina macrescens*	河口沼泽相	

续表 4-14

层序	深度（m）	岩性特征	硅藻组合	有孔虫组合	沉积相	¹⁴C 测年（a B.P.）
6	4.3~5.5	深灰、蓝灰色粉砂质黏土	*Athnanthes crenulata* *Cymbella affinis* *Diploneis smithii*	无	河漫滩相	
7	5.5~6.5	蓝灰色粉细砂质黏土，含较多植物碎屑	*Athnanthes crenulata* *Cymbella affinis* *Nitzschia cocconeiformis*	无	河口沼泽相	7 912±136
8	6.5~7.5	深灰、蓝灰色粉砂质、黏土	*Athnanthes crenulata* *Cymbella affinis* *Cymbella lanceolata*	无	河漫滩相	9 343±157

2）CK10 孔孢粉组合特征

在 CK10 孔全新世沉积层中以间隔 25 cm 取样，分析其孢粉组合特征。该孔 9 000 年以来的沉积物总厚度为 7.5 m，因此，该孔孢粉组合特征变化的时间分辨率约为 300 年。孢粉鉴定结果表明：全新世以来该孔地层自下而上可以划分出 6 个孢粉带（图 4-98）。

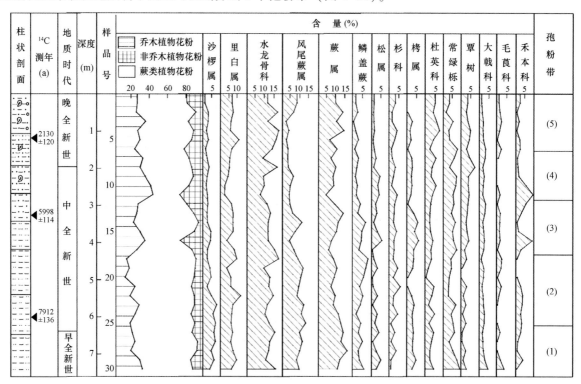

图 4-98　CK10 孔孢粉组合及分带特征（椐黎广钊，1996）

孢粉带 1：深度 7.5~7.0 m，时间距今 9 000 年左右，属全新世早期。孢粉组合为水龙骨科（Polypodiaceae）—凤尾蕨科（Pterldium）—蕨属（*Pterldium*）—常绿栎（*Quercus cevengreen*）—杜英科（Elaeocarpaceae）—金缕梅科（Hamamelidaceae）。此带蕨类孢子占优势，占孢粉总量的 53%~57%；其次为常绿乔木植物花粉，占孢粉总量的 29%~32%；非乔木花粉含量较少，占孢粉总量的 1%~17%。蕨类孢子中喜湿热的水龙骨科、凤尾蕨、沙罗（*Cyathea*）、里白（*Hiciopters*）等含量较高，喜晾干的金毛狗（*Cibotiurn*）、鳞盖蕨（*Microlepia*）等也有一定含量。乔木花粉以典型的南亚热带种属居多，如喜热的杜英科、常绿栎等含量较多，其次为栲属（*Castanopsis*）、覃树（*Altingia*）等，喜凉的金缕梅科、铁杉（*Tsuga*）、栗（*Castanm*）等含量较少，个别层位消失。非乔木植物花粉以大戟科（Euphorbiaceae）、百合科（Liliaceae）为主，还有少量毛茛科（Ranunculaceae）、禾本科（Gramineae）、芸香科（Rutaceae）等。该带孢粉组合特征反映当时周边植被为混有落叶成分的常绿阔叶林，指示亚热带湿热气候或热带偏凉干气候。

孢粉带 2：深度 7.0~6.3 m。孢粉组合为蕨属（*Pterldium*）—凤尾蕨（*Pteridacede*）—水龙骨科（Polypodiaceae）—金毛狗（*Cibotiurn*）—杜英科（Elaeocarpaceae）—常绿栎（*Quercus cevengreen*）。此带蕨类孢子占绝对优势，可占孢粉总量的 69%~78%，为该孔各孢粉带中最高。乔木植物花粉和非乔木植物花粉分别占孢粉总量的 20%~21%和 7%~10%。蕨类孢子中含有较高的水龙骨科、凤尾蕨、蕨属、沙罗、里白等含金毛狗、瓶尔小草（*Ophioglossum*）等；乔木植物花粉中以杜英科、常绿栎等含量较多，栲（*Castanopsis*）、松（*Pinus*）也有一定含量。非乔木植物花粉以大戟科（Euphorbiaceae）、鼠李科（Rhamnacvae）为主，并含有淡水环纹藻（Ranunculaceae）、禾本科（Gramineae）、芸香科（Rutaceae）等。该带喜凉干的金缕梅科比上带减少，铁杉、栗缺失，反映这个时代为亚热带或热带常绿阔叶林类型，树下蕨类茂盛，气候热湿。其地质年代可与广西沿海西部江平地区的 CK26 孔相同层位对比，其 14C 测年为（8 520±280）a B.P.，属早全新世晚期。

孢粉带 3：深度 6.3 ~ 4.2 m。孢粉组合为水龙骨科（Polypodiaceae）—凤尾蕨（*Pteridacede*）—蕨属（*Pterldium*）—常绿栎（*Quercus cevengreen*）—杉科（Taxodiaceae）。此带蕨类孢子占为主，占孢粉总量的 60%~77%；乔木植物花粉次之，占孢粉总量的 12%~26%；非乔木植物孢粉含量最低，含量为 8%~15%。蕨类孢子中的水龙骨科、凤尾蕨、蕨属、里白等含量较高，也见少量抄椤、金毛狗、瓶尔小草；乔木植物花粉中以常绿栎等含量较高，栲、杉科、杜英科、金缕梅科及落叶栎（*Quercus*）等也有一定数量。非乔木植物花粉以禾本科、大戟科、百合科为主，该带孢粉组合特征反映当时植被以南亚热带常绿林为主，混杂少量中亚热带、北亚热带落叶阔叶林植被，林中蕨类茂盛，反映热湿气候，本带的 14C 测年为（7912±136）a B.P.，属中全新世早期。

孢粉带 4：深度 2.7~4.3 m，孢粉组合为（水龙骨科（Polypodiaceae）—蕨属（*Pterldium*）—凤尾蕨（*Pteridacede*）—常绿栎（*Quercus cevengreen*）—栲（*Castanopsis*）。本带蕨类花粉含量为 38%~76%，乔木植物花粉含量为 19%~32%，非乔木植物花粉含量为 4%~29%。本带乔木植物花粉以喜热的常绿栎、栲、杜英科、杉科、金缕梅科等热带、南亚热带成分为主，中北亚热带成分比孢粉带 3 要少，蕨类、非乔木植物花粉多为喜热湿种属。本带孢粉组合特征反映当时植被为热带、亚热带常绿阔叶林，气候炎热潮湿，本带 14C 测年为（5 998±114）a B.P.，属中全新世中期。

孢粉带 5：深度 1.5~2.7 m，孢粉组合为水龙骨科（Polypodiaceae）—蕨属（*Pterldium*）—凤尾蕨（*Pteridacede*）—杜英科（Elaeocarpaceae）—覃属（*Altingia*）—常绿栎（*Quercus cevengreen*）。本带乔木植物花粉含量较上述各孢粉带明显增加，达到 30%~41%，蕨类孢子含量减少至 30%~55%。非乔木植物花粉含量为 11%~28%，乔木植物花粉以杜英科、覃树、常绿栎等含量较高，也见少量杉科、松、无患子科（Sapindaceae）、桑科（Moraceae）、栲等次之，金桃娘科、柏科、铁杉。蕨类孢子以水龙骨科—蕨属—凤尾蕨—里白为主，莎罗、瓶尔小草、鳞盖蕨、金毛狗也有一定含量。非乔木植物花粉中含量较高的有芸香科（Rutacea）、大戟科、红树科（Rhizophoracea）、百合科、毛茛科、禾本科。本带孢粉组合特征反映当时植被以南亚热带季风雨林为主，混有一定数量的中北亚热带落叶阔叶林，气候比之前各带偏凉，临近的合浦东横岭剖面相应地层可与本层相对比，其 ^{14}C 测年为（3 515±150）a B. P.，属中全新世晚期。

孢粉带 6：深度 0～1. 5 m，孢粉组合为水龙骨科（Polypodiaceae）—蕨属（Pterldium）—里白（Hicriopteris）—杜英科（Elaeocarpaceae）—覃属（Altingia）。与孢粉带 5 相比，本带蕨类孢粉含量回升（44%～68%），而乔木植物花粉含量（21%～36%）有所下降，非乔木植物花粉含量最低，为 5%～21%。蕨类孢子以水龙骨科、蕨属、里白为主，莎罗、瓶尔小草、海金砂（Lyfodium）、金毛狗也有一定含量。乔木植物花粉以杜英科、覃树、常绿栎等含量较高，也见杉科、松、铁杉、无患子科（Sapindaceae）、落叶松（Larix）、冬青（Ilex）等，非乔木植物花粉以大戟科、红树科、毛莨科为主。本带孢粉组合特征反映植被以南亚热带、热带种属居多，喜热湿的蕨类植物和草本植物花粉含量较高，喜凉植物的花粉含量低且种属少，反映植被为典型的南亚热带常绿阔叶林，属晚全新世。

根据北海外沙 CK10 孔的孢粉组合和地层年代学特征，可以将本地区全新世以来的气候变化过程划分为如下 5 个阶段。

第一阶段：10～8 ka B. P.，孢粉以喜热湿的水龙骨科、杜英科、栲属等为主，也含有一定比例的金缕梅科、栎属、松属等喜凉种属，应反映热湿偏凉的气候特征，反映冰后期气候在波动中逐渐变暖的趋势。

第二阶段：8～7. 5 ka B. P.，孢粉中喜热湿成分的数量较前一阶段增加，应反映热湿气候。

第三阶段：7. 5～4. 0 ka B. P.，蕨类孢子中喜热湿的亚热带、热带种属占绝对优势，乔木花粉和非乔木花粉中同样以喜热种属居多，喜凉干种属含量很少，个别层位甚至为零，反映本绝对温度较前阶段又有所升高，应为炎热潮湿气候。

第四阶段：4. 0～2. 5 ka B. P.，孢粉组合特征表明当时植被以南亚热带季风雨林为主，但也混杂有一定数量的中北亚热带落叶阔叶林，气候比前阶段偏凉，应属偏凉的热湿气候。

第五阶段：2. 5 ka B. P. 至今，该阶段孢粉组合以南亚热带、热带种属居多，喜、热湿的蕨类孢子和草本花粉含量较高，喜凉植物花粉则种属较少、含量较低，反映植被为典型的南亚热带常绿阔叶林，气候湿热。

4. 4. 6. 3　中全新世以来北部湾近岸地区海平面变化

1）南海周边地区全新世海平面变化研究现状

通过分析整理北部湾近岸地区古海平面标志物高程及年代数据，探讨当地全新世以来的海平面波动特征和规律，对我们更加深入理解广西沿海全新世以来的地质环境演化具有重要意义。

研究某一地区海平面变化的历史，运用既能指示古海岸线位置又能进行年代学测定的标志物是必不可少的手段。这种标志物可以是保存或形成在海平面位置附近的生物及其残留物，如珊瑚礁、红树林腐木、海相泥碳、贝壳和牡蛎壳；也可以是沉积体或者海岸侵蚀遗迹，比如贝壳堤、海滩岩、海岸沙丘、海蚀平台或者海蚀刻槽；甚至还可能是古代人类的遗迹，如古代海堤等。作为位于热带边缘海，南海周边海岸中保留了大量的上述标志物，为研究南海海平面变化历史提供了基础。关于南海地区全新世以来海平面的变化，前人已做了大量的工作，一般认为海平面在冰消期之后迅速上升，在 7 ka B. P. 前后即达到现今海平面位置，随后海平面继续上升达到最高位置并稳定一段时间，以后才开始波动下降至现在位置（图 4-99）。赵希涛等在南海岛沿岸珊瑚礁区进行研究时认为，南海 6 ka B. P. 来出现过多次高海面；陈俊仁等通过对鹿回头珊瑚礁的调查，认为海面在 6 ~ 5 ka B. P. 时的高程为 4 ~ 5 m；余克服等对雷州半岛灯角楼的珊瑚礁地貌进行调查后，指出稳定构造区域内出露的珊瑚礁真实地反映了 7.2 ~ 6.7 ka B. P. 时期的海平面比现在高 2 ~ 3 m；Berdin 等用海蚀刻槽重建了中全新世菲律宾中部的古海岸线，认为当时的海平面要比现代高 1.3 ~ 1.6 m；在马来西亚，Tjia 综合运用海滩岩、海蚀刻槽、贝壳等多种标志物，证实了当地 5 000 年前的海平面最高可高出现代 5 m；Geyh 等在新加坡和印度尼西亚找到了 4 ~ 5 ka B. P. 之间高出现在 2 ~ 5 m 的海平面标志红树林腐木和泥炭；而 Korotky 等在对越南东部岛屿上的珊瑚礁和贝壳进行研究后，也证实了中全新世曾有 2 ~ 3 m 的高海平面。

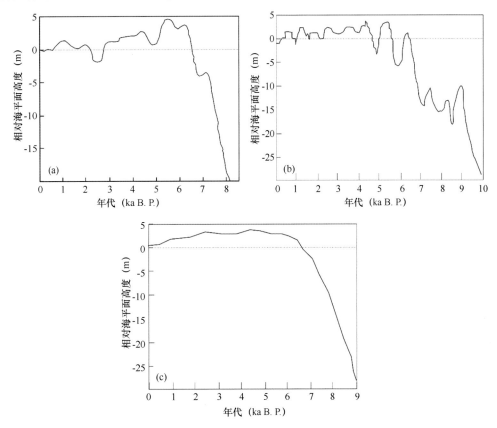

图 4-99 北部湾周边地区已建立的海平面变化曲线
(a) 海南鹿回头；(b) 华南沿海；(c) 越南沿海

2）中全新世以来北部湾近岸地区的海平面变化

(1) 古海平面的标志物选择与重建

北部湾地区地处热带与南亚热带的过渡带，发育基岩海岸、砂质海岸、淤泥质海岸（红树林海岸）等多种海岸类型，存在海蚀刻槽、海蚀平台、珊瑚礁、海滩岩、滨海泥炭层等多种古代海平面的标志物，这在理论上为我们重建全新世海侵以来北部湾近岸地区海平面的变化过程提供了基础。为此本章收集了北部湾近岸地区大量的全新世沉积物测年数据，并从中筛选出可以反映古海平面变化的标志物。在热带—亚热带地区淤泥质海岸地区，由于红树林植物群落在潮间带广泛发育，因而地层中的红树林腐木层或泥炭层是重要的古海平面标志物。但是由于北部湾近岸地区处于构造上升区，入海河流规模小，因而淤泥质海岸范围较小且沉积速率较低。同时，北部湾近岸地区有测年数据的地质钻孔数量本身就不多，我们在收集到的沉积物测年资料中并没有发现很多红树林腐木层或海相泥炭层的记录，而有关沿岸沙堤沉积物的测年数据却比较多。由于夏季盛行西南风浪，北部湾近岸海湾间地形突出的海岸多发育沙坝—潟湖沉积体系，这些与岸线平行的沙坝由波浪破碎后形成的沿岸流输沙堆积而成，将沙坝向陆测的水域与外海分割开来形成半封闭的潟湖（图4-100）。沙坝顶部水深通常介于0~2 m之间，因而这些沙坝本身也可以作为粗略的海平面指示物。已有的研究表明，北部湾近岸地区发育多期沙坝—潟湖沉积体系，分别形成于不同的年代，发育在不同高度的基底之上（黎广钊等，1999）。这一特点似乎对应了全新世以来的海平面波动过程。有鉴于此，将这种沙坝沉积也作为古海平面的标志物，为了重建当地海平面变化过程，一共筛选了9个标志物，其中1个为滨海沼泽沉积、一个为海相泥炭层，其余7个全部为沿岸沙堤沉积。这些标志物的最大测年不超过8 ka B. P.，据此重建的海平面曲线反映了中全新世以来的海平面波动过程。

图4-100　北部湾近岸海岸带典型沙堤—潟湖沉积体系剖面

3）古海平面重建结果

在重建古海平面时遵循以下原则：沿岸沙堤沉积环境标志物所指示的古海平面高度应为高于标志物高程2~5 m；海相泥炭层应指示潮间带中潮坪至高潮坪沉积环境，参考当地平均潮差为2~3 m，其所指示的古海平面高度应高于标志物高程0~1 m；受海水影响的沼泽沉积所指示的古海平面高度应高于此种标志物1~3 m。依据上述原则重建的北部湾近岸地区中全新世以来的海平面过程如图4-101所示：8~6.5 ka B. P. 之间是海平面迅速上升阶段，海平面迅速由20 m水深上升至当今海平面位置，随后继续上升达到最高海平面，最高海平面可能比当今海平面高2~5 m，高海平面状态可能由6 ka B. P. 一直持续到3 500 a B. P.，随后开始下降，至2 300 a B. P. 时可能下降至略低于现今海平面位置，然后则在轻微波动中升至现今位置。这一变化过程与北部湾周边地区以建立的海平面波动曲线基本一致。这证明了主要由沿岸沙堤作为标志物重建的本地海平面波动过程是可信的。

表4-15　北部湾近岸地区古海平面标志物信息

序号	样品地点	深度（m）	高程（m）	沉积环境	年代测试材料	测年方法	距今年龄值（a B. P.）	测试单位（资料来源）
1	防城港口外海域602孔	2.37	-19.97	滨海沼泽	贝壳淤泥	^{14}C	7 830±260	贵阳地化所
2	钦州湾外Q24孔	2.0	-5.8	潮间带	泥炭	^{14}C	7 500	
3	北海福成竹林沙堤	1.0	0.0	离岸沙坝相	贝壳	^{14}C	6 230±130	广州地理研究所
4	北海市福成竹林沙堤	0.45	+0.55	离岸沙坝相	贝壳	^{14}C	4 840±100	广州地理研究所
5	江平沥尾沙堤CK16	3.50	-0.50	离岸沙坝相	贝壳淤泥	^{14}C	3 580±180	广州地理所
6	合浦西场东横岭沙堤	2.3	+3.7	离岸沙坝相	炭质黏土	^{14}C	3 515±150	桂林岩熔研究所
7	江平沥尾沙堤CK19	8.50	-3.30	离岸沙坝相	砂质淤泥	^{14}C	1 070±160	广州地理所
8	江平沥尾沙堤CK19	10.80	-5.20	离岸沙坝相	砂质淤泥	^{14}C	2 300±170	广州地理所

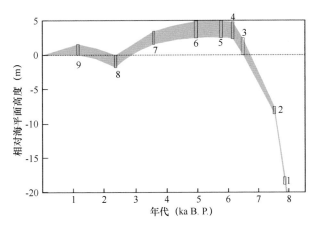

图 4-101　广西沿海地区海平面变化过程重建

(图中长条形长度为标志物指示的古海平面高度误差区间)

4.4.6.4　北部湾近岸海平面波动对海岸带地貌和地层形成的影响

中全新世以来的海平面波动过程也在北部湾近岸海岸带留下了不少地貌遗迹,如北部湾近岸海岸带地区广泛分布的古海蚀崖。古海蚀崖是指现今不受海水动力作用的"死"海蚀崖。北部湾近岸的古海蚀崖一般位于全新世海积平原的后缘,是更新世北海组、湛江组地层受侵蚀而成(图 4-102),这种古海蚀崖呈连续陡坎状延伸,崖上植物稀少而易于辨认。它们分布于南流江三角洲平原两侧、大风江口两岸、北海半岛南部沿岸,以及丹兜海两侧,也存在于西部地区沥尾海积平原的后缘,这些古海蚀崖应为全新世海侵最高海平面时期形成,标志着当时古海岸线的位置。

北部湾近岸地区的基岩海岸通常发育多级海蚀平台,如北海半岛东南角的阶地状海蚀平台,宽 50~100 m,长约 2.5 km,沿冠头岭海岸呈带状分布。由于岩层向岸倾斜,经波浪冲蚀形成锯齿状、鳞次栉比的小陡坎,构成海蚀阶地上的微地貌(图 4-103)。海蚀阶地可分两级,第一级大约相当于平均高潮线位置,第二级大约在特大高潮线附近,二者高程相差 1.5~3 m。铁山港湾顶部潮流汊道两侧也发育宽阔的海蚀阶地,二级以上海蚀阶地位于特大高潮线以上,遭受海水浸淹的频率很低,现在已经被薄层的淤泥质砂覆盖。和上述的古海蚀崖一样,这些高程已经超出当今潮汐波浪影响范围的阶地也应形成于中全新世高海平面时期。

海平面波动过程在地质钻孔中也有所反映,如北海外沙 CK10 孔的沉积环境在 6~2 ka B. P. 之间反复出现半封闭潟湖相与河口湾相交替的现象,反映了此期间存在较大振幅的海平面波动过程。江平沥尾的沙坝—潟湖体系呈现老沙堤在向陆侧发育而新沙堤在向海侧发育的格局,老沙堤发育年代为 6.5~3 ka B. P. ,新沙堤发育年代则为 2~1 ka B. P. ,这显然分别对应我们建立的广西沿海海平面波动曲线中 6~4 ka B. P. 阶段的高海平面时期和随后的相对低海平面时期。而发育于大风江西侧犀牛脚地区沿岸的多列沙堤的发育年代也不相同(图 4-104),其格局为老沙堤在向海侧(沙堤内侧潟湖沉积物沉积年代为 3~2 ka B. P.)而新沙堤在向陆侧(沙堤内侧潟湖沉积物沉积年代小于 2 ka B. P.)(表 4-16),这似乎分别对应了海平面波动曲线中 2.5 ka B. P. 左右的相对低海面时期以及随后的相对高海面时期。

图 4-102　北部湾近岸地区的古海侵崖以及古海侵阶地

（图片中古海蚀崖位于南流江西岸三角洲平原后缘，古海蚀阶地位于铁山湾顶端潮间带后缘）

图 4-103　北海冠头岭海岸阶地状海蚀平台和锯齿状、鳞次栉比的小陡坎

表 4-16　犀牛脚地区沙堤 ^{14}C 年代测定数据统计

序号	地点	样品	埋深（m）	标高（m）	时代	年龄（aB. P.）	测试单位
1	沙角沙堤内侧	砂质淤泥	0.370		Qh³	1 700±150	青岛海洋地质所
2	沙角沙堤内侧	砂质淤泥	1.30		Qh³	1 840±70	青岛海洋地质所
3	苏屋沙堤内侧	砂质淤泥	0.50		Qh³	2 250±190	青岛海洋地质所
4	苏屋沙堤内侧	砂质淤泥	1.30		Qh²	3 410±130	青岛海洋地质所

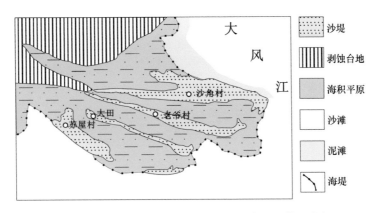

图 4-104　大风江口西侧犀牛脚地区潟湖沙坝体系分布

4.4.6.5　广西全新世高海平面的探讨

与我国东部沿海地区相比，广西沿岸地区全新世历史高海平面的研究程度总体较低，是否出现过全新世高海平面仍然存有争议（时小军等，2007）。在未考虑区域地壳差异性垂直运动作用的前提下，研究历史时期的海平面变化一般需要标志物。而作为海平面变化的标志物，必须具备两个条件：一是能确定古海平面所在的位置；二是能准确测定出海平面变化的年代。

通过对滨海沼泽沉积物、海相泥炭层以及沿岸沙堤沉积物等古海平面标志物的研究，重建了广西沿海地区 8 000 年以来的海平面波动曲线。8~6.5 ka B. P. 之间，海平面迅速上升，最高海平面可能比当今海平面高 2~5 m，高海平面状态可能由 6 ka B. P. 一直持续到 3.5 ka B. P. 。

全新世历史高海平面时期形成了北海市福成竹林沙堤、江平沥尾沙堤和合浦西场东横岭沙堤，形成时间分别为 6 230 a B. P. 、3 580 a B. P. 和 3 515 a B. P. 。地球化学元素 Sr/Ba 的比值主要反映水体的盐度变化及相应的气候条件，高值反映高盐度或炎热干旱气候，低值指示低盐度或温湿气候，以此用来衡量海相性的强弱。Sr/Ba 的比值越高，指示海相性越强，海水水深越大。有孔虫和硅藻的复合分异度（即生物种群密度）也能反映水深的变化。一般来说，在陆架、陆坡地区，生物种群密度随着水深变大而增加，因此复合分异度的峰值对应最大水深值，反映此时的海平面最高。表 4-17 列出了钻孔 ZK1、ZK4、ZK8 和 ZK9 中这些指标峰值以及所对应的年代，其中，年代由钻孔岩心实测定年结果内插推算而得。

表 4-17　钻孔记录的高海平面指标值及其出现时间

钻孔编号	指标峰值/出现位置（m）			时间（a B. P. ）
	Sr/Ba 比值	有孔虫复合分异度	硅藻复合分异度	
ZK1	0.49/1.95	—	—	3 586
	—	3.25/3.04	—	5 840
	—	—	4.35/1.99	6 286
ZK4	1.07/5.9	—	—	5 900
	—	1.94/4.1	—	4 200
	—	—	1.12/4.1	4 200

续表 4-17

钻孔编号	指标峰值/出现位置（m）			时间（a B. P.）
	Sr/Ba 比值	有孔虫复合分异度	硅藻复合分异度	
ZK8	2.53/1.05	无*	无*	7 113
ZK9	0.88/0.95	—	—	3 700
	—	1.60/1.05	无*	3 800

注：＊—因样品中有孔虫或硅藻的数量稀少而未计算。

从表 4-17 中可以看出，钻孔中记录的这些高海平面指标值指示了在全新世历史时期出现过峰值，这些峰值集中出现在 3 600～7 100 a B. P.，与前述在其他位置钻孔研究结果非常接近。

第5章　海底地质灾害及工程地质评价

海底地质灾害的调查与研究主要采用地质与地球物理方法，对获得的资料进行综合处理、解释和分析，掌握海底潜在地质灾害的类型及特征，在此基础上，通过分析海底土的物理力学性质，结合波浪、地形地貌及综合地质、地球物理资料，对区域内的海底工程地质特性进行分析并评价其工程地质条件。

5.1　综合物探资料解释

为了获得海底及其以下几百米深度内的完整剖面，同时使用目前浅层地球物理探测常用的 4 种方法：单波束测深、旁侧声呐扫描、浅层剖面和单道地震探测。通过研究这些手段获得地层剖面，可以研究海底表面层形态特征和海底以下 0~40 m、0~200 m 三个不同深度段的沉积和地质构造特征，以及潜在的海底地质灾害类型及其分布规律。

各种方法的频率范围、分辨率、穿透深度随使用目的不同而不同（表 5-1），不同频率的声波对地层的穿透深度和垂直分辨率不同，高频声波垂向分辨率较高，但穿透深度较小，而低频则能提高声波的作用距离和穿透深度，但分辨率较低。现在很多探测系统都采用双频或多频探头结构，提高仪器的探测能力。此外，声波实际穿透能力和分辨率还与海底沉积物类型和其他干扰因素等有关。

表 5-1　高分辨率地球物理系统性能

方　法	频率（Hz）	分辨率（m）	穿透深度（m）	目　的
测　深	200 k/50 k	0.1%水深	0	测量水深和海底地形
旁侧声呐	100 k /500 k	—	0	海底地貌和灾害
浅层剖面	4~15 k	0.3~1.2	30~40	了解海底以下 40 m 之内的层序构造和灾害
单道地震	100~2 000	2~5	基岩面或 100~200	了解海底以下 200 m 之内的层序构造和灾害

浅地层剖面测量采用德国 SES2000 多参量浅层剖面仪，其发射的声波对海底的穿透深度最大达 50 m（取决于沉积物类型和频率），分辨率可达 5 cm。可反映海底以下不同深度沉积物特征，包括地层反射界面、可能存在的浅层气、浅部断层和埋藏古河道等海底地质灾害因素或其他物体（如管线）等。

单道地震探测采用美国 Ixsea Delph Seismic 数据采集系统、法国 SIG 2 mille 震源、GEO-Resource 公司 GEO-Sense 8 型、24 型、48 型接收电缆组成，采用数字记录和模拟图像记录，是变密度时间反射剖面，分辨率达 2~5 m，可探测海底以下 150 m 深度的地层。由于记录密度与地震反射波振幅强弱成正比，因此剖面可直接反映反射波振幅特征等地层的综合地震响应。野外调查时，通过合理选择参数、压制部分随机噪声等方式，可进一步提高单道地震记录的信噪比和分辨率。

浅层剖面和单道地震剖面的频率不同,对地层的分辨率和穿透深度也不相同(表5-1)。进行此两种剖面解释时,主要根据其声学特征反应的地震相,利用反射波组的振幅、频率、相位、连续性、波形、反射形态的相对变化和波组的组合关系,以及反射波终止形成的削截、顶超、上超、下超等反映的地层接触关系来确定地震反射界面和划分地震层序。通过高连续性的反射波组发生系统的错移,或两盘地层厚度不等,或一侧反射层终止或减薄、两侧反射特征不一致,以及断层绕射波等特征来识别断层。采用地震地层学的分析方法,通过多种物探剖面的对比解释,揭示反射层的不整合来划分层序,区分不同的地震相特征反映的不同地质灾害。对同一测线、同一部位的地层、构造及灾害等进行叠合解释,并充分利用取样和钻探等地质资料,通过综合解释以确定地层层序、构造和灾害。

本章依据第4章的研究结果和参考广西沿海第四纪地层资料,确定地层年代的底界为:全新统底界约11.6 ka B.P.,上更新统底界约128 ka B.P.,中更新统底界约730 ka B.P.,下更新统底界约2 500 ka B.P.。

5.1.1 干扰波的识别

对浅层剖面和单道地震资料进行解释时,首先要识别有效波和干扰波。由于干扰波难以清除干净,影响有效反射,降低了信噪比。从剖面上识别出的干扰波有:气泡脉冲干扰波、海底多次波与层间多次波、绕射波、不规则干扰波和浅层气异常引起的反射模糊带等,现分述如下。

(1)气泡脉冲干扰波:由于电火花震源的激发在水中形成气泡,气泡的压缩膨胀形成气泡脉冲波,在海底反射波和强反射界面波之下通常在5~10 ms的记录内至少有2~5个与海底及强反射波形成完全一致的规则干扰,甚至出现反射波同相轴的穿时现象,影响了浅层5~10 ms的有效反射。气泡脉冲波在剖面上呈向下能量衰减,反射出现振荡,降低了整个剖面的信噪比。它在所有记录上都有出现,一般把最初出现的反射波的同相轴作为该波组的有效反射。

(2)海底多次波与层间多次波:从时间关系上多次波与对应的一次波呈倍数关系,波形也一致,倾斜层的多次波倾角相应地变陡,它具有周期性出现的特点。

(3)绕射波:地震波在传播中遇到地层剧烈变化的地方,例如断层的断点、断棱,地层尖灭点,不均匀体、侵入体和起伏剧烈变化的基岩等所引起的波称为绕射波。常以反射波的延续形态出现,频率和有效速度均低于正常反射波,波峰(或波谷)数目少,能量衰减较快。

(4)不规则干扰波:船体噪声、电噪声、风浪潮涌振动等在记录上随机出现而影响记录背景的干扰波。尽管仪器滤掉了一些低频干扰,但不能全部滤掉,其频率为0~400 Hz,当风浪较大时,此干扰较明显,它可以在剖面上引起反射波同相轴突然畸变、中断或扭曲,形成干涉空白带或模糊带。

5.1.2 时深转换

海底沉积层声速是浅地层剖面资料采集和处理的关键参数之一,通常将地层声速设定为一个经验值,但实际声速并非定值。浅层剖面和单道地震资料无法直接获取速度,且北部湾广西近岸海域缺乏浅部测井资料和速度谱资料。

在岩石性质和地质年代相同的条件下,地震波的速度随着岩石埋藏深度的增加而增大,在浅层沉积物中的速度也遵循随着深度变化的一般规律,即在压实作用下,随埋藏深度增加,沉积层密度增加,地震波传播速度相应增加。

依据珠江口盆地工程地质调查资料，地层发育有层Ⅰ、层Ⅱ、层Ⅲ、层Ⅳ和层Ⅴ。经钻孔验证，各层的单道地震波速值分别为：层Ⅰ为1 600 m/s，层Ⅱ为1 650 m/s，层Ⅲ为1 710 m/s，层Ⅳ为1 760 m/s，层Ⅴ为1 775 m/s。参考卢博等建立的适用于中国东南近海的声速经验公式，利用地质钻孔获取的孔隙度参数计算各沉积层的平均声速，建立相应的声速结构剖面。通过南海北部钻孔验证，以北部湾多年的钻孔资料进行校正，得到北部湾广西近岸海域地层的平均速度随时间变化的曲线（图5-1）。

由于北部湾广西近岸的浅层剖面揭示海底地层深度一般小于15 m，主要属于地层层A，相当于珠江口盆地工程地质调查中的层Ⅰ和层Ⅱ，但主要是层Ⅰ。根据平均速度曲线图，15 m以上地层速度变化较小。因此，浅层剖面揭示的地层平均速度采用1 600 m/s，以此为时深转换速度，输入到浅层剖面仪中，在记录剖面上直接显示深度。

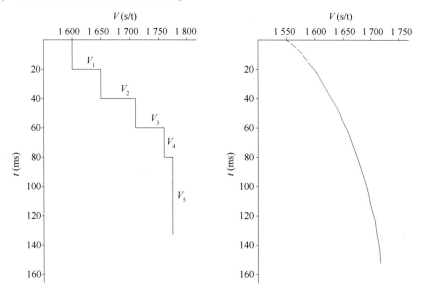

图5-1 平均速度曲线

单道地震资料揭示了层A和层B，相当于珠江口盆地工程地质调查中的层Ⅰ至层Ⅴ。根据平均速度曲线，求出地层时深转换数据（表5-2），并制作时深转换尺，便可进行时深转换。时深转换求取的界面深度经北部湾多个钻孔的验证，二者深度值基本一致，平均误差小于0.5 m。

表5-2 地层时深转换数据

时间（ms）	深度（m）	时间（ms）	深度（m）
10	8.0	110	93.2
20	16.0	120	101.9
30	24.3	130	110.7
40	32.7	140	119.7
50	41.2	150	128.9
60	49.7	160	138.0
70	58.1	170	147.3
80	66.7	180	156.5
90	75.6	190	166
100	84.5	200	175.5

注：*从海底起算，时间为双程反射时间。

5.1.3　浅层剖面资料解释

浅层剖面仪所发射的声波（3~15 kHz）能穿透海底，能准确反映出海底下不同深度的海底沉积物的构造特征。高能发射的声波穿入海底，部分能量由浅部地层各声学反射介面反射回来被换能器所接收，反射信号转化成图像后依次以时间函数的形式记录下来，构成一幅连续地层剖面，它可以准确地反映出地层界面及可能存在的浅断层和古河道等海底地质灾害因素或其他物体（如管线）。浅地层剖面仪的穿透深度小于 40 m，垂向分辨率可达 0.3 m。

浅层剖面仪的穿透深度与海底底质密切相关。若底质是砂泥非致密物时，穿透深度在 15~30 m，能得到良好的记录（图 5-2），垂向分辨率可达 0.5 m；但当底质是较致密的海底、砂质海底或者是含气沉积物时，穿透能力明显降低，甚至无反射记录。

5.1.3.1　反射界面的确定

浅层剖面解释根据反射强度变化反映的颜色、灰度差异和反射波形态等特征，结合钻孔资料，自上而下确认了 R_0、$R_1{}^1$、R_1 三个反射界面（图 5-2、图 5-3）。

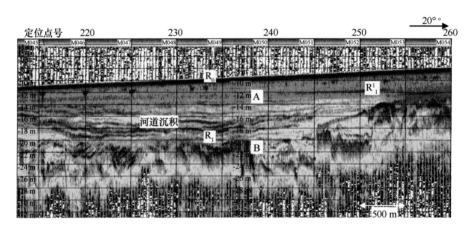

图 5-2　研究区 JX07 测线（调查基线）浅层剖面显示的层序

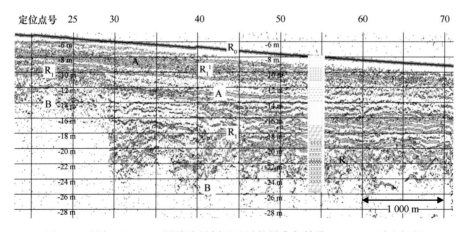

图 5-3　研究区 BBW30 测线浅层剖面显示的层序与钻孔 BBWZK4 对比解释

R_0：海底反射波，强振幅、连续性好，其起伏形态反映了海底地形的变化。海底反射界面深度为 2.0~27.0 m。

R_1^1：反射能量弱，弱振幅反射，连续性一般，反射界面断续出现，为全新世的内部界面，不能全区追踪。

R_1：反射能量较强，中强振幅反射，连续性较好反射较强的粗条带，起伏较大，界面上有明显的埋藏古河道、沟谷或其他凹凸不平的侵蚀痕迹，R_1 反射界面为一侵蚀不整合面，为全新世的底界。反射界面深度为 3.0~38.0 m。

5.1.3.2 层序划分

据上述反射界面，浅层剖面划分了层 A 和层 B 两套反射层序（图 5-2、图 5-3）。

（1）层 A：是 R_0~R_1 之间的反射层序，为一套表层沉积层，弱振幅，反射能量弱，为平行整一的披盖式反射结构，局部发育层理，层内可以分出上、下两个亚层序，但仅仅在局部可以追踪，层 A 发育不同形态的河道沉积。

下部层序主要是中小型的槽型向斜状的充填沉积物，底界面起伏，为一侵蚀不整合面，界面上有明显的古河道、沟谷或其他凹凸不平的侵蚀痕迹。层内局部发育大型板状交错层理和槽状交错层理，以及发育边滩、心滩沉积。边滩沉积大部分具有二元结构，即底部为边滩沉积，顶部为河漫滩沉积。边滩沉积物成分复杂，粒度变化范围大，成分以砂为主，有砾石和粉砂。心滩沉积物成分复杂，粒度变化范围比边滩还大。层 A 下部沉积物推断为第四纪冰河期以后较软泥砂为主的沉积物。层 A 底部发育埋藏古河道，规模较大的主要为两条分汊埋藏古河道，钦州中部的主河道走向北东向，推测此河道的上游应位于现今的南流江，其中来源于南流江的河道呈北东走向，来源于防城港的河道呈近南北走向，两个源头的河道在研究区东南部汇合成一条河道，此埋藏古河道在研究区内长约 30 km，宽 3~7 km，河道深度 4~7 m，另外一条来源于铁山港或者南流江东边的分汊河道。

上部层序主要为一套高含水量、易侵蚀和易流动交换的表层沉积层，主要为砂、砾石质砂、粉砂质砂、黏土质砂、砂—粉砂—黏土。具有弱振幅，反射能量弱，为平行整一的披盖式反射结构，厚度小于 2.5 m。

根据前面研究结果，本区表层沉积物主要为砂、粉砂质砂、砾石质砂、黏土质粉砂、砂质粉砂、砂—粉砂—黏土，含生物贝壳及其碎屑，钻孔揭露该层的沉积物主要为砂、粉砂质砂、黏土、细砂、砾石质砂、粉砂、黏土质粉砂、砂质粉砂、砂—粉砂—黏土。据浅层剖面反射特征，结合钻孔、海底取样资料和区域地质资料分析，^{14}C 测年为 11.6 ka B.P. 之前，层 A 为全新世冰后期海侵以来逐渐堆积而成的沉积物，为全新世浅海相沉积，但局部受河流影响，发育河道沉积。

层 A 在研究区厚度变化较大，最小厚度为 2.0 m，最大厚度为 22.7 m，大部分区域厚度小于 6 m，总体呈东西两翼薄、近岸区较薄，中部稍厚且随埋藏古河道展布而变化。在钦州湾外由于埋藏古河道的存在全新世沉积较厚，等值线走向呈北东向。另一处厚度较厚区域在北海市东南部，最厚处位于钦州湾外（图 5-4）。

（2）层 B：反射界面 R_1 以下的反射层序。因受浅层剖面仪的穿透所限，层 B 底界及内部沉积结构仅在剖面上局部显示，且显示该层上部。该层上部为中强振幅，反射结构比较杂乱，局部见有暗色均匀反射结构，发育大型板状交错层理，具有二元结构，有明显的古河道、沟谷或其他凹凸不平的侵蚀痕迹。层 B 的沉积物为砂、粉砂质的沉积物互层或夹层，后者为分选差的砂质沉积物，沉积物岩性及结构横向变化大，具有冲积、洪积及河流相沉积物的特点，层 B 的厚度较小。

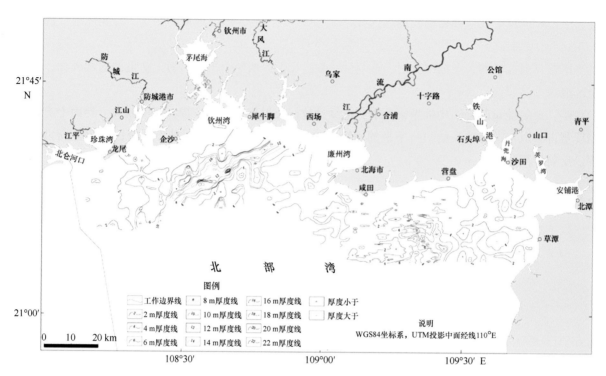

图 5-4 研究区海底全新世沉积厚度

5.1.4 单道地震资料解释

在单道地震资料解释时，综合对比钻孔资料并结合相邻研究区的资料，依据有效波反射同相轴的振幅、频率、连续性以及反射波组的上、下接触关系，反射波终止所形成的削截、顶超、上超、下超所反映的地层接触关系来确定地震反射界面和划分地震层序，利用反射波组错断或断层绕射波来识别断层。

5.1.4.1 反射界面的确定

在研究区内确定了 3 个反射界面：R_0、R_1 和 R_2（图 5-5、图 5-6）。

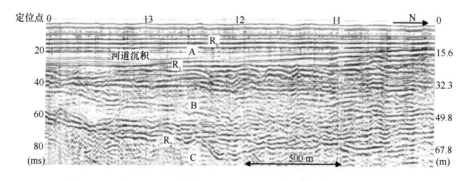

图 5-5 研究区单道地震剖面（BBW26-1 测线）显示的地震层序

（1）R_0：海底反射波，强振幅、连续性好，反射能量较强，是海水与海底之间的反射界面，形态上反映了海底的起伏。双程反射时间为 3.0~33.0 ms。

（2）R_1：层 A 的底界面，R_1 为侵蚀界面，较平缓，局部下切，界面以上为中—强振幅，基本上为水平连续反射波组；界面以下是较杂乱反射波组，R_1 界面上下的反射波组呈角度不整合接触。R_1 界面由于埋藏较浅，受气泡脉冲干扰波、海底多次波和直达波干扰，在局部范围内难以连续追踪。R_1 界面的双程反射时间在 4.0~40.0 ms 之间，在单道地震剖面和浅层剖面是可对比的同一反射界面。

（3）R_2：基底界面，国外学者称之为声波基底，即 R_2 界面之下的地层为基岩。R_2 界面是一个强反射界面，反射波组呈中—强振幅、连续性好—中等，为一起伏变化中等的反射界面，反射形态近于水平状，局部呈圆锥状、丘状反射，有些有绕射波，有些无绕射波。R_2 反射界面（基岩顶界面）的双程反射时间为 10~210 ms。埋深变化幅度较大，最浅埋深为 8.0 m，最深埋深为 200.0 m，从西北部和北部向东南部变深。深度等值线总体近于南北向，局部因受到断裂带的影响而变化，其中最大埋深 176.0 m 位于铁山港东部，最浅处在沿岸附近。

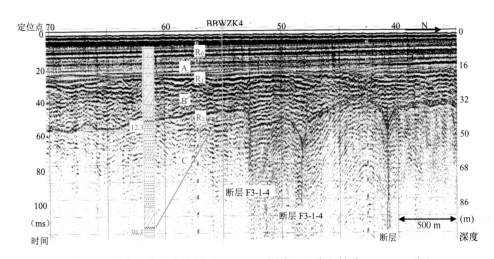

图 5-6　研究区单道地震剖面（BBW30 测线）层序和钻孔 BBWZK4 对比

5.1.4.2　层序划分

根据钻孔资料和以上反射界面，从地震剖面上可划分出上下特点截然不同的层 A、层 B 两个大层序和基底反射 C。层 A 具有反射波组连续性好、层次密集、厚度稳定、产状近于水平的特点；层 B 反射层的连续性、振幅强度、层的厚度和内部结构等变化较大。A、B 两个层序接触关系为不整合。层 B 局部可分出亚层序，但亚层之间的界面不甚清晰。R_2 界面之下为基岩反射。

（1）层 A：介于 R_0~R_1 间的反射层，呈水平层状，反射能量较弱，连续性好，为平行整一的披盖式反射结构。层 A 底部局部发育河道沉积。由于气泡脉冲干扰波影响，在海底反射波之下 5~10 ms 的记录内有 2~5 个与海底反射波形成完全一致的规则干扰波，影响了浅层 5~10 ms（4~8 m 厚）的有效反射，从浅层剖面可知层 A 厚度为 2.0~22.7 m。层 A 在单道地震剖面和浅层剖面是可对比的层序。浅部的资料主要采用浅层剖面解解释，结果见地层关系表（表 5-3）。

表5-3　地层关系

地层代号	层序 单道地震层序	层序 浅层剖面层序	界面代号	层组厚度(m)	钻孔揭示深度	反射层特征	岩性推断
Q₄	A	A1	R₁¹	≤2.5		弱振幅，反射能量弱，为平行整一的披盖式反射结构	砂、黏土质砂、砂质黏土、砂粉砂—黏土、粉砂质黏土
Q₄	A	A2	R₁	2~23		槽形向斜状的充填沉积物，底界为一侵蚀不整合面，发育古河道、沟谷。局部发育板状及槽状交错层理，以及发育边滩、心滩沉积	砂、黏土质砂、砂质黏土、砂—粉砂—黏土、粉砂质黏土
Q₃ / Q₁	B	层B上部		10~165		中—弱振幅、连续性好—中等，平行、五平行和波状反射结构，底界面起伏变化较大的一套反射层	黏土质粉砂、粉砂质砂、砾石质砂、黏土质砂、粗砂、黏土质粉砂、砂、砂—粉砂—黏土
R / S	基底C		R₂			中低频、中震幅、低连续的弱反射层组，杂乱反射结构	基岩风化壳和基岩，主要为下古生界志留系—新生界系三系沉积岩

本区钻孔和表层取样揭示该层沉积物主要为粉砂质黏土、黏土质砂、砂、粉砂质砂、砂—粉砂—黏土，含有海绿石、贝壳等生物碎屑。根据浅层剖面、单道地震反射特征，结合区域地质资料、海底取样和钻孔资料分析，推测层 A 的地质时代为全新世冰后期，层 A 为全新世海侵浅海相沉积，局部受河流影响，发育河道沉积。

（2）层 B：介于 R₁~R₂ 间的反射层序，为中—弱振幅、连续性好—中等，平行、亚平行和波状反射结构，底界面起伏变化较大。层 B 地震剖面响应总体为平行、亚平行反射结构，反射能量较强，反映地层分布连续，岩性主要为粉砂质沉积物，特点为致密，硬度较大。

地层上部呈现反射能量强的黑色平行粗条带状反射结构，说明沉积物致密、坚硬，钻探揭示的地层为一套粗砂或粉砂质黏土层。界面顶部偶有波状起伏，反映其经受过侵蚀。其下主要为亚平行及大尺度波状反射结构，局部见有暗色均匀反射结构，发育大型交错层理和大型波状层理，反映沉积物为砂及粉砂质沉积物互层或夹层，后者为分选差的砂质沉积物，沉积物岩性及沉积物构造横向变化大，具有冲积、洪积及河流相沉积物的特点。再下为平行或亚平行反射结构，反射能量较强，地层分布均匀连续，岩性主要为粉砂质沉积物，致密、硬度较大，顶部出现侵蚀反射结构，与上覆地层呈侵蚀不整合接触。下部为平行、亚平行反射结构或波状反射结构，反射能量较强，地层分布连续，岩性主要为坚硬黏土层、粉砂质黏土层及砂砾。但内部有些反射较为紊乱、无层次，反射能量时强时弱，地层有起伏，具河谷充填型的沉积特征，可能是一个冲刷剥蚀、沉积比较活跃的异常地区，局部可见小范围的河道侵蚀特征。有些为亚平行和波状反射结构，连续性不好，反映沉积物为砂、粉砂质沉积物互层或夹层，沉积物岩性及结构横向变化大，具有冲积、洪积及河流相沉积物的特点。局部出现侵蚀"V"形地震相。

层 B 在全区广泛分布，顶界面呈削截反射终止，与上覆地层 A 呈不整合接触。层 B 下部是前第四纪基底侵蚀河谷的充填沉积，上超在下伏地层之上，底界面为起伏的基岩顶面。

根据钻遇地层资料，层 B 为一套砂、粉砂质砂、砾石质砂、砂质粉砂、黏土质粉砂、黏土质砂。层 B 中上部以陆相沉积为主，主要发育河道沉积，局部为海陆交互相沉积，该层在整个研究区的厚度变化较大，为 0~165 m。综合分析物探资料、钻探资料、区域岩性和古生物资料，认为 R₁ 界面起伏不平是由于层 B 沉积后期受到侵蚀所造成，推断层 B 沉积的地质时代为更新世。

基底：反射界面 R₂ 以下的反射层序，为一套中低频、中振幅、低连续的弱反射层组，杂乱反射结构，面貌不清。基底在研究区广泛分布，由于其底界地震反射不清晰，故厚度不详。

根据层 C 内部的反射特征，结合钻探、陆地和附近岛屿地层的分布情况，综合分析认为层 C 主要为基岩风化壳和基岩。依据广州海洋地质调查局的《华南海岸带（广西东兴地区近岸海域）矿产资源综合调查评价成果报告》，以及反射界面 R₂ 的形态、密集的绕射波及其层内的反射结构并参考前人所取得的历史资料分析，基底主要由古生界的志留系泥质砂岩、粉砂岩，中生代的侏罗系砂砾岩、粉砂质页岩，以及第四系早更新统湛江组的含砾粉细砂岩等组成。

R₂ 反射界面（基岩）埋深变化较大，为 12~160 m，受断层的影响，厚度等值线走向多变。总体受北东向的北流—合浦断裂带的影响，厚度自北西向东南呈北东向展布的断陷型盆地，近岸边和近岛埋深变小，远离岸边埋深变大的趋势。埋深最大处位于东南部，为 160 m。在近岸及岛屿附近埋深变小，为 12 m。

5.2　海底地质灾害类型及特征

海底灾害地质因素按空间分布可分为：一是存在于海底表面的，如水下沙丘、沙坡、潮流沙脊群、海底侵蚀与堆积、滑动和崩塌、各种沟谷地貌等；二是存在于海底以下浅地层，如古河道、古湖泊、浅断层及活动性断层、浅层气、泥丘、力学性质极不均衡的地质体等。按其产生灾害的程度可分为危险性因素和限制性因素两种：前者是指直接对工程产生潜在危害的因素，在其影响范围内一般不能进行工程建设，如高压浅层气、"鸡蛋壳"地层等；后者是指对海洋工程产生一定限制因素，不会产生直接危害，在施工中采取相应措施就可避免，如古河道、不平坦海底等。如按触发机理又可分为水动型、地动型和人工触发型 3 类。水动型与海洋水文气象条件有关（如风、浪），强风浪使水体产生异常运动，造成海底沉积物发生大面积运动；地动型是指与地震及火山爆发有关的地质灾害；人工触发型是指由于人类活动而导致的灾害，如高压浅层气等。按存在状态还可分为静态与动态两种。所有这些，不管其分类如何，都会对海洋工程和人身安全构成威胁。因此，G. B. Carpent（1980）将对各种海洋工程具有直接危害或潜在性危害的，或者能够产生障碍的各种地质因素（包括地貌因素）统称灾害地质因素。

据冯志强等（1996）的观点，潜在地质灾害因素类型可分为两大类：一类为活动性地质灾害，在内、外营力的诱发作用下，自身具有活动和破坏能力，对海上工程设施及自然环境可造成直接的破坏，如活动断层、活动沙波、地震活动及海岸侵蚀淤积等；另一类为非活动性地质灾害，即限制性地质条件，自身并不具有活动能力，但会对某些工程建设起制约作用，若忽视其存在，会给海洋工程带来隐患，如埋藏古河道、不规则浅埋基岩、水下浅滩、洼地、水下陡坎和槽沟等。

综合区内各种资料的解释成果，本区存在不同类型的灾害地质因素，主要为浅部活动性断裂及地震活动、沙波、埋藏古河道、不规则浅埋基岩、槽沟、凸地和浅（海）滩。这些不稳定的地质因素在地震、风暴潮（台风）等诱发机制作用下，有导致地质灾害发生的可能性。以上这些不同类型的地质灾害因素包括活动性地质灾害类型和限制性地质条件（图5-7）。

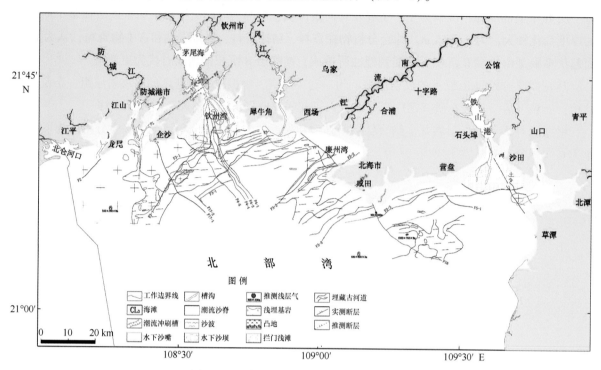

图5-7 研究区海洋地质灾害因素类型分布

5.2.1 活动性地质灾害类型

5.2.1.1 浅部断层和地震

根据区域地质构造背景资料，北部湾广西近岸地处中国东南部大陆边缘活动带的西南端，位于欧亚板块、太平洋板块和印度洋板块交汇处。经历了多次的构造运动，造成断裂构造的复杂性，广西沿海地区属我国东南沉陷地震带。

断裂活动可造成地壳破裂断陷，诱发地震发生，形成地壳不稳定区。北部湾属南海北部地壳不稳定区，断裂发育，区内有多组断裂。断裂活动的复活、新生发展是潜在工程灾害之一，断层引起的地面错动及其伴生的地面变形，可能损害跨断层修建或建于附近的建筑物，断层两盘的差异升降运动还会导致海底产生过大的差异沉降，对海洋工程危害巨大。活动性构造是通过现代地形地貌、活动断裂、活动盆地、地震活动、地壳形变、温热泉、古地温、崩塌滑坡、海平面升降等表现出来，分析研究其活动情况和规律，对研究地质构造稳定性有重要意义。

活动断裂判别标志有很多，如遥感影像标志有新构造时期活动断裂常具清晰的线状标志；地质等其他标志有切割第三系或第四系的断层，控制水系走向的断层和测定的第四纪同位素年龄值的断层。采用浅层地球物理探测资料，据其声学特征反映的地震相，利用反射波组的振幅、频率、连续性、波形和反射形态的相对变化，反射波组错断、出现断层绕射波或反射波组明显的下拉来识别断层。

前述区域构造图显示北部湾广西沿岸的断裂构造主要分为 NE 向和 NW 向两组，各自成排成带地分布在不同的区间，其形成机制也有所差异。按其方向，有 NE 向、NW 向断裂，即 NE 向的钦防—山断裂带（F2）、合浦—博白断裂带（F3），NW 向的钦州湾断裂（F4）、百色—铁山港断裂带（F5）、犀牛脚—北海断裂带（F16）以及靖西—崇左断裂带（F17）。这些断裂带时有地震发生，在早中更新世以来（约 1 Ma B. P.）一直有活动，第四纪以来迄今仍未平静，时有地震发生。其中，NE 向断裂带规模和范围最大，多被 NW 向断裂切割并错动，构成广西"X"形活动断裂主体格架，对地质构造稳定性影响最大。

1）NE 向断裂组

（1）防城—灵山断裂带（F2）

钦州湾一带的海岸、海湾和岛屿形态均显示十分平直并受到该断裂的挤压破碎作用，显然是受此断裂控制，北东向线性和带状形迹明显。据第 2 章，历史上发生过有感地震 61 次，其中，6 级以上地震 1 次，5 级以上地震 1 次，4.75 级以上地震 5 次。防城—灵山断裂带在中更新世以来（约 100 Ma B. P.）一直在活动，最新活动年龄为 1.5 ka B. P.，说明在第四纪以来一直在活动。该断裂带经钦州后，穿过防城港，沿着白龙半岛东缘，进入北部湾海域，在研究区西北部穿过（图5-8）。

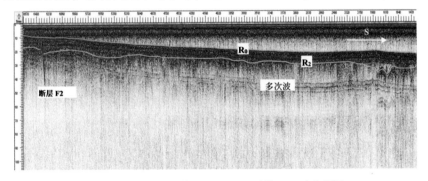

图 5-8　研究区单道地震剖面（BBW4 测线）显示的断层（F2）

根据地质标志、地震和大地测量资料综合分析，该断裂自晚古生代以来均有活动，说明防城—灵山断裂带是一条孕震构造带。断裂活动以燕山早期最强，直接控制着沉积、岩浆活动及中新生代断陷盆地形成，西南端强烈断陷，形成钦州、江平等侏罗系构造盆地。

（2）合浦—博白断裂带（F3）

合浦—博白断裂带南西端进入北部湾海域，在第四纪地层内断裂极为发育（图 5-9～图 5-11）。合浦—博白断裂带分为 3 支（以下称为北部断裂带 F3-1、中部断裂带 F3-2、南部断裂带 F3-3）以 NE 向、NEE 向进入北部湾，是由一系列走向 210°～260°，呈喇叭状分布的 NE 向断层组成（图 5-7）。合浦—博白断裂带的北部断裂带、中部断裂带、南部断裂带之间形成断陷盆地。断层大多朝凹陷主体部位呈阶梯状断落，被 NW 向张剪性断层错断和复杂化。合浦—博白断裂带为地堑和地垒组合，控制该地堑北侧边界的断裂带由多条密集排列的阶梯状正断层组成，该地堑构造形成 NE 向狭长断陷型盆地，断层走向大多与局部凹陷构造展布方向一致。断裂延入前新四系基底，并控制基底的起伏变化。

根据地震反射波组发生系统错断（图 5-9），断层断至全新世底界 R_1（根据 ^{14}C 测年确定），是活动断裂，此断裂可能在研究区西南外接涠西南大断层。茹克等认为晚白垩世产生了涠西南凹陷及其北部边界断层。

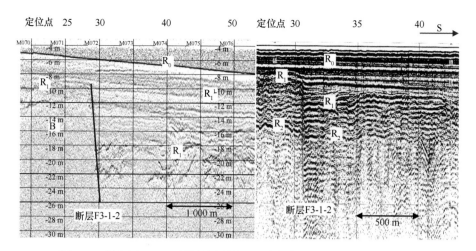

图 5-9　研究区 BBW30 测线浅层剖面和对应单道地震剖面显示的断层

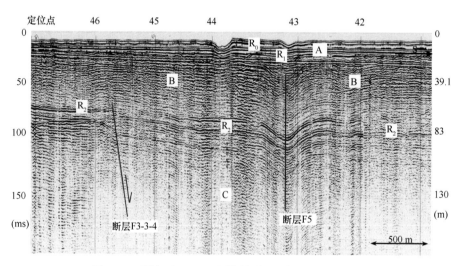

图 5-10　研究区 BBW58 测线单道地震剖面显示的断层

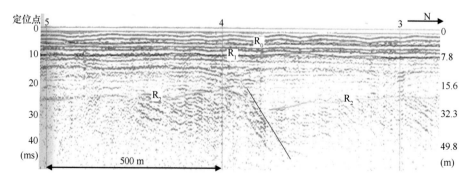

图 5-11　研究区单道地震剖面（BBW22 测线）显示的断层 F3-3

2）NW 向断裂组

NW 向断裂组为张扭性结构，规模较 NE 向断裂为小。受两者影响，其他小构造也比较发育，不同程度地发育着小断层。新生代火山活动自第三纪始逐渐活跃，到第四纪表现为最强烈，主要发生在涠洲岛和斜阳岛。NW 向断裂带主要包括：钦州湾断裂带、靖西—崇左断裂带、犀牛脚—北海断裂带和百色—铁山港断裂带。

（1）钦州湾—涠洲岛断裂带（F4）

钦州湾断裂带（F4）是一条沿钦州湾深水港线 320° 走向的隐伏断裂，在钦州港见挤压陡立带。向 SE 延伸至涠洲岛、斜阳岛。在该断裂与钦防—灵山断裂带交汇处，茅岭江由 NE 向转为 NW 向，角度近 90°。

单道地震剖面显示，NW 向断裂带钦州湾—涠洲岛断裂带（F4）NW 向进入北部湾，长 35 km，走向 320°~350°，由一系列相互平行的左行平移断层组成，主要为 F4-1、F4-2、F4-3、F4-4、F4-5 断层，倾角较陡，甚至接近直角（图 5-12）。

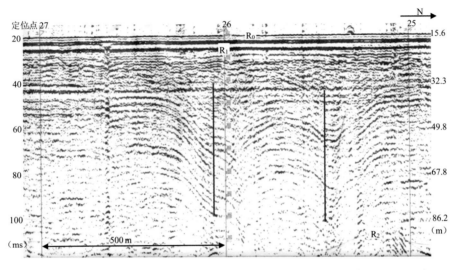

图 5-12 研究区单道地震剖面（BBW26-1 测线）显示的断层 F4

（2）钦州靖西—崇左断裂带（F17）

靖西—崇左断裂带西北起自云南富宁，经广西的靖西、大新、过崇左后散开，由钦州至防城之间的企沙炮台附近进入北部湾海域。新生代以来该断裂带活动加强，是控制北部湾新生代盆地的东北边界和次级盆地的断层，垂直差异运动显著。测年资料表明，该断裂在 250 ka B. P. 前有过明显活动。断裂左旋断错一系列山脊和第四纪台地，是一条同时具走滑性质和垂直差异运动的活动断裂带。在断裂带的西段地区曾发生过 5.5 级和 5.7 级地震，沿断裂带地区时常发生 2~4.5 级地震。

根据单道地震资料解释结果，靖西—崇左断裂（F17）在钦州至防城之间的企沙炮台附近进入北部湾海域，北西向横贯研究区，长度 26 km，走向 300°~330°，由一系列相互平行的断层组成（主要为 F17-1、F17-2 断层），是左行平移断层，倾角较陡，局部近乎直立。

（3）犀牛脚—北海断裂带（F16）

犀牛脚—北海断裂带（F16），根据单道地震资料推测，F16 断裂带在北海市咸田进入北部湾，SE 方向延伸，在该断裂与合浦—博白断裂带的南部断裂带交汇处，走向有变化，走向从 310°~320° 转为 290°~310°，是平移断层，倾角较陡。

（4）百色—铁山港断裂带（F5）

百色—铁山港断裂带（F5），为张扭性结构，规模较 NE 向断裂小。该断裂带上的新生代火山活动自第三纪始逐渐活跃，到第四纪表现为最强烈，如新圩、烟墩等处的第四纪火山口。百色—铁山港断裂带（F5）属百色—合浦断裂带（又叫右江断裂带）南支的一段。断裂总体走向在310°~320°之间，倾向SW，倾角60°~70°，断裂带多由角砾岩、糜棱岩、硅化岩及断层泥胶结的碎屑物质组成。

F5断裂带在铁山港进入北部湾，SE方向延伸，上岸进入广东雷州半岛的草潭，走向从320°~340°，是高角度断层，倾角较陡（图5-10、图5-13）。

3）断裂活动与地震

地震活动与断裂关系密切。断裂错动达至地表或发生新的构造变动时，如在强烈地震作用下产生地震断层或地裂缝，直接危及人身安全和破坏工程建筑。活动断裂的交汇地带是发生强烈差异运动的场所，经常伴生地震，引发次生地质灾害。由于本区地震构造主要受NE、NW向分布的断裂影响，尤以NE向大断裂带的影响为主，地震活动水平较高，近年来更是小震不断。

研究区各断裂第四纪以来一直在活动，断裂的最新活动年龄为1.5 ka B.P.，断裂深度约20 km，属于浅源地震，地震活动度为Ⅱ~Ⅲ度。本研究区活动构造格架由NE向、NW向断裂相互交汇切割构成，目前地震活动处于第二活动期的相对活跃期，地震活动较强的有NE向的合浦—博白断裂带、钦防—灵山断裂带，本区未来10年、30年、50年地震危险性预测分析结果为：未来10年内，发生地震震级为4.6级，发震概率为50.92%；未来30年内，发生地震震级为5.9级，发震概率为52.52%；未来50年内，发生地震震级为6.6级，发震概率为50.94%（据广西地矿局北海地勘院，1995）。

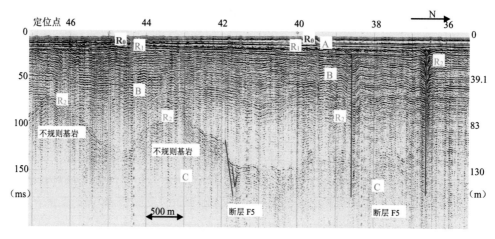

图5-13　研究区单道地震剖面（BBWL5-1测线）显示的断层（F5）和不规则基岩

据《广西地震烈度区划图》，本海区地震基本烈度为Ⅵ度，属轻度地震。通过对区内未来的地震危险性预测分析，认为本区未来50年内不排除6级地震的可能性，但6级以上地震发生的可能性较少，7级以上地震的发生不大可能。近年来虽未发生过破坏性地震，但应采取相应的抗震措施。

5.2.1.2　沙波

沙波是水动力作用下海底沙堆积而成的丘状堆积体，是砂质海底表面有规则的波状起伏地形。沙波的维持主要与所在区内海底底流有关，是现代海洋水动力和沉积作用达到平衡的产物。当这种平衡状态被打破时，海底沉积物发生搬运，形成活动沙波。当水动力条件改变时，特别是在风暴流作用下，沙波发生变化而产生移动。当地震活动发生时，地层振动会引起砂土液化，变成流动的沙，这对海上设施将造成危害，如引起桩基倾倒、平台倾毁、油管折断等。在非正常水动力条件下，如底流流速增加1倍时，沙波的运移速度将会达到原来的32倍，因此对于长期的海上设施尤其是管道铺设对沙波应予高度重视。

不活动的海底沙波只是由于地形起伏不平给海底管线铺设造成障碍，活动沙波和沉积物流一样具有很大的破坏力。当海底流速大于沙的启动流速时，沙开始移动，大于扬动流速时，大量的沙发生跃移和悬浮，这时沙波可以发生快速移动。沙波的移动会造成海底沙的掏蚀或堆积，底沙的掏蚀会使海底管线和桩腿失去支撑而断裂或倾斜，底沙的堆积会掩埋海底设施，同样危及工程的安全。

沙波在测深剖面上反射呈锯齿状起伏，海底二次反射波较强；在旁侧声呐图像上则呈一系列较有规则深浅相间的反射（图5-14）。研究区有多处海底沙波，主要位于水道及潮流深槽的附近，面积小于2 km²，沙波走向与水道及潮流深槽走向一致，波长1~5 m，属于小型沙波。

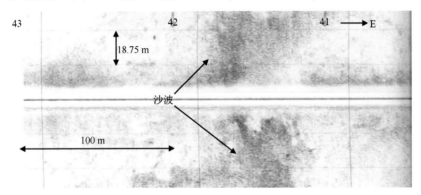

图5-14　研究区旁侧声呐记录显示的沙波特征（BBWL4测线）

5.2.1.3　浅层气

海底浅层气是一种常见的地质现象，也是一种十分危险的引发海洋地质灾害的因素。层状储集的浅层气层含气量大，压力大，一旦平台桩腿插其上，轻则造成设备受损，重则造成钻井"井喷"事故，引起火灾甚至烧毁平台，危害巨大。

海洋浅层气在近海大陆架区极为普遍，沉积物主要为含有机质的陆源碎裂屑沉积物，以及有机质丰度颇高的以腐殖型为主的泥质沉积，在生物降解作用下，有利于产生生物气（沼气），这类气体被陆架水下河道沙体、三角洲沙体等类型的储集层捕获而聚集，形成大范围的含气沉积物。浅层气以生物成因气（沼气）为主，主要成分为甲烷、二氧化碳、硫化氢、氮气、氨气等，产出方式有层间气等。有些浅层气是深部气经断层通道运移至浅层，多为含气沉积物，储集类型是非层状储集，多呈分散状，填充于沉积物颗粒孔隙之间。

地层含气改变了沉积层的力学性质，使其强度降低，结构变松，减小了基底支撑力，在外载荷重下，含气沉积物会发生蠕变，可能导致下陷，侧向或旋转滑动，使其上的建筑物最终失去平衡，发生倾斜压塌。美国墨西哥湾、英国北海、印度尼西亚爪哇海、阿拉斯加海、波斯湾、加勒比海等水域进行海洋油气资源勘探开发时，由于对浅层气的调查不足，都曾造成灾害。因此，在开发海底矿产、油气和建设大型工程前，应先了解浅层气的分布和产状，对防止灾害发生十分必要。

在单道地震记录上，含气沉积物层间反射杂乱，连续性较好的反射波突然中断，同相轴时隐时现，或完全消失，或反射模糊，伴有声学空白带，呈柱状，囊状或不规则状，不规则气囊，呈山脊状穿透周围沉积层，有的呈气柱、气道上达海底（图5-15）。研究区内的浅层气异常基本上都是从海底浅部开始即反射模糊，在含气带下方也被气层屏蔽了。

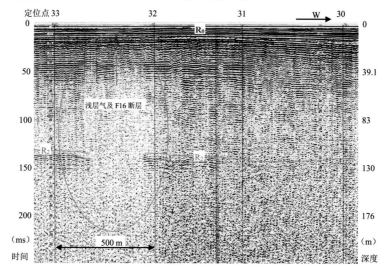

图5-15 研究区BBWL7测线单道地震剖面显示的反射模糊区

浅层气与断层关系密切，浅层气沿着断层这个通道上升，出现异常地震反射，即声波被吸收或严重屏蔽，产生反射空白带、区，为含气沉积物。因此，在断层出现这些异常反射构成的地震模糊区，要考虑浅层气的存在，本区发现一处可疑的浅层气区，规模小，面积小于1 km²。

5.2.2 限制性地质条件

5.2.2.1 不规则浅埋基岩

不规则浅埋基岩主要表现为基岩面的起伏，它的反射特征以中—低频、强振幅、中—低连续性为主，反射形态主要表现为随机性的高低起伏。基岩面的凸起表现为圆锥状，内部的反射模糊杂乱，无层次，绕射波发育（图5-16）。

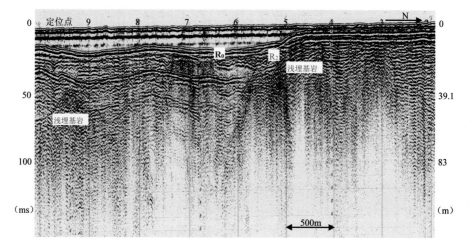

图5-16 研究区单道地震剖面（BBW69测线）显示的浅埋基岩及其变化

基岩对工程建设是很好的持力层，但若基岩面起伏不平，高低差异较大，由于其与围岩岩性的不均一，就会产生承载力的差异，不利于工程构筑基础的选型，不利于持力层的选择，尤其对荷载较大的长远工程，要持久耐用、安全牢靠，则须选择深部基岩为持力层，但工程上增加耗费，难度也会增加。因此，对于插桩、输油管线铺设等海上工程，应重视不规则基岩的存在，以避免产生不良的后果。研究区不规则浅埋基岩广泛分布。不规则浅埋基岩主要分布在基岩海岸附近，基岩面起伏变化大，埋深十几米至上百米，局部发育有明、暗两种礁石。

5.2.2.2 埋藏古河道

距今15~20 ka B. P. 的玉木冰期，全球气候变冷，海平面下降，相当于晚第四纪更新世末次盛冰期低海面时，海平面在现代海水深度–150 m一线，沿海陆架多次裸露成陆，其上发育不少河流，且河流外延，在陆架古地面上冲蚀出新的河道。但在年代为（10±0.3）ka B. P. 的全新世初期，当时，气候转暖，大规模海侵，海面上升，成陆的陆架部分又沉入海底。北部湾北部海区河流发育，分布在陆架上的大小河流，在冰期后的海面上升以后，纷纷沉入海底。这些河道在海面上升后，或被海流破坏，或被沉积物掩埋在海底之下，成为晚更新世的埋藏古河道。

1）埋藏古河道的地球物理特征

研究区内埋藏古河道广泛分布。在单道地震剖面上，埋藏古河道的底界呈连续波状起伏的强反射、内部杂乱相。有的底界面反射波下凹，内部反射有些杂乱，为砂砾充填物；有些为弱反射，为泥质充填所形成。浅层剖面上可看到河道底界面下凹、连续强反射特征，内部充填物结构清晰，还可见到侧向加积、顶部加积、充填物旋回及斜层理等特征（图5-17~图5-19）。

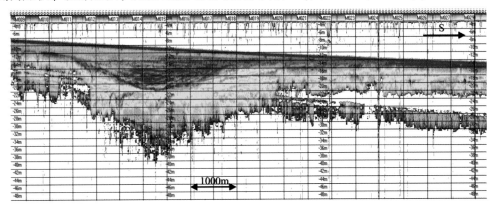

图 5-17　研究区埋藏古河道（BBW26测线浅层剖面）

埋藏古河道的河岸两侧，有一条较强的反射界面，将古河道以外的上、下沉积层分开。其界面或凹凸不平，或平整，构成了明显的侵蚀不整合或假整合接触。

埋藏古河道内普遍发育平行或亚平行斜层理、低角度交错层理和波状层理，具有同相轴短、扭曲、不连续、丘状突起或槽形凹陷的反射结构。在河漫滩的缓坡内部，有较明显向河床倾斜的斜层系，推测是沉积物侧向加积作用形成的。河漫滩上部有时可见到反射较弱的波状层理，或平行、亚平行层理，剖面上因反射能量较弱而表现为浅色半透明状，表明该层沉积物的粒度较细，湿度较大；其与下覆之粒度较粗的大型斜层理反映了河流不同的水动力特征，组成了河漫滩上沉积物的二元结构模式。

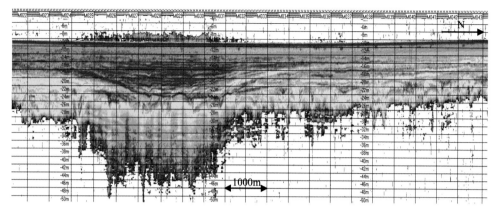

图 5-18　研究区埋藏古河道（BBW26 测线浅层剖面）

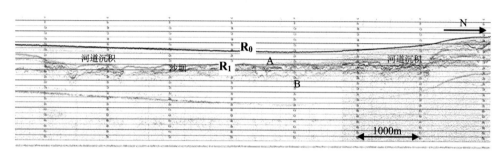

图 5-19　研究区浅层剖面（BBW58 测线）显示的河道沉积

2）埋藏古河道的形态特征

研究区内发育双层古河道，上下两层古河道充填沉积层之间，有一个明显的强反射面，发育大型低角度斜层理，同时带有交错及波状层理。说明上下两沉积层中间存在着一个沉积间断，推测它们可能属于两个不同的沉积阶段，也可能是在河流发育过程中，河曲摆动形成。埋藏古河道以曲流河为主，边滩、河漫滩、河道沙坝较发育（图 5-19），有的河段形成牛轭湖，有的深槽与浅滩相间分布。

河道沉积结构较为复杂，古河床基底凹凸不平，形态各异（图 5-20、图 5-21）。古河道横断面宽度和深度变化较大，是由于双层古河道或经过河曲摆动，主河道宽 2~9 km，深度超过 6 m；汊道仅为 500~800 m，深度为 4~5 m。河道主要发育在层 A 下部，有些河道切入层 B 地层而被层 A 上部覆盖，即被全新世海相沉积物覆盖。近岸海域的主河道宽度为 4~7 km，最大深度为 14 m（现在海面下约 20 m）边坡较陡，以不对称为主，河道断面形态比较稳定，呈宽"U"形。远岸海域的主河道宽度为 2~9 km，最大深度为 22 m（现在海面下约 37 m），边坡较平缓，河道断面形态比较稳定，近对称，呈宽"U"形。这些近岸、远岸的河道，两侧都是北岸高、南岸低，与现在的海底相似，表明当时古地面也是由北向南倾斜的，河流往西南变宽。

埋藏古河道主要是不对称型古河道，特点是河谷的一侧坡度较陡，另一侧较缓。河道东南坡宽达 2 000 m，坡度平缓，约为 5×10^{-3}，西北坡宽仅 500 m，坡度为 45×10^{-3}（图 5-21）。陡岸为侵蚀岸，缓岸为堆积岸，也是河流漫滩发育的地区，不对称型古河道的规模不等。

3）埋藏古河道的灾害地质特征

古河道的沉积物、充填物以粗碎屑砂砾石为主，孔隙度较大，层间水循环快，具有较强的渗透

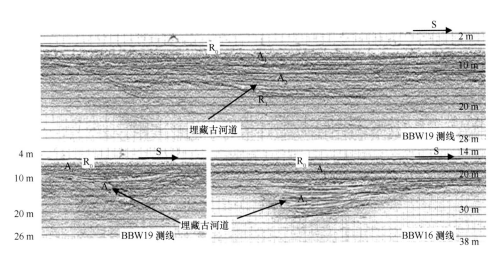

图 5-20 研究区浅层剖面显示的埋藏古河道形态特征

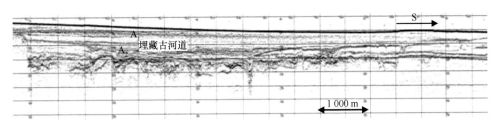

图 5-21 研究区浅层剖面（BBW30 测线）显示的埋藏古河道的横断面

性，经长期侵蚀，冲刷，上覆荷载下容易引起局部塌陷，破坏地层原始结构，造成基底不稳定。沉积物含有较丰富的有机质，经过河流的快速搬运和迅速掩埋，随着河流体系、岩相古地理条件的改变，有机质在一定热变质或生物作用下，可能演化成甲烷和沼气，这些气体呈分散状渗透在河道沉积物层间，或者聚集在河流沙体中产生气囊，成为含气地层，极易形成地质灾害。

古河道纵向切割深度不同，横向沉积相变迅速，在近距离范围以内存在完全不同的力学支撑，诸如河床沙体和河漫滩泥质沉积物，具有不同的抗剪强度，软的黏土沉积在不均匀压实或受重力和地震力的作用下，极易产生蠕变，引起滑坡，导致地质灾害。

4）埋藏古河道的分布特征

研究区内埋藏古河道发育，层 A、层 B 均有古河道存在。这两层河道有的自成体系，有的互相叠置长期发育，河床多次迁移，形成很大的河道沉积物体系。

研究区内主要发现 2 条埋藏古河道，其中规模最大的一条分布在现在的南流江以西地区，走向北东—南西，发育在海底下数米至数十米的地层中，互相叠置长期发育，经过河床多次迁移摆动，是一分汊河道，形成很大的河道沉积物体系。这些河道埋藏在海底之下 2~5 m，并遭受强烈的侵蚀改造。

这条埋藏古河道与现在的南流江走向一致，而且与南流江河口和大风江口相接，认为这是南流江埋藏古河道。南流江及河口三角洲的发育受到北东向的南流江断裂的控制，发育于合浦断陷盆地之中。南流江及三角洲两侧的范围和伸展方向再受到断裂的限制（见图 5-7、图 5-9）。

5.2.2.3　槽沟

　　槽沟是海底表层沉积物遭受侵蚀冲刷或人工挖掘而成，主要分布在两侧岛屿之间狭窄的水流较急区。在潮间浅滩和伸入内陆的潮流汊道地带，潮沟普遍发育，一般高潮期被淹，低潮期露出水面，其与潮间浅滩滩面高差 2~5 m，宽 50~100 m，长 2~30 km 不等。槽沟在各种物探剖面上均有明显的判别特征，主要表现为海底反射波的波形发生明显扭曲，反射界面突然断开或下陷或两侧对称，与周围地形差异较大（图 5-22），在声呐图像上则为内部反射杂乱、灰度较淡。

　　槽沟发育受控于地形，槽沟高度和坡度变化较大，陡峭的槽沟常伴生陡坎和不规则基岩，可能产生滑坡，是海底电缆、插桩及水下管线铺设等海洋工程应当避开或采取预防措施的地质条件。因此，海上工程应对槽沟进行详细调查。

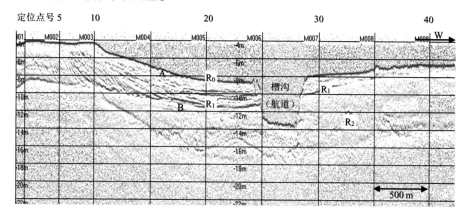

图 5-22　研究区浅层剖面（BBWL4 测线）显示的槽沟（航道）

　　潮流深槽又称潮流冲刷槽，是大型的水下槽沟，在研究区非常发育。特别是钦州湾的潮流深槽相当发育，贯通内外湾的主槽在湾中部外端呈指状分叉成三道，有的已开发为进出港航道。航道是较大型深槽，且是水路交通通道，它对当地经济发展起重要作用，但对某些海上工程则具有明显的制约作用，如海底电缆、海底输油管线的铺设等。因此，对于海洋工程来说，在施工前查明槽沟的宽度、走向等是必要的。

5.2.2.4　水下浅滩

　　水下浅（海）滩是在近岸泥沙供应较为丰富，水动力条件较弱的环境下形成的，是一种水下堆积物。水下浅滩包括潮间浅滩、拦门浅滩、潮流沙脊、水下沙嘴、水下沙坝。在物探调查资料上均有明显的判别特征，主要表现为海底反射界面上凸，成为正地形（图 5-23）。

　　潮间浅滩沿海岸呈带状分布、宽窄不一（图 5-24），一般宽 1~2 km，最宽达 7 km，长约数十千米。浅滩受波浪和潮水作用，成一定坡度向海倾斜，一般向岸倾角为 5°~12°，向海方向渐变为 1°~5°。按物质成分可分为砾石滩、沙滩、泥滩、红树林滩。当动力条件改变时，特别是在风暴潮的作用下，浅滩形态和分布发生变化，产生移动。浅滩的迁移、活动和改造将影响锚泊，并对插桩和管线等工程设施造成危害，对其移动前方的工程空间也有掩埋、冲击、拖曳等威胁。

　　水下拦门浅滩内缘与潮间浅滩和潮流沙脊相接，与河流方向垂直，其缓缓向海倾斜，水下拦门浅滩的沉积物主与潮流沙脊物质组成相近。其形成原因是由于潮流和南向波浪共同作用的结果；潮流沙脊呈狭长状分布，规模较小，其沉积物组成由中、细砂为主组成，分选程度中等，它与潮流深

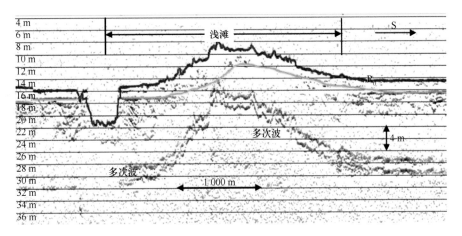

图 5-23　研究区浅层剖面（BBWL4 测线）显示的浅滩及凹凸地

图 5-24　研究区北海水域遥感概貌图显示的浅滩

槽相邻；水下沙坝仅分布于防城港湾口外，规模较小，低潮出露水面，沉积物主要由中细砂和细砂组成，分选性好；水下沙嘴仅分布于防城港湾口潮流深槽东侧，沿深槽分布，长约 4 km，宽 0.5～1 km，沉积物由中细砂和细砂组成。

5.2.2.5　凸地

凸地主要表现为海底反射波的波形发生明显扭曲，反射界面突然上凸，呈丘状起伏，两侧基本对称，与周围地形差异较大（图 5-25～图 5-27）。研究区有 4 处凸地，呈丘状起伏，与周围地形高差3~8m，规模较小，坡度3°~6°。凸地为残留地貌，其与周围存在岩性差异，并有一定高差，工程时应注意避让。

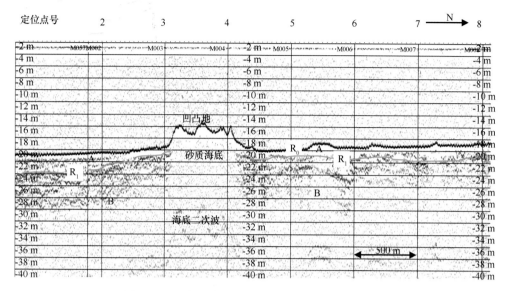

图5-25　研究区浅层剖面显示的砂质海底和凹凸地

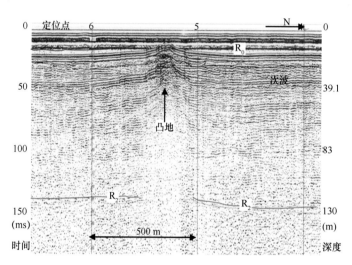

图5-26　研究区BBW52测线单道地震剖面显示的凸地及断层

5.2.2.6　其他

一方面海平面上升引起海滩水下部分上移，海岸线将向陆推移，同时加强了近岸波浪的作用，造成岸滩侵蚀；另一方面波浪频率增大，海滩沙被带至潟湖或平原区，加剧了岸滩的蚀退。海平面上升导致风暴潮的增加以及海岸侵蚀的加重。

（1）海岸侵蚀：基岩海岸由于海洋动力（潮流、波浪等）的作用，形成海蚀地貌。发育有海蚀槽、海蚀舌和海蚀崖等海蚀地貌。

（2）软土层是不容忽视的灾害地质问题，它是天然含水率大、容易交换、压缩性高、透水性差、强度低、承载能力低的一种流塑到软塑状态的黏性土，如淤泥、淤泥质土以及其他高压缩性饱

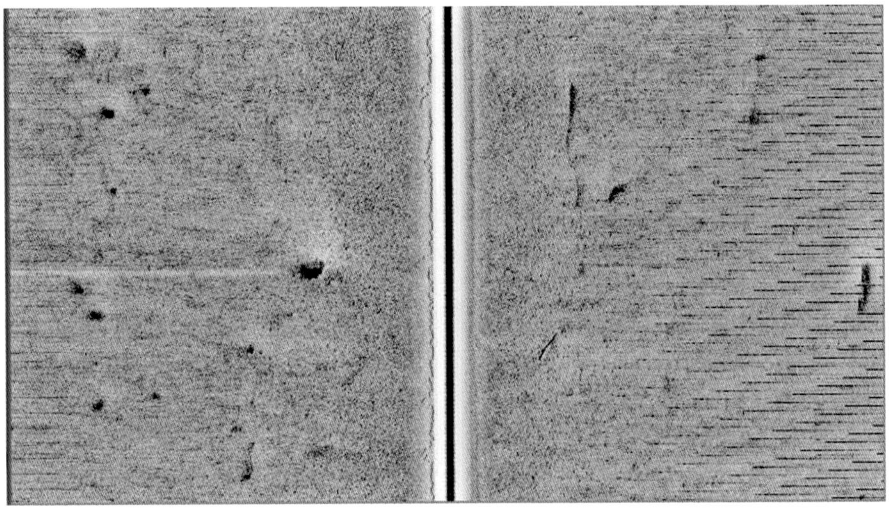

图 5-27　研究区旁侧声呐（BBWL5-1 测线）显示的凹凸地

和黏性土等，易引起地基下沉和地段失稳。本区存在软土层，以淤泥质土为主，在码头、桥梁等的工程建设中应引起重视。

（3）海陆交互层或海陆相组合层也会产生灾害地质问题，如海相层下伏强风化层，造成工程基础下沉变形，砂层中充填淤泥质软土，承载力严重丧失，造成工程基础的变形。

5.3　海底土的工程物理力学性质

5.3.1　海底表层土的类型

研究区获取的柱状样长度一般为 0.5~2 m，属海底表层土，按照《土工试验方法标准》（GB/T 50123—1999）对样品进行室内和现场土工试验分析，并根据《港口工程地质勘察规范》（JTJ 240—97）进行表层土的分类定名。结果表明，海底表层土主要类型有 12 类，即流泥、淤泥、淤泥质粉质黏土、粉砂混淤泥、细砂混淤泥、淤泥混砂、粉砂、细砂、中砂、粗砂、砾砂和卵石（图 5-28）。

淤泥是研究区内分布最广的海底表层土，其次是粉砂混淤泥，主要分布于东兴港以南海域、北海港—犀牛脚之间的南部海域和营盘镇以南海域；淤泥质粉质黏土主要分布于白龙尾南部海域，其他区域只有零星分布；流泥呈大致东西向分布于钦州湾的以南海域；细砂混淤泥分布于营盘以南的小范围区域；淤泥混砂分布于白龙尾以南海域的中部区域；中砂和粗砂广泛分布于整个研究区域；粉砂只分布于白龙尾的近岸小范围海域；细砂分布于企沙以东和犀牛脚的近岸小范围海域；砾砂分别零星分布于企沙、犀牛脚和咸田等几处近岸小范围区域；卵石分布于矛尾海的出海口附近。

5.3.2　海底表层土的物理力学性质

经过分类统计研究区内样品的土工试验数据，得到各类原状土和扰动土的物理力学指标平均值、最大值和最小值，见表 5-4 和表 5-5。

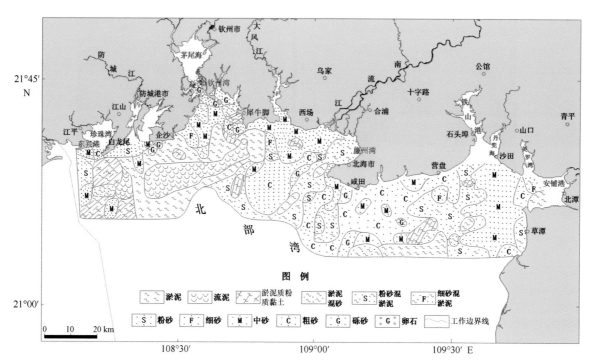

图 5-28 研究区海底土质类型分布

表 5-4 研究区海底表层各类原状土的物理力学指标综合统计

土类名称	项目	天然含水率（%）	天然密度（g/cm³）	干密度（g/cm³）	天然孔隙比	土粒比重	液限（%）	塑限（%）	塑性指数	液性指数	压缩系数（MPa⁻¹）	压缩模量（MPa）	黏聚力（kPa）	摩擦角（°）
流泥	平均值	92.9	1.48	0.77	2.448	2.64	52.3	26.5	25.8	2.61	1.80	2.12	2.181 9	—
	最大值	102.2	1.56	0.83	2.740	2.75	59.5	32.7	32.7	3.28	2.50	4.21	3	—
	最小值	86.2	1.44	0.72	1.883	2.39	46.6	22.0	21.1	2.09	0.85	1.38	2	—
	统计数量	19	19	19	19	19	19	19	19	19	19	19	11	—
淤泥	平均值	72.2	1.59	0.93	1.915	2.69	44.8	24.2	20.6	2.45	1.54	1.93	3	—
	最大值	84.6	1.70	1.06	2.351	2.80	62.0	33.1	32.1	4.17	2.14	2.71	6	—
	最小值	56.7	1.43	0.82	1.502	2.46	32.2	15.0	11.6	1.37	1.01	1.45	1	—
	统计数量	40	40	40	40	40	40	40	39	39	39	39	30	—
淤泥质粉质黏土	平均值	47.3	1.76	1.20	1.243	2.67	32.9	18.7	14.2	2.08	1.02	2.32	3	5
	最大值	61.8	2.01	1.62	1.679	2.77	51.5	26.1	25.4	3.21	1.58	4.93	5	18
	最小值	23.9	1.51	1.00	0.677	2.44	24.5	13.7	10.2	0.94	0.34	1.70	1	1
	统计数量	25	25	25	25	25	25	25	25	25	25	25	17	5
淤泥混砂	平均值	47.1	1.79	1.23	1.258	2.73	31.3	17.0	14.3	2.10	0.99	2.43	4	—
	最大值	66.1	1.91	1.40	1.765	2.75	38.4	20.3	19.4	2.47	1.41	3.18	10	—
	最小值	34.0	1.64	0.99	0.958	2.71	24.5	13.2	10.1	1.24	0.62	1.92	2	—
	统计数量	8	8	8	8	8	8	8	8	8	8	8	8	—

续表 5-4

土类名称	项目	天然含水率（%）	天然密度（g/cm³）	干密度（g/cm³）	天然孔隙比	土粒比重	液限（%）	塑限（%）	塑性指数	液性指数	压缩系数（MPa⁻¹）	压缩模量（MPa）	黏聚力（kPa）	摩擦角（°）
粉砂混淤泥	平均值	42.4	1.88	1.33	1.060	2.71	26.0	15.7	10.4	2.69	0.79	2.85	3	6
	最大值	81.9	2.00	1.53	1.619	2.76	46.4	28.2	18.2	4.66	1.50	4.38	6	12
	最小值	30.2	1.69	1.05	0.727	2.61	18.7	12.0	6.2	1.27	0.46	1.72	2	2
	统计数量	24	24	24	24	24	23	23	22	22	22	22	14	13
细砂混淤泥	平均值	39.7	1.9	1.37	1.02	2.75	20.1	12.6	7.5	3.61	0.5	4.09	—	5.5
	最大值	43.5	1.94	1.43	1.122	2.75	20.9	12.9	8.6	3.63	0.51	4.42	—	6.4
	最小值	35.8	1.86	1.3	0.918	2.74	19.3	12.3	6.4	3.58	0.48	3.76	—	4.6
	统计数量	2	2	2	2	2	2	2	2	2	2	2	—	2
综合统计	平均值	61.9	1.69	1.07	1.625	2.69	38.1	20.9	17.0	2.38	1.24	2.24	2	1
	统计数量	118	118	118	118	118	117	117	115	115	115	115	80	20

表 5-5 研究区海底表层各类扰动土的物理力学指标综合统计

土类名称	项目	d_{10}	d_{30}	d_{60}	不均匀系数 Cu	土粒比重	水上摩擦角（°）	水下摩擦角（°）
粉砂	平均值	0.022 7	0.081 7	0.235 5	28.12	2.66	39	10
	最大值	0.064 0	0.113 3	0.358 1	65.88	2.73	42	33
	最小值	0.005 4	0.036 1	0.145 0	2.41	2.59	37	3
	统计数量	4	4	4	4	2	4	4
细砂	平均值	0.069 6	0.101 3	0.218 6	4.02	—	39	23
	最大值	0.087 6	0.122 2	0.298 8	7.90	—	44	34
	最小值	0.037 8	0.074 5	0.155 8	1.87	—	35	3
	统计数量	3	3	3	3	—	3	3
中砂	平均值	0.115 3	0.249 0	0.438 5	32.64	2.73	38	29
	最大值	0.269 0	0.346 0	0.736 0	330.16	2.78	43	39
	最小值	0.002 0	0.070 4	0.340 0	1.66	2.71	33	3
	统计数量	34	39	39	34	30	39	39
粗砂	平均值	0.216 6	0.446 7	0.939 1	8.03	2.70	36	21
	最大值	0.313 0	0.594 0	1.239 0	70.99	2.74	40	35
	最小值	0.002 0	0.283 5	0.738 7	2.35	2.68	32	3
	统计数量	34	34	34	33	21	34	34
砾砂	平均值	0.077	0.416	1.780	198.38	2.72	36	28
	最大值	0.310	0.754	2.820	1 059.00	2.78	38	34
	最小值	0.002	0.060	1.226	4.79	2.68	33	3
	统计数量	11	11	11	11	7	11	11

续表 5-5

土类名称	项 目	d_{10}	d_{30}	d_{60}	不均匀系数 Cu	土粒比重	水上摩擦角（°）	水下摩擦角（°）
卵石	平均值	0.721 3	7.346 3	15.772 4	18.66	2.77	39	31
	最大值	1.083 9	18.802 1	38.364 0	35.03	2.77	39	31
	最小值	0.352 0	1.112 7	3.065 0	4.21	2.77	39	31
	统计数量	3	3	3	3	1	1	1

　　海底表层土黏聚力（三轴抗剪）最大值为 10 kPa，最小值为 1 kPa，平均值为 2.0 kPa。在钦州湾、北海港—铁山港的南部海域黏聚力梯度变化较大，为 2.5~9.0 kPa，其余区域变化较平缓，为 2.0~5.0 kPa（图 5-29）；海底表层土天然含水率最大值为 102.9%，最小值为 23.9%，平均值为 61.9%。在研究区的东部和西部海域梯度变化稍大，中部海域变化较为平缓（图 5-30）；海底表层土天然孔隙比最大值为 2.740，最小值为 0.670，平均值为 1.620。等值线在研究区的西部钦州湾—东兴港的南部海域、东部营盘—安铺港以南海域天然孔隙比梯度变化稍大，为 1.1~2.5，中部海域变化较为平缓，为 1.1~1.7（图 5-31）；海底表层土压缩系数最大值为 2.50 MPa^{-1}，最小值为 0.34 MPa^{-1}，平均值为 1.24 MPa^{-1}。在研究区的西部和东部海域压缩系数梯度变化稍大，其余海域变化较为平缓（图 5-32）。

　　综上所述，研究区海底表层土的黏聚力、天然含水率、天然孔隙比和压缩系数在东部和西部海域变化梯度稍大，中部海域变化较为平缓，整体上无明显变化趋势。

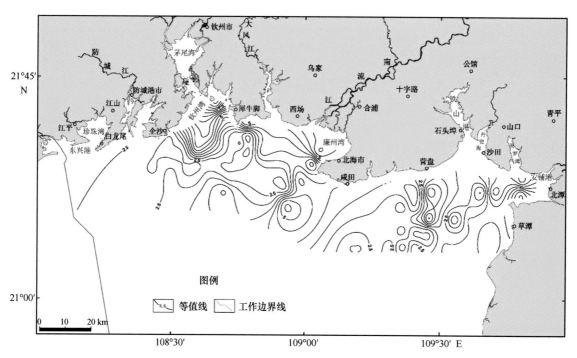

图 5-29　研究区海底表层土黏聚力（kPa）等值线

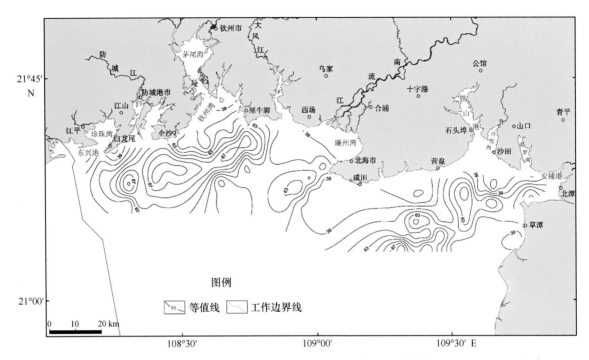

图 5-30　研究区海底表层土天然含水率（%）等值线

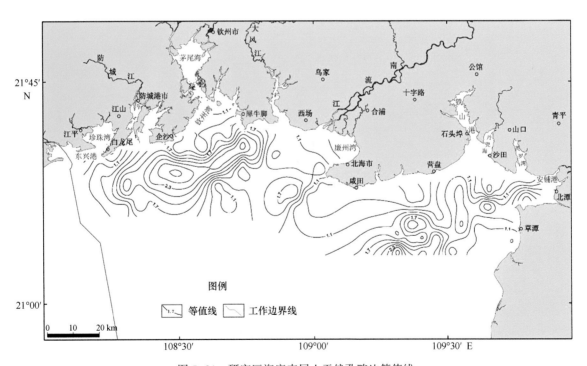

图 5-31　研究区海底表层土天然孔隙比等值线

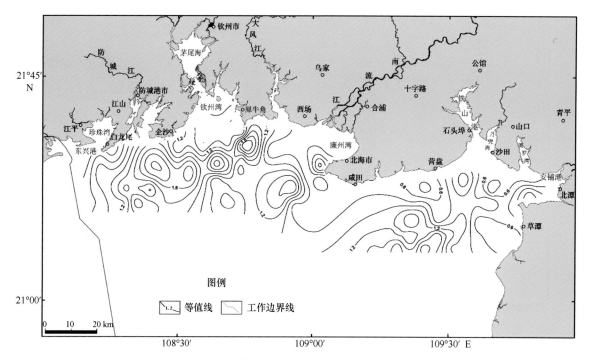

图 5-32　研究区海底表层土压缩系数（MPa^{-1}）等值线

5.4　工程地质分层及其物理力学性质

5.4.1　钻孔工程地质分层及其物理力学性质

5.4.1.1　钻孔工程地质分层原则

　　研究区内共有 BBWZK2、BBWZK3、BBWZK4、BBWZK5、BBWZK6、BBWZK7、BBWZK8、BB-WZK9 八口工程地质钻孔，钻孔的工程地质土类定名采用《港口工程地质勘察规范》（JTJ 240—97）。根据该钻孔的土质类型、土工特性、地质成因和地质年代及土工试验结果，分别对研究区各钻孔进行了工程地质层划分（图 5-33～图 5-48）。

钻孔编号	BBWZK2	坐标	21°25′10.64″ N	钻孔深度	20.3 m	开孔日期	2012.07.05
孔口标高	-24.5 m		108°16′38.76″ E			终孔日期	2012.07.05

地层代号	层序	层底标高(m)	层底深度(m)	分层厚度(m)	柱状图	岩 土 描 述
Q₄	1	-32.0	7.5	7.5		淤泥：灰色、青灰色，很湿，上部流塑，下部软塑，滑腻，粘手，含少量中继砂和贝壳碎屑
Q₃	2	-34.3	9.8	2.3	C	粗砂：灰色、深灰色，松散，含水不饱和，含少量中砂；砂粒分选、磨圆差
	3	-35.0	10.5	0.7	G	砾砂：浅黄—浅灰色，松散，含水不饱和，含少量中粗砂，磨圆一般，分选差
	4	-36.5	12.0	1.5	G	圆砾：浅黄—浅灰色，松散，含水不饱和，含少量粗砂，磨圆一般，分选差
	5	-39.3	14.8	2.8	G	砾砂混黏性土：浅黄—浅灰色，含水不饱和，稍密，含少量中粗砂和黏性土，分选差
						粗砂：浅黄—浅灰色，含水不饱和，稍密，含少量中砂和砾砂，磨圆一般，分选差
	6	-39.9	15.4	0.6	C	
	7	-44.8	20.3	4.9	G	砾砂混黏性土：黄色—深黄色，含水不饱和，中密，含少量灰白色中粗砂和黏性土，分选差

图 5-33 研究区 BBWZK2 钻孔柱状剖面

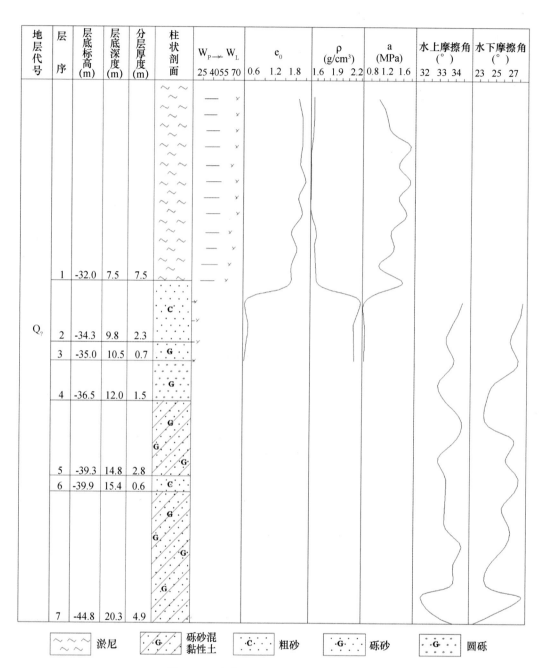

图 5-34　研究区 BBWZK2 钻孔土工特征

钻孔编号	BBWZK3	坐标	21°33′24.766″ N	钻孔深度	30.5 m	开孔日期	2006.05.22
孔口标高	-6.40 m		108°41′11.462″ E			终孔日期	2006.05.23

地层代号	层序	层底标高 (m)	层底深度 (m)	分层厚度 (m)	柱状剖面	岩 土 描 述
Q_4	1	-7.1	0.7	0.7		淤泥：灰黑色、深灰色、青灰色，很湿，流塑—软塑状，淤泥质地不纯，手捏有砂感，混中细砂和贝壳碎悄物。
Q_2^6						砂混黏性土：上部深灰—青灰色，下部浅灰—灰白色，松散，饱和；以粗砂、砾砂为主，含少量粉砂、细砂；砂的成分以石英为主，次棱角状，分选性差；混黏性土和贝壳碎屑。
	2	-19.9	13.5	12.8		粉质黏土：浅灰—青灰色，长柱状岩芯，湿，质纯，可塑。灰色、青灰色，可塑，饱和，有黏性。
	3	-20.8	14.4	0.9		
	4	-21.5	15.1	0.7		中砂混黏性土：灰白色、浅灰色，稍密状，饱和，以中砂为主，细砂次之，成分以石英为主，局部含有黏性土。
	5	-25.4	19.0	3.9		
Q_1^J	6	-30.2	23.8	4.8		粉土：浅灰色、青灰色，湿，软塑—可塑，含少量粉细砂。
						淤泥质粉质黏土：深灰色、青灰色，湿，可塑，黏手，局部含粉细砂。
	7	-33.4	27.4	3.2		
	8	-33.5	30.5	3.1		黏土：深灰色、青灰色，稍湿，硬塑，黏性强，在26.8~27.1之间夹有粉细砂夹层。底部见卵石，直径达6 cm。
						全风化砂岩：浅灰色、灰色，成分为粉质黏土，手可捏碎，逐渐变硬，钻进困难，块状结果，节理清晰，底部为30 cm中风化岩块。

图 5-35 研究区 BBWZK3 钻孔柱状剖面

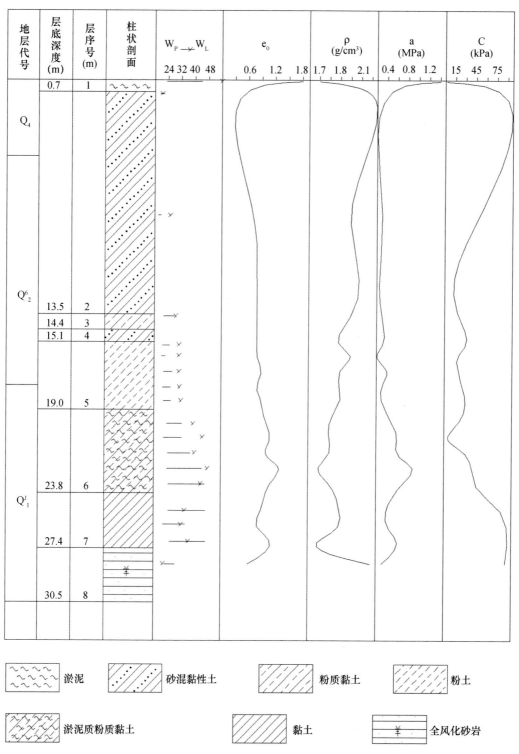

图 5-36 研究区 BBWZK3 钻孔土工特征

钻孔编号	BBWZK4	坐标	21°32′57.840″ N	钻孔深度	31.8 m	开孔日期	2007.05.04
孔口标高	-7.3 m		108°46′97.650″ E			终孔日期	2007.05.04

地层代号	层序	层底标高(m)	层底深度(m)	分层厚度(m)	柱状剖面	岩　土　描　述
Q₄	1	-20.7	13.4	13.4		淤泥：灰黑色、深灰色，很湿，流塑—软塑状，手捏有砂感，混细砂和贝壳碎屑物
Q₁z	2	-23.5	16.2	2.8		砾砂：灰色，饱和，松散，成分为石英、长石
	3	-26.4	19.1	2.9		粉砂：灰色，饱和，松散—稍密，成分为石英、长石
	4	-29.4	22.1	3.0		粗砂：灰色，饱和，稍密，成分为石英、长石
J	5	-37.6	30.3	8.2		粉质黏土：灰色、灰黄色，手捏带砂感，上部可塑，下部硬塑
	6	-39.1	31.8	1.5		强风化泥岩：灰色，较坚硬，手可捏碎，下部见少量中风化岩块

图 5-37　研究区 BBWZK4 钻孔柱状剖面

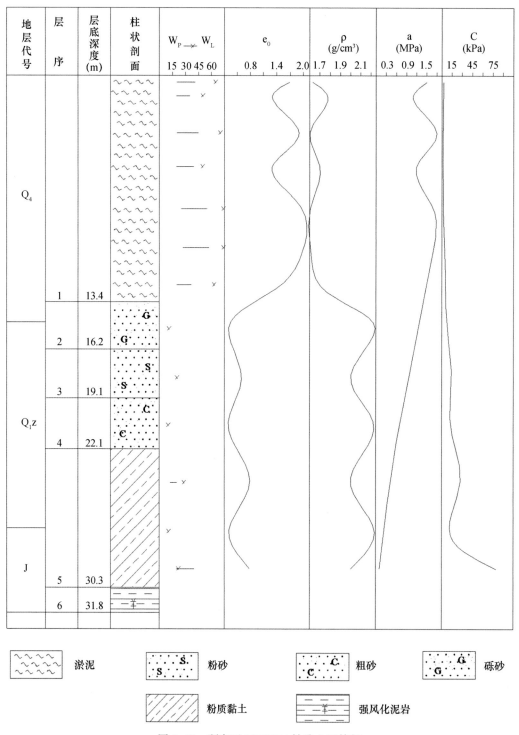

图 5-38　研究区 BBWZK4 钻孔土工特征

钻孔编号	BBWZK5	坐标	21°25′77.340″ N	钻孔深度	37.1 m	开孔日期	2007.05.07
孔口标高	-10.7 m		108°57′09.920″ E			终孔日期	2007.05.08

地层代号	层序	层底标高(m)	层底深度(m)	分层厚度(m)	柱状剖面	岩 土 描 述
Q_4	1	-32.0	7.5	7.5		淤泥: 灰黑色、深灰色，很湿，流塑—软塑状，手捏有沙感，混细砂和贝壳碎屑物
Q_1z	2	-23.3	12.6	7.6		砾砂: 灰色、浅灰色，松散—稍密，饱和，成分为石英、长石，局部含少量黏性土
	4	-47.8	37.1	24.5		粗砂: 灰色、浅灰色，稍密，饱和，成分为石英、长石，局部含少量黏性土

图 5-39 研究区 BBWZK5 钻孔柱状剖面

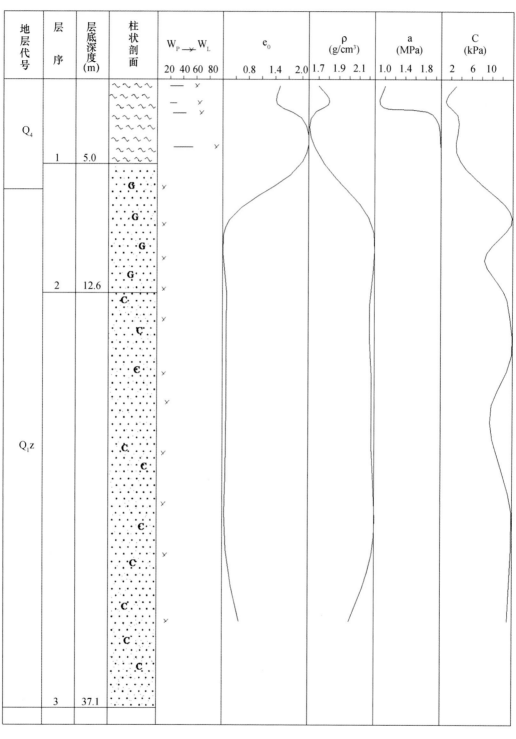

图 5-40　研究区 BBWZK5 钻孔土工特征

钻孔编号	BBWZK6	坐标	21°14′42.94″N	钻孔深度	35.64 m	开孔日期	2008.04.21
孔口标高	-15.30 m		109°07′14.15″E			终孔日期	2008.04.22

地层代号	层序	层底标高(m)	层底深度(m)	分层厚度(m)	柱状剖面	岩土描述
Q₄	1	-16.70	1.40	1.40	G	砾砂混淤泥：淡黄色或银白色，含水饱和，松散，含少量淤泥，混少量生物碎屑；砂粒分选性差，磨圆差，呈次棱角状
	2	-18.50	3.20	1.80	C	粗砂：淡黄色，含水饱和，松散，砂粒分选差，磨圆差，呈次棱角状，主要成分为石英、长石
	3	-23.30	8.00	4.80	G	砾砂：淡黄色，含水饱和，松散；砂粒分选、磨圆差
	4	-25.17	9.87	1.87	C	粗砂：淡黄色，含水饱和，松散
	5	-26.40	11.10	1.23		黏质粉土：灰白色，手捏稍带沙感，粘手，湿，可塑
	6	-28.07	12.77	1.67	S	粉砂混淤泥：青灰色，含水饱和，松散，含少量淤泥
	7	-30.07	12.77	2.00	G	砾砂：银白色，含水饱和，松散，砂粒分选、磨圆差
Q₁z	8	-34.30	19.00	4.23		粉质黏土：灰白色或青灰色，粘手，湿，可塑
						砾砂：灰白色，含水饱和，松散；砂粒分选、磨圆差，呈棱角状
	9	-34.90	19.60	0.60	G	
	10	-36.80	21.50	1.90	M	中砂：灰白色，含水饱和，松散；砂粒分选、磨圆差，呈棱角状
	11	-38.85	23.55	2.05	G	砾砂：灰白色，含水饱和，松散；砂粒分选、磨圆差，呈棱角状
	12	-43.20	27.95	4.35	M	中砂：灰白色，含水饱和，松散；砂粒分选、磨圆差，呈棱角状
	13	-44.40	29.10	1.20		黏质粉土：灰白色，手捏稍带砂感，粘手，湿，可塑
	14	-47.79	32.49	3.39	G	砾砂：灰白色，含水半饱和，稍密；砂粒分选、磨圆差，呈棱角状
	15	-50.94	35.64	3.15	S	粉砂混淤泥：灰白色，含水半饱和，中密，含少量淤泥

图 5-41 研究区 BBWZK6 钻孔柱状剖面

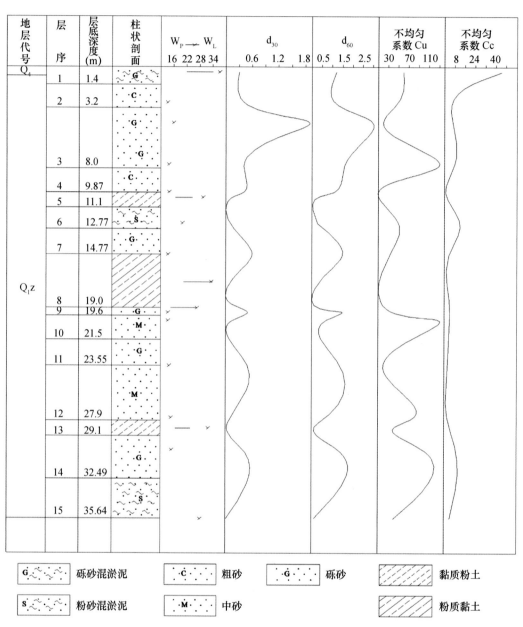

图 5-42　研究区 BBWZK6 钻孔土工特征

钻孔编号		BBWZK7	坐标	21°14′42.82″ N	钻孔深度		39.45 m	开孔日期	2008.04.26
孔口标高		-15.50 m		109°24′36.00″ E	终孔日期				2008.04.26

地层代号	层序	层底标高(m)	层底深度(m)	分层厚度(m)	柱状剖面	岩　土　描　述
Q₄						粉砂混黏性土：土黄色、灰白色，含水饱和，松散，含少量黏性土；砂粒分选较好，呈次棱角状
	1	-20.30	4.80	4.80		淤泥质黏土：土黄色、灰色，质软，湿，可塑，强黏性
	2	-22.50	7.00	2.20		中砂混黏性土：土黄色、灰色，含水饱和，松散，含少量黏性土；砂粒分选、磨圆差，呈棱角状
	3	-24.80	9.30	2.30		中砂：土黄色、灰色，含水饱和，松散；砂粒分选、磨圆差，呈棱角状
	4	-25.80	10.30	1.00		
	5	-27.03	11.53	1.23		砾砂：灰色，含水饱和，松散；砂粒分选、磨圆差。主要成分为石英
	6	-28.90	13.40	1.87		
	7	-31.20	15.80	2.30		中砂：青灰色，含水饱和，松散；砂粒分选、磨圆差，呈棱角状
						粉质黏土：青灰色，粘手，湿，可塑
	8	-35.30	19.80	4.10		粉砂：青灰色、灰白色，含水饱和，松散；砂粒分选、磨圆差，呈棱角状
Q₁z	9	-37.20	21.70	1.90		中砂：灰白色，含水饱和，松散；砂粒分选、磨圆差，呈棱角状
	10	-40.00	24.50	2.80		粉砂：青灰色，含水饱和，松散；砂粒分选、磨圆差，呈棱角状
						黏质粉土：青灰色，手捏稍带沙感，质软粘手，湿，可塑
						中砂：灰绿色，含水饱和，稍密；砂粒分选、磨圆差，呈棱角状；含少量砾石，粒径3~5 mm左右
	11	-47.60	32.10	7.60		
	12	-48.80	33.30	1.20		粉砂：灰白色，含水半饱和，稍密；砂粒分选、磨圆差，呈棱角状；夹少量黏土团块
	13	-51.50	36.00	2.70		淤泥质黏土：青灰色，质软，中等黏性，稍湿，可塑
	14	-53.80	38.30	2.30		黏质粉土：青灰色，手捏稍带砂感，质软，粘手，稍湿，可塑
	15	-54.95	39.45	1.15		

图 5-43　研究区 BBWZK7 钻孔柱状剖面

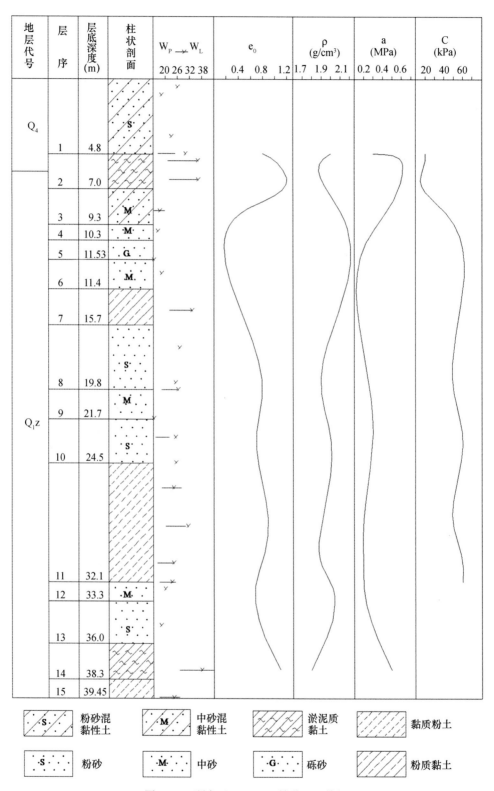

图 5-44 研究区 BBWZK7 钻孔土工特征

图例：
- 粉砂混黏性土 (S)
- 中砂混黏性土 (M)
- 淤泥质黏土
- 黏质粉土
- 粉砂 (S)
- 中砂 (M)
- 砾砂 (G)
- 粉质黏土

钻孔编号	ZK8		21°14′26.21″ N	钻孔深度	35.8 m	开孔日期	2009.05.28
孔口标高	-8.4 m		109°41′50.33″ E			终孔日期	2009.05.28

地层代号	层序	层底标高(m)	层底深度(m)	分层厚度(m)	柱状剖面	岩土描述
Q₄	1	-11.10	2.7	2.7	M	中砂混淤泥：深灰、青灰色，饱和，松散。含少量的粗砂及细砂，下部含少量的黏性土
Q₃j	2	-13.50	5.1	2.4		粉土：灰白、灰黄色，饱和，可塑。含少量的粉细砂，其量在底部增多
	3	-14.5	7.0	1.9	S	粉砂：灰白色，饱和，中密。含少量黏性土
	4	-18.2	9.8	2.8	M	中砂：灰黄、灰白色，饱和，中密。含少量黏性土，颗粒分选性一般，呈次冷角状
	5	-20.8	12.4	2.6	C	粗砂：土黄色，饱和，中密。含少量的砾砂及黏土。颗粒分选性一般，呈次冷角状
	6	-24.6	16.2	3.8		粉土：黄色、灰白色，饱和，可塑。14.4~4.8 m 处为棕红色粗砂层
	7	-28.1	19.7	3.5		淤泥质粉质黏土：浅灰、青灰色，饱和，软塑—可塑
	8	-30.2	21.7	2.1	S	粉砂混黏性土：浅灰色，饱和，可塑
Q₃b	9	-35.3	26.9	5.1	M	中砂：灰白色，含水饱和，松散；砂粒分选、磨圆差，呈棱角状
	10	-39.3	30.9	4.0		粉质黏土：深灰、青灰色，饱和，软塑—可塑，含少量的粉、细砂
	11	-41.1	32.7	1.8		黏土：灰、灰黄色，饱和，硬塑，刀切面光滑，具黏性。在顶部有厚约 0.6 m 的黑色泥碳，上部黏性土相对较软
	12	-44.2	35.8	3.1		粉土：灰黄、灰白色，饱和，可塑。刀切面光滑

图 5-45 研究区 BBWZK8 钻孔柱状剖面

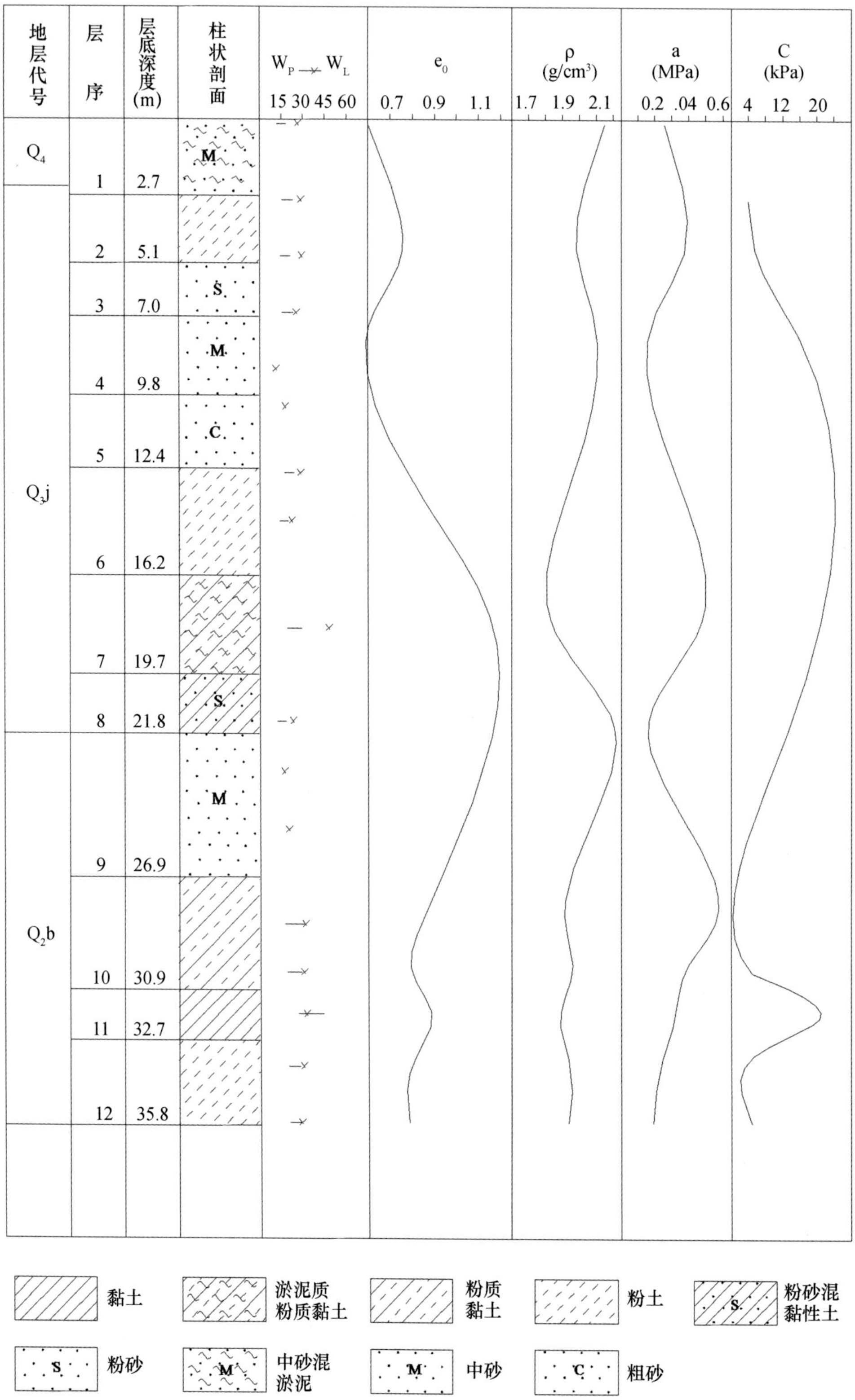

地层代号	层序	层底深度(m)	柱状剖面	$W_P \longrightarrow W_L$ 15 30 45 60	e_0 0.7 0.9 1.1	ρ (g/cm³) 1.7 1.9 2.1	a (MPa) 0.2 .04 0.6	C (kPa) 4 12 20
Q_4	1	2.7						
Q_3j	2	5.1						
	3	7.0						
	4	9.8						
	5	12.4						
	6	16.2						
	7	19.7						
	8	21.8						
Q_2b	9	26.9						
	10	30.9						
	11	32.7						
	12	35.8						

黏土　淤泥质粉质黏土　粉质黏土　粉土　粉砂混黏性土

粉砂　中砂混淤泥　中砂　粗砂

图 5-46　研究区 BBWZK8 钻孔土工特征

钻孔编号	BBWZK9	坐标	21°24′20.88″ N	钻孔深度	80.05 m	开孔日期	2008.04.15
孔口标高	-18.00 m		108°33′57.06″ E			终孔日期	2008.04.16

地层代号	层序	层底标高(m)	层底深度(m)	分层厚度(m)	柱状剖面	岩 土 描 述
Q₄						淤泥:青灰色,软塑,污手,强黏性,手捏稍带沙感,岩芯连续
						淤泥质粉质黏土:青灰色,质软,湿,可塑,污手,有粘性,岩芯连续
	1	-25.20	7.20	7.20		圆砾:灰白色,含水饱和,松散,砂粒分选,磨圆差。主要成分为石英
	2	-29.60	11.60	4.40		中砂:灰白色至淡黄色,含水饱和,松散;砂粒分选、磨圆差,呈棱角状
	3	-30.80	12.80	1.20		砾砂:灰白色至淡黄色,含水饱和,松散;砂粒分选、磨圆差;主要成分为石英
Q₃j	4	-34.50	16.50	3.70	M	粉砂:青灰色,含水饱和,松散;砂粒分选、磨圆较好
	5	-36.00	18.00	1.50	G	
	6	-38.60	20.60	2.60	S	中砂:青灰色,含水饱和,松散;砂粒分选好,磨圆中等,呈次棱角状
	7	-43.10	25.10	2.50	M	粉砂:青灰色,含水半饱和,稍密,颗粒分选好,磨圆一般,呈次棱角状
	8	-45.40	27.40	2.30	S	砾砂混黏性土:青灰色,含水半饱和,稍密,含少量黏性土;砂粒分选较好,呈次棱角状
	9	-48.70	30.70	3.30	G	中砂:青灰色,含水半饱和,稍密,砂粒分选、磨圆差,呈次棱角状
	10	-51.50	33.70	2.80	M	粉砂混淤泥:青灰色,含水半饱和,稍密,砂粒分选较好,呈次棱角状;含少量淤泥
	11	-54.20	36.20	2.70	S	中砂:青灰色,含水半饱和,稍密,砂粒分选中等,呈次棱角状
	12	-57.70	39.70	3.50	M	

图 5-47　研究区 BBWZK9 钻孔柱状剖面

钻孔编号	BBWZK9	21°24'20.88" N	钻孔深度	80.1 m	开孔日期	2008.04.15
孔口标高	-18.00 m	108°33'57.06" E			终孔日期	2008.04.16

地层代号	层序	层底标高 (m)	层底深度 (m)	分层厚度 (m)	柱状剖面	岩 土 描 述
Q₃j	13	-59.80	41.80	2.10	S	粉砂：青灰色，含水半饱和，稍密；砂粒分选中等，呈次棱角状
	14	-66.80	48.80	7.00		粉质黏土：青灰色，手捏稍带沙感，稍湿，可塑—硬塑
	15	-70.00	52.00	3.20	M	中砂：青灰色，含水半饱和，稍密；砂粒分选中等，呈次棱角状
	16	-73.40	55.40	3.40	S	粉砂混黏性土：青灰色，含水半饱和，稍密，含少量黏性土，砂粒分选好，磨圆中等，可见白云母，岩心柱状
	17	-75.90	57.90	2.50	M	中砂：青灰色，含水半饱和，稍密，无黏性；砂粒分选、磨圆中等，呈次棱角状
Q₂b					G	砾砂：青灰色，含水半饱和，稍密，无黏性；砂粒分选、磨圆中等，呈次棱角状；偶见角砾，可见了绢云母
	18	-98.10	80.05	22.15		

图 5-47（续） 研究区 BBWZK9 钻孔柱状剖面

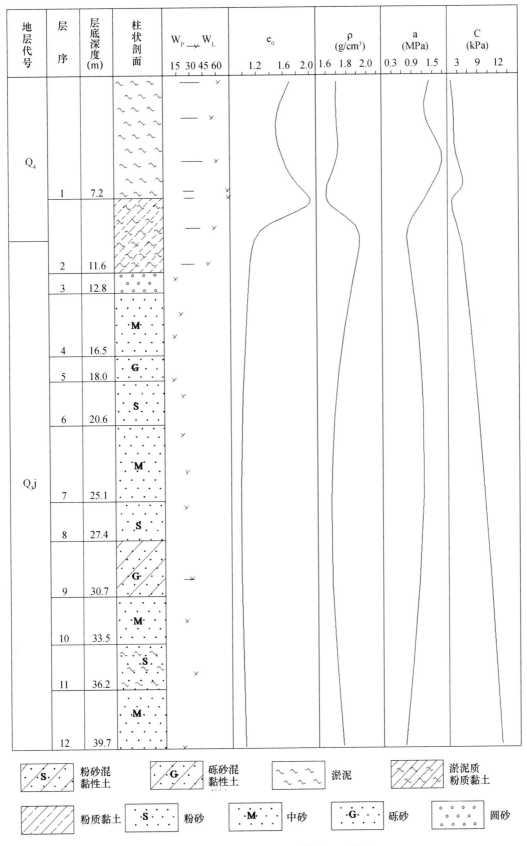

图 5-48 研究区 BBWZK9 钻孔土工特征

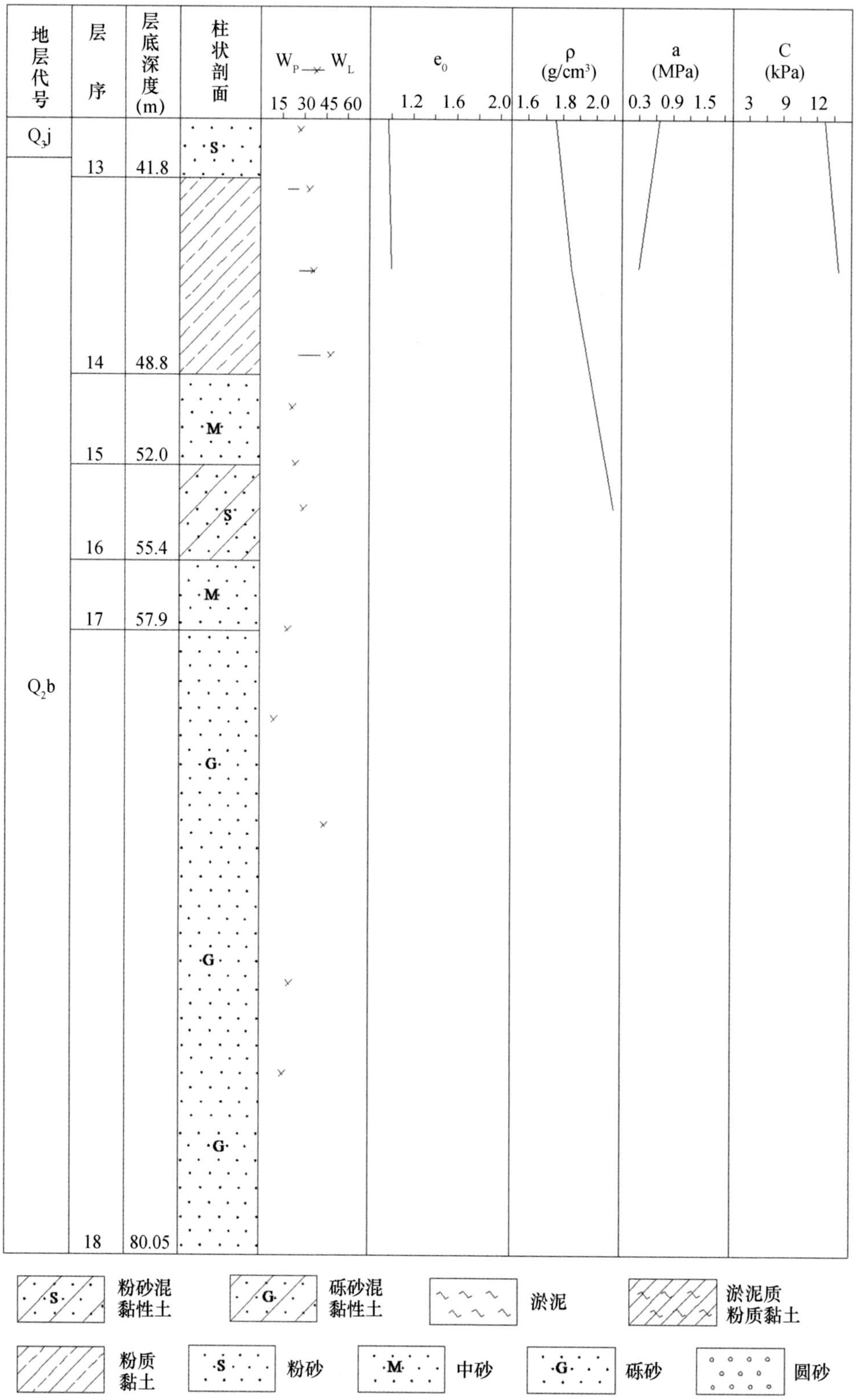

图 5-49（续）　研究区 BBWZK9 钻孔土工特征

5.4.1.2 钻孔工程地质层及其物理力学性质

1）BBWZK2 钻孔

（1）工程地质层

根据 BBWZK2 钻孔的资料，可划分为 7 个工程地质层，具体描述如下。

第 1 层，淤泥：灰色、青灰色，很湿，上部流塑，下部软塑，滑腻，粘手，含少量中细砂和贝壳碎屑。厚度为 7.5 m。

第 2 层，粗砂：灰色、深灰色，松散，含水不饱和，含少量中砂；砂粒分选、磨圆差。厚度为 2.3 m。

第 3 层，砾砂：浅黄—浅灰色，松散，含水不饱和，含少量中粗砂，磨圆一般，分选差。厚度为 0.7 m。

第 4 层，圆砾：浅黄—浅灰色，松散，含水不饱和，含少量粗砂，磨圆一般，分选差。厚度为 1.5 m。

第 5 层，砾砂混黏性土：浅黄—浅灰色，含水不饱和，稍密，含少量中粗砂和黏性土，分选差。厚度为 2.8 m。

第 6 层，粗砂：浅黄—浅灰色，含水不饱和，稍密，含少量中砂和砾砂，磨圆一般，分选差。厚度为 0.6 m。

第 7 层，砾砂混黏性土：黄色—深黄色，含水不饱和，中密，含少量灰白色中粗砂和黏性土，分选差。厚度为 4.9 m。

（2）各工程地质层的物理力学性质

各工程地质层的物理力学性质如下。

第 1 层，天然含水率 71.6%，天然密度 1.54 g/cm³，天然孔隙比 1.907，土粒比重 2.61，塑性指数 20.6，液性指数 2.12，压缩系数 1.40 MPa⁻¹，压缩模量 2.15 MPa，内摩擦角 1.3°。

第 2 层，天然含水率 17.7%，天然密度 2.23 g/cm³，天然孔隙比 0.415，土粒比重 2.68，塑性指数 5.9，液性指数 1.30，压缩系数 0.15 MPa⁻¹，压缩模量 9.25 MPa，水上坡角 34.0°，水下坡角 27.8°。

第 3 层，土粒比重 2.65，水上坡角 34.0°，水下坡角 28.0°。

第 4 层，土粒比重 2.71，水上坡角 33.3°，水下坡角 24.5°。

第 5 层，土粒比重 2.72，水上坡角 33.8°，水下坡角 26.5°。

第 6 层，土粒比重 2.73，水上坡角 33.5°，水下坡角 27.5°。

第 7 层，土粒比重 2.72，水上坡角 33.5°，水下坡角 25.6°。

2）BBWZK3 钻孔

（1）工程地质层

根据 BBWZK3 钻孔的资料，可划分为 8 个工程地质层，具体描述如下。

第 1 层，淤泥：灰黑色、深灰色、青灰色，很湿，流塑—软塑状，淤泥质地不纯，手捏有沙感，混中细砂和贝壳碎屑物。厚 0.7 m。

第 2 层，砂混黏性土：上部深灰—青灰色，下部浅灰—灰白色，松散，饱和；以粗砂、砾砂为主，含少量粉砂、细砂；砂的成分以石英为主，次棱角状，分选性差；混黏性土和贝壳碎屑；厚

12. 8 m。

第3层，粉质黏土：浅灰—青灰色，柱状岩心，湿，质纯，可塑；厚 0. 9 m。

第4层，中砂混黏性土：灰白色、浅灰色，稍密状，饱和，以中砂为主，细砂次之，成分以石英为主，局部含有黏性土。厚 0. 7 m。

第5层，粉土：浅灰色、青灰色，湿，软塑—可塑，含少量粉细砂。厚 3. 9 m。

第6层，淤泥质粉质黏土：深灰色、青灰色，湿，可塑，粘手，局部含粉细砂；厚 4. 8 m。

第7层，黏土：深灰色、青灰色，稍湿，硬塑，黏性强，在 26. 8~27. 1 m 之间夹有粉细砂夹层。底部见卵石，直径达 6 cm。厚 3. 6 m。

第8层，全风化砂岩：浅灰色、灰色，成分为粉质黏土，手可捏碎，逐渐变硬，钻进困难，块状结构，节理清晰，底部为 30 cm 中风化岩块。钻遇厚度 3. 1 m。

（2）各工程地质层的物理力学性质

各工程地质层的物理力学性质如下。

第1层，天然含水率 69. 6%，天然密度 1. 67 g/cm³，天然孔隙比 1. 762，塑性指数 22. 0，液性指数 2. 21，压缩系数 1. 37 MPa⁻¹，黏聚力 2. 0 kPa。

第2层，天然含水率 21. 9%，天然密度 2. 06 g/cm³，天然孔隙比 0. 595，塑性指数 8. 7，液性指数 1. 12，压缩系数 0. 23 MPa⁻¹，黏聚力 69. 0 kPa。

第3层，天然含水率 28. 3%，天然密度 1. 97 g/cm³，天然孔隙比 0. 758，塑性指数 10. 0，液性指数 1. 09，压缩系数 0. 3 MPa⁻¹，黏聚力 20. 0 kPa。

第4层，无物理力学性质数据。

第5层，天然含水率 31. 0%，天然密度 1. 94 g/cm³，天然孔隙比 0. 832，塑性指数 9. 3，液性指数 1. 63，压缩系数 0. 28 MPa⁻¹，黏聚力 25. 5 kPa。

第6层，天然含水率 43. 2%，天然密度 1. 78 g/cm³，天然孔隙比 1. 127，塑性指数 16. 0，液性指数 1. 31，压缩系数 0. 65 MPa⁻¹，黏聚力 25. 0 kPa。

第7层，天然含水率 34. 0%，天然密度 1. 84 g/cm³，天然孔隙比 0. 922，塑性指数 19. 0，液性指数 0. 53，压缩系数 0. 44 MPa⁻¹，黏聚力 83. 0 kPa。

第8层，天然含水率 18. 1%，天然密度 2. 17 g/cm³，天然孔隙比 0. 551，塑性指数 10. 0，液性指数-0. 1，压缩系数 0. 28 MPa⁻¹，黏聚力 87. 0 kPa。

根据 BBWZK3 钻孔土工特征和各工程地质层的物理力学性质指标可知，随深度增加，海底土黏聚力逐渐增大，而含水率、孔隙比和压缩系数无明显变化。

3）BBWZK4 钻孔

（1）工程地质层

根据 BBWZK4 钻孔的资料，可划分为 6 个工程地质层，具体描述如下。

第1层，淤泥：灰黑色、深灰色，很湿，流塑—软塑状，淤泥质地不纯，手捏有沙感，混细砂和贝壳碎屑物。厚度为 13. 4 m。

第2层，砾砂：灰色，上部松散，下部稍密状，饱和，成分为石英、长石。厚度为 2. 8 m。

第3层，粉砂：灰色，稍密，饱和，成分为石英、长石。厚度为 2. 9 m。

第4层，粗砂：灰色，稍密，饱和，成分为石英、长石。厚度为 3. 0 m。

第5层，粉质黏土：灰色、灰黄色，手捏带沙感，上部可塑，下部硬塑。厚度为 8. 2 m。

第6层，强风化泥岩：灰色，较坚硬，手可捏碎，下部见少量中风化岩块。厚度为1.5 m。

（2）各工程地质层的物理力学性质

各工程地质层的物理力学性质如下。

第1层，天然含水率64.3%，天然密度1.65 g/cm³，天然孔隙比1.691，塑性指数22.1，液性指数1.93，压缩系数1.51 MPa⁻¹，黏聚力2.8 kPa，摩擦角1.7°。

第2层，天然含水率11.1%，天然密度2.38 g/cm³，天然孔隙比0.274，黏聚力7.8 kPa，摩擦角35.6°。

第3层，天然含水率21.0%，天然密度2.06 g/cm³，天然孔隙比0.604，黏聚力14.7 kPa，摩擦角16.3°。

第4层，天然含水率11.3%，天然密度2.35 g/cm³，天然孔隙比0.288，黏聚力13.9 kPa，摩擦角34.9°。

第5层，天然含水率21.1%，天然密度2.10 g/cm³，天然孔隙比0.624，塑性指数12.0，液性指数0.95，压缩系数0.28 MPa⁻¹，黏聚力40.0 kPa，内摩擦角12.8°。

根据BBWZK4钻孔土工特征和各工程地质层的物理力学性质指标可知，随深度增加，海底土的天然密度和黏聚力逐渐增大，而含水率、天然孔隙比和压缩系数逐渐减小。

4）BBWZK5钻孔

（1）工程地质层

根据BBWZK5钻孔的资料，可划分为3个工程地质层，具体描述如下。

第1层，淤泥：灰黑色、深灰色，很湿，流塑—软塑状，淤泥质地不纯，手捏有沙感，混细砂和贝壳碎屑物；厚度为5.0 m。

第2层，砾砂：灰色，上部松散，下部稍密状，饱和，成分为石英、长石；厚度为7.6 m。

第3层，粗砂：灰色，稍密，饱和，成分为石英、长石；厚度为24.5 m。

（2）各工程地质层的物理力学性质

各工程地质层的物理力学性质如下。

第1层，天然含水率70.6%，天然密度1.65 g/cm³，天然孔隙比1.804，塑性指数21.5，液性指数2.23，压缩系数1.52 MPa⁻¹，黏聚力2.5 kPa，摩擦角1.9°。

第2层，天然含水率12.2%，天然密度2.32 g/cm³，天然孔隙比0.329，黏聚力11.5 kPa，内摩擦角35.9°。

第3层，天然含水率12.9%，天然密度2.25 g/cm³，天然孔隙比0.380，黏聚力12.8 kPa，内摩擦角35.1°。

根据BBWZK5钻孔土工特征和各工程地质层的物理力学性质指标可知，随深度增加，海底土的天然密度和黏聚力逐渐增大，而含水率、天然孔隙比和压缩系数逐渐减小。

5）BBWZK6钻孔

（1）工程地质层

根据BBWZK6钻孔的资料，可划分为15个工程地质层，具体描述如下。

第1层，砾砂混淤泥：淡黄色或银白色，含水饱和，松散，含少量淤泥，混少量生物碎屑；砂粒分选差，磨圆差，呈次棱角状。厚度为1.40 m。

第2层，粗砂：淡黄色，含水饱和，松散；砂粒分选差，磨圆差，呈次棱角状；主要成分为石英、长石。厚度为 1.80 m。

第 3 层，砾砂：淡黄色，含水饱和，松散；砂粒分选、磨圆差。厚度为 4.80 m。

第 4 层，粗砂：淡黄色，含水饱和，松散。厚度为 1.87 m。

第 5 层，黏质粉土：灰白色，手捏稍带沙感，黏手，湿，可塑。厚度为 1.23 m。

第 6 层，粉砂混淤泥：青灰色，含水饱和，松散，含少量淤泥。厚度为 1.67 m。

第 7 层，砾砂：银白色，含水饱和，松散，砂粒分选、磨圆差。厚度为 2.00 m。

第 8 层，粉质黏土：灰白色或青灰色，黏手，湿，可塑。厚度为 4.23 m。

第 9 层，砾砂：灰白色，含水饱和，松散；砂粒分选、磨圆差，呈棱角状。厚度为 0.60 m。

第 10 层，中砂：灰白色，含水饱和，松散；砂粒分选、磨圆差，呈棱角状。厚度为 1.90 m。

第 11 层，砾砂：灰白色，含水饱和，松散；砂粒分选、磨圆差，呈棱角状。厚度为 2.05 m。

第 12 层，中砂：灰白色，含水饱和，松散；砂粒分选、磨圆差，呈棱角状。厚度为 4.35 m。

第 13 层，黏质粉土：灰白色，手捏稍带沙感，黏手，湿，可塑。厚度为 1.20 m。

第 14 层，砾砂：灰白色，含水半饱和，稍密；砂粒分选、磨圆差，呈棱角状。厚度为 3.39 m。

第 15 层，粉砂混淤泥：灰白色，含水半饱和，中密，含少量淤泥。厚度为 3.15 m。

（2）各工程地质层的物理力学性质

各工程地质层的物理力学性质如下。

第 1 层，天然含水率 37.3%，土粒比重 2.67，塑性指数 12.3，液性指数 1.24。

第 2 层，天然含水率 13.8%，土粒比重 2.68。

第 3 层，天然含水率 15.1%，土粒比重 2.67。

第 4 层，天然含水率 14.1%，土粒比重 2.67。

第 5 层，天然含水率 30.1%，土粒比重 2.73，塑性指数 7.5，液性指数 1.69。

第 6 层，天然含水率 20.1%，土粒比重 2.72。

第 7 层，天然含水率 13.4%，土粒比重 2.67。

第 8 层，天然含水率 29.7%，土粒比重 2.74，塑性指数 13.1，液性指数 0.92。

第 9 层，天然含水率 12.5%，土粒比重 2.67。

第 10 层，天然含水率 13.0%，土粒比重 2.70。

第 11 层，天然含水率 14.3%，土粒比重 2.67。

第 12 层，天然含水率 14.9%，土粒比重 2.71。

第 13 层，天然含水率 31.4%，土粒比重 2.72，塑性指数 6.4，液性指数 2.22。

第 14 层，天然含水率 15.3%，土粒比重 2.67。

第 15 层，天然含水率 27.6%，土粒比重 2.68。

根据 BBWZK6 钻孔柱状剖面、土工特征和各工程地质层的物理力学性质指标可知，总体上随深度增加，海底土的天然密度和黏聚力逐渐增大，而含水率、天然孔隙比和压缩系数逐渐减小。

6）BBWZK7 钻孔

（1）工程地质层

根据 BBWZK7 钻孔资料，可划分为 15 个工程地质层，具体描述如下。

第 1 层，粉砂混黏性土：土黄色、灰白色，含水饱和，松散，含少量黏性土；砂粒分选较好，呈次棱角状。厚度为 4.8 m。

第2层，淤泥质黏土：土黄色、灰色，质软，湿，可塑，强黏性。厚度为2.2 m。

第3层，中砂混黏性土：土黄色、灰色，含水饱和，松散，含少量黏性土；砂粒分选、磨圆差，呈棱角状。厚度为2.3 m。

第4层，中砂：土黄色、灰色，含水饱和，松散；砂粒分选、磨圆差，呈棱角状。厚度为1.00 m。

第5层，砾砂：灰色，含水饱和，松散，砂粒分选、磨圆差。主要成分为石英。厚度为1.23 m。

第6层，中砂：青灰色，含水饱和，松散；砂粒分选、磨圆差，呈棱角状。厚度为1.87 m。

第7层，粉质黏土：青灰色，黏手，湿，可塑。厚度为2.30 m。

第8层，粉砂：青灰色、灰白色，含水饱和，松散；砂粒分选、磨圆差，呈棱角状。厚度为4.10 m。

第9层，中砂：灰白色，含水饱和，松散；砂粒分选、磨圆差，呈棱角状。厚度为1.90 m。

第10层，粉砂：青灰色，含水饱和，松散；砂粒分选、磨圆差，呈棱角状。厚度为2.80 m。

第11层，黏质粉土：青灰色，手捏稍带砂感，质软，黏手，湿，可塑。厚度为7.60 m。

第12层，中砂：灰绿色，含水饱和，稍密；砂粒分选、磨圆差，呈棱角状；含少量砾石，粒径3~5 mm左右。厚度为1.20 m。

第13层，粉砂：灰白色，含水半饱和，稍密；砂粒分选、磨圆差，呈棱角状；夹少量黏土团块。厚度为2.70 m。

第14层，淤泥质黏土：青灰色，质软，中等黏性，稍湿，可塑。厚度为2.30 m。

第15层，黏质粉土：青灰色，稍带沙感，质软，黏手，稍湿，可塑。钻遇厚度为1.15 m。

（2）各工程地质层的物理力学性质

各工程地质层的物理力学性质如下。

第1层，天然含水率24.2%，天然密度2.0 g/cm³，天然孔隙比0.778，塑性指数9.6，液性指数1.49，压缩系数0.26 MPa⁻¹，黏聚力21.0 kPa，摩擦角2.6°。

第2层，天然含水率39.3%，天然密度1.81 g/cm³，天然孔隙比1.106，塑性指数17.4，液性指数1.01，压缩系数0.62 MPa⁻¹，黏聚力19.0 kPa，内摩擦角5.6°。

第3层，天然含水率16.6%，天然密度2.12 g/cm³，天然孔隙比0.496，塑性指数6.7，液性指数0.46，压缩系数0.23 MPa⁻¹，黏聚力40.0 kPa，内摩擦角16.9°。

第4层，天然含水率15.6%，土粒比重2.70。

第5层，天然含水率14.1%，土粒比重2.67。

第6层，天然含水率18.4%，土粒比重2.70。

第7层，天然含水率33.2%，塑性指数10.8，液性指数1.04。

第8层，天然含水率26.3%，天然密度1.92 g/cm³，天然孔隙比0.801，塑性指数8.2，液性指数1.06，压缩系数0.22 MPa⁻¹，黏聚力51.0 kPa，内摩擦角14.2°。

第9层，天然含水率12.7%，土粒比重2.72。

第10层，天然含水率24.9%，天然密度1.98 g/cm³，天然孔隙比0.718，塑性指数7.1，液性指数1.31，压缩系数0.28 MPa⁻¹，黏聚力61.0 kPa，内摩擦角13.1°。

第11层，天然含水率25.5%，天然密度1.94 g/cm³，天然孔隙比0.781，塑性指数8.8，液性指数0.88，压缩系数0.21 MPa⁻¹，黏聚力57.0 kPa，内摩擦角15.1°。

第 12 层，天然含水率 19.9%，土粒比重 2.71。

第 13 层，天然含水率 18.1%，土粒比重 2.73。

第 14 层，天然含水率 38.2%，天然密度 1.79 g/cm^3，天然孔隙比 1.123，塑性指数 17.6，液性指数 0.66，压缩系数 0.53 MPa^{-1}。

第 15 层，天然含水率 23.7%，塑性指数 9.5，液性指数 0.69。

根据 BBWZK7 钻孔柱状剖面、土工特征和各工程地质层的物理力学性质指标可知，总体上随深度增加，海底土的天然密度和黏聚力逐渐增大，而含水率、天然孔隙比和压缩系数逐渐减小。

7）BBWZK8 钻孔

（1）工程地质层

根据 BBWZK8 钻孔的资料，可划分为 12 个工程地质层，具体描述如下。

第 1 层，中砂混淤泥，深灰、青灰色，饱和，松散。含少量的粗砂及细砂，下部含少量的黏性土；厚度为 2.7 m。

第 2 层，粉土，灰白、灰黄色，饱和，可塑。含少量的粉细砂，在底部增多；厚度为 2.4 m。

第 3 层，粉砂，灰白色，饱和，中密。含少量黏性土；厚度为 1.90 m。

第 4 层，中砂，灰黄、灰白色，饱和，中密。含少量黏性土，颗粒分选性一般，呈次棱角状；厚度为 2.8 m。

第 5 层，粗砂，土黄色，饱和，中密。含少量的砾砂及黏土。颗粒分选一般，呈次棱角状；厚度为 2.6 m。

第 6 层，粉土，灰黄、灰白色，饱和，可塑。14.4~14.8 m 处为棕红色粗砂层；厚度为 3.8 m。

第 7 层，淤泥质粉质黏土，浅灰、青灰色，饱和，软塑—可塑；厚度为 3.5 m。

第 8 层，粉砂混黏性土，浅灰色，饱和，可塑；厚度为 2.1 m。

第 9 层，中砂，灰白、浅灰色，饱和，中密。由上而下砂的颗粒变粗，含少量黏性土；厚度为 5.1 m。

第 10 层，粉质黏土，深灰、青灰色，饱和，软塑—可塑。含少量粉、细砂；厚度为 4.0 m。

第 11 层，黏土，灰、灰黄色，饱和，硬塑，刀切面光滑，具黏性。在顶部有厚约 0.6 m 的黑色泥碳，上部黏性土相对较软；厚度为 1.8 m。

第 12 层，粉土，灰黄、灰白色，饱和，可塑。刀切面光滑；厚度为 3.1 m。

（2）各工程地质层的物理力学性质

各工程地质层的物理力学性质如下。

第 1 层，天然含水率 26.5%，天然密度 2.15 g/cm^3，天然孔隙比 0.600，塑性指数 6.9，液性指数 2.10，压缩系数 0.26 MPa^{-1}，压缩模量 6.16 MPa。

第 2 层，天然含水率 28.8%，天然密度 2.0 g/cm^3，天然孔隙比 0.739，塑性指数 7.7，液性指数 1.82，压缩系数 0.38 MPa^{-1}，压缩模量 4.64 MPa，黏聚力 5.0 kPa，内摩擦角 11.7°。

第 3 层，天然含水率 25.2%，天然密度 2.1 g/cm^3，天然孔隙比 0.625，塑性指数 8.0，液性指数 1.21，压缩系数 0.20 MPa^{-1}，压缩模量 8.13 MPa，黏聚力 13.0 kPa，内摩擦角 14.9°。

第 4 层，天然含水率 11.0%，土粒比重 2.70。

第 5 层，天然含水率 17.5%，土粒比重 2.71。

第 6 层，天然含水率 24.9%，天然密度 1.97 g/cm^3，天然孔隙比 0.780，塑性指数 6.3，液性指数 1.48，压缩系数 0.32 MPa^{-1}，压缩模量 5.56 MPa。

第 7 层，天然含水率 47.5%，天然密度 1.85 g/cm^3，天然孔隙比 1.169，塑性指数 10.6，液性指数 2.72，压缩系数 0.46 MPa^{-1}，压缩模量 4.71 MPa。

第 8 层，天然含水率 22.7%，天然密度 2.20 g/cm^3，天然孔隙比 0.511，塑性指数 6.4，液性指数 1.66，压缩系数 0.16 MPa^{-1}，压缩模量 9.45 MPa，黏聚力 14.0 kPa，内摩擦角 11.7°。

第 9 层，天然含水率 18.2%，土粒比重 2.71。

第 10 层，天然含水率 30.6%，天然密度 1.94 g/cm^3，天然孔隙比 0.821，塑性指数 11.85，液性指数 1.08，压缩系数 0.46 MPa^{-1}，压缩模量 4.11 MPa，黏聚力 5.0 kPa，内摩擦角 8.8°。

第 11 层，天然含水率 31.9%，天然密度 1.89 g/cm^3，天然孔隙比 0.891，塑性指数 17.5，液性指数 0.31，压缩系数 0.32 MPa^{-1}，压缩模量 5.91 MPa，黏聚力 21.0 kPa，内摩擦角 9.7°。

第 12 层，天然含水率 29.2%，天然密度 1.94 g/cm^3，天然孔隙比 0.793，塑性指数 8.3，液性指数 1.51，压缩系数 0.21 MPa^{-1}，压缩模量 8.61 MPa，黏聚力 4.0 kPa，内摩擦角 11.9°。

根据 BBWZK8 钻孔柱状剖面、BBWZK8 钻孔土工特征和各工程地质层的物理力学性质指标可知，总体上随深度增加，海底土的天然密度和黏聚力逐渐增大，而含水率、天然孔隙比和压缩系数逐渐减小。

8）BBWZK9 钻孔

（1）工程地质层

根据 BBWZK9 钻孔的资料，可划分为 18 个工程地质层，具体描述如下。

第 1 层，淤泥：青灰色，软塑，污手，强黏性，手捏稍带沙感，岩心连续。厚度为 7.20 m。

第 2 层，淤泥质粉质黏土：青灰色，质软，湿，可塑，污手，有黏性，岩心连续。厚度为 4.40 m。

第 3 层，圆砾：灰白色，含水饱和，松散，砂粒分选、磨圆差。主要成分为石英。厚度为 1.20 m。

第 4 层，中砂：灰白色至淡黄色，含水饱和，松散；砂粒分选、磨圆差，呈棱角状。厚 3.70 m。

第 5 层，砾砂：灰白色至淡黄色，含水饱和，松散，砂粒分选、磨圆差；主要成分为石英。厚 1.50 m。

第 6 层，粉砂：青灰色，含水饱和，松散；砂粒分选、磨圆较好。厚 2.60 m。

第 7 层，中砂：青灰色，含水饱和，松散；砂粒分选好，磨圆中等，呈次棱角状。厚 4.50 m。

第 8 层，粉砂：青灰色，含水半饱和，稍密，颗粒分选好，磨圆一般，呈次棱角状。厚 2.30 m。

第 9 层，砾砂混黏性土：青灰色，含水半饱和，稍密，含少量黏性土；砂粒分选较好，呈次棱角状。厚 3.30 m。

第 10 层，中砂：青灰色，含水半饱和，稍密；砂粒分选、磨圆差，呈次棱角状。厚 2.8 m。

第 11 层，粉砂混淤泥：青灰色，含水半饱和，稍密，砂粒分选较好，呈次棱角状；含少量淤泥。厚 2.70 m。

第 12 层，中砂：青灰色，含水半饱和，稍密；砂粒分选中等，呈次棱角状。厚 3.50 m。

第 13 层，粉砂：青灰色，含水半饱和，稍密；砂粒分选中等，呈次棱角状。厚 2.01 m。

第 14 层，粉质黏土：青灰色，手捏稍带沙感，稍湿，可塑—硬塑。厚 7.00 m。

第 15 层，中砂：青灰色，含水半饱和，稍密；砂粒分选中等，呈次棱角状。厚 3.20 m。

第 16 层，粉砂混黏性土：青灰色，含水半饱和，稍密，含少量黏性土；砂粒分选好，磨圆中等，可见白云母，岩芯柱状。厚 3.40 m。

第 17 层，中砂：青灰色，含水半饱和，稍密，无黏性；砂粒分选、磨圆中等，呈次棱角状。厚 2.50 m。

第 18 层，砾砂：青灰色，含水半饱和，稍密，无黏性；砂粒分选、磨圆中等，呈次棱角状；偶见角砾，可见绢云母。钻遇厚度为 22.15 m。

（2）各工程地质层的物理力学性质

各工程地质层的物理力学性质如下。

第 1 层，天然含水率 64.6%，天然密度 1.66 g/cm³，天然孔隙比 1.718，塑性指数 23.1，液性指数 1.84，压缩系数 1.45 MPa⁻¹，黏聚力 2.0 kPa，内摩擦角 2.6。

第 2 层，天然含水率 54.1%，天然密度 1.89 g/cm³，天然孔隙比 1.231，塑性指数 15.5，液性指数 2.07，压缩系数 0.78 MPa⁻¹，黏聚力 4.0 kPa，内摩擦角 6.0°。

第 3 层，天然含水率 14.2%，土粒比重 2.67。

第 4 层，天然含水率 15.9%，土粒比重 2.71。

第 5 层，天然含水率 10.9%，土粒比重 2.68。

第 6 层，天然含水率 21.1%，土粒比重 2.72。

第 7 层，天然含水率 23.0%，土粒比重 2.71。

第 8 层，天然含水率 24.4%，土粒比重 2.72。

第 9 层，天然含水率 14.2%，土粒比重 2.67，塑性指数 12.3，液性指数 0.75。

第 10 层，天然含水率 23.7%，土粒比重 2.71。

第 11 层，天然含水率 32.7%，土粒比重 2.72。

第 12 层，天然含水率 21.2%，土粒比重 2.71。

第 13 层，天然含水率 26.6%，土粒比重 2.72。

第 14 层，天然含水率 38.4%，天然密度 1.85 g/cm³，天然孔隙比 1.004，塑性指数 12.4，液性指数 1.26，压缩系数 0.26 MPa⁻¹，黏聚力 16.0 kPa，内摩擦角 11.8°。

第 15 层，天然含水率 22.5%，土粒比重 2.71。

第 16 层，天然含水率 28.9%，天然密度 2.10 g/cm³。

第 17 层，天然含水率 19.1%，土粒比重 2.71。

第 18 层，天然含水率 22.6%，土粒比重 2.69。

根据 BBWZK9 钻孔柱状剖面、土工特征和各工程地质层的物理力学性质指标可知，总体上随深度增加，海底土的天然密度和黏聚力逐渐增大，而含水率、天然孔隙比和压缩系数逐渐减小。

5.4.2　区域工程地质分层及其物理力学性质

在各钻孔工程地质分层的基础上，综合各钻孔工程地质层的土质类型、土的物理力学性质及其地质年代，划分本研究区的区域工程地质层。

本研究区可划分为 7 个工程地质层（图 5-49），具体如下。

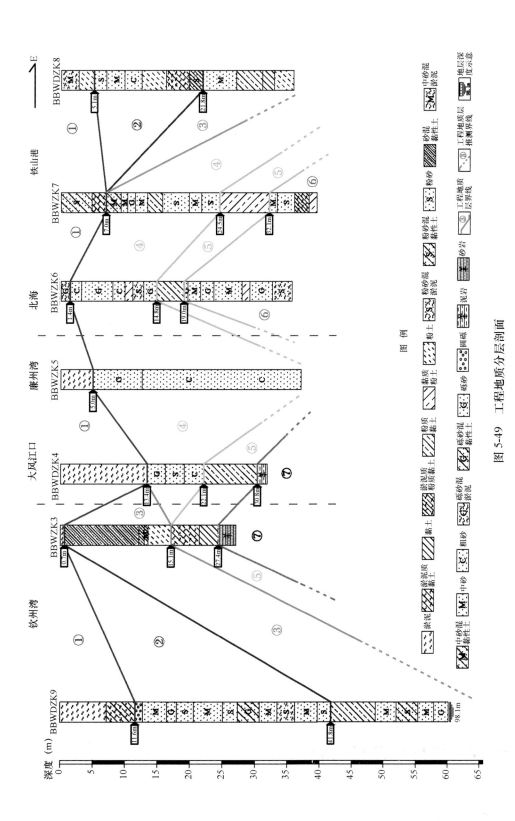

图 5-49 工程地质分层剖面

第1层，淤泥、粉砂混黏性土：灰黑色、青灰色，软塑—软塑，厚度为 0.7~13.4 m，所有钻孔均揭示了该工程地质层。天然含水率 24.2%~71.6%，天然密度 1.54~2.15 g/cm³，天然孔隙比 0.600~1.907，塑性指数 6.9~23.1，液性指数 1.24~2.23，压缩系数 0.26~1.45 MPa⁻¹，黏聚力 0.0~21.0 kPa，内摩擦角 0.0~2.6°。

第2层，砂、砂混黏性土、粉土，灰白色、青灰色，黏性土可塑—软塑，砂松散—中密，厚度为 0.0~30.2 m。钦州湾外及铁山港外的 BBWDZK8 钻孔和 BBWDZK9 钻孔揭露了该工程地质层。砂的天然含水率 14.2%~32.7%，土粒比重 2.67~2.72。黏性土天然含水率 14.2%~47.5%，天然密度 1.85~2.20 g/cm³，天然孔隙比 0.511~1.169，塑性指数 6.4~10.6，液性指数 1.66~2.72，压缩系数 0.16~0.46 MPa⁻¹，黏聚力 0.0~14.0 kPa，内摩擦角 0.0~11.7°。

第3层，黏土、砂混黏性土、粉土、砂，灰白色、青灰色，黏性土可塑—硬塑，砂稍密—中密，厚度为 0.0~>56.3 m。钦州湾外及铁山港外的 BBWDZK3 钻孔、BBWDZK9 钻孔和 BBWDZK8 钻孔揭露了该工程地质层。粉土的天然含水率 29.2%~31.0%，天然密度 1.94 g/cm³，天然孔隙比 0.793~0.83，塑性指数 8.3~9.3，液性指数 1.51~1.63，压缩系数 0.21~0.28 MPa⁻¹，黏聚力 4.0~25.5 kPa，内摩擦角 0.0~11.9°。黏性土天然含水率 21.9%~31.0%，天然密度 1.94~2.06 g/cm³，天然孔隙比 0.595~0.832，塑性指数 8.7~10.0，液性指数 1.09~1.63，压缩系数 0.23~0.30 MPa⁻¹，黏聚力 20.0~69.0 kPa。砂的天然含水率 19.1%~26.2%，土粒比重 2.69~2.72。

第4层，粉砂—粗砂、粉质黏土、砂混黏性土，灰色，松散—稍密，厚度为 0.0~32.1 m。大风江口外至铁山港外的 BBWDZK4 钻孔、BBWDZK5 钻孔、BBWDZK6 钻孔和 BBWDZK7 钻孔揭示了该工程地质层。黏性土的天然含水率 11.1%~33.2%，天然密度 1.92~2.38 g/cm³，天然孔隙比 0.274~0.801，塑性指数 6.7~8.2，液性指数 0.46~1.31，压缩系数 0.22~0.28 MPa⁻¹，黏聚力 4.0~61.0 kPa，内摩擦角 13.1°~35.9°。砂天然含水率 21.9%~31.0%，土粒比重 2.67~2.73。

第5层，淤泥质粉质黏土、粉质黏土、黏质粉土，灰白色、青灰色、深灰色，可塑—硬塑，厚度为 0.0~12.3 m。钦州湾外至铁山港外的 BBWDZK3 钻孔、BBWDZK4 钻孔、BBWDZK6 钻孔和 BBWDZK7 钻孔揭示了该工程地质层。天然含水率 21.1%~43.2%，天然密度 1.78~2.10 g/cm³，天然孔隙比 0.781~1.127，塑性指数 8.8~19.0，液性指数 0.53~1.31，压缩系数 0.21~0.65 MPa⁻¹，黏聚力 25.0~83.0 kPa，内摩擦角 12.8°~15.1°。

第6层，粉砂—砾砂，黏质粉土、粉质黏土、淤泥质黏土，灰白色、青灰色，砂松散—中密，黏性土可塑，厚度为 0~16.64 m。北海至铁山港外 BBWDZK6 钻孔和 BBWDZK7 钻孔揭示了该工程地质层。黏性土天然含水率 18.1%~38.2%，天然密度 1.79~1.98 g/cm³，天然孔隙比 0.718~1.123，塑性指数 7.1~17.6，液性指数 0.66~1.31，压缩系数 0.21~0.53 MPa⁻¹，黏聚力 0.0~57.0 kPa，内摩擦角 0~15.1°。

第7层，全风化砂岩、强风化泥岩，厚度为 0~3.10 m。北海至铁山港外的 BBWDZK6 钻孔和 BBWDZK7 钻孔揭示了该工程地质层。

5.5 特殊工程地质问题讨论

5.5.1 土体稳定性

海底不稳定是海洋油气资源开发和沿岸各类工程建设及海底管道、电缆铺设的潜在危害因素，是造成海上、海底工程损坏的重要因素之一。海底土体的稳定性主要决定于海底坡度、沉积物的特征以及外动力条件。

研究区内海底地形总体上较平坦，表层土主要类型为非常软的黏性土，在极端波浪荷载作用下，表层黏性土具有发生局部表层滑移或层间蠕滑之趋势。

根据弹性理论和线性波动理论分析，水平海底受谐振波荷载作用时，土层中的剪力幅值 τ_{xz} 为：

$$\tau_{xz} = P_0 \lambda Z e^{-\lambda z}$$

据 Nataraja. M. S 海底土层因波浪荷载产生的剪应力值 τ 为：

$$\tau = \frac{\gamma \omega \pi H Z}{L \cosh(\lambda z)} e^{-\lambda z}$$

$$p_0 = \frac{\gamma \omega H}{2 \cosh(\lambda d)}$$

式中，P_0 为压力波幅（m）；γw 为海水重度（kN/m^3）；λ 为波数（m^{-1}），$\lambda = \dfrac{2\pi}{L}$；$L$ 为波长（m）；H 为波高（m）；d 为水深（m）；Z 为土层深度（m）。

依据研究区内已有的柱状样、钻孔资料和波浪资料以及区内 50 年一遇的特大波浪资料，对研究区内表层黏性土在极值波浪荷载作用下形成的剪应力值进行计算。根据土体的极限平衡理论，表层黏性土稳定的条件是土的不排水抗剪强度 Su 须大于或等于外力在土体中产生的剪切应力 τ，即 $Su \geq \tau$。由土工试验结果可知，区内表层黏性土的不排水剪切强度均大于计算求得的波浪作用所产生的剪应力值 τ，故在极限波浪条件作用下表层黏性土处于稳定状态，不会发生局部滑移或层间蠕滑现象。

5.5.2　砂土液化

在地震、波浪等作用影响下，松散的砂土受到震动有变得更紧密的趋势。当砂粒间的孔隙水压力增大到等于或大于上覆土的垂直应力时，砂土呈液体状态即液化。砂土液化可导致海底以下层位掏空、海底管线下沉断裂、海上建筑物倒塌。

已有经验表明，影响砂土液化的主要因素依次为土颗粒粒径、砂土密度、上覆土层厚度、地面震动强度和地面震动的持续时间。以下主要根据砂土的黏粒含量（粒径小于 0.005 mm）对砂性土进行液化宏观判别。

根据中华人民共和国国家标准《构筑物抗震设计规范》（GB 50191—93），当桩基在 20 m 深度范围内有饱和砂土、饱和粉土时，需考虑砂土震动液化。

地震基本烈度为 7° 和 8°，砂土中粒径小于 0.005 mm 的黏粒含量百分率 ρ_c 分别不小于 10% 和 13% 时，可判为不发生液化。

由研究区内表层样的粒度分析结果可知，有 49 个站位土的黏粒含量百分率（ρ_c）小于 13%，当地震烈度为 8° 时，存在砂土液化可能性（表 5-6）；有 43 个站位土的黏粒含量百分率（ρ_c）小于 10%，当地震烈度为 7° 时，存在砂土液化可能性。存在液化可能性的站位主要分布于水下斜坡和古滨海平原，其土质类型主要是粉砂、中砂和粗砂。其他站位粉土的黏粒含量百分率 ρ_c 均大于 13%，当地震基本烈度分别为 7° 和 8° 时，均不存在液化可能性。

5.6　工程地质分区及工程地质条件评价

5.6.1　工程地质分区

工程地质分区是在综合归纳基本工程地质条件的基础上，根据其相似性、差异性及其复杂程度进行的单元划分（冯志强等，1996），工程地质条件包括海底地形地貌、海底土质类型及其物理力学性质、潜在地质灾害类型。根据影响研究区工程地质条件差异性最突出的因素即地貌类型，并结合海底土质类型及其物理力学性质、潜在地质灾害等条件，综合分析划分出 5 个工程地质区，即工程地质 I 区、工程地质 II 区、工程地质 III 区、工程地质 IV 区和工程地质 V 区（图 5-50~图 5-52）。

5.6.2　各分区工程地质基本特征

根据区域地质构造背景资料，研究区位于华南褶皱带西南端，属于新华厦系第三沉降带内，南海北部地壳不稳定区，断裂发育，区内多组断裂在此交汇，断裂活动的复活、新生发展是潜在工程灾害之一。根据第 2 章，研究区内地质活动格架由 NE 向一级构造带 3 条，NW 向一级构造带 3 条，近 EW 向、SN 向断裂构造带各 1 条组成（唐昌韩等，1995）。通过调查发现在区内发育并且横贯全区的有 NE 向的防城—灵山断裂带（F2）、合浦—博白断裂带（F3）；NW 向的钦州湾断裂（F4）、百色—铁山港断裂带（F5）、犀牛脚—北海断裂带（F16）、靖西—崇左断裂带（F17）等。以上均为活动性断裂，本区断裂最新活动年龄为 1.5 ka B.P.。

研究区及其邻区地震活动主要受活动断裂构造控制，地震主要发生在 NE 向及 NW 向断裂带内及其交汇部位，属于浅源地震。根据未来 30 年、50 年地震危险性预测分析结果，未来 30 年内的发震震级为 5.9 级，概率为 52.52%；未来 50 年内的发震震级为 6.6 级，概率为 50.94%（唐昌韩等，1995）。

表 5-6　研究区在地震作用下可能发生砂土液化的站位一览表

取样站位	黏粒含量百分率（ρ_c）	砂土液化可能性	
		地震烈度为 7°时	地震烈度为 8°时
BBWD3	1	发生液化	发生液化
BBWD4	11.1	不发生液化	发生液化
BBWD8	0.4	发生液化	发生液化
BBWD11	7.2	发生液化	发生液化
BBWD13	10.1	不发生液化	发生液化
BBWD18	3.9	发生液化	发生液化
BBWD24	11	不发生液化	发生液化
BBWD28	0.6	发生液化	发生液化
BBWD29	9.4	发生液化	发生液化
BBWD34	0.1	发生液化	发生液化
BBWD47	4.4	发生液化	发生液化

续表 5-6

取样站位	黏粒含量百分率（ρ_c）	砂土液化可能性	
		地震烈度为7°时	地震烈度为8°时
BBWD50	8.0	发生液化	发生液化
BBWD60	5.7	发生液化	发生液化
BBWD65	4.9	发生液化	发生液化
BBWD71	7.1	发生液化	发生液化
BBWD79	8.1	发生液化	发生液化
BBWD88	12.4	不发生液化	发生液化
BBWD97	9.5	发生液化	发生液化
BBWD105	4.0	发生液化	发生液化
BBWD109	1.2	发生液化	发生液化
BBWD110	2.2	发生液化	发生液化
BBWD112	2.5	发生液化	发生液化
BBWD113	0.7	发生液化	发生液化
BBWD114	1.8	发生液化	发生液化
BBWD115	4.0	发生液化	发生液化
BBWD116	1.7	发生液化	发生液化
BBWD117	2.3	发生液化	发生液化
BBWD118	1.2	发生液化	发生液化
BBWD119	0.6	发生液化	发生液化
BBWD120	3.8	发生液化	发生液化
BBWD121	0.7	发生液化	发生液化
BBWD122	2.5	发生液化	发生液化
BBWD123	11.8	不发生液化	发生液化
BBWD124	5.6	发生液化	发生液化
BBWD126	0.9	发生液化	发生液化
BBWD127	0.4	发生液化	发生液化
BBWD128	0.7	发生液化	发生液化
BBWD129	6.6	发生液化	发生液化
BBWD131	1.0	发生液化	发生液化
BBWD132	0.8	发生液化	发生液化
BBWD133	0.6	发生液化	发生液化
BBWD134	4.7	发生液化	发生液化
BBWD135	6.3	发生液化	发生液化
BBWD137	0.6	发生液化	发生液化
BBWD138	3.7	发生液化	发生液化
BBWD139	7.2	发生液化	发生液化
BBWD142	4.4	发生液化	发生液化
BBWD143	1.9	发生液化	发生液化
BBWD148	4.6	发生液化	发生液化
BBWD156	12.3	不发生液化	发生液化

各工程地质区基本特征见表5-7。各工程地质区的地貌类型和分布见图5-50，海底地形见图5-51，地质灾害类型和分布见图5-52。

表5-7　研究区工程地质分区

地质条件 ＼ 分区	工程地质Ⅰ区	工程地质Ⅱ区	工程地质Ⅲ区	工程地质Ⅳ区	工程地质Ⅴ区
水深/地形地貌	水深2.6~15.4 m，坡降0.1×10⁻³~25.8×10⁻³ 地貌：浅滩、深槽、槽沟、沙脊和沙波	水深5.0~22.2 m，坡降0.30×10⁻³~1.24×10⁻³ 地貌：水下斜坡、潮流深槽	水深7.0~21.2 m，坡降0.1×10⁻³~0.59×10⁻³ 地貌：凸地和古滨海平原	水深7.0~20.0 m，平均坡降约13×10⁻³ 地貌：深槽、三角洲前缘和前三角洲	水深10.0~26.7 m，坡降0.1×10⁻³~1.0×10⁻³ 地貌：海底平原
海底表层土质类型	淤泥、淤泥质粉质黏土、淤泥混砂、砂混淤泥、粉砂混淤泥、细砂、中砂、粗砂、卵石	流泥、淤泥、淤泥质粉质黏土、淤泥混砂、粉砂混淤泥、细砂混淤泥、粉砂、中砂、粗砂、砾砂	淤泥、淤泥质粉质黏土、淤泥混砂、粉砂混淤泥、粉砂、细砂、中砂、粗砂、砾砂	淤泥、粉砂混淤泥、粉砂、中砂和粗砂	流泥、淤泥、淤泥混砂、淤泥质粉质黏土、粉砂混淤泥、粉砂、中砂、砾砂
地质灾害类型	地震、断裂、沙波，以及不规则浅埋基岩、埋藏古河道、浅滩、深槽、沙脊、槽沟和凸地	地震、断裂、不规则浅埋基岩、埋藏古河道、潮流深槽、水下沙坝、水下沙嘴和推测浅层气	地震、断裂、沙波，以及埋藏古河道和凸地	地震、断裂、沙波，以及不规则浅埋基岩、潮流深槽和埋藏古河道	地震、断裂，以及不规则浅埋基岩、埋藏古河道、凸地
土的物理力学性质	（1）淤泥：$w = 60.7\% \sim 82.0\%$，$\rho = 1.59 \sim 1.69$ g/cm³，$e = 1.529 \sim 2.022$，$I_p = 12.0 \sim 14.5$，$I_L = 2.77 \sim 4.17$，$a_v = 1.27 \sim 1.45$ MPa⁻¹。 （2）淤泥质粉质黏土：$w = 40.8\% \sim 56.2\%$，$\rho = 1.72 \sim 1.79$ g/cm³，$e = 1.130 \sim 1.470$，$I_p = 13.3 \sim 16.6$，$I_L = 1.59 \sim 2.80$，$a_v = 0.78 \sim 1.37$ MPa⁻¹，$C = 2.0 \sim 5.0$ kPa，$\Phi = 17.9°$。	（1）流泥：$w = 86.2\% \sim 97.7\%$，$\rho = 1.44 \sim 1.52$ g/cm³，$e = 2.41 \sim 2.74$，$I_p = 22.7 \sim 32.7$，$I_L = 2.09 \sim 3.06$，$a_v = 0.85 \sim 2.50$ MPa⁻¹，$C = 2.0 \sim 3.0$ kPa。 （2）淤泥：$w = 56.7\% \sim 82.0\%$，$\rho = 1.53 \sim 2.22$ g/cm³，$e = 1.57 \sim 2.08$，$I_p = 11.6 \sim 26.9$，$I_L = 1.37 \sim 4.17$，$a_v = 1.01 \sim 1.97$ MPa⁻¹，$C = 2.0 \sim 6.0$ kPa，$\Phi = 2.4 \sim 10.1°$。	（1）淤泥：$w = 61.3\% \sim 82.3\%$，$\rho = 1.43 \sim 1.64$ g/cm³，$e = 1.69 \sim 2.30$，$I_p = 15.4 \sim 29.3$，$I_L = 1.38 \sim 3.95$，$a_v = 1.24 \sim 2.14$ MPa⁻¹，$E_s = 1.54 \sim 2.40$ MPa，$C = 1.0 \sim 3.0$ kPa。 （2）淤泥质粉质黏土：$w = 47.4\%$，$e = 1.288$，$\rho = 1.77$ g/cm³，$I_p = 15.2$，$I_L = 1.96$，$a_v = 0.90$ MPa⁻¹。	（1）淤泥：$w = 60.7\%$，$\rho = 1.7$ g/cm³，$e = 1.57$，$I_p = 19.5$，$a_v = 1.70$ MPa⁻¹，$I_L = 2.05$，$C = 2.0$ kPa。 （2）粉砂混淤泥：$w = 39.4\% \sim 64.7\%$，$\rho = 1.8 \sim 2.0$ g/cm³，$e = 0.93 \sim 1.48$，$I_p = 10.3 \sim 11.3$，$I_L = 2.0 \sim 4.3$，$a_v = 0.5 \sim 0.7$ MPa⁻¹，$C = 0 \sim 5.0$ kPa，$\Phi = 0 \sim 5.9°$。 （3）粉砂：$d_{60} = 0.145$ mm，$C_u = 12.92$，$\Phi_{水上} = 39.0°$，$\Phi_{水下} = 32.0°$。	（1）流泥：$w = 88.2\% \sim 102.2\%$，$\rho = 1.45 \sim 1.56$ g/cm³，$e = 1.883 \sim 2.466$，$I_p = 21.1 \sim 23.6$，$I_L = 2.64 \sim 3.28$，$a_v = 1.14$ MPa⁻¹ ~ 2.30 MPa⁻¹。 （2）淤泥：$w = 61.7\% \sim 84.6\%$，$\rho = 1.45 \sim 1.67$ g/cm³，$e = 1.502 \sim 2.325$，$I_p = 16.1 \sim 31.8$，$I_L = 1.78 \sim 2.95$，$a_v = 1.07 \sim 1.96$ MPa⁻¹。

分区 地质条件	工程地质Ⅰ区	工程地质Ⅱ区	工程地质Ⅲ区	工程地质Ⅳ区	工程地质Ⅴ区
土的物理力学性质	（3）淤泥混砂：w = 34.0%，ρ = 1.87 g/cm³，e = 0.97，I_p = 14.1，I_L = 1.2，a_v = 0.62 MPa⁻¹，C = 10.0 kPa。 （4）粉砂混淤泥：w = 38.1% ~ 64.7%，ρ = 1.8 ~ 2.0 g/cm³，e = 1.41 ~ 1.74，I_p = 10.2 ~ 11.3，I_L = 2.0 ~ 4.3，a_v = 0.5 ~ 0.8 MPa⁻¹，C = 0 ~ 6.0 kPa，Φ = 5.9 ~ 11.8°。 （5）细砂：d_{60} = 0.155 8 mm，C_u = 1.87，$\Phi_{水上}$ = 44.0°，$\Phi_{水下}$ = 33.0°。 （6）中砂：d_{60} = 0.340 ~ 0.736mm，C_u = 2.63 ~ 3.34，$\Phi_{水上}$ = 33.0 ~ 40.0°，$\Phi_{水下}$ = 27 ~35°。 （7）粗砂：d_{60} = 0.780 ~ 1.239 mm，C_u = 2.79 ~ 7.08，$\Phi_{水上}$ = 33.0 ~ 40.0°，$\Phi_{水下}$ = 27 ~32°。 （8）砾砂：d_{60} = 5.888 mm，C_u = 16.73。（9）卵石：d_{60} = 38.364 m，C_u = 35.03。	（3）淤泥质粉质黏土：w = 41.5% ~ 54.6%，ρ = 1.51 ~ 1.76 g/cm³，e = 1.21 ~ 1.68，I_p = 10.4 ~ 25.4，I_L = 0.96 ~ 2.98，a_v = 0.88 ~ 1.58 MPa⁻¹，C = 1.0 ~ 5.0 kPa，Φ = 3.3 ~ 8.2°。 （4）淤泥混砂：w = 37.1% ~ 47.1%，ρ = 1.77 ~ 1.91 g/cm³，e = 0.96 ~ 1.25，I_p = 10.1 ~ 14.1，I_L = 1.24 ~ 2.41，a_v = 0.62 ~ 1.05 MPa⁻¹，C = 2.0 ~ 10.0 kPa。 （5）粉砂混淤泥：w = 34.7% ~ 44.0%，ρ = 1.79 ~ 1.96 g/cm³，e = 0.910 ~ 1.160，I_p = 7.7 ~ 14.9，I_L = 1.42 ~ 3.56，Φ = 0 ~ 5.7°，a_v = 0.46 ~ 0.90 MPa⁻¹，C = 2.0 ~ 4.0 kPa。 （6）细砂混淤泥：w = 30.2% ~ 43.5%，ρ = 1.86 ~ 1.99 g/cm³，e = 0.727 ~ 1.122，I_p = 6.2 ~ 8.6，I_L = 2.85 ~ 3.63，a_v = 0.46 ~ 0.51 MPa⁻¹，Φ = 1.8 ~ 6.4°。	（3）淤泥混砂：w = 62.6%，e = 1.609，ρ = 1.71 g/cm³，I_p = 19.3，I_L = 2.27，C = 2.0 kPa，a_v = 1.32 MPa⁻¹。 （4）粉砂混淤泥：w = 34.6% ~ 81.9%，ρ = 1.69 ~ 1.91 g/cm³，e = 0.934 ~ 1.619，I_p = 8.9 ~ 18.2，I_L = 1.27 ~ 3.35，a_v = 0.51 ~ 1.50 MPa⁻¹，C = 2.0 ~ 6.0 kPa，Φ = 0 ~ 9.1° （5）粉砂：d_{60} = 0.286 mm，C_u = 31.26，$\Phi_{水上}$ = 38.0°，$\Phi_{水下}$ = 35.0°。 （6）细砂：d_{60} = 0.201 mm，C_u = 2.30，$\Phi_{水上}$ = 35.0°，$\Phi_{水下}$ = 29.0°。 （7）中砂：d_{60} = 0.537 mm，C_u = 4.59，$\Phi_{水上}$ = 35.0°，$\Phi_{水下}$ = 31.0°。 （8）粗砂：d_{60} = 0.739 ~ 1.0 mm，C_u = 2.35 ~ 71.0，$\Phi_{水上}$ = 35.0 ~ 38.0°，$\Phi_{水下}$ = 30.0 ~ 34.0°。	（4）中砂：d_{60} = 0.347 ~ 0.516 mm，C_u = 1.66 ~ 4.84，$\Phi_{水上}$ = 33 ~ 41°，$\Phi_{水下}$ = 29 ~ 33° （5）粗砂：d_{60} = 1.103 mm，C_u = 15.68，$\Phi_{水上}$ = 39.0°，$\Phi_{水下}$ = 32.0°。	（3）淤泥质粉质黏土：w = 38.1% ~ 61.8%，ρ = 1.66 ~ 1.82 g/cm³，e = 1.023 ~ 1.384，I_p = 10.2 ~ 21.9，I_L = 1.25 ~ 3.21，Φ = 1.1°，a_v = 0.72 ~ 1.19 MPa⁻¹，C = 4.0 kPa。 （4）淤泥混砂：w = 56.9，ρ = 1.70 g/cm³，e = 1.510，I_p = 18.5，I_L = 2.23，C = 2.0 kPa，a_v = 1.31 MPa⁻¹。 （5）粉砂混淤泥：w = 36.0% ~ 41.1%，ρ = 1.89 ~ 1.97 g/cm³，e = 0.885 ~ 1.031，I_p = 7.3 ~ 8.8，Φ = 2.4°，I_L = 2.82 ~ 3.08，a_v = 0.70 ~ 0.99 MPa⁻¹，C = 2.0 kPa。 （6）粉砂：w = 43.7%，ρ = 1.84 g/cm³，e = 1.038，I_p = 6.7，I_L = 4.66，Φ = 2.3°，a_v = 0.61 MPa⁻¹。 （7）中砂：d_{60} = 0.348 ~ 0.400 mm，C_u = 3.6 ~ 11.7，$\Phi_{水上}$ = 37° ~ 40°，$\Phi_{水下}$ = 30° ~ 35°。 （8）砾砂：d_{60} = 1.629 ~ 2.395 mm，C_u = 49.5 ~ 105.9，$\Phi_{水上}$ = 37.0° ~ 38.0°，$\Phi_{水下}$ = 30.0° ~ 32.0°。

续表 5-7

地质条件＼分区	工程地质Ⅰ区	工程地质Ⅱ区	工程地质Ⅲ区	工程地质Ⅳ区	工程地质Ⅴ区
土的物理力学性质		（7）粉砂：$d_{60}=$ 0.153 mm，$C_u=$ 2.41，$\Phi_{水上}=42°$，$\Phi_{水下}=33°$。 （8）中砂：$d_{60}=$ 0.347～0.516 mm，$C_u=1.66～5.56$，$\Phi_{水上}=33°～41°$，$\Phi_{水下}=27°～34°$。 （9）粗砂：$d_{60}=$ 0.758～1.108 mm，$C_u=2.77～11.97$，$\Phi_{水上}=32°～40°$，$\Phi_{水下}=28°～35°$。 （10）砾砂：$d_{60}=$ 1.231～2.014 mm，$C_u=4.79～31.49$，$\Phi_{水上}=33°～36°$，$\Phi_{水下}=28°～32°$。	（9）砾砂：$d_{60}=$ 1.231～2.067 mm，$C_u=4.59～23.49$，$\Phi_{水上}=33～37°$，$\Phi_{水下}=28～32°$。		

备注：w：天然含水率（%）；e：天然孔隙比；ρ：天然密度（g/cm³）；I_p：塑性指数；I_L：液性指数；a_v：压缩系数（MPa^{-1}）；E_s：压缩模量（MPa）；C：黏聚力（kPa）；Φ：内摩擦角（°）。

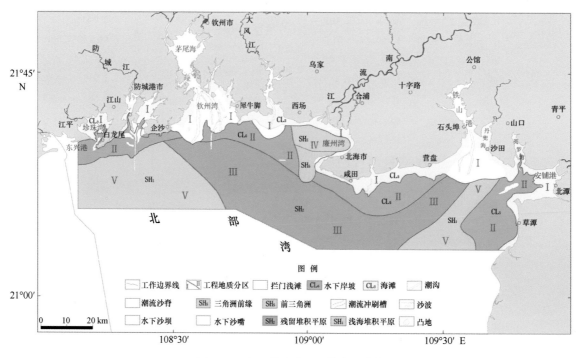

图 5-50 各工程地质区地貌类型分布

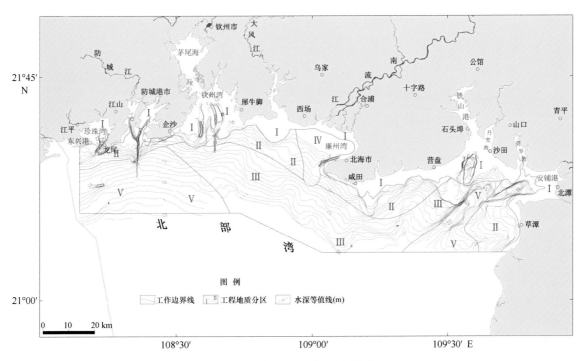

图 5-51　各工程地质区水深分布

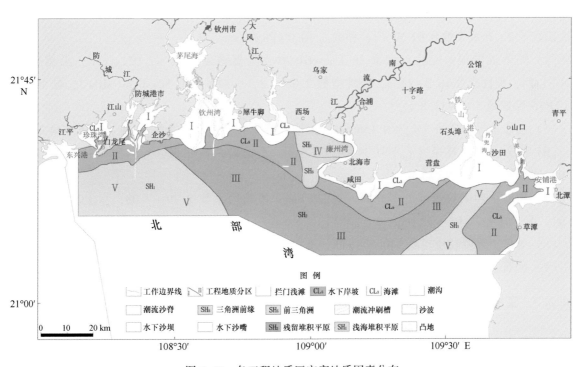

图 5-52　各工程地质区灾害地质因素分布

5.6.2.1 工程地质 I 区基本特征

1）海底地形地貌

最小水深为 2.6 m，最大水深为 15.4 m。最小坡降为 $0.1×10^{-3}$，最大坡降为 $25.8×10^{-3}$。地貌类型：潮间浅滩、拦门浅滩、潮流深槽、槽沟、潮流沙脊和沙波。

2）底质

海底表层土质类型有：淤泥、淤泥质粉质黏土、淤泥混砂、砂混淤泥、粉砂混淤泥、细砂、中砂、粗砂、卵石。

3）潜在地质灾害类型

已发现属于活动性地质灾害类型有地震、断裂、沙波。限制性地质条件有不规则浅埋基岩、埋藏古河道、潮间浅滩、拦门浅滩、潮流深槽、潮流沙脊、槽沟和凸地。

4）土的物理力学性质

（1）淤泥：天然含水量 60.7%~82.0%，天然密度 1.59~1.69 g/cm^3，天然孔隙比 1.529~2.022，塑性指数 12.0~14.5，液性指数 2.77~4.17，压缩系数 1.27~1.45 MPa^{-1}。

（2）淤泥质粉质黏土：天然含水量 40.8%~56.2%，天然密度 1.72~1.79 g/cm^3，天然孔隙比 1.13~1.47，塑性指数 13.3~16.6，液性指数 1.59~2.80，压缩系数 0.78~1.37 MPa^{-1}，黏聚力 2.0~5.0 kPa，摩擦角 17.9°。

（3）淤泥混砂：天然含水量 34.0%，天然密度 1.87 g/cm^3，天然孔隙比 0.97，塑性指数 14.1，液性指数 1.2，压缩系数 0.62 MPa^{-1}，黏聚力 10.0 kPa。

（4）粉砂混淤泥：天然含水率 38.1%~64.7%，天然密度 1.80~2.02 g/cm^3，天然孔隙比 1.41~1.74，塑性指数 10.2~11.3，液性指数 2.0~4.3，压缩系数 0.50~0.80 MPa^{-1}，黏聚力 0~6.0 kPa，摩擦角 5.9°~11.8°。

（5）细砂：界限粒径（d_{60}）0.156 mm，不均匀系数 1.87，水上坡角 44.0°，水下坡角 33.0°。

（6）中砂：界限粒径（d_{60}）0.34~0.736 mm，不均匀系数 2.63~3.34，水上坡角 33.0°~40.0°，水下坡角 27.0°~35.0°。

（7）粗砂：界限粒径（d_{60}）0.78~1.239 mm，不均匀系数 2.79~7.08，水上坡角 33.0°~40.0°，水下坡角 27.0°~32.0°。

（8）砾砂：界限粒径（d_{60}）0.588 mm，不均匀系数 16.73。

（9）卵石：界限粒径（d_{60}）38.364 mm，不均匀系数 35.03。

5.6.2.2 工程地质 II 区基本特征

1）海底地形地貌

研究区内最小水深为 5.0 m，最大水深为 22.2 m。最小坡降为 $0.30×10^{-3}$，最大坡降为 $1.24×10^{-3}$。本区海底地貌类型为水下斜坡、潮流深槽。

2）底质

研究区海底表层土质类型有流泥、淤泥、淤泥质粉质黏土、淤泥混砂、粉砂混淤泥、细砂混淤泥、粉砂、中砂、粗砂、砾砂。

3）潜在地质灾害类型

研究区已发现属于活动性地质灾害类型的有地震、断裂。限制性地质条件有不规则浅埋基岩、埋藏古河道、潮流深槽、水下沙坝、水下沙嘴和推测浅层气。

4）土的物理力学性质

（1）流泥：天然含水率86.2%~97.7%，天然密度1.44~1.52 g/cm³，天然孔隙比2.41~2.74，塑性指数22.7~32.7，液性指数2.09~3.06，压缩系数0.85~2.50 MPa⁻¹，黏聚力2.0~3.0 kPa。

（2）淤泥：天然含水率56.7%~82.0%，天然密度1.53~2.22 g/cm³，天然孔隙比1.57~2.08，塑性指数11.6~26.9，液性指数1.37~4.17，压缩系数1.01~1.97 MPa⁻¹，黏聚力2.0~6.0 kPa，摩擦角2.4°~10.1°。

（3）淤泥质粉质黏土：天然含水率41.5%~54.6%，天然密度1.51~1.76 g/cm³，天然孔隙比1.21~1.68，塑性指数10.4~25.4，液性指数0.96~2.98，压缩系数0.88~1.58 MPa⁻¹，黏聚力1.0~5.0 kPa，摩擦角3.3°~8.2°。

（4）淤泥混砂：天然含水率37.1%~47.1%，天然密度1.77~1.91 g/cm³，天然孔隙比0.96~1.25，塑性指数10.1~14.1，液性指数1.24~2.41，压缩系数0.62~1.05 MPa⁻¹，黏聚力2.0~10.0 kPa。

（5）粉砂混淤泥：天然含水率34.7%~44.0%，天然密度1.79~1.96 g/cm³，天然孔隙比0.91~1.16，塑性指数7.7~14.9，液性指数1.42~3.56，压缩系数0.46~0.90 MPa⁻¹，黏聚力2.0~4.0 kPa，摩擦角0°~5.7°。

（6）细砂混淤泥：天然含水率30.2%~43.5%，天然密度1.86~1.99 g/cm³，天然孔隙比0.727~1.122，塑性指数6.2~8.69，液性指数2.85~3.63，压缩系数0.46~0.51 MPa⁻¹，摩擦角1.8°~6.4°。

（7）粉砂：界限粒径（d_{60}）0.153 mm，不均匀系数2.41，水上坡角42.0°，水下坡角33.0°。

（8）中砂：界限粒径（d_{60}）3.065~0.516 mm，不均匀系数1.66~5.56，水上坡角33.0°~41.0°，水下坡角27.0°~34.0°。

（9）粗砂：界限粒径（d_{60}）0.758~1.108 mm，不均匀系数2.77~11.97，水上坡角32.0°~40.0°，水下坡角28.0°~35.0°。

（10）砾砂：界限粒径（d_{60}）1.231~2.014 mm，不均匀系数4.8~31.5，水上坡角33.0°~36.0°，水下坡角28.0°~32.0°。

5.6.2.3 工程地质Ⅲ区基本特征

1）海底地形地貌

该区最小水深为7.0 m，最大水深为21.2 m，最小坡降为0.1×10⁻³，最大坡降为0.59×10⁻³。地貌类型为凸地和古滨海平原。

2）底质

该区海底表层土质类型有：淤泥、淤泥质粉质黏土、淤泥混砂、粉砂混淤泥、粉砂、细砂、中砂、粗砂、砾砂。

3）潜在地质灾害类型

该区内已发现属于活动性地质灾害类型的有地震、断裂、沙波。限制性地质条件有埋藏古河道和凸地。

4）土的物理力学性质

（1）淤泥：天然含水率 61.3%~82.3%，天然密度 1.43~1.64 g/cm³，天然孔隙比 1.69~2.30，塑性指数 15.4~29.3，液性指数 1.38~3.95，压缩系数 1.24~2.14 MPa⁻¹，黏聚力 1.0~3.0 kPa。

（2）淤泥质粉质黏土：天然含水率 47.4%，天然密度 1.77 g/cm³，天然孔隙比 1.288，塑性指数 15.2，液性指数 1.96，压缩系数 0.90 MPa⁻¹。

（3）淤泥混砂：天然含水率 62.6%，天然密度 1.71 g/cm³，天然孔隙比 1.609，塑性指数 19.3，液性指数 2.27，压缩系数 1.32 MPa⁻¹，黏聚力 2.0 kPa。

（4）粉砂混淤泥：天然含水率 34.6%~81.9%，天然密度 1.69~1.91 g/cm³，天然孔隙比 0.934~1.619，塑性指数 8.9~18.2，液性指数 1.27~3.35，压缩系数 0.51~1.50 MPa⁻¹，黏聚力 2.0~6.0 kPa，摩擦角 0~9.1°。

（5）粉砂：界限粒径（d_{60}）0.286 mm，不均匀系数 31.26，水上坡角 38.0°，水下坡角 35.0°。

（6）细砂：界限粒径（d_{60}）0.201 mm，不均匀系数 2.3，水上坡角 35.0°，水下坡角 29.0°。

（7）中砂：界限粒径（d_{60}）0.537 mm，不均匀系数 4.6，水上坡角 35.0°，水下坡角 31.0°。

（8）粗砂：界限粒径（d_{60}）0.739~1.0 mm，不均匀系数 2.4~71.0，水上坡角 35°~38°，水下坡角 30°~34°。

（9）砾砂：界限粒径（d_{60}）1.231~2.067 mm，不均匀系数 4.6~23.5，水上坡角 33.0°~37.0°，水下坡角 28.0°~32.0°。

5.6.2.4　工程地质Ⅳ区基本特征

1）海底地形地貌

区内最小水深为 7.0 m，最大水深为 20.0 m。平均坡降约为 13.0×10⁻³。
地貌类型为潮流深槽、三角洲前缘和前三角洲。

2）底质

该区海底表层土质类型有：淤泥、粉砂混淤泥、粉砂、中砂和粗砂。

3）潜在地质灾害类型

在该区内已发现属于活动性地质灾害类型的有地震、断裂、沙波。限制性地质条件有不规则浅埋基岩、潮流深槽和埋藏古河道。

4）土的物理力学性质

（1）淤泥：天然含水量 60.7%，天然密度 1.70 g/cm³，天然孔隙比 1.57，塑性指数 19.5，液性指数 2.05，压缩系数 1.70 MPa⁻¹，黏聚力 2.0 kPa。

（2）粉砂混淤泥：天然含水量 39.4%~64.7%，天然密度 1.80~2.00 g/cm³，天然孔隙比 0.93~1.48，塑性指数 10.3~11.3，液性指数 2.0~4.3，压缩系数 0.5~0.7 MPa⁻¹，黏聚力 0~5.0 kPa，摩擦角 0~5.9°。

（3）粉砂：界限粒径（d_{60}）0.145 mm，不均匀系数12.9，水上坡角39.0°，水下坡角32.0°。

（4）中砂：界限粒径（d_{60}）0.347~0.516 mm，不均匀系数1.66~4.84，水上坡角33°~41°，水下坡角29°~33°。

（5）粗砂：界限粒径（d_{60}）1.103 mm，不均匀系数15.7，水上坡角39.0°，水下坡角32.0°。

5.6.2.5 工程地质 V 区基本特征

1）海底地形地貌

区内最小水深为10.0 m，最大水深为26.7 m。坡降为0.1×10^{-3}~1.0×10^{-3}。地貌类型：海底平原。

2）底质

海底表层土质类型有流泥、淤泥、淤泥混砂、淤泥质粉质黏土、粉砂混淤泥、粉砂、中砂、砾砂。

3）潜在地质灾害类型

研究区内已发现的属于活动性地质灾害类型有地震、断裂。限制性地质条件有不规则浅埋基岩、埋藏古河道、凸地。

4）土的物理力学性质

（1）流泥：天然含水率88.2%~102.2%，天然密度1.45~1.56 g/cm³，天然孔隙比1.883~2.466，塑性指数21.1~23.6，液性指数2.64~3.28，压缩系数1.14~2.30 MPa⁻¹。

（2）淤泥：天然含水率61.7%~84.6%，天然密度1.45~1.67 g/cm³，天然孔隙比1.502~2.325，塑性指数16.1~31.8，液性指数1.78~2.95，压缩系数1.07~1.96 MPa⁻¹。

（3）淤泥质粉质黏土：天然含水率38.1%~61.8%，天然密度1.66~1.82 g/cm³，天然孔隙比1.023~1.384，塑性指数10.2~21.9，液性指数1.25~3.21，压缩系数0.72~1.19 MPa⁻¹，黏聚力4.0 kPa，摩擦角1.1°。

（4）淤泥混砂：天然含水率56.9%，天然密度1.70 g/cm³，天然孔隙比1.510，塑性指数18.5，液性指数2.23，压缩系数1.31 MPa⁻¹，黏聚力2.0 kPa。

（5）粉砂混淤泥：天然含水率36.0%~41.1%，天然密度1.89~1.97 g/cm³，天然孔隙比0.885~1.031，塑性指数7.3~8.8，液性指数2.82~3.08，压缩系0.70~0.99 MPa⁻¹，黏聚力2.0 kPa，摩擦角2.4°。

（6）粉砂：天然含水率43.7%，天然密度1.84 g/cm³，天然孔隙比1.038，塑性指数6.7，液性指数4.66，压缩系0.61 MPa⁻¹，摩擦角2.3°。

（7）中砂：界限粒径（d_{60}）0.348~0.400 mm，不均匀系数3.6~11.7，水上坡角37°~40°，水下坡角30°~35°。

（8）砾砂：界限粒径（d_{60}）1.629~2.395 mm，不均匀系数49.5~105.9，水上坡角37°~38°，水下坡角30°~32°。

5.6.3 工程地质条件评价

工程地质条件评价是一项综合分析各项因素后进行的系统工程，现主要从海洋环境因素、土的工程地质特征和海底不稳定性 3 方面进行评价。

5.6.3.1 海洋环境因素评价

根据第 2 章，研究区及其以北沿岸地区地处北回归线以南，属东亚低纬度海洋性季风性气候，光热充足，降水集中，干湿明显，气温适宜。气压总体呈西高东低、北高南低的态势。气温总体分布为南高北低、东高西低，年平均气温 22.1~23.0 ℃。本区降雨量为西高东低，珍珠港年降雨量为 2 220 mm，钦州为 2 103 mm，北海合浦为 1 660 mm，铁山港为 1 574 mm，西部沿岸的东兴、防城港年平降雨量高达 2 500 mm 以上。冬季风风向稳定，盛行风向为 N 向，风力较强且较为稳定，夏季 5—8 月受热带或副热带天气系统影响，年均风速大于沿海陆地区域，但风力较冬季小，风向多为 E—SE。影响该区的灾害性天气主要是热带气旋、大风和强风天气、暴雨和洪涝。由于雨量丰沛，加之十万大山山脉和丘陵地形影响，沿岸为暴雨洪涝灾害多发地区，也是广西沿海地区首要的灾害类型。

潮汐为传入北部湾的南海潮波系统控制。研究区北部沿岸自西向东，即以北海为界，潮汐类型比值由 5.09 下降到 3.29，由规则全日潮变为不规则全日潮。钦州湾相对黄海基面的多年平均海平面为 0.4 m，铁山港石头埠为 0.34 m。广西沿岸为北部湾潮差最大处，平均潮差自海向岸、自西向东增加（张桂宏，2009）。研究区波浪主要是由风浪和外海传递来的涌浪混合而成，各波向频率变化为，北部以 NNE—NE 向出现频率最高，出现在冬季，其次是 WSW 向，出现在夏季；南部以 SSW 出现频率最高，NE 向次之，春、秋季为波向转换季节，不甚稳定。平均波高为 0.2~0.6 m，最大波高在 2~4 m 之内。研究区年平均水温比较接近，为 23.50~24.00℃。盐度自北向南递增，逐月平均盐度为 24.00~33.00。研究区北部沿岸主要入海河流有北仑河、防城河、钦江、茅岭江、大风江及南流江。

研究区水深范围为 2.6~26.7 m，最大水深 26.7 m，位于研究区西南部，最小水深 2.6 m，位于大风江口附近。研究区东、北、西三面被陆地环抱，海底地形受海岸制约明显，等深线顺岸排列，水深总体趋势是自北向南逐渐增大，受水道或沙脊影响，海底地形局部变化较大，等深线分布局部密集、不规则。其中，在研究区东部除铁山港和安铺港存在切割较深的槽沟外，沿岸海底地势较平缓，平均坡降为 $0.54×10^{-3}$~$0.59×10^{-3}$；在研究区中部，因潮流作用强烈，钦州湾和大风江口滩槽分布明显，平均坡降约 $0.63×10^{-3}$，等深线走向大致为 NW 向；在研究区西部，自企沙往西，岸线曲折多变，滩涂宽广，大于 10 m 的等深线走向基本为近东西向，小于 10 m 的等深线受岸线和水道影响走向多变。

研究区海底地形起伏不平，岸线蜿蜒曲折，在海洋水动力作用下，海底地貌类型多样，主要有：潮间浅滩、水下岸坡、水下三角洲、古滨海平原、海底平原、槽沟、潮流沙脊（体）、拦门浅滩、沙波、水下拦门沙坝、水下沙嘴和凸地等类型。

5.6.3.2 土的工程地质特征评价

工程地质 I 区海底表层土质类型为：淤泥、淤泥质粉质黏土、淤泥混砂、砂混淤泥、粉砂混淤泥、细砂、中砂、粗砂、卵石；工程地质 II 区海底表层土质类型为：流泥、淤泥、淤泥质粉质黏土、淤泥混砂、粉砂混淤泥、细砂混淤泥、粉砂、中砂、粗砂、砾砂；工程地质 III 区海底表层土质类型为：淤泥、淤泥质粉质黏土、淤泥混砂、粉砂混淤泥、粉砂、细砂、中砂、粗砂、砾砂；工程地质 IV 区海底表层土质类型为：淤泥、粉砂混淤泥、粉砂、中砂和粗砂；工程地质 V 区海底表层土质类型为：流泥、淤泥、淤泥混砂、淤泥质粉质黏土、粉砂混淤泥、粉砂、中砂、砾砂。

海底表层土为含水量高、孔隙比大、压缩性高、抗剪强度很低的软土，随深度增加，海底土含水率、孔隙比、压缩系数逐渐减小，强度逐渐增大。区内海底广泛分布的软土为全新世海相沉积，其承载力低，稳定性差，故对软土地基处理不当，可导致建筑物倾斜或沉陷。在工程实践中，尽量避免将软土作为持力层。

5.6.3.3 海底不稳定性评价

研究区各断裂第四纪以来一直在活动，断裂的最新活动年龄为 1.5 ka B.P.，断裂深度约 20 km，属于浅源地震，地震活动度为 Ⅱ~Ⅲ 度。研究区活动构造格架由 NE 向、NW 向断裂相互交汇切割构成，目前地震活动处于第二活动期的相对活跃期，地震活动较强的有 NE 向的合浦—博白断裂带，NE 向的钦防—灵山断裂带。本区未来 10 年、30 年、50 年地震危险性预测分析结果为：10 年内，发生地震震级为 4.6 级，发震概率为 50.92%；30 年内，发生地震震级为 5.9 级，发震概率为 52.52%；50 年内，发生地震震级为 6.6 级，发震概率为 50.94%（据广西地矿局北海地勘院，1995）。本区地震基本烈度为 Ⅵ 度，属轻度地震，海上工程构筑物的设计应以 Ⅵ 度设防。

工程地质 Ⅰ 区的活动性地质灾害类型为地震、断裂、沙波；限制性地质条件有不规则浅埋基岩、埋藏古河道、潮间浅滩、拦门浅滩、潮流深槽、潮流沙脊、槽沟和凸地；工程地质 Ⅱ 区的活动性地质灾害类型为地震、断裂；限制性地质条件有不规则浅埋基岩、埋藏古河道、潮流深槽、水下沙坝、水下沙嘴和推测浅层气；工程地质 Ⅲ 区的活动性地质灾害类型为地震、断裂、沙波；限制性地质条件有埋藏古河道和凸地。工程地质 Ⅳ 区内存在的活动性地质灾害类型为地震、断裂、沙波；限制性地质条件有不规则浅埋基岩、潮流深槽和埋藏古河道；工程地质 Ⅴ 区内存在的活动性地质灾害类型为地震、断裂；限制性地质条件有不规则浅埋基岩、埋藏古河道、凸地。研究区有多处海底沙波，主要位于水道及潮流深槽的附近，面积小于 2 km²，沙波走向与水道及潮流深槽走向一致，波长 1~5 m，属于小型沙波。

如前所述，浅层气改变了土层的物理力学性质，使其强度降低，结构变松，破坏了土质原始稳定性，减小了基底支撑力，构成海底工程构筑物的重大隐患。本区发现一处疑为浅层气区，规模小，面积小于 1 km²。

研究区不规则浅埋基岩广泛分布，主要分布在基岩海岸附近。不规则基岩面起伏变化大，埋深十几米至上百米，局部发育明暗两种礁石。在进行插桩、输油管线铺设等海上工程应注意持力层深度的选择，以避免产生不良的后果。

研究区内主要发现 2 条埋藏古河道，规模较大的一条分布在南流江以西，走向 NE—SW，发育在海底下数米至数十米的地层中，互相叠置长期发育，经过河床多次迁移摆动，是一分岔河道，形成很大的河道沉积物体系，并遭受强烈的侵蚀改造。埋藏古河道的内部沉积与其围岩岩性有较大差异，承载力明显不均匀，对海洋工程设施有不可忽视的潜在危害性。

研究区水动力作用较强，潮沟普遍发育于潮间浅滩和伸入内陆的潮流岔道地带，在高潮期被淹没，低潮期露出水面，其与潮间浅滩的滩面高差 2~5 m，宽 50~100 m，长 2~30 km 不等，为潮流或径流通道。陡峭的槽沟常伴生陡坎和不规则基岩，可能产生滑坡，是海底电缆、插桩及水下管线铺设等海洋工程应当避让或必须处理的地质条件。因此，海上工程应对槽沟进行详细调查。

钦州湾潮流深槽相当发育，贯通内外湾的主槽在湾中部外端呈指状分叉成三道，有的已开发为进出港航道。航道作为较大型的深槽，对某些海上工程则具有明显的制约作用，如海底电缆、海底输油管线的铺设等。因此，对于这些海洋工程来说，在施工前有必要查明深槽的宽度等。

潮间浅滩沿着海岸呈带状分布，宽度 1~2 km，最宽达到 7 km，长达几十千米。浅滩由于沙的淤积，地形的起伏变化，且水动力作用较强，使其对海底电缆、插桩及水下管线铺设等海洋工程有潜在的危害性。

研究区有 4 处凸地，呈丘状起伏，与周围地形高差达 3~8 m，规模小，坡度 3°~6°。凸地为残留地貌，与周围存在岩性及高度差异，工程设计时应注意避让。

据已有的柱状样、钻孔资料和波浪资料以及在极值波浪荷载作用下对研究区内表层黏性土的分析，显示极限波浪条件作用下表层黏性土处于稳定状态，不会发生局部滑移或层间蠕滑现象，但槽沟、地形较陡处不排除表层黏性土发生局部滑移或层间蠕滑。表层沉积物粒度分析表明，有 49 个站位土的黏粒含量百分率小于 13%，当地震烈度为 8° 时，存在砂土液化可能性；其中 43 个站位土的黏粒含量百分率同时小于 10%，当地震烈度为 7° 时，同样存在砂土液化可能性。

综上所述，Ⅰ区和Ⅳ区工程地质条件较好，为次稳定区；Ⅱ区和Ⅴ区工程地质条件中等，为次不稳定区；Ⅲ区则较差，为不稳定区。Ⅰ区和Ⅳ区海底稳定性大于Ⅱ区和Ⅴ区，Ⅱ区和Ⅴ区海底稳定性大于Ⅲ区。今后研究区建设海上构筑物和铺设海底输油气管线，建议尽量选在Ⅰ区和Ⅳ区，且避开槽沟和洼地。

第6章 海洋地质环境状况及评价

6.1 广西海岸带环境地质状况

6.1.1 海岸线解译概况

海岸线遥感解译采用高潮位所能到达的水边线，遇有红树林直接临海时，则以其边界作为海岸线。在解译获得各时相的海岸线后，应用 GIS 叠合分析功能进行叠加，以老时相叠盖在新时相上，即可推知海岸线在何处何时开始改变现状的。海岸线的解译受到遥感数据分辨率、图像合成方案和当时潮位的影响。

由于研究区范围大，需 2 景 Landsat 卫星遥感影像拼接才能覆盖，客观因素使得工区影像时间的统一性无法得到保证（遥感影像数据相关信息见第 1 章）。但同一年度的两景数据影像时间差并不大（最长相差 54 d，最短仅差 7 d），这种时间差在岸线变化尺度上可以忽略。因此，拼接研究区每一时相的两景影像，编制了 4 个时相的岸线变迁图（图 6-1）。

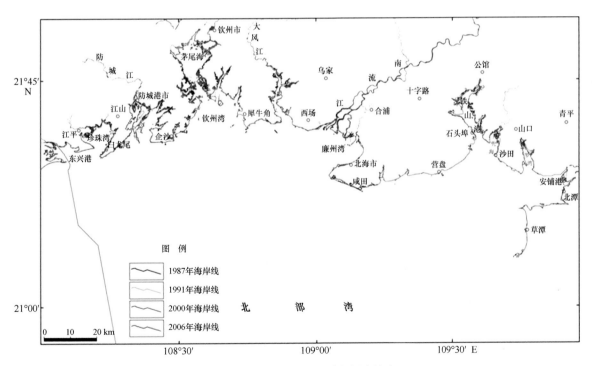

图 6-1 调查区 4 个时相遥感解译岸线变迁

6.1.2　各阶段海岸线变迁情况

6.1.2.1　1987—1991 年

两个时相的对比结果，研究区岸线变化不大，相对较稳定，局部岸段的侵蚀淤积幅度不大（图6-2）。岸线变化可从淤积前移、侵蚀后退及围垦填海 3 方面分析。

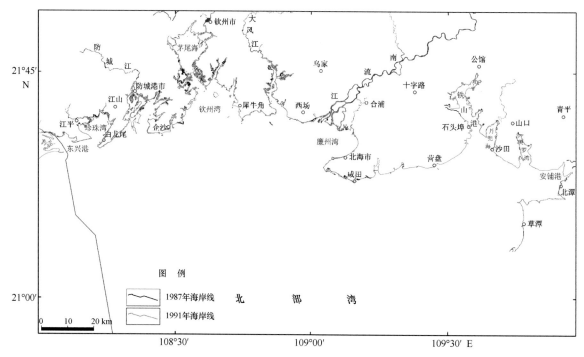

图 6-2　调查区 1987—1991 年遥感解译岸线变迁

1）岸线淤积与前移

钦州湾湾顶茅尾海淤积最为显著，向海推进最大距离为 1.4 km，淤积范围约 1.1 km²。中部龙门港镇南面和西面均有淤积，岸线向海淤进最大距离可达 200 m，其东面岸线既有侵蚀，也有淤积，但由于红树林海岸的影响，淤积量难以估算。在大风江河口两岸如并港、蚝潭、南蛇坑及沟港等地淤积明显，有的岔道被淤平，岸线变平直；高沙至新更楼一带的海岸也有淤积，岸线向海前移最大，为160 m。另外，北海港北侧的西廊至坡心一带，受南流江、大风江影响，海岸以淤积为主。如针鱼墩附近岸线前进距离可超过 100 m，打席村附近岸线前进最大，为 150 m，坡心附近、西廊西侧的江心洲北部及西部岸线向海推进数十米不等。

2）岸线侵蚀与后退

自西向东，丹兜海东岸和铁山港西面的河潭与大塘之间的河口后退最大，达 1.0 km。西村港西侧海岸侵蚀明显，后退最大，达 256 m；企沙附近因径流和潮流影响，岸线略有侵蚀，岸线向陆后退最大，可达 150 m，侵蚀面积约 0.03 km²。钦州湾东岸大坑至新联村海岸有局部侵蚀，岸线后退最大达 300 m；侨港附近侵蚀岸线最大可达 120 m。南流江口以侵蚀为主，但侵蚀量较小。

3）人工围垦与填海

此阶段基本无较大的工程建设，人为影响主要来自围垦养殖。自东向西，铁山港河潭东南至红坎村沿岸人工围垦近 0.6 km²，丹兜海西岸竹窝附近及东岸山角村附近围垦面积分别约 0.55 km² 和 0.36 km²。此外，钦州湾东岸犀牛脚附近出现人工堤坝，茅尾海和龙门港镇等地也出现修坝、围垦填海等迹象。

6.1.2.2　1991—2000 年

从 1991 年 9 月到 2000 年 11 月这 10 年间，研究区的岸线变化较大，岸线以不小的幅度整体向海推进，局部有侵蚀现象；海岸带工程痕迹明显，人为因素对岸线的作用加强（图 6-3）。海岸线变化主要原因为港口码头扩建、滩涂侵淤积及围垦养殖与围堤等方面。

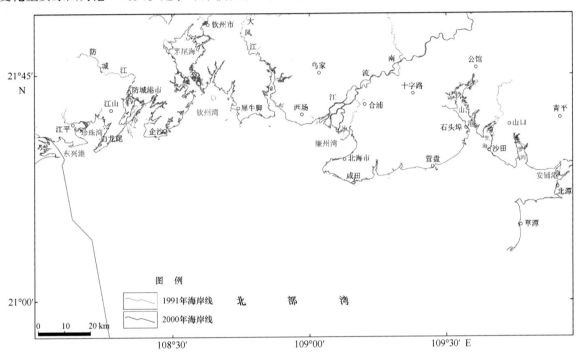

图 6-3　调查区 1991—2000 年遥感解译岸线变迁

1）扩建港口码头

岸线变化以扩建港口、围填码头为主要原因。西部防城港内西岸岸线整体向湾内推进，从 100 m 到 2.2 km 不等，最大推进位置在防城港口；港口西岸的东段和南段分别填海 1.5 km² 和 0.7 km²，防城港东岸长山尾西边岸段也围填了一处码头，规模较港口东岸稍小。由于在钦州湾顶的石沟附近修坝建港，延伸到海中达 1.7 km，缩窄了钦江水道。

2）滩涂淤积与侵蚀

中西部的企沙至公车村一带，海岸以淤为主，局部受侵蚀。岸线淤积最大向海推进距离为 200 m，侵蚀向陆后退达 400 m。湾颈龙门港附近和湾顶茅尾海沿岸也有较明显的侵淤变化，但量不大。金鼓江两岸侵淤变化明显，岸线向海推进最大距离为 400 m，向陆后退最大距离为 100 m。平山村至新联村主要为淤积，岸线向海推进最大距离为 400 m。东部滩涂上红树林面积的增加使珍珠港内西北岸线整体向湾内推进，表现较显著的地方位于江平镇南部岸段，前进距离超过700 m。

在东部铁山港东岸的新村西面，淤积显著，其上出露大面积红树林，海岸线向海前进距离约0.86 km，红树林滩地面积大约1.8 km²。在丹兜海内，整个东岸淤积严重，滩地上红树林恢复良好，最显著的红树林滩地位于丹兜与永安之间的岸线，向海前进距离在1 km以上，局部面积约1.6 km²。英罗港东岸西村至松明一带海岸线也因红树林的恢复向海推移较大，最大前进距离为2.5 km²。

3）养殖与围堤

铁山港西岸由散沙、新村至附录村一带岸线向海前进幅度较大，最大前进距离为950 m，钦州湾湾颈的果子山村附近围垦量较大，入海达700 m左右。北海市南部海岸养殖围垦与人工围堤显著，如针鱼墩由于围堤的影响，岸线前进最大距离可达650 m，冠头角西北侧的工程使岸线向海前进超过600 m；坡心以南、打席村一带及铁山港东岸村头至沙仔路一带因围垦养殖，岸线前进500~700 m；西村港西侧的大冠沙盐场，围垦造成的岸线推进距离超过900 m。

6.1.2.3　2000年至2006年

2000年和2006年的海岸线变化显著，整体向海推进（图6-4），仍以人为作用为主。2000年以来的人为作用（港口建设、围垦护堤等），改变了沿岸地形地貌，使原来侵淤变化格局变得稳定；另外，人为作用的加强，围垦填海、人工种植红树林以及修堤建港等活动增多，掩盖了自然侵淤变化的痕迹，具体表现为以下几个方面。

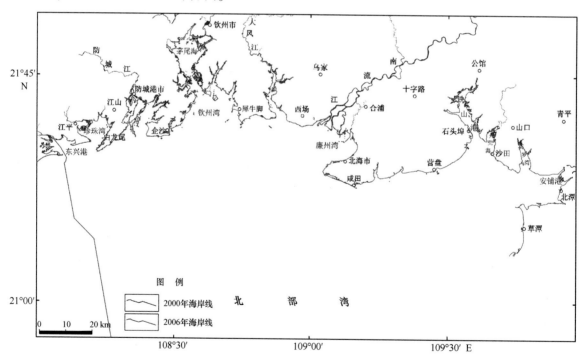

图6-4　调查区2000—2006年遥感解译岸线变迁

1）填海建港与围垦

防城港湾内西岸岸线整体前推，最大推进处为港口南段，填海围建明显；最大推进距离达

5.7 km，围建港口面积近 6.0 km²。在钦州湾排榜村海岸有一条堤坝，长约 2.3 km；青菜头和金鼓沙围海建港，围海面积均约 2.2 km²，入海 1.8 km。湾西部公车村、洲尾、天堂角等地填海使岸线向海推进最大距离为 300 m。茅尾海西岸围海较少，东岸则较多，最大围垦量为 300 m。另外，北海港东侧针鱼墩附近堤坝入海近 1.3 km；北海市岸线人为作用明显，主要是修建码头、堤坝等。白龙港以西的西廊、木案、坡心等地附近海岸线都有淤进，范围从数十米到几百米不等；且都存在围垦养殖区的现象，围垦处海岸线前推约 200 m。

2）滩涂淤积

铁山港内海岸线变化相对较大，港内由西岸散沙过湾顶至东岸港口新村，都有不同程度的淤积，红树林的恢复与增加面积不一，其中大路山东南边海岸推进超过 1 km，面积约 0.73 km²；安铺港东岸太平围西滩涂淤积显著，海岸线最大推进距离为 1.3 km，红树林增加面积近 1.5 km²。防城江河口的两个岛岸线向前淤进也较明显，东岛北部与西岛东北部均围垦的一块滩涂，面积分别为 0.6 km² 和 0.5 km²；其中东岛北岸岸线最大推进距离为 800 m。大风江上游仍是以淤积为主，但江心洲东岸则略有侵蚀，西岸淤积；杨屋村至大风江口西侧则淤积较多，最大淤积达 400 m（向海）；南流江口也是以淤积为主，最大淤积达 160 m。

6.1.2.4　4 个时相分析

4 个时相的遥感图像海岸线分析结果，研究区海岸线总体为向海推进，海岸线的前进主要受人为活动影响。人为因素引起的岸线变化主要是近年来的扩建港口、码头、堤坝，以及围垦养殖区与盐田等。另外，部分岸段的侵蚀与淤积，仅从解译的海岸线难以判别出是自然条件下的侵淤还是人为活动引起的变化。

6.1.3　近 20 年海岸线变化综合分析

6.1.3.1　海岸线类型变化特征

根据遥感图像，结合实地调查，解译、分析各时相的海岸线类型及其变化。据此，统计研究区 5 个图幅在 1987 年、1991 年、2000 年和 2006 年 4 个时相解译出的海岸类型长度和段数（表 6-1），根据其变化分析研究区近 20 年海岸线的变化特征。

表 6-1 显示，1987 年研究区基岩海岸长度最长，占总海岸长度的 40%；人工岸线次之，占总岸线长度的 31.6%，说明当时人为活动对海岸影响不太大；红树林海岸占比例不大，砂泥质海岸较少，其中砂质海岸线最短。

较之 1987 年的海岸长度，1991 年基岩海岸、红树林海岸分别减少 12.6% 和 16.7%，人工海岸增加了 13.7%，反映了研究区工程设施建设、围垦养殖等海岸开发活动程度在加大。同时，1991 年海岸线总长度比 1987 年还有所减少，也说明了人为活动导致海岸线形态发生改变。

与 1991 年相比，2000 年的基岩海岸与砂质海岸长度分别减少了 39% 和 37.6%；与此同时，人工海岸的长度增加了 27%，说明海岸带的开发与建设在进一步加强，人为改造海岸带的规模也在加大。另外，砂、泥质海岸长度的减少还伴随着红树林海岸长度近增加了 57.2%，说明红树林海岸在受到严重破坏之后，由于人们环保意识的增强和政府环境保护力度的加大，红树林海岸得到了很大的恢复与良好的改善，在一定程度上有人工栽种的红树林出现，所以红树林海岸长度得到增长。

在 2000 年海岸基础上，2006 年的基岩海岸长度仍在以 26.5% 的幅度继续减少，同时红树林海岸长度也仍有 31.9% 的增加幅度；人工海岸的变化相对不大，增长了不到 8%。

对比 1987 年各海岸类型情况，由于对海岸带的开发利用，研究区总岸线长度增加了 6.5%，除了基岩海岸长度减少了 61% 以外，其他各类型海岸长度都有不同程度的增长，尤其是红树林海岸和人工海岸，分别增长了 73% 和 55%。由于基岩台地和人工海岸受潮位影响较少，两者变化更能表现海岸类型的改变，同时又反映了人类活动对海岸带的影响程度。

表 6-1　研究区沿岸海岸类型及其岸线长度统计

编号	岸线类型	1987 年		1991 年		2000 年		2006 年	
		段数	长度（m）	段数	长度（m）	段数	长度（m）	段数	长度（m）
1	基岩海岸	1 546	813 799	1 435	711 528	931	435 066	627	319 846
2	砂质海岸	128	91 937	160	146 518	135	91 472	104	104 941
3	泥质海岸	359	136 540	331	141 453	357	137 719	334	151 788
4	红树林海岸	377	334 104	362	278 701	481	438 240	536	578 011
5	人工海岸	818	636 848	962	723 913	1 151	919 909	993	988 424
总计		3 228	2 013 228	3 250	2 002 113	3 055	2 022 406	2 594	2 143 010

注：本文海岸线指高潮位抵达的水边线；红树林直接临海时则其边界作为海岸线，海岸类型为"红树林海岸"。海岸线及类型的解译受到遥感数据分辨率、图像合成方案和当时潮位影响。

各时相的海岸类型、海岸线的动态数据如图 6-5 所示。直方图直观地显示了研究区多年不同类型海岸线的变化情况：海岸线总长随着围垦、拦坝、港口码头等工程建设增加较大，其形态也发生了变化；基岩海岸随着人为活动的增加明显减少；砂、泥质海岸长度占研究区岸线总长度很小比例，其多年变化也不大；红树林海岸长度从 1987 年到 1991 年减少明显，随后连年增加明显，到 2006 年接近 1987 年长度的 2 倍；人工海岸从 1987 年到 2006 年呈现逐年增加的趋势，其长度变化反映了沿海工程建设（建筑港口、码头、堤坝、公路等）和围垦（围海造地、圈建养殖区等）的强度与规模。总之，沿海海岸线类型及其变化，在一定程度上反映了海岸的稳定性程度及经济发展状况。为发展经济而改变海岸类型及其形态，必须认真考虑生态环境的保护，以避免如红树林从毁坏到再造的不科学的过程。

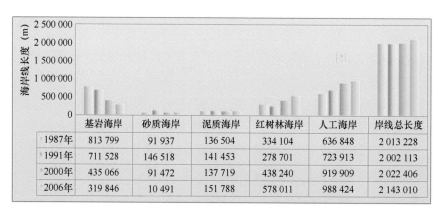

	基岩海岸	砂质海岸	泥质海岸	红树林海岸	人工海岸	岸线总长度
1987年	813 799	91 937	136 504	334 104	636 848	2 013 228
1991年	711 528	146 518	141 453	278 701	723 913	2 002 113
2000年	435 066	91 472	137 719	438 240	919 909	2 022 406
2006年	319 846	10 491	151 788	578 011	988 424	2 143 010

图 6-5　研究区海域海岸线类型及长度统计直方图

6.1.3.2　海岸线长度变化特征

由于海湾河口附近的冲淤、沿岸围垦、港口码头建设及红树林的恢复，使海岸线向海推进，岸线长度不断变化。近20年的时间，基岩海岸减少最大，其他海岸类型的变化反映了人为作用影响的程度。综合分析各时相的海岸线长度变化等数据，海岸线总长呈增加的趋势（图6-6）。

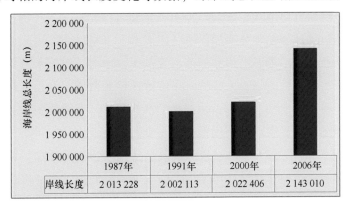

	1987年	1991年	2000年	2006年
岸线长度	2 013 228	2 002 113	2 022 406	2 143 010

图6-6　北部湾铁山港区各时相海岸线长度统计直方图

综合4个时相海岸线变化的分析结果，由于北部湾广西沿岸河流十分发育，如北仑河、防城河、钦江分别注入东兴港、防城港与钦州湾，大风江、南流江注入廉州湾，公馆河、白沙河注入铁山港，洗米河、那郊河、九州江分别注入丹兜海、英罗港与安铺港，这些大大小小的河流注入北部湾内，对北部湾北部各大小海湾、港口的冲淤变化起着很大的影响。沿岸丰富的物源，较强的水动力作用，使研究区海岸在不同岸段有侵蚀和堆积差异，但整体无大规模泥沙的纵向运动。然而，随着社会和经济的发展，人为作用加强，极大地改变了沿海的地形地貌特征和海岸线的形态，从而影响了海岸的冲淤格局。如1986年以前铁山港内海岸较为稳定或略有淤积，但防波堤、围垦堤的建筑破坏了自然环境动力平衡，使海滩冲刷、后退、萎缩，滩形变动较大。

研究区人为因素对海岸影响作用逐渐加强，围垦造地、养殖、港口建设及人工建筑越来越多，这些均大大影响了海岸线的自然状况，人为因素对海岸线变化的影响力将远大于自然作用。人为改造海岸，并使岸线向海方向推进，在全球变暖，海平面上升的大环境下，将大大增加海岸的脆弱性。

6.1.4　沿岸土地利用状况及其变化分析

利用遥感图像，结合实地调研结果，分析研究区域4个时相沿岸的土地状况及其动态变化。土地利用程度是反映一个地区社会经济发展状况的重要因子，它体现了城市化的进程、各大产业的分布、人口情况和各种土地政策实施情况。

6.1.4.1　研究区多时相土地利用状况

分析的范围为研究区域沿海6 km内的土地状况。4个时相的土地利用总体特点为：旱地多且分布广，湾内有红树林分布，沿着河流向上推进；围垦养殖面积越来越大，滩涂变得更为宽广；城镇与农村居民用地不断加大，港口码头面积迅猛增加，道路不断加宽、公路级数增多，均体现了人口的增长与经济发展的过程。以研究区5个图幅范围相对最新时相的遥感解译结果来展示该图幅范围内土地利用类型分布状况（图6-7~图6-11）。

总的来说，1987年研究区的道路用地、居民地、红树林地、沿海渔业用地较少，水田、旱地、水浇地等农业用地较多，河流、水库等水体面积较大，林地—灌木面广且量大，城市和道路占地面积较小，海岸、江口有裸露的滩涂，水下滩地形态清楚；围海和海岸工程不多；山势、海岸、地形、地貌部位较好地控制了土地用地类型。1991年的道路用地、居民地、沿海渔业用地有一定数量的增加，但整体较少。红树林用地减少显著。2000年的研究区，城内主干道清晰可辨，等级公路增加较多；城市用地、港口用地增加十分明显；居民用地（尤其是城市居民）大量增加；机场面积扩大，并修建了铁路；工业用地、沿海工程和养殖水域也大幅增加，河流水域面积也减少明显。陆地区林、草、旱地、水田类型比较清晰，人造林——桉树林显著增加，在山区和平地大范围分布；红树林得到保护和恢复；耕地（水田、旱地、水浇地）大幅减少。虽然图斑大小受地形、地质影响而呈现出片状带分布，但图斑明显变小，利用程度进一步大大提高。

2006年的研究区（图6-8~图6-11），道路建设与使用面积大大增加，城市居民用地范围继续扩展，有林地、灌木林、荒草地、红树林等增加；由于处于较低潮位而使滩涂地大范围出露，滩上红树林星岛状分布较多，红树林地增加；人造林——桉树林兴而不衰，但较前一个时相则明显减少；水田减少，旱地显著增多；大风江口东侧养殖成片分布，养殖用地也继续增长；滩地翻挖或推土范围较大，滩涂人为活动痕迹明显。2013年的土地利用现状（图6-7），最能体现研究区土地利用的发展趋势和格局。港口用地和建设用地进一步增加；农村居民点范围有较大的扩展，城市居民点面积增加明显；多处沿海低缓地和滩地被围垦为养殖场。

6.1.4.2 沿海土地利用状况变化分析

统计研究区主要的17种土地利用类型多年图斑与面积情况（表6-2），有利于分析判断区域的经济发展状况、社会经济活动对土地利用程度的影响。

表6-2 研究区主要土地利用类型多时相统计

土地利用类型	1987年面积（km²）	1991年面积（km²）	2000年面积（km²）	2006年面积（km²）	2000年增长率	2006年增长率
水田	575.98	536.06	518.53	440.97	-0.12	-0.24
旱地	859.09	782.16	621.11	736.11	-0.39	-0.15
裸土地	26.22	33.82	40.87	27.65	0.36	0.06
草地	127.23	125.26	114.71	147.58	-0.11	0.16
有林地	940.52	956.62	932.27	942.57	-0.01	0.01
灌木林	670.11	645.24	608.71	609.08	-0.11	-0.1
桉树林	347.59	455.34	549.8	456.05	0.37	0.32
农村居民用地	53.68	56.27	61.16	69.72	0.13	0.3
城镇居民用地	38.91	44.38	74.18	81.37	0.48	1.1
港口码头用地	5.47	5.66	18.04	23.81	0.7	3.36
公路	49.01	52.55	63.57	72.04	0.23	0.47
坑塘	10	10.64	13.3	10.13	0.25	0.02
水库	17.91	17.96	18.72	18.48	0.05	0.04
养殖水域	165.67	172.97	305.27	384.07	0.46	1.32

土地利用类型	1987 年面积（km²）	1991 年面积（km²）	2000 年面积（km²）	2006 年面积（km²）	2000 年增长率	2006 年增长率
滩涂	102.2	48.88	27.11	323.86	-2.77	2.17
红树林	37.14	32.16	49.08	75.74	0.25	1.04
河流	75.72	71.93	64.29	72.89	-0.18	-0.04

* 2000 年与 2006 年的面积增长率都是相对于 1987 年的面积计算得出。

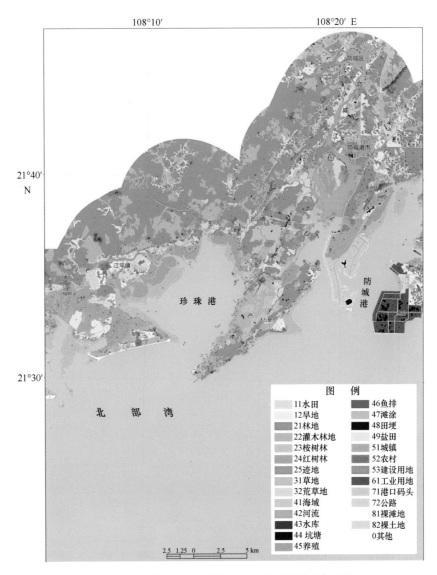

图 6-7　东兴港 2013 年沿海土地利用状况遥感解译

图 6-8　钦州湾 2006 年沿海土地利用状况遥感解译

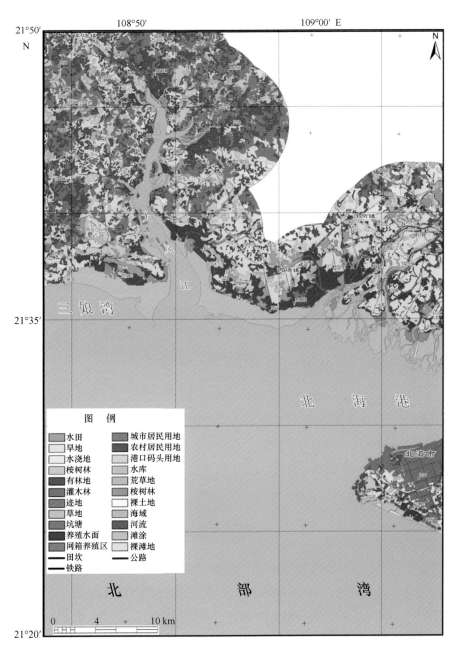

图 6-9　北海港 2006 年沿海土地利用状况遥感解译

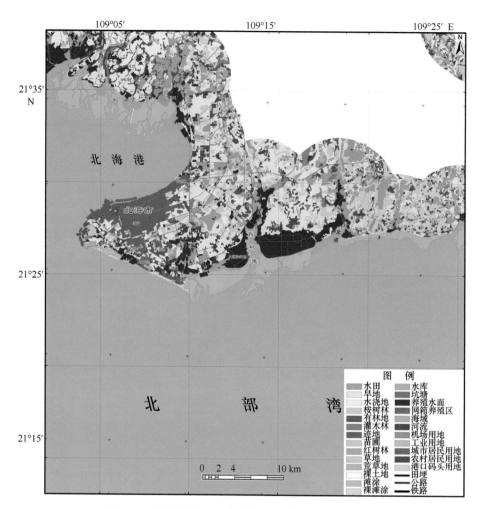

图6-10 北海银滩2006年沿海土地利用状况遥感解译

表6-2和变化直方图6-12显示，研究区沿海17种主要土地利用类型中，变化总体有如下4种类型：①面积逐年增加，20年增长明显；②面积逐年减少；③面积变化不大；④3个时相变化趋势一致，另1时相不同。具体分析如下。

1）土地使用面积逐年增加

该类主要有港口码头用地、养殖使用水域、城镇居民用地、农村居民用地、公路5类。其中，面积增加最多的是港口码头用地，近20年间港口码头的使用面积逐年递增，到2006年其面积较1987年的面积增加了336%，主要是1991—2000年间发展船舶运输业、渔业等促使港口码头面积迅猛增加。养殖水域的面积增加也是很显著的，截至2006年底其面积已是1987年的2倍多，增加了132%，其中在1991—2000年增加最快，充分体现了90年代沿海经济发展的速度及其对水产养殖业发展的推动作用。另外，与港口使用面积特点相似的还有居民用地类型，居民（农村、城镇）用地面积也是逐年不断增加；其中，城镇居民用地发展最为显著，20年间面积增加了110%，这从遥感影像统计数据上就能清晰地说明城镇规模的不断扩大。公路是经济快速发展的动脉，公路解译面积的逐年增加体现了沿海地区道路规划建设的增长趋势，也是地方经济与社会发展的标志。

2）土地使用面积逐年减少

具有该特点的土地使用类型仅有水田一种，从表6-2清楚可见水田的使用面积在逐渐缩减，近

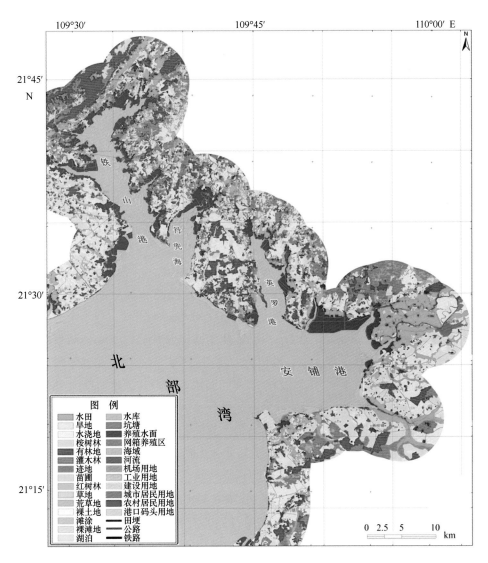

图 6-11　铁山港 2006 年沿海土地利用状况遥感解译

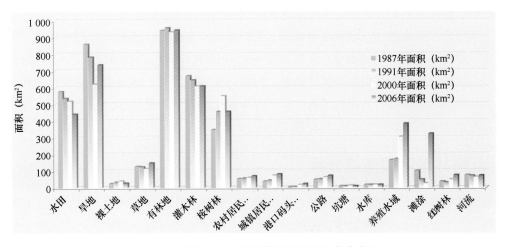

图 6-12　研究区土地利用类型多时相变化直方图

20 年总面积的缩减率为 24%，为研究区 17 种土地使用类型中面积减少比例最显著的一种；仅 2000—2006 年期间，使用面积就缩减了 15%。

3）土地使用面积变化不大

该特点中有 4 种土地利用类型，有林地、坑塘与水库的面积各年度变化均不明显，变化不大，整体以增长为主；其次，河流的使用面积历年变化虽然不大，但整体呈减少的趋势，其中 1991 年与 2000 年相对于 1987 年的河流面积减少还比较明显，2006 年其使用面积有所增加，这个变化趋势可以理解为 20 世纪 80 年代到 2000 年前后，在经济快速发展的同时并没有兼顾河流与生态的保护，之后随着生态、环保等意识的提高，河流及其相关水域的生态得到较好的恢复。另外，因为这类土地利用类型本身具有比较稳定、不易发生变更的特点，其面积差别可能也存在一定的遥感解译误差。

4）3 个时相变化趋势一致，另 1 个时相不同

该土地利用类型比例最多，包括旱地、草地、灌木林、滩涂和裸土地、桉树林，红树林。其中，旱地、草地、灌木林和滩涂的使用面积特点是前 3 个时相逐年递减，后 1 个时相迅速增加，逆转了递减趋势；2000 年滩涂面积缩减了 277%，旱地使用面积缩减了近 40%，而草地和灌木林的使用面积也都缩减了 11%。另一类，裸土地、桉树林的使用面积是前 3 个时相逐年增加，最后 1 个时相有所减少；裸土地与桉树林从 1987 年到 2000 年期间面积不断攀升，增加率为 36% 和 37%，特点比较相近；红树林从 20 世纪 80—90 年代的开发破坏最严重到 2000 年逐渐恢复与人工栽种，变化特点明显，从 1991 年的面积最小值到 2006 年的最高值，其面积增加了 2 倍多，相对于 1991 年的面积增加了 135%。红树林面积的这一变化生动展示了其从破坏到保护恢复、人工栽种的过程。

4 个时相土地利用面积统计数据反映了当时的社会经济活动对土地利用程度的影响，土地利用的变化反映了当地社会经济活动特征和趋势。近 20 年来，研究区的耕地面积（水田、旱地）减少，居民用地大幅增加，反映了城市化的进展；经济效益差的有林地、灌木林或保持不变或有所减少，反之，经济效益较好的桉树林和养殖水域面积增加较多，说明适应了发展经济的需要；虽然受潮位影响，水域面积（坑塘、水库、河流等）有所变化，但机场、道路、港口码头用地、工业用地的剧增，以及裸土地面积的减少，也反映了围海及工业化程度；红树林和滩涂的大量增加，说明环境保护对社会发展已越来越重要，人们的生态环境保护意识也在不断加强。

另外，遥感图像解译存在一定程度的误差。如图像分辨率差异，使解译图斑的精细受影响；实时水域状态（潮汐、风浪、河流季节、水库水位等）也影响到解译的准确性；还有，如林地砍伐、稻田收割、用地建设程度等均会影响解译结果。因此，遥感图像对土地类型的解译可大体上判断区域的经济发展状况，总体说明其变化情况，但不能绝对化。应从各种数据分析了解一个地区当时的发展状况，有助于提高解译质量，并分析其变化原因。

6.1.5 红树林多时相遥感分析

沿海地区为发展经济不同程度地开发利用海岸带，红树林作为特殊海岸类型，其生长环境及自身特性对海岸带生态环境的变化敏感，因此分析研究其分布变化情况，能够在一定程度上揭示海岸带发展利用情况及生态环境变化情况。

将 2 景范围 4 个时相共 8 景数据进行拼接处理，以 TM B4（R）、B3（G）、B2（B）三波段彩色合成的遥感图像为基础进行解译。利用红树林枝叶厚实、角质层厚的特点，对其信息应用了专题

增强处理，将 TM 数据提取植被指数，再与近红外波段复合，从而增强红树林信息，并通过野外实地调查，编制成图。由于图像分辨率、潮差、红树林图像斑块大小的确定和统计方法的差异，影响了解译精度，也影响到红树林分布特征的准确性。因此，解译存在一定的误差。

根据遥感解译结果，结合实地调研和已有资料，分析红树林的分布状况及其动态变化特征。

6.1.5.1 多时相红树林分布状况

广西是我国红树林分布较集中的地区，拥有红树林面积 8 375 hm²，占全国红树林总面积的 38%。在广西沿海 14 个海湾中，红树林主要分布于茅尾海、铁山港、大风江、廉州湾、防城港东湾和单兜海，其他港湾相对较少。

研究区内红树林分布范围很广，主要分布在沿海大小港湾内，以泥质海岸为主，多长在潮滩、滩涂上。遥感解译图显示（图 6-13），1987 年红树林分布斑块不少，面积不大，相对集中。主要分布珍珠港和防城港内的顶部，廉州湾南流江河口、北海港北侧以及丹兜海顶部河口东岸一带；茅岭江、榕木江、钦州湾颈部东侧也有红树林分布，以岛屿周围居多；而茅尾海湾顶淤泥滩、大风江的上游、东岸及江口两侧，英罗港顶与安铺港东南岸很少有红树林分布；其他地方如西村港港顶、港东西两侧也有红树林零星分布。

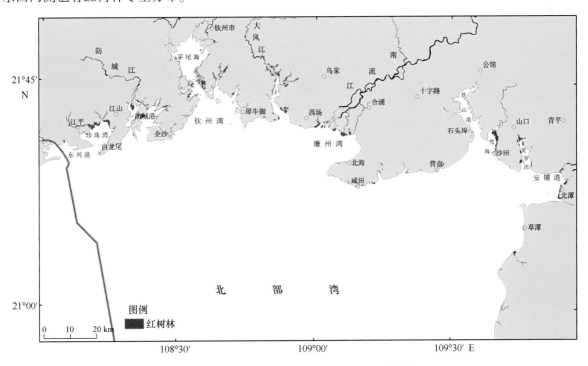

图 6-13　调查区 1987 年红树林分布遥感解译

研究区 1991 年遥感解译图（图 6-14）表明，1991 年的红树林分布面积较 1987 年小了很多，红树林分布相对比较零散。部分地方红树林破坏严重，如丹兜海内红树林面积剧减，港门镇西南角海岸红树林已消失，英罗港与安铺港内红树林也均有一定面积的减少；西村港红树林急剧减少，白龙港红树林也缩减较多；大风江上游西侧的红树林分布也有明显减少。但是，并不是所有地方都减少，还有少数地方红树林面积有所增加，如东兴港山心的南部岸线明显增加了条带状的红树林斑块，珍珠港湾内西南部也增加了零星斑块；北海港北侧及大风江口红树林面积也有所增加。

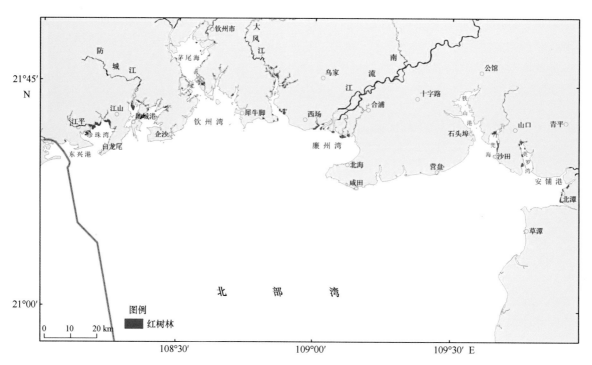

图 6-14 调查区 1991 年红树林分布遥感解译

2000 年研究区内红树林分布面积大幅度增加（图 6-15），以东部铁山港、丹兜海、英罗港、安铺港内增加最为显著，红树林大面积增加，分布较集中。西村港和白龙港附近的红树林较以往各年份增加明显，防城港渔洲坪东岸的红树林面积扩大了并连接成片；部分河口及湾内红树林分布面积有所减少，如防城江口的红树林相对有所较少和萎缩，北海港北部红树林、大风江上游、西场镇东边的江口淤积滩地上红树林分布面积明显减少。

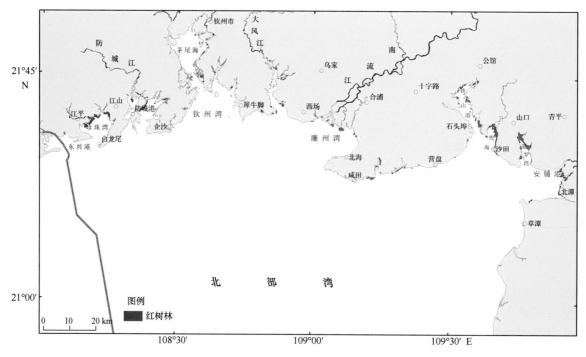

图 6-15 调查区 2000 年红树林分布遥感解译

2006年红树林解译图（图6-16）显示，研究区自西向东所有湾内红树林分布面积都有明显的增加，红树林分布较集中。珍珠港内西侧的红树林进一步向海扩展，防城江口稀少和萎缩的红树林有所恢复；钦州湾内红树林分布大幅度增加，范围明显比上一个时相的面积扩大；茅尾海西北部海岸、龙门港镇附近海岸、茅岭江以南海岸的红树林均扩展了分布范围，新增加了不少红树林区块；大风江上游和西岸红树林范围增加明显，大风江口东、西两侧也增加不少红树林区块；铁山港红树林分布面积大体呈不断增加的趋势。红树林面积的扩大与部分区域的恢复，体现了当地对红树林破坏后带来的生态环境问题的重视及所做的积极举措，也反映了北部湾沿岸地区在追求经济快速发展的同时，提高了对海岸带生态、环境的保护意识。

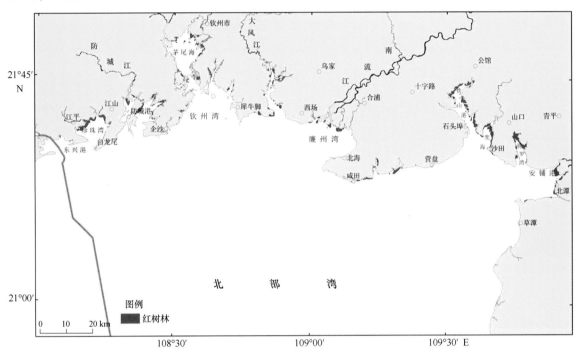

图6-16　调查区2006年红树林分布遥感解译

6.1.5.2　红树林分布动态分析

新中国建立初期，广西的红树林面积约为 $1.59×10^4$ hm²。1981—1986年广西海岸带和海涂资源综合调查，红树林面积为 8 000 hm² 左右。1988—1989年国家海洋局利用卫星图像对广西沿海的红树林进行了分析，得出红树林面积为 5 654 hm²（张忠华等，2007）。2001年广西红树林资源调查资料显示（李春干，2004），广西有连片分布、面积大于 0.1 hm² 的红树林斑块863个，总面积 8 374.9 hm²。宏观上，红树林在整个海岸线呈展开式较均匀分布。广西大陆岸线中，平均每千米海岸线有红树林 5.6 hm²。广西现有红树林大部分在海堤外围，即为堤前红树林，由海岸（堤）向外海延伸 50～1 000 m，其外缘距海岸（堤）最远达 2 820 m，占红树林总面积的 74.4%。研究表明，当红树林带宽大于 100 m，覆盖度大于 0.4，高度大于 2.5 m（粤东、海南等小潮差海区）或高度大于 4.5 m（粤西、北部湾等大潮差海区），其消浪效果达到 80% 以上，具有良好的防浪护堤效果。广西红树林的平均高度很少超过 3 m，几乎全为灌木林或灌丛林。

表6-3、图6-17显示，1987年红树林的图斑数及面积均较大，与1981—1986年前人调查资料

相符（8 000 hm²），也说明自 20 世纪 70 年代中期后，红树林逐渐恢复，破坏行为减少。红树林图斑数目在 1991 年最少，面积也最小，但每个图斑的平均面积却较大，推测 1991 年前红树林遭到破坏，尤其是小面积的红树林被围垦，印证了 1988—1989 年国家海洋局调查得到的红树林面积为 5 654 hm²这一结果。2000 年的红树林图斑数量和面积均大幅增长，但单位图斑面积却减小明显，比 1991 年的萎缩了 40%，推测一方面受潮位影响，以及图像分辨率提高（相应提高了解译精度），另一方面也显现了红树林得到恢复和保护，与 2001 年广西红树林资源调查资料相符。2006 年红树林面积大幅增加，单位图斑面积较 2000 年增加近 1 倍，说明除受潮位的影响外，红树林保护效果明显。

表 6-3　研究区红树林卫星遥感解译面积统计

年　度	图斑数（个）	总面积（km²）	图斑平均面积（km²/个）
1987 年	350	37.14	5.26
1991 年	299	32.16	5.53
2000 年	454	48.8	3.44
2006 年	475	75.46	6.13

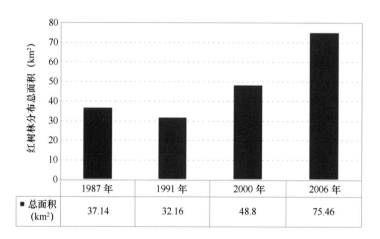

	1987 年	1991 年	2000 年	2006 年
■ 总面积（km²）	37.14	32.16	48.8	75.46

图 6-17　研究区红树林分布总面积统计直方图

　　在时间轴上红树林无论是从图斑数还是总面积整体呈增长趋势，仅在 1987—1991 年间，其图斑数与面积均有下降，分别下降了近 15% 与 13%；这是经济快速发展与生态环境之间矛盾的体现。至 2000 年后，红树林面积显著增加，幅度达到 52%，其图版数量也增加了 51.8%，说明红树林的恢复是以分散的面上分布居多，并不集中；而其图斑平均面积缩小了 38% 也说明了这一点。红树林分布面积从 2000 年到 2006 年增加了 54.6%，其图斑数量增长不到 5%，而图斑平均面积却增长了 78%，这充分说明到 2006 年，红树林已在原来面状零散分布的情况下，大面积集中出现。一方面是红树林在生长环境受到保护化的情况下自我恢复与繁育体现，另一方面也是人工维护、栽种红树林的结果。

　　红树林的动态变化主要是人为因素影响，其变化程度也间接反映了人类活动对海岸线的破坏与改造程度。20 年间红树林分布范围及面积的变化，揭示着沿海社会经济发展与生态环境保护之间矛盾的冲突到和谐发展的一个过程。

6.1.6　人类活动对海岸带地质环境的影响

6.1.6.1　海岸带环境地质状况分析

沿海海岸线类型及其变化，在一定程度上反映了海岸的稳定性程度及经济发展状况。研究区海岸线总长随着沿岸围垦、拦坝、港口码头等工程建设及海湾河口附近的冲淤而不断变化，增加较大。随着社会和经济的发展，人为作用加强，极大地改变了沿海的地形地貌特征和海岸线的形态，从而影响了海岸的冲淤格局。

海岸带土地利用的变化反映了当地社会经济活动特征和趋势。近20年来，研究区的耕地面积（水田、旱地）减少，居民用地大幅增加，反映了城市化的进程；为了适应经济发展的需要，经济效益较好的桉树林和养殖水面增加较多；反之，经济效益差的有林地、灌木林或保持不变或有所减少。机场、道路、港口码头用地、工业用地的剧增，以及裸土地的减少，也反映了围海及工业化程度。

红树林的动态变化主要是人为因素影响，红树林和滩涂的大量增加，说明环境保护对社会发展已越来越重要，人们的生态环境保护意识也在不断加强；其分布范围及面积的变化，揭示着沿海社会经济发展与生态环境保护之间矛盾的冲突到和谐发展的一个过程。

为发展经济而改变海岸类型及其形态，必须认真考虑生态环境的保护，以避免如红树林从毁坏到再造的不科学的过程。

6.1.6.2　围填海工程对南流江河口水动力环境和航道淤积的影响

南流江河口湾（即廉州湾）是广西沿岸第三大海湾，是北海市沿岸第二大海湾，海湾总面积为237 km²。自1955—2009年共50多年来，廉州湾已围填海面积达10.45 km²，占廉州湾总水域面积的4.41%。

南流江河口湾属于正规全日潮区，日分潮占主导地位，一天一次高潮和一次低潮的天数约占66%，其余则为一天两次高潮和两次低潮。日不等现象显著。廉州湾平均潮差为2.46 m，最大潮差为5.78 m，平均高潮位1.66 m，平均低潮位−0.80 m，最高高潮位3.37 m，最低低潮位2.15 m，平均海面0.37 m。据计算，廉州湾最大纳潮量为1 018.40×10⁶ m³，平均纳潮量为467.40×10⁶ m³，可见，廉州湾纳潮量在其水体容积中占有重要地位。

根据南流江河口湾50多年来围填海工程资料统计，该河口湾围填滩涂面积达10.45 km²，这些围填海工程所围填的滩涂都是在中潮带以上，大潮上涌时被淹没，退潮时裸露，其已围填的滩涂面积的实际纳潮量比该湾单位面积的纳潮量要小。按潮差为3.0 m计算，得出该湾50多年来的围填海（10.45 km²）减少纳潮量为31.35×10⁶ m³，约占整个南流江河口湾最大纳潮量的3.08%。

南流江河口湾湾形似舌状向伸展，湾口朝西呈半圆开敞。其主要日分潮流椭圆长轴方向基本上与水道走向一致，与海岸几乎平行，潮流运动形式属往复流类型。该湾50多年来的围填海工程大部分是拦截港湾岔道的滩涂，大部分面积都是在中潮带以上，大潮高潮时全部淹没，大潮低潮时全部出露。但由于已围填海面积较大，总数达10.45 km²，围填海工程导致铁山港湾纳潮量减少3.08%，虽然潮流运动形式仍然是往复流性质，但流速会发生一定变化，潮流场也会受到一定的影响。随着海湾纳潮量的减少会使水流速度和泥沙运动发生一定变化，从而对北海港航道的冲淤可能会造成一些影响。

6.1.6.3 南流江河口三角洲向海淤积趋势

1) 自然淤积趋势

根据前述三角洲沉积层岩性、沉积相、微体古生物、矿物成分、^{14}C 测年数据、海平面升降、地貌形态格局等综合分析，南流江三角洲 8 ka B. P. 以来，沉积速率逐渐超过了海平面上升速度，在古河口湾（廉州湾）的不同部位和不同时间沉积作用及河道变迁有所不同。随后，河流携带大量泥沙输送到河口地区形成三角洲，海岸逐渐向海方向推移。河口西侧的东山头、西村、西场一带受波浪和潮汐改造成沙堤，海岸线稳定。后来三角洲不断进积前展，较粗物质到达三角洲的西部，堆积在西场—蛇塘村—东头沙—系列沙体外侧。这一带的海岸由稳定变为向海推进，河流沉积物充填使水下坡度变缓，波浪能减弱，导致在上述沙堤的外侧所形成的沙体—横岭沙体，规模较小。8 000 年以来，南流江三角洲平原自然已向海（廉州湾）推进了 10~15 km，约以平均 1.6 m/a 的速度向外推进，形成了现今 150 km² 的三角洲平原。然而，现代南流江的主要水道位于西部，南流江的泥沙输送到西场镇南部沿岸以外海域至南流江河口湾（廉州湾）的广阔地带沉积下来，形成宽阔的南流江三角洲前缘浅滩和前三角洲水下地貌。

2) 人类活动对南流江河口淤积的影响

自 20 世纪 50 年代中期以来，南流江河口区对沿岸滩涂资源的开发利用的力度不断地加强，50 年代中期至 70 年代中期，人类占用滩涂的方式主要是围海造田；80 年代以后则主要是修建海堤围海建设海水养殖场，也有规模较小的临海工业建设填海。据统计，1955—2009 年 50 多年以来，南流江河口湾已围填海面积约 10.45 km²，占南流江河口湾总面积的 4.41%。此种程度的围填海导致南流江河口湾总纳潮量损失有限。因而，可以认为这段时间人类的围填海行为在整体上对南流江河口湾冲淤影响不大。但在河口区域，由于近 50 多年以来潮间带中上部大片红树林湿地被毁坏，导致了河口动力过程中沉积物重要归宿地的消失，因而在河口动力过程中沉积物转而沉积于堤前区域，造成局部淤积加速，对南流江河口外潮坪上的沉积物柱状样的研究表明：最近 50 多年以来该处的平均沉积速率约为 7 mm/a，且沉积物有细化趋势（图 6-18）。反映这一淤积趋势的最明显例子是大量次生红树林在堤前的出现和扩展（红树林幼苗存活率与滩面高程密切相关），原有的一些潮沟系统也随之调整。

6.1.6.4 人类活动导致的海水入侵

1) 海水入侵的特点

根据对南流江三角洲平原地区 7 个地下水测井的水质监测结果（图 6-19），显示该区地下水呈现上淡下咸的趋势，咸度在向陆方向上逐渐降低。以 Cl⁻（氯离子）浓度高于 5 g/L 为标准，目前，南流江三角洲平原地下淡水遭受海水入侵的范围为离海岸线 10 km 左右。地下淡水海水入侵的程度也明显随季节性变化，在旱季，地下水中的氯离子浓度通常为雨季的 2 倍以上，而在雨季，随着充沛降雨的补充，海水入侵程度衰减，地下水显著变淡。如前所述，南流江三角洲地层中的更新世地层和全新世前三角洲相地层都是良好的透水层，其间仅以厚度很薄且不连续的全新世海相地层相隔，这为海水入侵创造了"通道"。在靠近海岸的区域，养殖池塘中直接引入海水，人为地造成了

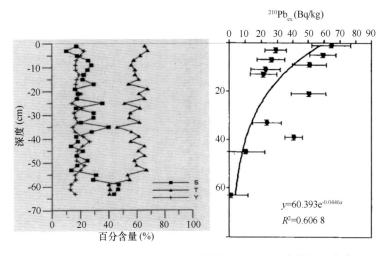

图 6-18　南流江河口外潮坪沉积物柱状样粒度和沉积速率特征（李贞，2010）

高盐度海水向含水层中的潜水渗透，引起地下水盐度升高。在离海岸稍远的区域，由于人类在近几十年间开采地下水量剧增，尤其是远离海岸区域，人们往往直接抽取地下卤水用于海产品养殖，这些过量开采地下水的行为形成地下水漏斗区，增大了咸水水力坡降，从而促使海水在透水层中向陆入侵，造成地下水进一步咸化。

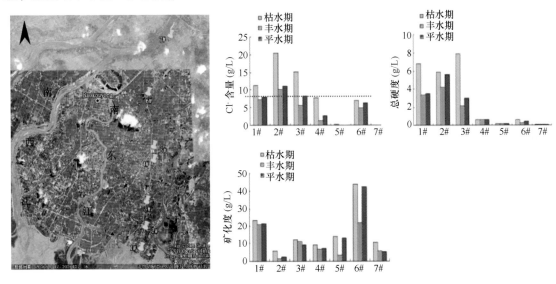

图 6-19　南流江三角洲地下水质监测井位置及地下水水质时空变化情况

2）海水入侵形成的原因

通过对南流江三角洲平原区海水入侵的原因调查、分析，认为形成海水入侵的基本条件有 3 个：一是水文地质条件；二是水动力条件；三是人类活动因素，这个因素导致海水入侵更为严重。

（1）海水入侵的水文地质条件

在形成海水入侵的水文地质条件方面，必须具备联系海水与地下水的"通道"，即具备一定透水性能的第四系松散层、基岩断裂破碎带或岩溶溶隙、溶洞等。这些"通道"都受水文地质条件控制。南流江三角洲平原区域分布第四系全新统—渐新统砾（卵）石、砾砂、砂、亚黏土及黏土等，富含孔隙潜水和承压水。潜水主要赋存于全新统和中新统北海组沙砾层中，含水层厚 7.00～55.98 m，水量中等—丰富。从水平上看，自北向南，含水砂层为一个连续分布的整体，不存在隔水边界，形成海水顺层侵染的条件。漏斗区回流，已出现反向补给。垂直方向上含水砂层之间分布有弱透水层缺少稳定的隔水层，存在垂向侵染条件。

（2）海水入侵的水动力条件

受动力作用，水总是由较高水位向较低水位流动。在天然条件下，地下淡水位高于海水水位，且密度比海水密度小，故流向是地下淡水向海水方向流动，不会发生海水入侵现象。在开采地下淡水的条件下，尤其当开采量超过允许开采量时，地下淡水位就会持续下降，改变了原来的地下淡水与海水平衡的状态，从而具备了海水向地下淡水流动的动力条件，导致海水入侵发生。南流江三角洲平原，在天然条件下，地下淡水自北向南流入海洋。但南部低平原地区开采浅层地下水和大量抽取深层高浓度地下卤水作为海水养殖，形成地下水漏斗。随着抽取量的增加，漏斗不断扩大，引起地下水位下降并后退，海水向内陆推进，形成了海水、咸水顺层侵染浅层地下淡水水动力场，加剧了海水入侵。

3）人类活动因素

近 20 年来，人类开发三角洲平原和沿海平原作为海水养殖场，大量修建沟渠引海水进入内陆，同时开采浅层地下水和大量抽取深层高浓度地下卤水作为海水养殖对虾，使地下水漏斗逐渐扩大加深，加剧了南流江三角洲平原地区的海水入侵，引起地下水水质恶化，氯离子含量急剧上升。经调查发现，南流江三角洲平原地区地下淡水大部分区域已被海水侵染，地下水已经不适合饮用。

6.2　海洋地质环境综合评价

6.2.1　评价区范围与环境单元

本次评价范围主要依据物探调查范围的边界确定，其中包含了大部分海水和地质取样站位（图6-20）。由于钦州湾内湾茅尾海、安铺港东部水浅难以开展物探工作，仅获得海水和表层沉积物环境数据，无法进行综合评价。本次评价的海洋地质环境系统主要有海水、海底表层沉积物和浅地层3个单元，不包括海岸带部分。

6.2.2　评价方法

6.2.2.1　评价步骤

评价步骤如图 6-21 所示。需要指出的是，分级标准的确定位于环境评价之后，之所以这样做是因为目前对海洋地质环境评价还没有标准体系，也很难建立一套成熟的评价体系。因而，在环境评价结果得出之后再根据实际情况划分。

6.2.2.2　评价指标体系与标准

评价指标体系包含海水、海底表层沉积物环境质量和潜在地质灾害因素（危险性）评价。海水

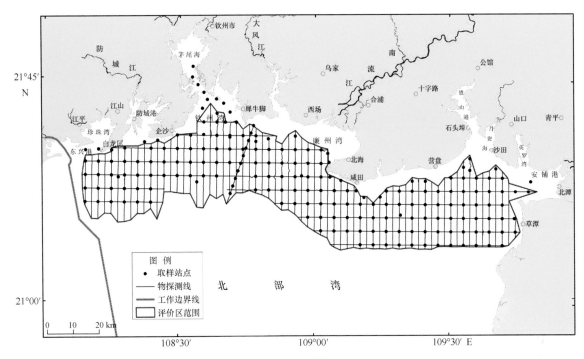

图 6-20　综合评价区范围

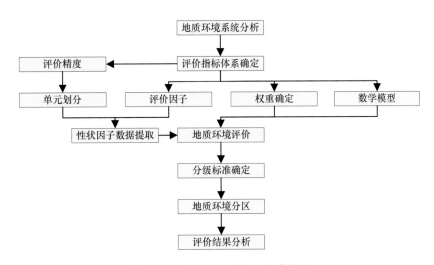

图 6-21　地质环境评价的程序步骤

环境质量评价因子包括 COD、BOD 等 15 个水质参数；沉积物环境质量评价因子包括 Cu、Zn 等 7 种重金属；潜在地质灾害因素评价因子包括断层、浅层气等 12 种。在综合评价时，海水和沉积物质量评价均采用前述相应章节的结果。

　　海底潜在地质灾害危险性评价目前尚无成熟标准（周爱国等，2008）。受客观环境和探测手段的限制，目前对大部分地质灾害因素还无法获得全面的定量特征，尚处于定性和半定量阶段，因而很难制定出定量化的评价标准。基于此，本研究直接对各地质灾害因素进行综合评价。

6.2.2.3　评价区范围确定及单元划分

　　由于野外调查比例尺为 1∶100 000，因此评价对研究区进行 1 km×1 km 的网格划分，每个网格为一个评价单元，本区共计4 605个网格（图6-22）。

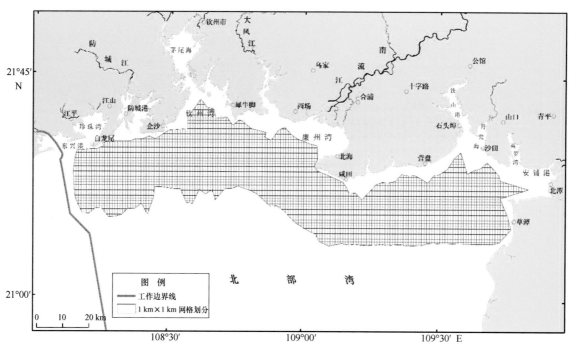

图6-22　综合评价区评价单元的划分

6.2.2.4　指标权重确定

利用层次分析法（AHP），结合专家意见确定参与评价的各因子指标权重（Saaty，1980；蔡鹤生，1998）。评价指标的层次结构模型如图6-23所示。目标层是海洋地质环境综合评价；第一准则层是海水、沉积物和海底地质灾害因素3个地质环境单元，其中海水可细分为表层和底层，海底地质灾害因素可细分为活动性和限制性因素，组成第二准则层；方案层则为24个具体的评价因子。

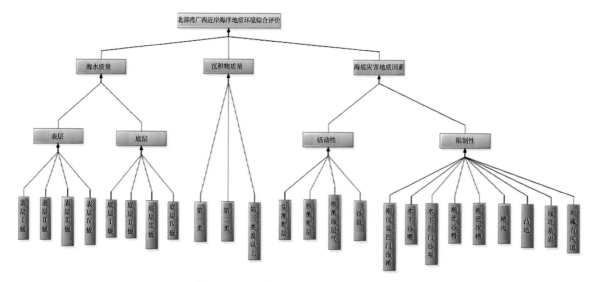

图6-23　地质环境评价的层次结构模型

利用 YAAHP 层次分析软件（北京欣晟允软件技术有限公司，v7.0）进行层次结构模型设计、判断矩阵输入和最终计算，得出各评价因子的指标权重（表6-4）。

6.2.2.5 网格单元内加权综合指数评价模型

采用网格单元内加权综合指数法（杨春霞等，2006）。该方法是对传统综合指数法的改进，既考虑了目标区块因面积不等造成的误差，还考虑到了参与评价的各因子属性之间差别的影响。计算公式如下：

$$I_k = \sum_i a_i \cdot \left(\frac{S_i}{S_k} \right)$$

式中，I_k 为第 k 个网格的综合指数；

a_i 为第 i 个指标的权重；

S_i 为第 k 个网格内第 i 个指标的面积；

S_k 为第 k 网格内海域的面积。

表 6-4 各因子指标权重值

环境单元	次级单元或指标	评价因子	权重值
海水	表层	表层 I 级	0.009 6
		表层 II 级	0.017 1
		表层 III 级	0.029 6
		表层 IV 级	0.052 6
	底层	底层 I 级	0.004 8
		底层 II 级	0.008 5
		底层 III 级	0.014 8
		底层 IV 级	0.026 3
沉积物	–	第一类	0.042 4
		第二类	0.084 8
		第三类及以上	0.169 7
海底地质灾害因素	活动性	实测断层	0.186 1
		推测断层	0.041 6
		推测浅层气	0.044 0
		沙波	0.008 8
	限制性	潮间或拦门浅滩	0.020 0
		水下沙嘴	0.020 0
		水下拦门沙坝	0.020 0
		潮流沙脊	0.020 0
		潮流深槽	0.018 5
		槽沟	0.021 6
		凸地	0.020 0
		浅埋基岩	0.020 0
		埋藏古河道	0.020 0

6.2.3　评价结果

6.2.3.1　各环境单元的综合指数分布

图 6-24 至图 6-26 分别显示了评价区海水、沉积物质量和海底地质灾害因素评价指数的分布状况。图中可以看出，海水质量评价指数较高的海域主要位于钦州湾及其向南延伸的外海；沉积物质量评价指数较高的海域则分布在评价区的中东部；海底地质灾害因素评价指数分布的高值区主要沿断层分布。

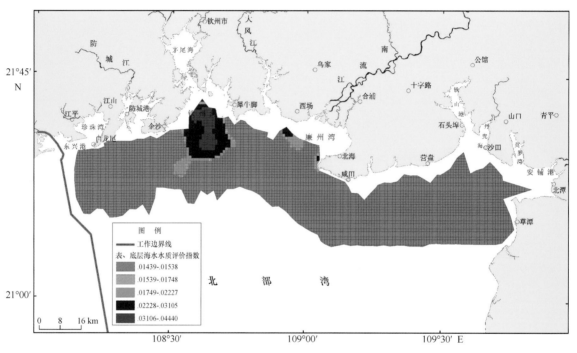

图 6-24　海水质量评价指数分布

6.2.3.2　综合评价分级标准的确定及分区

通过格单元内加权综合指数模型计算得出的所有评价网格的加权综合指数在 0.216 7~0.553 0 之间，平均值为 0.278 2，标准差为 0.071 8。

对得出的综合评价指数首先采用自然断点分级（Natural Breaks，Jenks）方法分为 5 级。该方法是基于数据内部的内在联系进行自然分组，旨在最大化组间差距并最优化组内相似值。其算法基本原理见 Smith 等（2007）。该方法综合评价指数的分组点选在数据变量值出现相对最大变化处。据此得到 5 个级别的分界值为 0.231 5、0.263 3、0.316 7、0.398 8 和大于 0.399 8，分别对应海洋地质环境的差、较差、中等、较好和好等级（表 6-5 和图 6-27）。

表 6-5　海洋地质环境评价等级

评价分界值	< 0.231 5	0.231 5~0.263 3	0.263 3~0.316 7	0.316 7~0.398 8	> 0.398 8
评价等级	差	较差	中等	较好	好

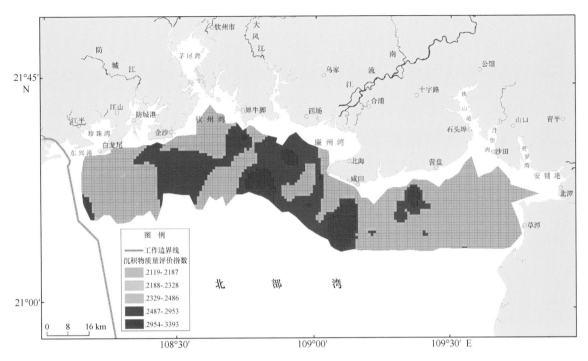

图 6-25　沉积物质量评价指数分布

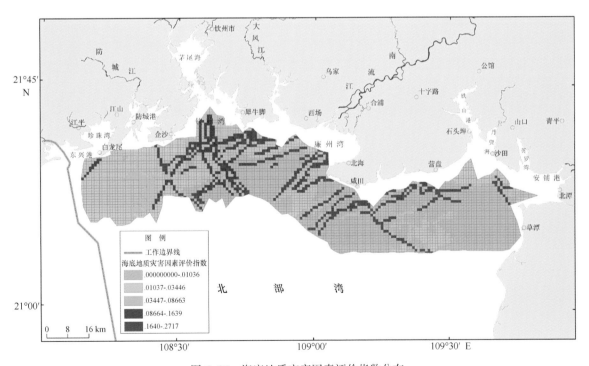

图 6-26　海底地质灾害因素评价指数分布

6.2.3.3　综合评价结果分析

从得到的海洋地质环境综合评价分区图（图 6-26）上可以看出，研究区大部分区域海洋地质环境处于好和较好等级，主要位于东西两翼；而在从防城港至营盘之间的海域则主要为中等和较差等级，该区域又因分布有较多断层，其评价权重相比其他指标较高，导致沿断层分布的区域海洋地质环境评价等级为差。

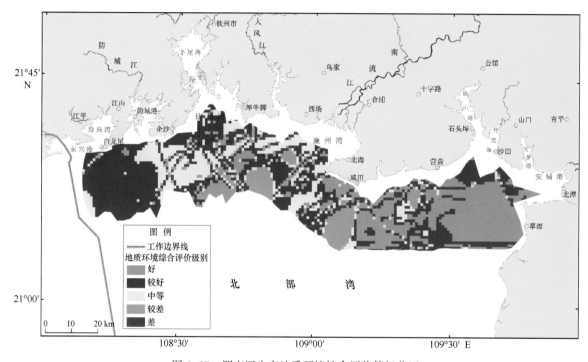

图 6-27　调查区生态地质环境综合评价等级分区

可见，北部湾广西近岸海域海洋地质环境总体处于较稳定状态，自然因素作用下，环境受突发性的气象因素影响较大，但总体趋于稳定。如没有较大的灾害事件发生，广西近岸海域海洋地质环境将保持现有等级水平，不会发生较大改变。另外，人为因素作用下，因环保意识的加强，环境有向好转变的趋势。但是，由于沿海工业及工程建设，应防止因意外事故而导致的环境破坏。

6.3　区域海洋地质环境对比分析

如前所述，由于研究区范围太大，调查分 5 个年度在不同区块进行。因此，不同时间段的研究结果难以对比分析。尤其是海水质量，不同的时间变化极大；沉积物受人类活动影响（挖砂、疏浚、围垦及填埋等），一定范围内不同的时间也可发生改变；而海底地质灾害因素或工程地质条件则较为稳定。在此，从自然因素作用及人为影响两个方面进行区域环境对比分析。

6.3.1 各年度调查结果对比分析

6.3.1.1 钦州湾区域海洋环境综合分析

钦州湾入海河流有钦江、茅岭江、金鼓江等,河流携带的部分泥沙沉积在内湾低能区,形成潮间浅滩;部分则在落潮流作用下,经湾颈,运移至湾口西侧堆积,形成宽广的水下浅滩,其余部分则被潮流携带进入浅海,往南或西南运移。

1) 自然灾害

北海、钦州和防城港是受我国台风频繁影响地区之一。1986 年 9 号台风造成沿海增水约 1.0 m,北海、合浦、钦州、防城等地 80% 的海堤遭破坏,大量农田受淹。本区水动力作用较强,对海岸侵淤影响较大。

2) 红树林

从多时相遥感图像分析,钦州湾 1987 年以前为沿海开发的初步状态,人为作用对岸线改造较小;之后,红树林海岸及基岩海岸由于围垦及破坏而减少,人工海岸由于围海及工程设施大量增加;2000 年后,出于保护目的,红树林海岸大幅增加,但人为作用加强,使人工海岸明显增加,基岩海岸进一步减少。

3) 海水环境质量

2006 年调查期间,钦州湾所有站位海水均未达到富营养化程度。但钦州港内及近岸已受影响,表层海水富营养化指数也略高,部分站位水质受到有机污染。水质综合指数分析表明,钦州湾外附近水域水质为轻—中污染级,其他区域的水质为清洁级。可见,钦州湾作为纳污海湾,污染物排入湾内后,虽然通过潮流运动向湾外扩散,但对湾内水质有一定的影响。对比 80 年代的滩涂调查数据,钦州湾海水的化学需氧量大幅增加,海水中 Cu 元素含量变为轻污染级,Pb、Zn、Hg 为重污染级,石油含量为中污染级。因此,水质总体变差,这主要是排污造成的。

海底表层沉积物的绝大部分有害物质来源于水体。调查结果显示,钦州湾表层沉积物 As 含量有 3 个站位大于评价标准;Cr 含量有 13 个站位大于评价标准,污染情况比较严重;其他元素含量虽有增加的趋势,但未超标。

2012 年,海洋环境质量公报显示,钦州近岸海域大部分为较清洁及轻度污染海域;污染海域主要分布于茅尾海北部和钦州湾南部海域,其中茅尾海为严重污染海域。海水中的主要污染物为无机氮和石油类。

6.3.1.2 北海区域海洋环境综合分析

1) 海岸冲淤

北海海域受南流江和大风江的影响,海浪、潮流及径流作用均较强,对海岸侵淤影响较大。南流江是广西沿海最大的入海河流,河口区淤积作用明显。广西海岸带以大风江为界,以西为基岩海岸,以东为沙泥质海岸。基岩海岸侵蚀和淤积活动均不强烈;沙泥质海岸则常发生比较强烈的侵蚀。因此,本区的现代海岸侵蚀灾害,主要发生在东部和港口区。大风江口东岸受侵蚀,形成了潮间泥滩或沙泥混合滩;北海半岛北部沿岸,侵蚀严重,海岸线逐年后退,因而部分地区建筑海堤护岸，以防海岸侵蚀。

2）自然灾害

本区受风暴潮等气象因素影响较大。台风暴潮等灾害性天气一方面摧毁堤岸，引起冲刷侵蚀；另一方面引起沿岸增水现象，使岸段易受侵蚀。海底沉积物结构松散，极易被风暴潮搅动搬运。1982 年第 17 号强台风造成北海市的直接经济损失就达 870 多万元，8609 号台风导致的暴潮和同时出现的暴雨，使北海超过 400 km 的人工和天然海堤及河堤冲决数百个缺口。

3）人为影响

人为作用对海岸的影响与钦州湾相似。围垦造地、养殖及港口等的建设造成人工海岸剧增，其他类型的海岸减少；砂质海岸和红树林海岸均经过破坏、修复的过程，基岩海岸上的开发建设明显。随着社会和经济的发展，人为作用加强，人为因素对海岸的影响力大于自然作用。

据资料，广西沿海地区每年排放入海的废水总量超过亿吨，仅北海市 1993 年废水排放总量就达 4 900 多万吨，1994 年排放量比 1993 年虽有所减少，但生活污水排入比例增大，这些污水大多是一些临近海岸的城镇和工矿企业废水以及大量生活污水未经处理直接向海洋排放，加重了近岸水质污染程度。2004 年北海市近岸海域海水环境质量监测结果表明，北海市绝大部分海域为清洁海域和较清洁海域。重金属中除铅含量稍高外其余均较低，属清洁海域。但由于受人为因素的影响，连续出现小范围赤潮，北岸沿海水质部分未能达到功能区划标准，内港污染严重。2005 年海洋环境质量公报显示，北海沿海 19 个入海排污口有 18 个超标排放污染物，养殖生物体内的粪大肠菌群及镉、石油类污染物含量较高，甚至部分超标。2006 年北海市海洋环境质量状况没有恶化趋势，海水水质基本符合清洁与较清洁海水水质标准。2007 年，北海大部分海域为清洁海域和较清洁海域，在廉州湾及港口区域内有部分海域属轻度污染海域。

2007 年调查结果显示，北海区域有 3 个站位水样为轻污染级，BOD、石油类和铅、锌等有一定程度的污染。海水水质综合评价为局部属于轻污染级，其他区域的水质为清洁级。

表层沉积物有害因子分析中，As 含量有 4 个站位大于评价标准，Cr 含量有 35 个站位大于评价标准，超标率达 76%，污染情况比较严重。

6.3.1.3 北海银滩区域海洋环境综合分析

北海银滩西与廉州湾及南流江口外海相接，东与铁山港和广东安铺港水域相连。潮汐及波浪等水动力因素较强，对本区地形地貌的塑造有一定影响。

1）人为影响

北海市与合浦县营盘一带属台地型海岸，岸线平直，大部分为砂质海岸，沙堤广泛发育。不同岸段有侵蚀和堆积差异，但整体无大规模泥沙的纵向运动。

人为作用下，围垦及开发程度加大，人工海岸大幅增加，红树林破坏严重，海岸侵淤变化造成砂质海岸和泥质海岸增加，基岩海岸由于围垦及工程建设而减少。其后，红树林海岸及砂质海岸受到保护，增加明显；但工程仍在继续，使人工海岸明显增加。

2）海洋环境质量

2008 年调查期间，海水样品所有站位均未达到富营养化程度，水质等级评价均为清洁级，海水水质总体良好。但研究区水质因子 BOD 和石油类达到二类海水水质标准；6 个水样的 Pb 含量高于四类海水水质标准，9个水样的 Hg 含量高于四类海水水质标准。

海底表层沉积物中有7个站位的 Cr 含量大于评价标准，污染较严重；2个站位的 As 含量大于评价标准，属轻微污染；4个站位的 Cd 含量大于评价标准。

2012年，海洋环境质量公报显示，北海近岸海域大部分为清洁、较清洁海域；污染海域主要分布于侨港南部和营盘南部海域，均为三类水质即轻度污染海域。海水中的主要污染物为石油类和无机氮。

6.3.1.4　铁山港区域海洋环境综合分析

铁山港是一个狭长的喇叭状台地溺谷型海湾，呈南北走向，东邻广东省湛江市，西接北海银滩海域。铁山港区矿藏品种多、储量大、品位高，主要有高岭土、石英砂、石灰石等。安铺港是古代丝绸之路的重要出口之一，由于海滩淤积，港口老化等原因，逐渐被淘汰，但该地区依然是较为繁盛的渔港。铁山港和安铺港区，分布许多小型河口的浅水海湾，有大片的潮间泥滩和海岸沙滩，非常适合红树林的生长，发育了大片的红树林。

1）冲淤变化

铁山港沿岸属强潮型海岸，海浪对海岸的侵蚀夷平起重要作用。湾口两侧有海蚀崖，属高能环境下蚀退海岸。铁山港堆积地貌不太发育，湾口两侧有沙滩、丹兜海、沙尾后及石塘东岸一带有泥滩；人工海岸已占40%以上，使海岸失去了自然海岸的特征。铁山港无大河流注入，提供物质有限，岸滩变化不明显。

2）红树林海岸

至1991年，铁山港区沿岸基本稳定，整体以部分岸线小幅度前移为主，局部岸线有后退现象。之后，人工围垦增加。人为作用加强了对红树林的保护，促进了淤积作用，岸线向海前进幅度较大。铁山港区海岸线的前进后退受红树林及人为作用影响较大。

3）海洋环境质量

2009年调查期间，所有站位的海水均远未达到富营养化程度，水质等级评价均为清洁级，海水水质总体良好。但部分站位的 PO_4-P、Pb、Cu、Zn 和石油类含量超过一类海水水质标准，石油类和 Zn 一类海水达标率最低。

铁山港区海底表层沉积物中仅有1个站位的 Pb 含量大于评价标准；As 含量波动稍大，较多站位高于评价标准值，属中等污染。

6.3.1.5　东兴港区域海洋环境综合分析

东兴港区域包括防城港和珍珠港等处。防城港始建于1968年，地处中国大陆海岸线的西南端，东近钦州湾和北海，西靠越南。防城港是广西乃至中国西部第一大港，是全国枢纽港之一，以水深、避风、不淤积、航道短和可用岸线长而著称于世。影响区域的自然因素主要为径、潮流水动力、泥沙含量及输移特征和地形地貌。本区沿岸没有大河流注入，水动力作用不强，主要有北仑河、防城河、江平江（那梭江）、罗浮江等，河流径流量及输沙率均较小，泥沙来源主要有波浪侵蚀海岸及地表水冲刷沿岸地层来沙。

1）冲淤变化与自然灾害

防城港泥沙总运移趋势和海水流向基本一致，但较粗的颗粒在沿岸做横向运动而形成水下沙咀或沙坝。珍珠港泥沙运移主要受水动力、物质来源及地貌部位所控制。水动力条件受竹排江、北仑河口两河径流影响较大，加之落潮流速大于涨潮流速，底质沉积物向湾口输送。海岸受风暴潮及气候因素影响，易遭冲刷侵蚀。2012 年 8 月，台风"企德"在广西沿海登陆，造成防城港 24 个乡镇受灾；10 月，台风"山神"横扫广西，导致防城港大面积内涝，主要道路交通中断。

东兴港区域总体岸线变化不大，仅防城港市西南湾顶西岛、江平镇西岸以及珍珠港顶山脚村的部分岸段有变化，主要以岸线向海推移为主，幅度很小。防城港口因建港口码头，围填海面积较大，东岸变化大于西岸；红树林受保护，面积增加。

2）海洋环境质量

2012 年调查期间，海水样品所有站位均远未达到富营养化程度，水质等级评价均为清洁级，海水水质总体良好。除 BOD、Cu 和石油类外，其他各项因子一类海水达标率均达到 100%。

海底表层沉积物中有 6 个站位的 Cr 含量大于评价标准，2 个站位的 As 含量大于评价标准，1 个站位的有机质含量大于评价标准。

2012 年，海洋环境质量公报显示，防城港近岸海域大部分为清洁、较清洁海域；但北仑河口为严重污染海域；海水中的主要污染物为无机氮和活性磷酸盐。沉积物质量状况总体优良，各项指标均符合第一类海洋沉积物质量标准。

6.3.1.6 区域海洋环境综合特征

综上所述，5 个区域的海洋环境质量总体良好。最西端的东兴港区域由于交换能力较强，污染少，综合海洋环境质量最好；其次为铁山港区域，排污较少以及红树林的净化作用，使其海洋综合环境较好；钦州湾受污染较大，且内湾深入腹地，湾内岛屿众多，湾口较窄，湾内水体交换受限；北海及北海银滩区由于海域开阔，易受风暴潮冲刷侵蚀，虽然水体交换条件好，但由于开发程度高，受工程建设及排污等影响较大。由于调查范围在 3 m 以深的海域，近岸区域没有资料；另外，调查不是在同一年度，人工改造活动可以较大并较快地改变较小区域范围的海洋环境，如减少排污，在开阔海域较易提升环境质量；恢复红树林种植，对海岸的保护效果较好。

6.3.2 环境监测对比分析

6.3.2.1 海滩剖面监测分析

三娘湾海滩剖面经过 5 个年度的观测，跨度 7 年（2006—2012 年）。

5 次海滩剖面桩位高程的测量结果显示，2006—2009 年，海滩剖面有 7 个桩位（桩 1、桩 3、桩 4、桩 6、桩 7、桩 8、桩 9）受侵蚀，高程降低，降幅逐渐增加。2 号桩 2007 年少量淤积，但 2008 年少量侵蚀，3 年基本持平。5 号桩在 2007 年时略有侵蚀，2008 年则几乎不变。10 个桩位高程 2007 年及 2008 年均降低，以侵蚀作用为主。2009 年除 1 号桩高程略有降低，2 号桩高程没有变化外，其他 8 个桩的高程都有所增加，说明 2009 年中这 10 个桩位以淤积作用为主。2012 年 6 个桩的高程整体增加，说明 2012 年地形变化以淤积作用为主。

从海底表层沉积物粒度分析，1~4 号桩的底质类型不稳定，沉积物反复出现粗→细→粗→细旋回变化；5~9 号桩底质类型相对稳定，10 号桩虽然底质类型多次变更，但沉积物颗粒粗细变化不大；海滩泥沙运动的中立线（点）可能出现在 5~9 号桩之间的某一点附近，物质在该区间来回运动，因此底质较稳定。

由于海滩剖面选在人为影响较小区，高程及粒度变化主要为自然因素影响。因此，海滩剖面总体稳定，变化较小，有少量淤积；物质交换变化也较小，出露的滩面受风力影响较大，但基本保持稳定。当然，海滩剖面测量的高程及沉积物粒度变化可能由于突发性的风暴潮事件或其他原因造成侵淤变化及物质运移变化，也可能是由于测量造成的误差影响。

6.3.2.2 环境基线监测分析

环境基线5个年度的海流观测结果显示：各年度水平流速均为表层流速最大，而中层和底层的流速较小且较为接近，表、中层盛行流向较为接近，底层盛行流向偏移。2006年度海水中的Pb、Hg含量高，达三类、四类海水水质标准；2007年水质较差，Pb、挥发性酚、油类达到二类海水水质标准；Hg达到四类海水水质标准。2008年的Pb、Hg含量均为四类海水水质标准；2009年水质最好，基本达到了一类海水水质标准；2012年水质较好，仅个别站位达到二类海水水质标准。可见，5年水质评价总体较好，超标因子较少，主要污染物为Pb、Hg、挥发性酚和油类。但2009年以来，水质总体向好，应是环境保护及综合治理的结果。测量结果受潮流影响较大，而且引起水质变化的突发性事件较多，仍须加强整治管理。

5个年度环境基线的表层沉积物分析结果显示，Cu、Pb、Zn、Cr、As、Cd和Hg等有害物质总体含量较少，但Cr含量波动变化较大，且2006年和2007年高于评价标准；大部分站位As含量稳定，但2个站位的变化稍大，部分高于评价标准值，达中等污染。

6.3.2.3 广西海洋环境质量公报分析

根据多年的广西壮族自治区海洋环境质量公报，显示：

2004年，广西绝大部分海域海水质量为清洁和较清洁；近岸海域海水受Pb和石油类污染，主要分布在北海市和钦州湾近岸局部海域，轻度污染海域面积超过900 km^2。广西近岸海域沉积物状况良好，均在一类沉积物质量标准以内。

2005年，广西近岸海域污染面积减小，未达到清洁海域水质标准的面积约1 230 km^2，未出现中度和严重污染区；轻度污染海域主要在北海市和钦州湾近岸局部海域，主要污染物为无机氮和石油类污染。广西近岸海域沉积物质量状况良好。

2006年，广西近岸海域未达到清洁海域水质标准的面积约2 380 km^2，比2005年有所增加。近岸海域未出现中度和严重污染区域；轻度污染区域主要分布在北海和钦州湾近岸局部海域。主要污染物为石油类。广西近岸海域沉积物质量状况良好。

2007年，广西绝大部分海域水质为清洁和较清洁，与2006年相比，近岸海域未达到清洁海域水质标准的面积减少了1 500 km^2，为880 km^2；污染区域主要分布在防城港、钦州湾、茅尾海以及北海市廉州湾近岸局部海域，主要污染物为无机氮和石油类；钦州茅尾海部分海域无机氮超标严重，属中度污染海域；石油类含量较2006年有下降趋势，但在北海、钦州、防城港的港口及码头作业区域内局部海域石油类含量较高，属轻度污染海域。沉积物质量较往年有一定下降趋势，质量状况一般，主要污染因子为镉和石油类，个别站位石油类污染较重。

2008年，广西绝大部分海域水质为清洁和较清洁，污染区域主要分布在防城港、钦州湾、茅尾海以及北海市廉州湾近岸局部海域，主要污染物为无机氮和石油类。沉积物质量较往年有一定下降趋势，质量状况一般，主要污染因子为Cd和石油类，个别站位石油类污染较重。

2009 年，广西大部分海域水质为清洁和较清洁，未达到清洁海域水质标准的面积减少了 440 km²，主要污染物为磷酸盐和无机氮；钦州则无机磷超标，为轻污染级。沉积物质量状况良好，仅个别站位受石油类污染。多年监测资料显示，广西近岸海域沉积物中石油类含量呈上升趋势。

2010 年，广西大部分海域水质为清洁，未达到清洁水质的面积减少了 3 135 km²；轻度污染海域面积约 2 601 km²，中度污染面积 81 km²，严重污染面积约 320 km²，严重污染海域主要在防城港和大风江口等局部水域；污染物主要为无机氮、石油类和活性磷酸盐。沉积物质量状况总体良好，部分海域受 Cu 和石油类污染。

2011 年，广西大部分海域海水为清洁和较清洁，未达到清洁海域水质标准的面积为 1 132 km²，其中严重污染海域面积约 167 km²；主要分布在茅尾海及北仑河口局部水域；主要超标污染物为无机氮、活性磷酸盐、石油类和需氧物质。近岸海域沉积物质量状况总体优良。

2012 年，广西大部分海域符合一类海水水质标准，但港湾、江河入海口等局部海域污染严重，主要污染物为无机氮、石油类和活性磷酸盐。沉积物质量状况总体良好，个别站位受 Cd 和硫化物污染。2012 年，主要入海河流携带污染物入海量少于 2011 年。

综上所述，北部湾广西海域海洋环境综合质量状况总体良好。海水质量多为清洁和较清洁，但港湾、江河入海口及沿岸浅水区易受人为因素影响，尤其是防城港、钦州湾、茅尾海以及北海市廉州湾近岸局部海域；主要污染物为无机氮、活性磷酸盐和石油类等。海底表层沉积物质量总体良好，个别站位受 Cu、Cd、石油类和硫化物等污染。监测结果显示，广西海域环境质量有波动变化的特征，受人为突发性事件及气象因素影响较大；近岸海事活动频繁，如渔业、运输等，也使得海水及沉积物中的石油类污染超标。2012 年的排污已少于 2011 年，也说明了环境保护及海域管理工作的加强。

海洋环境监测结果与项目调查结果基本一致，海洋环境监测更偏向于沿岸浅水区，尤其是港湾、江河入海口等海域。

6.3.3　区域海洋地质环境对比分析

随着海洋事业的发展，对海洋环境的综合调查及开发程度越来越高。除本项目外，北部湾近年来先后开展了多个调查研究项目，从有关部门常年的海洋环境监测，到北部湾 6 m 水深以浅的湿地生态环境调查、覆盖北部湾中国管辖海域的全新世环境演变及人类活动影响研究，以及近海海洋综合调查专项等。这些调查研究资料基本查清了广西海洋综合环境状况，分析了其演化趋势，为当地的海洋经济发展提供了极为重要的科学依据。

6.3.3.1　湿地海洋环境对比分析

2009 年，广州海洋地质调查局在北部湾北部沿岸浅水区（水深<6 m）开展了滨海湿地地质调查与生态环境评价。水体和沉积物的调查结果表明，滨海湿地区海水环境质量总体较好，大部分站位都符合国家一或二类海水水质标准。应用综合指数法评价得出研究区大部分区域的水质都为清洁级；廉州湾和茅尾海区域由于存在富营养化和有机污染，使水质综合评价为轻污染级，廉州湾海水养殖的核心区海水水质为中等程度污染。研究区海水中营养成分含量的高值区与当地海水养殖强度相关。

沿岸绝大部分海域沉积物重金属总体潜在生态危害程度低。铁山港北部海域沉积物重金属总体潜在生态危害程度较高，其中东北角顶部小部分区域达到严重程度，主要受到临近陆地多个厂区排污的影响。

6.3.3.2 北部湾海洋环境对比分析

2009—2013 年，广州海洋地质调查局在北部湾中国海域开展了全新世以来的环境演变和人类活动影响的调查研究工作。通过分析沉积物的有害物质，显示表层沉积物和柱状沉积物中重金属和有机污染物的含量较少，无超标现象。其污染程度和累积趋势均表明，北部湾远离陆地海域的环境受人类影响程度较小。

本项目研究区基本处于湿地研究区和北部湾全新世环境演变研究区（开阔海区）的中间区域。从结果分析，本项目调查发现的海水污染区与湿地调查发现的海水污染区有一定的相关性，污染的主要原因是海水养殖和人为排污向外海的扩散，即从陆向海的过程。沉积物污染分析也有同样趋势，湿地区域较高，浅水区其次，至较深水的北部湾离岸区则较低。

6.4 建议

北部湾沿海地区的战略地位越来越重要，广西沿海重点项目正稳步推进，项目建设应避免重演其他海域以资源高耗和环境污染换取发展的历史。一方面，工业排污、生活污水和过度养殖造成北部湾近岸海域环境污染日趋严重；另一方面，环北部湾地区正出现以重化能源为代表的工业项目建设热，大型钢铁、石油、造纸、化肥等企业争先恐后圈海抢滩。因此，对广西沿海的开发，必须长远地考虑各种影响环境的因素，以预防为主，避免先破坏再治理的不良后果。

通过对各种资料的综合分析，结合广西沿海的特点，对今后的海洋开发和工程建设活动提出以下建议。

6.4.1 加强对海平面上升的影响防治和海岸保护

广西沿海海平面逐年上升，2017 年，广西沿海海平面比常年高 74 mm，比 2016 年高 40 mm。预计未来 30 年，广西海平面将上升 50~130 mm（广西壮族自治区 2017 年海洋环境状况公报）。每年的 9—11 月，为广西沿海季节性高海平面期，如遇风暴潮袭击，季节性高海平面、天文大潮和风暴增水三者叠加，极易成灾，相关部门应高度重视。

海平面上升在海岸带主要表现为海滩侵蚀和海岸沙坝向岸位移，一些地方海岸线后退、土地流失严重。目前广西沿海城市新建的重要经济设施，如北海银滩国家旅游度假区、钦州港、防城港等，原设计都没有考虑未来海平面上升影响。广西大部分砂质海岸出现侵蚀现象，陆域面积不断缩小，个别岸段受波浪冲刷时，常出现崩塌现象。随着海平面的升高，海岸侵蚀将更强烈，并有可能引发滑坡、断裂甚至地震等，危及海洋工程、设施和人员的安全，所以必须加强海岸保护。

海岸保护应根据不同的海岸地貌类型，采用不同的方法进行。比如，基岩海岸可以修筑堤坝，防止浪流冲刷，进行边坡加固，防止风暴潮引起滑坡；砂质海岸除修坝筑堤外，可以考虑在海底一定范围内建立海底沙坝，抵御海浪冲击；泥质和红树林海岸则应种植、保护红树林，并加强对沿岸植被的保护；人工海岸在建设前要充分考虑潜在地质灾害因素及海平面上升的影响，加固堤岸工程。

因此，海洋开发应综合考虑资源、社会效益、经济效益与生态效益，遵循海岸发展规律，持续合理开发利用各种资源，使海洋经济和谐发展。

6.4.2　加强对围海造地、建养殖场的监管

养殖、港口及工程建设的迅猛发展，破坏了沿海原有的环境，尤其对红树林危害极大，给环境带来严峻挑战。围海造地、工程建设的需要，大量、无序抽取海砂，使海底钛铁矿、金红石、锆英石等砂矿资源破坏严重。无序挖砂破坏了海底的地形地貌特征，对海洋环境影响较大。

广西沿海有广西北仑河口国家级自然保护区，保护区内有红树植物 14 种，其他常见高等植物 19 种，大型底栖动物 84 种，鱼类 27 种，鸟类 128 种（属国家二级保护动物 13 种）。保护区内的红树林面积 12.60 km²，其中珍珠湾内生长着我国大陆海岸连片面积最大的红树林和木榄纯林，是典型的海湾红树林和罕见的平均海平面以下大面积的红树林，是候鸟迁徙的重要中继站。必须加大保护红树林的力度，尽量保持海岸的自然状态，合理利用海洋。

6.4.3　加强污水排放的监管

2011 年监测的入海排污口多存在超标排污现象，虽然 2012 年广西海域排污量减少（2012 年广西海洋环境质量公报），随着一系列配套项目、临港工业项目及相关的工业产业集群发展强劲，广西北部湾经济区极具发展活力和潜力。由于项目建设对海洋环境的破坏有滞后效应，虽然目前广西海域水质总体良好，但随着经济的快速发展，入海排污量必然增大，滞后影响也将逐步显现，若不采取有效的监管措施，海洋环境就有可能产生不可逆转的变化。

6.4.4　加强对地质构造稳定性的评估

广西沿岸受 NE 向和 NW 向两组断裂的控制，NE 向断裂带规模和范围最大，多被 NW 向断裂切割并错动，对地质构造稳定性影响最大。这些断裂第四纪以来一直在活动，在陆区的最新活动年龄为 1.5 ka B.P.。断层引起的地面错动及其伴生的地面变形，往往会损害跨断层修建或建于附近的建筑物，同时断层还会导致海底产生过大的差异沉降，可能引起地震，对海洋工程危害巨大。

5 个年度的调查结果都显示，广西沿岸海底断裂较为发育，加上其他各种潜在的地质灾害因素，对沿海的稳定造成威胁。建议当地部门在沿海工程建设时，要进行地质构造稳定性评价，并把陆地构造与海域断裂结合起来综合评估。

6.4.5　建立环境监测及防灾系统

区域开发建设的同时，应加强环境监测，建立数据库，并建数模，模拟环境变化过程，从而预测环境发展趋势，防止环境发生灾变。

北部湾已开展过多项海洋环境调查研究工作，也有海洋环境监测站，资料丰富，可以用作今后规划管理的基础数据，并可为将来的调查研究提供对比分析数据。建议有关部门协调管理，在现有海洋环境监测网络的基础上，完善和健全海洋生态环境动态监测网络和应急监测体系，建立溢油等重大海洋损害事故应急处理体系，提高海洋污染重大事故和灾害应急处理能力，研究建立海洋环境质量评价指标系统与海洋资源环境影响评价方法。加大重点入海污染源、重点港湾和生态脆弱区的

监测，实施重大海岸工程对海域生态环境影响的跟踪监测，为海洋环境保护和社会经济可持续发展提供保障。

6.4.6 科学规划沿海发展战略

海洋开发建设与海洋资源及产业密切相关。北部湾资源丰富，产业多样，制定中长期的海洋发展规划并按计划实施，是保证海洋可持续发展的基础。应科学合理利用海域资源，避免单个项目用海可行，整体用海不可行的问题。

广西沿海有良好的环境，各种资源丰富，有非常大的发展空间及潜力。建议合理布局，科学规划，考虑北部湾的整体发展框架及区域发展特点，坚持"良好的生态环境是北海的优势和竞争力"。在引进工业项目的同时，必须注重保护生态环境，走新型工业化道路。在产业发展方向上，优先发展电子信息、生物制药、海洋开发、先进制造业等消耗少、效益高、科技含量高的生态型工业和无污染的特色工业。在项目引进上，严格项目管理，严把项目审批关，杜绝新污染源产生，从源头和生产全过程控制工业污染。

6.4.7 有效利用资源

北部湾砂源丰富，海底沉积物砂矿资源较多，主要有钛铁矿、金红石、锆英石、独居石、石英砂、磷钇矿、板钛矿等，多分布于水深 10~20 m 的近岸区域，10 m 水深之内分布有独居石、锆石砂矿一级远景区。

20 世纪 50 年代大炼钢铁时，沿海钛铁矿作为物源之一，挖砂采矿对沿海的地形地貌及海洋环境破坏严重。其后，为围海造地、工程建设的需要，大量、无序抽取海砂。如在茅尾海，非法采砂船抽砂采矿情况一度非常猖獗，有时一天之内有 100 多只非法采矿船同时在海上挖砂。另外，航道拓宽加深，挖泥疏浚，也破坏了海底的地形地貌特征，对海洋环境影响较大。采砂对海洋环境破坏极大，挖砂使海底地形急剧起伏，凹凸不平，形成或加剧了海底槽沟和洼地等地貌形态特征，海底的不稳定因素增加。无节制的海砂开采改变了水动力特征，已对环境造成恶劣的影响，生态平衡被打破，许多鱼类、贝类产卵场和栖息地被破坏。采砂搅起海底沉积物中的有害物质，使之运移扩散，污染海水。海砂开采引发的突出问题还有海岸侵蚀、海水入侵以及底床破坏可能导致的对工程环境、航运、管道缆线和水产养殖带来的消极影响。

开发海砂等资源要有科学规划，对开采区域、开采面积以及开采量等要进行控制，避免由于开采海砂资源而引发更多的环境问题。

沿海地区风暴潮影响较大，新能源丰富，可充分利用开发潮能、风能、太阳能、温差能、盐度差能等绿色环保新能源。

应加强对沿岸海洋养殖区容量的研究，科学规划、合理布局，使海洋养殖业健康发展。

参考文献

2 000—2012 年广西壮族自治区海洋环境质量公报.

《中国海岸带水文》编写组.1996.中国海岸带水文.北京:海洋出版社.

蔡鹤生,周爱国,唐朝晖,等.1998.地质环境质量评价中的专家——层次分析定权法[J].地球科学——中国地质大学学报,23(3):209-302.

苍树溪,陈丽蓉,董太禄.1992.北部湾 R1 钻孔岩心上新世以来的沉积环境演变史研究[J].海洋地质与第四纪地质,12(4):53-57.

陈波.1998.加强广西海洋环境保护工作迫在眉睫[J].广西科学院学报,14(3):37-39.

陈波.1999.廉州湾水流动力场对北海港域泥沙运移的影响[J].广西科学,6(2):85-88.

陈润珍,何海燕,蔡敏,等.2005.进入广西沿海影响区的登陆热带气旋气候特征分析[J].海洋预报,22(4):54-59.

陈则实,王文海,吴桑云,等.2007.中国海湾引论[M].北京:海洋出版社.

崔振昂,郑志昌,梁开.2010.广西北海近岸海域 4200 a 以来古盐度时间序列分析[J].地质科技情报,4:1-5.

崔振昂,郑志昌,林进清,等.2010.广西北海近岸海域表层沉积物中重金属分布特征及生态风险评价[J].安全与环境工程,1:31-35.

邓朝亮,黎广钊,刘敬合,等.2004.铁山港湾水下动力地貌特征及其成因[J].海洋科学进展,22(2):170-176.

邓朝亮,刘敬合,黎广钊,等.2004.钦州湾海岸地貌类型及其开发利用自然条件评价[J].广西科学院学报,20(3):174-178.

董志华,曹立华,薛荣俊.2004.台风对北部湾南部海底地形地貌及海底管线的影响[J].海洋技术,23(2):24-28.

范宝峰,刘宗惠,李唐根.1983.北部湾及邻区的地质和布格重力异常[J].海洋石油,1:010.

冯志强,冯文科,薛万俊,等.1996.南海北部地质灾害及海底工程地质条件评价[M].南京:河海大学出版社.

冯志强,李学杰,林进清,等.2002.广东大亚湾海洋地质环境综合评价[M].武汉:中国地质大学大学出版社.

甘华阳,梁开,林进清,等.2013.北部湾北部滨海湿地沉积物中砷与镉和汞元素的分布与累积[J].海洋地质与第四纪地质,3:15-28.

甘华阳,张顺枝,梁开,等.2012.北部湾北部滨海湿地水体和表层沉积物中营养元素分布与污染评价[J].湿地科学,3:285-298.

甘华阳,郑志昌,梁开,等.2010.广西北海近岸海域表层沉积物的重金属分布及来源分析[J].海洋环境科学,5:698-704.

广西壮族自治区地质矿产勘查开发局,《广西壮族自治区数字地质图 2006 年版说明书(1:500 000)》,2006.

广西壮族自治区地质矿产勘查开发局,《数字地质图说明书》1:500000,1999.

郭培兰.2005.广西及邻区地震活动特征[J].地震地磁观测与研究,26(1):8-12.

何汉漪.2001.海上地震资料高分辨率处理技术论文集[M].北京:地质出版社.

侯建军,刘锡大,游象照.1987.广西海岸带的新构造活动与地震[J].广西科学院学报,3(1):9-15.

胡炳清.1995.旅游环境容量计算方法[J].环境科学研究,8(3):20-24.

黄德银,施祺,张叶春.2005.海南岛鹿回头珊瑚礁与全新世高海平面[J].海洋地质与第四纪地质,25(4):1-7.

黄鹄,戴志军,胡自宁,等.2005.广西海岸环境脆弱性研究[M].北京:海洋出版社.

黄辉.2007.海岛型旅游目的地环境容量计算——以南麂列岛为例[J].安徽农业科学,35(32):1043-10434.

黄嘉宏,李江南,李自安,等.2006.近 45 a 广西降水和气温的气候特征[J].热带地理,26(1):23-28.

黄向青,梁开,陈太浩.2013.钦州湾—北海近岸水域表层沉积物重金属分布特征[J].海洋湖沼通报,1:120-130.

黄向青,林进清,甘华阳,等.2013.雷州半岛东岸地下水化学要素变化以及海水入侵特征[J].地下水,3:38-42.

黄滢,江源源,郭亮.2012.广西沿海雾的气候特征及形成条件分析[J].安徽农业科学,31:94.

黄玉昆,邹和平,张珂,等.1995.南海北部沿海第四纪岸线变化[J].热带地貌,16(2):1-21.

金翔龙.2007.海洋地球物理研究与海底探测声学技术的发展[J].地球物理学进展,22(4):1243-1249.

黎广钊,农华琼,刘敬合.1997.防城湾自然环境与沉积物组成分析[J].广西科学院学报,11:1-8.

黎广钊,亓发庆,农华琼,等.1999.广西江平地区沙坝—潟湖沉积相序与沉积环境演变过程[J].黄渤海海洋,17(1):8-17.

黎广钊.2013.北部湾广西南流江三角洲形成演变研究报告[R].广西红树林研究中心.

李春干.2004.广西红树林的数量分布[J].北京林业大学学报,26(1):47-52.

李凡,董太禄,姜秀珩,等.1990.莺歌海附近陆架区埋藏古河道及海平面变化[J].海洋与湖沼,21(4):356-363.

李凡,于建军,姜秀珩,等.1991.南黄海埋藏古河系研究[J].海洋与湖沼,22(6):501-508.

李建生.1988.关于湛江组时代问题[J].地层学杂志,12(4):298-302.

李建生.1988.华南沿海地区海相地层与全新世地层划分[J].海洋科学,(2):20-24.

李金臣,潘华,陈文彬.2009.北部湾海域地震构造背景研究[J].震灾防御技术,4(2):182-189.

李树华,黎广钊.1993.中国海湾志第十二分册(广西海湾)[M].北京:海洋出版社.

李树华,夏华永,陈明剑.2001.广西近海水文及水动力环境研究[M].北京:海洋出版社.

李学杰,万荣胜,黄向青,等.2007Landsat ETM影像的近海水深反演方法及其在北部湾的应用[J].南海地质研究,65-71.

梁开,夏真,林进清,等.2009.北部湾广西近岸海洋地质环境与地质灾害调查成果报告(铁山港幅).广州海洋地质调查局.

梁士楚.1999.广西的红树林资源及其可持续利用[J].海洋通报,18(6):77-83.

梁维平,黄志平.2003.广西红树林资源现状及保护发展对策[J].林业调查规划,28(4):59-62.

梁文,黎广钊.2003.北海市滨海旅游地质资源及其保护[J].广西科学院学报,19(1):44-48.

林鹏,胡继添.1983.广西的红树林[J].广西植物,3(2):95-102.

刘阿成,吕文英,蔡峰.2005.广东汕头南部近海晚第四纪埋藏古河曲的研究[J].海洋与湖沼,36(2):104-110.

刘光鼎,陈洁.2007.坚持科学发展观建设中国海[J].地球物理学进展,22(3):661-666.

刘敬合,黎广钊,陈美邦,等.1992.广西沿海水下地貌及其沉积物特征[J].热带海洋,11(1):52-57.

刘敬合,黎广钊.1992.廉州湾海底及周边地貌特征[J].广西科学院学报,8(1):68-76.

刘锡清,刘守全,王圣洁,等.2002.南海灾害地质发育规律初探[J].中国地质灾害与防治学报,13(1):12-16.

刘锡清.2005.我国海洋环境地质[J].海洋地质动态,21(5):10-22.

刘鑫.2012.应用遥感方法的广西铁山港区海岸线变迁分析[J].地理空间信息,1:102-106.

龙良碧.1995.万盛风景风旅游环境容量研究[J].西南师范大学学报(自然科学版),20(3):302-307.

马飚.2013.广西壮族自治区第十二届人民代表大会第一次会议《2013年政府工作报告》,1.

马胜中,林进清,郑志昌,等.2005.珠江三角洲近岸海洋地质环境与地质灾害调查——珠江口西部水域成果报告[R].广州海洋地质调查局.

马胜中.2010.浅层地球物理方法在广西钦州湾—北海海域断层探测的应用[J].海洋技术,29(2):20-24.

毛文永.1998.生态环境影响评价概论[M].北京:环境科学出版社.

莫永杰,李平日,等.1996.海平面上升对广西沿海的影响与对策[M].北京:科学出版社.

莫永杰,廖思明,葛文标,等.1995.现代海平面上升对广西沿海影响的初步分析[J].广西科学,2(1):38-41.

莫永杰.1988.广西海岸带水动力过程和海岸地貌演化[J].海洋科学,3:25-27.

庞衍军,叶维强.1987.广西沿海第四纪地层的初步研究[J].广西科学院学报,2:79-86.

裴铁河.2000.广西海洋生态环境现状引发的思考[J].海洋开发与管理,3:54-57.

胜中,梁开,陈太浩.2009.广西钦州湾浅层埋藏古河道沉积特征.第十四届中国海洋(岸)工程学术讨论会论文集:海洋
　　出版社,1225-1229.

石要红,夏真,林进清,等.2008.北部湾广西近岸(北海)海洋地质环境与地质灾害调查成果报告[R].广州海洋地质调
　　查局.

石要红,夏真,林进清,等.2009.北部湾广西近岸海洋地质环境与地质灾害调查成果报告(北海银滩幅)[R].广州海洋
　　地质调查局.

时翠,林进清,薛峭.2013.雷州半岛近岸海域水环境质量综合评价[J].热带地理,4:387-393.

时小军,余克服,陈特固.2007.南海周边中全新世以来的海平面变化研究进展[J].海洋地质与第四纪地质,27(5):121
　　-128.

史水平,李细光.2007.广西北海地区地震活动研究[J].山西地震,1(129):16-19.

覃秋荣,龙晓红.2000.北海市近岸海域富营养化评价[J],19(2):43-45.

汤毓祥,姚兰芳.1993.辽东浅滩海域潮流运动特征及其与潮流沙脊发育的关系[J].黄渤海海洋,11(4):9-18.

唐昌韩,闫全人,张铁奎,等.1995.广西沿海重要城市港口区域地壳稳定性调查与评价[R].中国地质科学院五六二大
　　队,广西地矿局北海地勘院,12.

田向平.1990.潮汐通道外泄水流喷射扩散对拦门沙形成的作用[J].中山大学学报(自然科学版),29(3):177-182.

王开发,蒋辉,张玉兰.1990.南海及沿岸地区第四纪孢粉藻类与环境[M].上海:同济大学出版社.

韦蔓新,何本茂,赖廷和.2003.北海近岸水域无机氮的变化特征[J].海洋科学,27(9):69-73.

韦友道.1999.浅谈广西沿海地区海堤工程主要工程地质问题[J].广西水利水电,3:30-34.

魏春光,何雨丹,耿长波,等.2008.北部湾盆地北部坳陷新生代断裂发育过程研究[J].大地构造与成矿学,32(1):28
　　-35.

夏东兴,刘振夏.1984.潮流沙脊的形成机制和发育条件[J].海洋学报,6(3):361-367.

夏真,林进清,郑志昌,等.2003.珠江三角洲近岸海洋地质环境与地质灾害调查——内伶仃岛以北水域调查报告[R].广
　　州海洋地质调查局.

夏真,林进清,郑志昌,等.2004.深圳大鹏湾海洋地质环境综合评价[M].北京:地质出版社.

夏真,林进清,郑志昌,等.2004.珠江三角洲近岸海洋地质环境与地质灾害调查——内伶仃岛以南水域调查报告[R].广
　　州海洋地质调查局.

夏真,林进清,郑志昌,等.2007.北部湾广西近岸海洋地质环境与地质灾害调查成果报告(钦州幅)[R].广州海洋地质
　　调查局.

夏真,林进清,郑志昌,等.2008.北部湾广西近岸海洋地质环境与地质灾害调查成果报告(北海幅)[R].广州海洋地质
　　调查局.

夏真.2007.海洋第四纪地质研究在工程建设中的应用[J].南海地质研究,86-95.

夏真.2009.钦州湾海底沉积物 Hg 元素分布及其影响分析[J].中国地质,6:1425-1432.

夏真.2010.钦州湾海底沉积物 Hg 元素分布特征分析[J].海洋通报,1:38-43.

薛万俊.1983.北海组的地质时代及其沉积环境[J].海洋地质与第四纪地质,3(3):31-48.

杨春霞,王春民,王圣洁.2006.南海北部灾害地质稳定度评价模型[J].中国地质灾害与防治学报,17(1):77-79.

姚衍桃,詹文欢.2009.南海西北部末次盛冰期以来的古海岸线重建[J].中国科学:D 辑,(6):753-762.

叶维强,黎广钊,庞衍军.1990.广西滨海地貌特征及砂矿形成的研究[J].海洋湖沼通报,2:54-61.

叶维强,庞衍军.1987.广西红树林与环境的关系及其护岸作用[J].海洋环境科学,6(3):32-38.

余大富.1998.我国环北部湾地区环境保护与整治对策[J].城市环境与城市生态,11(1):36-37.

余克服,钟榕梁,赵建新,等.2002.雷州半岛珊瑚礁生物地貌带与全新世多期相对高海平面[J].海洋地质与第四纪地
　　质,22(2):27-33.

张桂宏.2009.广西沿海地区潮汐特性分析[J].人民珠江,1:29-30.

张虎男,陈伟光,黄坤荣,等.1990.华南沿海新构造运动与地质环境[M].北京:地震出版社.

张继淹.1998.广西第四纪地层划分与对比[J].广西地质,11(4):1-6.

张忠华,胡刚,梁士楚.2007.广西红树林资源与保护[J].海洋环境科学,26(3):275-279.

赵建新,余克服.2001.南海雷州半岛造礁珊瑚的质谱铀系年代及全新世高海面[J].科学通报,46(20):1734-1738.

赵俊生,王桂云,陈则实,等.2002.海洋环境有效利用的分析研究——北部湾广西沿岸海域[M].北京:海洋出版社.

中国地质科学院 562 大队.1995.广西沿海重要城市、港口区域地壳稳定性调查与评价[R].河北:中国地质科学院 562 大队,12.

中国海岸带水文编写组.1996.中国海岸带水文[M].北京:海洋出版社.

周爱国,周建伟,梁合诚,等.2008.地质环境评价[M].武汉:中国地质大学出版社.

周惠文,陈冰廉,苏兆达,等.2008.广西台风灾害性大风的气候特征[J].灾害学,22(1):13-17.

周金星,漆良华,张旭东,等.2007.区域旅游环境容量研究——以宜宾地区为例[J].中南林业科技大学学报（社会科学版）,2:85-87.

Fish J.P.、Carr H.A..2001.Sound Reflections(Advanced Applications of Side Scan Sonar),Orleans:Lower Cape Publishing.

Goodwin N.1996.In pursuit of Eco-tourism,Biodiver Conser,(3):277-291.

Saaty T L,1980.The analytic hierarchy process[M].New York:McGraw Hill International.

Shi,Y.,Ma,S.,Zeng,N.,Xia,Z.,2013.Characteristics of Engineering Geological Environment at Lingdingyang Estuary of Pearl River Mouth,South China Sea.In:Harff,J.,Leipe,T.,Waniek,J.J.and Zhou,D.(eds.),Depositional Environments and Multiple Forcing Factors at the South China Sea's Northern Shelf,Journal of Coastal Research,Special Issue 66:25-33.

Smith M De,Goodchild M F,Longley P,et al.2007.Geospatial analysis:a comprehensive guide to principles,techniques and software tools[M].2nd edition.Troubador Publishing.

Spiess F.N.,1987.Seafloor research and ocean technology,MTS Journal,21(2):5-17.

Wille Peter C.Sound Images of the Ocean in Research and Monitoring [M].Berlin:Springer,2005.